Hartmut Kalleja (Hrsg.)

Spannweite der Gedanken

Springer

Berlin
Heidelberg
New York
Barcelona
Budapest
Hongkong
London
Mailand
Paris
Santa Clara
Singapur
Tokio

Hartmut Kalleja (Hrsg.)

Spannweite der Gedanken

*Festschrift zum 60. Geburtstag von
Professor Dr.-Ing. Manfred Specht*

2. Auflage

 Springer

Dr.-Ing. Hartmut Kalleja
Elvirasteig 45
14163 Berlin

ISBN-13: 978-3-642-71964-6   e-ISBN-13: 978-3-642-71963-9
DOI: 10.1007/ 978-3-642-71963-9

Einband-Entwurf: Struve & Partner, Heidelberg
Satz/Datenkonvertierung: MEDIO, Berlin
Layout/Illustrationsbearbeitung: MEDIO, Berlin
SPIN 10643290   68/3020 - 5 4 3 2 1 0 - Gedruckt auf säurefreiem Papier

PROF. DR.-ING. MANFRED SPECHT

Zum Geleit

Herr Professor Dr.-Ing. Manfred Specht, Inhaber des Lehrstuhls für Stahlbetonbau am Institut für Bauingenieurwesen der Technischen Universität Berlin, vollendet am 13. November 1997 sein 60. Lebensjahr.

1937 in Dessau geboren, kam Herr Professor Specht nach seinen Schuljahren in Magdeburg und Riesa 1955 an die Technische Hochschule Dresden zum Studium des Bauingenieurwesens. Dieses schloß er 1961 mit der Diplom-Hauptprüfung ab. Nach einer kurzfristigen Tätigkeit im Wohnungsbaukombinat Berlin-Lichtenberg entschloß er sich, sein berufliches und privates Wirkungsfeld in die Bundesrepublik Deutschland zu verlegen.

In München begann er noch 1961 bei der Firma Dyckerhoff & Widmann AG in der Hauptverwaltung. Dort wurde ihm die Chance gegeben, als junger Ingenieur an vielen interessanten Bauvorhaben, unter anderem an der Ruhr-Universität in Bochum, mitzuarbeiten.

1966 übersiedelte er nach Hannover, wo er als Konstruktionschef der Niederlassung Hannover tätig war. Dort traf er auf Herrn Professor Bieger, bei dem er zum Thema „Die Belastung von Schalung und Rüstung durch Frischbeton" als Externer promovierte. In dieser Zeit wirkte er bei vielen interessanten Bauvorhaben wie dem Neubau des Stadionbades in Hannover als auch der Weserbrücke Höxter-Lüchtringen entscheidend mit.

1975 schließlich wurde ihm die Leitung der Niederlassung Koblenz übertragen. Den Ruf an den Lehrstuhl für Stahlbetonbau an der Technischen Universität Berlin erhielt er 1979 und beendete damit seine Tätigkeit in der Bauindustrie nach 18 Jahren.

Den neuen Aufgaben in Forschung und Lehre widmete sich Professor Specht mit dem noch ungestümen Tatendrang der jungen Jahre, baute das Fachgebiet auf und machte bald durch seine wissenschaftliche Tätigkeit und intensive Lehre, aber auch durch sein Bemühen, die unmittelbaren Erkenntnisse aus den Forschungsaktivitäten in die Praxis umzusetzen, von sich Reden.

Mehr als 80 Veröffentlichungen zur Dauerhaftigkeit von Stahlbetonbauteilen, zum Fachwerkgekoppelten Bogen-Zugband-Modell und zur Vorspannung ohne Verbund kennzeichnen die wissenschaftliche Laufbahn von Professor Specht. Darüber hinaus berichtete er über interessante Bauwerke und Bauverfahren, an denen er maßgeblich beteiligt war.

Die Wiedervereinigung unseres deutschen Vaterlandes stellte auch für ihn als begeisterten Bauingenieur einen Glücksfall dar. Das außerordentlich aktive Baugeschehen in Berlin nach 1989 begleitete er als Prüfingenieur für Baustatik, öffentlich bestellter und vereidigter Sachverständiger der IHK Berlin und als Tragwerksplaner und prägte viele große Bauvorhaben im Zentrum der deutschen Hauptstadt entscheidend mit. Insbesondere auch das Gutachten über den industrialisierten Wohnungsbau im ehemaligen Ostteil Berlins, bei vielen auch als „Plattenbau-Fibel" bekannt, beeinflußte über die daraus entwickelten Förderprogramme und die damit verbundene Instandsetzung und Modernisierung von Hunderttausenden von Wohnungen auch das Leben der Bevölkerung in Berlins Großsiedlungen überaus positiv.

Ich selbst habe das Glück, ihn seit 1979 als Lehrer, Doktorvater, Partner im Ingenieurbüro, aber insbesondere als Vorbild und Freund zu kennen. Seine Art durch Vorleben anderen Menschen den Weg zu weisen, immer mit freundschaftlichem Rat und Tat zur Seite zu stehen und seine außerordentliche fachliche Kompetenz schätze nicht nur ich, sondern achten alle, die mit ihm zu tun haben.

Diese große Wertschätzung wurde gerade auch bei der Vorbereitung dieser Festschrift deutlich, bei der der Wille zur Mitarbeit und zur Bereitstellung von Beiträgen von allen, mit denen ich Kontakt aufnahm, ohne zu zögern vorhanden war.

Herrn Professor Specht gelten unsere Glückwünsche zu seinem sechzigsten Geburtstag, und wir wünschen weiterhin noch viele Jahre fruchtbarer, befriedigender Tätigkeit und die Gesundheit und Zufriedenheit im häuslichen Kreis, um die noch vor ihm liegenden Aufgaben angehen und erfolgreich vollenden zu können.

Berlin, im Oktober 1997   Hartmut Kalleja

Zusammenstellung der Veröffentlichungen von Prof. Dr.-Ing. Manfred Specht

[1]   Specht, M.: Einschiebbare Unterführungsbauwerke für Dammstrecken der Deutschen Bundesbahn. Dywidag-Bericht (1969) 2

[2]   Specht, M.: Ein neues Stadionbad in Hannover. Dywidag-Bericht (1970) 4

[3]   Specht, M.: Baumaßnahmen der Globus Teppich Fabrik „Walter Poser GmbH" in Einbeck von 1952 – 1970. Dywidag-Bericht (1970) 5

[4]   Specht, M.: Verkehrsknotenpunkt an der Kaiserbrauerei Hannover. Dywidag-Bericht (1971) 1

[5]   Specht, M.: Ein neues Stadionbad für Hannovers Bürger. Dywidag-Bericht (1973) 2

[6]   Specht, M.: Die Belastung von Schalung und Rüstung durch Frischbeton. Düsseldorf: Werner-Verlag 1973

[7]   Specht, M.: Der Druck des Frischbetons auf die senkrechte, die geneigte Schalung und die geneigte Bodenschalung. VDI-Berichte (1975) 245

[8]   Specht, M.: Druck des Frischbetons gegen eine geneigte Boden- oder Wandschalung. Beton- und Stahlbetonbau (1975) 11

[9]   Specht, M.: Anwendung der Drehbauweise beim Bau der Weserbrücke Höxter-Lüchtringen. Bauingenieur 52 (1977)

[10] Specht, M.: Einführende Gedanken anläßlich der Eröffnungsvorlesung am 03.Mai 1979 an der TU Berlin. Berlin: Selbstverlag TU Berlin 1979

[11] Specht, M.: Lehrstoff des Stahlbetonbaus – Teil 3: Theorie des Spannbetons. Berlin: Selbstverlag TU Berlin 1981

[12] Specht, M.: Der Frischbetondruck nach DIN 18218 – die Grundlagen und wichtigsten Festlegungen. Bautechnik 58 (1981) 8

[13] Specht, M.: Gedanken über die Dauerhaftigkeit von Betonbauten aus der Sicht der Planung und Konstruktion. Beton- und Stahlbetonbau (1982) 5 und 6

[14] Specht, M.: Present state of bridge design in germany; future development and research topics. In: Schriftenreihe der Forschungskooperation MIT/TU Berlin, Berlin: 1982 Selbstverlag TU Berlin

[15] Specht, M.: Damage to bridges and itís cases, maintenance of existing bridges. In: Schriftenreihe der Forschungskooperation MIT/TU Berlin, Berlin: 1982, TU Berlin Selbstverlag

[16] Specht, M.: Technik und Probleme des Brückenbaus in städtischen Ballungsräumen. Wissenschaftsmagazin der TU Berlin (1982) 2

[17] Guth; Specht; Schade: Schadensfall an zwei 50 Jahre alten Schornsteinen aus Tonerdezementbeton. Bautechnik (1983) 4

[18] Specht, M.: Zur Frage der notwendigen Mindestbetondeckung von Außenbauteilen und ihrer Wechselbeziehung zur Nachbehandlung des Betons. Bautechnik (1983) 5

[19] Specht, M.: Concerning the required minimum concrete cover of outdoor components and itís interrelation to the curing of concrete. In: CEB/RILEM Tagungsbericht „Durability of Concrete Structures", Kopenhagen: Mai 1983

[20] Specht, M.: Sechsjährige Erfahrung mit rißüberbrückenden Beschichtungssystemen von Brückenüberbauten aus Beton. In: „Auffinden und Bewerten von Brückenschäden", Tagungsbericht, Graz, 21.06.1983

[21] Specht, M.: Die Korrosion der Bewehrung und die Sanierung von Stahlbeton. In: Druckschrift DISBON, Berlin, Oktober 1984

[22] Specht, M.: Die Korrosion der Bewehrung und die Sanierung von Stahlbeton. In: Sonderdruck Prüfingenieure Berlin, Berlin: 1985

[23] Specht, M.; Avak, R.: Bemessung von Kreiszylinderschalen in der Umgebung ihrer quadratischen Öffnungen. Bautechnik (1985) 3

[24] Specht; Schmidt; Kappes: Experimentelle Untersuchungen bewehrter und hohler Prüfkörper aus Normalbeton mittels eines zwängungsarmen Krafteinleitungssystems. In: DAfStb, Heft 365, Berlin: Beuth 1985

[25] Specht, M.; Lorenz, P.; Wölfel, E.; Vielhaber, J.; Kalleja, H.; Kallin, E.: Einführung in die teilweise Vorspannung und Vorspannung ohne Verbund. In: Sonderdruck des Büros für wissenschaftliche Weiterbildung an der TU Berlin, Berlin: Selbstverlag TU Berlin 1985

[26] Specht, M.; Kalleja, H.: Feuchteschäden in einer Wohnsiedlung. Berliner Bauwirtschaft (1985) 7, S. 23-27

[27] Specht, M.: Die Zukunft des Brückenbaus. Forschung aktuell (1986) 2, Selbstverlag TU Berlin

[28] Specht, M.; Vielhaber, J.: Anwendung der Vorspannung ohne Verbund bei vorgespannten segmentierten Brückenträgern. Forschung aktuell (1986) 2, Selbstverlag TU Berlin

[29] Specht, M.; Kalleja, H.: Schubversuche an vorgespannten Modellen aus Mikrobeton. Forschung aktuell (1986) 2, Selbstverlag TU Berlin

[30] Specht; Schade; Nehls: Instandsetzung zweier Schornsteine aus Tonerdezementbeton in Berlin. Bautechnik (1986) 4

[31] Specht, M.: Modellstudie zur Querkrafttragfähigkeit von Stahlbetonbiegegliedern ohne Schubbewehrung im Bruchzustand. Zum 60. Geburtstag von Prof. Dr.-Ing. H. Kupfer, Bautechnik (1986) 10

[32] Specht, M.: Theorie des Frischbetondrucks – gegenwärtiger Stand und ungeklärte Probleme. Zum 60. Geburtstag von Prof. Dr.-Ing. K.-W. Bieger, Bautechnik (1987) 3

[33] Specht, M.: Fünf Jahre Forschungsverbund im Brückenbau. In: Schriftenreihe der Forschungskooperation MIT/TU, Heft 10, Berlin: 1986, Selbstverlag TU Berlin 1986, S. 5-8

[34] Specht, M.; Vielhaber, J.: The application of tendons without bond in bridge constructions and investigations on partially prestressed segmental concrete beams. In: Schriftenreihe der Forschungskooperation MIT/TU, Heft 10, Berlin: Selbstverlag TU Berlin 1986, S. 33-47

[35] Specht, M.; Kalleja, H.: Sheartests on prestressed microconcrete models. In: Schriftenreihe der Forschungskooperation MIT/TU, Heft 10, Berlin: Selbstverlag TU Berlin 1986, S. 48-60

[36] Specht, M.: Ingenieurmodelle zur vollständigen Beschreibung der Querkrafttragfähigkeit von Stahlbetonbiegegliedern im Bruchzustand. Bautechnik (1987) 11

[37] Specht, M.; Lorenz, P.: Franz Dischinger – zur 100. Wiederkehr seines Geburtstages. Bautechnik (1987) 10

[38] Specht, M.: Abzugswert, Mindestbügelbewehrung und Festigkeit des schrägen Druckfeldes eines querkraftbeanspruchten Biegeträgers aus Stahlbeton. In: Beton- und Stahlbetonbau (1988) 83

[39] Specht, M.: Dischingers Beitrag zur Entwicklung der Spannbetonbauweise. In: Dischinger Jubiläumsschrift 1987. Berlin: Springer 1987

[40] Specht, M. (Hrsg.): Spannweite der Gedanken – Zur 100. Wiederkehr des Geburtstages von Franz Dischinger. Berlin: Springer 1987

[41] Specht, M.: Schadensfall und Instandsetzung zweier Schornsteine aus Tonerdezementbeton in Berlin. In: Tagungsbericht „IX. Symposium über Bauwerksschäden", Stettin, 19. und 20.10.1987

[42] Specht, M.; Kalleja, H.; Stauch, M.: Im Süden Berlins: Bau einer Forschungsbrücke. Forschung aktuell (1987) 16/17

[43] Specht, M.: Sprengung eines Hochhauses in Boston. Bautechnik (1989) 5

[44] Specht, M.; Kallin, E.; Stauch, M.: Lebensdauer von Außenbauteilen – Entwicklung eines tauglichen Prognoseverfahrens. Beton (1988) 12, S. 484-487

[45] Specht, M.; Rösler, M.: Forschungsbrücke Berlin. Beton- und Stahlbetonbau (1989) 12, S. 319-323

[46] Furche, Specht: Instandsetzung und Verstärkung eines historischen Bauwerks am Bei-
      spiel der Frohnauer Brücke in Berlin-Reinickendorf. Beton- und Stahlbetonbau (1989) 7,
      S. 169-175

[47] Specht, M.: Zur Querkrafttragfähigkeit im Stahlbetonbau. Zum 70. Geburtstag von Prof.
      Dr.-Ing. Dr.-Ing. E. h. K. Kordina. Beton- und Stahlbetonbau (1989) 8 und 9, S. 88-90 bzw.
      228-231

[48] Specht, M.: Ulrich Finsterwalder †. Bautechnik (1989) 4

[49] Specht, M.: Die Abhängigkeit der Querkrafttragfähigkeit eines Stahlbetonträgers von sei-
      ner Querschnittsform. Beton- und Stahlbetonbau (1989) 4, S. 88-90

[50] Specht, M.; Stauch, M.: Tragfähigkeitsuntersuchungen von Außenleisten in vorgefertig-
      ten Stahlbeton-Fassadenplatten. Bautechnik (1989) 8, S. 261-264

[51] Specht, M.: Stau awaryiny i przebudowa dwoch kominow wikonanych z tetonu na ce-
      mencie glinowym w berlinie. In: Tagungsbericht des „IX. Symposiums Stettin", Stettin,
      20-21.09. 1987

[52] Specht, M.; Rösler, M.: The Marienfelde bridge as research project. In: Tagungsbericht „Du-
      rability and service life of bridge structures", Posnan, 06.-08.09.1989

[53] Specht, M.; Lorenz, P.: Konstruktiver Ingenieurbau I – Vorlesungsskript FG Stahlbeton-
      bau. Berlin: Selbstverlag TU Berlin 1989

[54] Specht, M.: Die Korrosion der Bewehrung des Stahlbetons und seine Sanierung. In: Pra-
      ce nankowe politechniki Warszawskiej. Warschau: 1989

[55] Specht, M.: W sprawie minimalnej grubosci otulenia zbrojenia i jej zaleznosci od pieleg-
      ncij betonu. Inzyniera budownictwo (1989) 3, S. 115-118

[56] Specht, M.; Kramp, M.: Instandsetzung und Verstärkung einiger Berliner Ingenieurbau-
      werke. Berliner Bauwirtschaft (1989) 9

[57] Specht, M.; Lorenz, P.: Konstruktiver Ingenieurbau II – Vorlesungsskript FG Stahlbeton-
      bau. Berlin: Selbstverlag TU Berlin 1990

[58] Kalleja, H.; Specht, M.: Mikrobetonmodelle zum Studium des Querkrafttragverhaltens.
      Bautechnik (1990) 1, S. 1-6

[59] Kalleja, H.; Specht, M.: Übertragungsgesetze für die Querkrafttragfähigkeit bei Versuchen
      mit Mikrobetonbalken unter Einfluß einer Vorspannung ohne Verbund. Bautechnik
      (1990) 4, S. 135-138

[60] Specht, M.; Rösler, M.: Neue Baumaterialien und Überwachungstechniken am Beispiel
      der Forschungsbrücke Berlin. In: Tagungsbericht „Symposium: Zerstörungsfreie Prü-
      fung im Bauwesen" (Hrsg. Deutsche Gesellschaft für zerstörungsfreie Prüfung e.V.), Ber-
      lin 1990, S. 327-339

[61] Specht, M.: Die Grundlagen der Dauerhaftigkeit von Stahlbeton. In: Berichte aus dem
      Konstruktiven Ingenieurbau, Heft 11, Berlin: Selbstverlag TU Berlin 1990

[62] Specht, M.; Rösler, M.: Vorbereitende Untersuchungen zur Überwachung von Brücken-
      bauwerken. Bautechnik (1991) 10, S. 349-353

[63] Specht, M.; Lorenz, P.: Konstruktiver Ingenieurbau III – Vorlesungsskript FG Stahlbe-
      tonbau. Berlin: Selbstverlag TU Berlin 1991

[64] Specht, M.: Biegetragverhalten segmentierter Träger mit Vorspannung ohne Verbund
      und einer fugendurchdringenden Verbundbewehrung. In: Festschrift zum 60. Geburts-
      tag von Prof. Dr.-Ing. K.-W. Bieger. Hannover: Selbstverlag Universität Hannover 1992

[65] Specht, M.: Die Norm-alität aus der Sicht eines Hofnarren. Bautechnik (1992) 11, S. 652-
      653

[66] Specht, M.; Kalleja, H.: Allerweltslösungen unerwünscht. (Hrsg. Senatsverwaltung für
      Bau- und Wohnungswesen) Großsiedlungen, Städtebau und Architektur (1992) 8, S. 23-
      26

[67] Specht, M.: Bestandsaufnahme und Bewertung der industriell errichteten Wohngebäude
      in Berlin (Ost) – Instandsetzungsmethoden. (Hrsg. Senatsverwaltung für Bau- und Woh-
      nungswesen) Großsiedlungen, Städtebau und Architektur (1992) 8, S. 27-31

[68] Specht, M.: Konstruktive und statische Behandlung der Weißen Wanne. In: Tagungsbe-
      richt des Weiterbildungsseminars der Akademie Eßlingen, Eßlingen: 1992

[69] Specht, M.: Bemessung von Gründungsbauwerken aus WU-Beton. In: Berichte aus dem Konstruktiven Ingenieurbau Heft 16, Berlin: Selbstverlag 1993, 49-86

[70] Specht, M.: Modifiziertes Querkraftmodell. Der Prüfingenieur (1993) 2, S. 41-55

[71] Specht, M.; Vielhaber, J.: Träger in Segmentbauweise mit Vorspannung ohne Verbund und einer fugendurchdringenden Bewehrung – Biegetragverhalten. Beton- und Stahlbetonbau (1993) 6 und 7, S. 149-154 bzw. 189-193

[72] Specht, M.; Vielhaber, J.: Träger in Segmentbauart mit verbundloser Vorspannung – Schubtragverhalten. Beton- und Stahlbetonbau (1994) 6, S. 171-176

[73] Specht, M.: Betonarmenin kaliciligi konusunda temel bigiler (Übersetzung Prof. S. Kavalah). In: Dokuz Eylül Universitesi. Izmir: Selbstverlag TU Izmir 1994

[74] Specht, M.: Geschichte des Prüfingenieurwesens. In: Tagungsbericht des Seminars an der TU Izmir. Izmir: Selbstverlag TU Izmir 1994

[75] Specht, M.: Rechtliche Grundlagen der bautechnischen Prüfung. In: Tagungsbericht des Seminars an der TU Izmir. Izmir: Selbstverlag TU Izmir 1994

[76] Specht, M.: Der Prüfingenieur für Baustatik. In: Tagungsbericht des Seminars an der TU Izmir. Izmir: Selbstverlag TU Izmir 1994

[77] Specht, M.; Kramp, M.: Fatigue behaviuor of reinforced concrete beams under dynamic loadings. In: Tagungsbericht „Consec Sapporo", Japan: 1995

[78] Specht, M.; Vielhaber, J.; Storch, Th.; Kramp, M.: Experimentelle Untersuchung zum Einfluß der Führung der Längsbewehrung von verbundlos vorgespannten Stahlbetonträgern sowie zu deren Tragverhalten im Auflagerbereich. In: Forschungsbericht des DIfBt Berlin, Berlin: Selbstverlag 1994

[79] Specht, M.: QP-Bauten – Statischer Nachweis der Standfassaden. In: Bauvorhaben (1995) 16, S. 366-368

[80] Specht, M.: Nachweisverfahren für Fassaden aus haufwerksporigem Leichtbeton. Berlin-Brandenburgische Bauwirtschaft (1996) 3

[81] Specht, M.: Zur Notwendigkeit differenzierter Bestandsaufnahmen und -analysen als Voraussetzung für eine ökonomische Instandsetzung. In: Tagungsbericht des Fachseminars: „Dichten oder Dämmen?" anläßlich der bautec, Berlin: 1996, S. 11-16

[82] Specht, M.; Scholz, H.: Einfluß der Trägerschlankheit und der Laststellung auf die Querkrafttragfähigkeit von Biegeträgern aus Stahlbeton. In: Festschrift für Prof. Dr.-Ing. Eibl (Hrsg. Institut für Massivbau und Baustofftechnologie an der TH Karlsruhe), Karlsruhe: Selbstverlag TH Karlsruhe 1996, S. 501-511

[83] Specht, M.; Göricke, M.: Die Zugfestigkeit des Betons bei erhöhter Belastungsgeschwindigkeit und ihre gegenwärtig mögliche Berücksichtigung. Beton- und Stahlbetonbau (1996) 9 und 10, S. 213-217

[84] Specht, M.: Statische und konstruktive Behandlung der Weißen Wanne. In: Gründungsbauwerke aus wasserundurchlässigem Beton. (Hrsg. Technische Akademie Eßlingen), Eßlingen: 1996

Autoren

Aryee-Boi, Desmond O.
  TU Berlin, Institut für Bauingenieurwesen
  Fachgebiet Stahlbetonbau
  Straße des 17. Juni 135, 10623 Berlin

Avak, Ralf, Prof. Dr.-Ing.
  TU Cottbus, Lehrstuhl für Massivbau
  Karl-Marx-Straße 17, 03044 Cottbus

Bieger, Klaus-Wolfgang, em. Prof. Dr.-Ing.
  Wilhelm-Patsche-Winkel 14, 30657 Hannover

Buyukozturk, Oral, Professor
  Department of Civil and Environmental Engineering
  Massachusetts Institute of Technology
  Cambridge, MA 02139 - 4307

Deutschmann, Karsten, Dipl.-Ing.
  Universität Leipzig
  Institut für Massivbau und Baustofftechnologie
  Marschner Straße 31, 04109 Leipzig

Fielitz, Torsten, Dipl.-Ing.
  Barg Baustofflabor GmbH & Co. KG
  Potsdamer Straße 23/24, 14163 Berlin

Friedmann, Mario, Dr.-Ing.
  Barg Baustofflabor GmbH & Co. KG
  Potsdamer Straße 23/24, 14163 Berlin

Göricke, Martin, Dipl.-Ing.
  TU Berlin, Institut für Bauingenieurwesen
  Fachgebiet Stahlbetonbau
  Straße des 17. Juni 135, 10623 Berlin

Hearing, Brian, Research Assistant
  Department of Civil and Environmental Engineering
  Massachusetts Institute of Technology
  Cambridge, MA 02139 - 4307

Kallin, Eckhard, Dr.-Ing.
  Ingenieurbüro für Bauwesen Dr.-Ing. Eckhard Kallin
  Forststraße 26, 14163 Berlin

Kalleja, Hartmut, Dr.-Ing.
  Beratende Ingenieure
  Specht, Kalleja + Partner GmbH
  Reuchlinstraße 10/11, 10553 Berlin

Knittel, Bernd, Dipl.-Ing.
  Barg Baustofflabor GmbH & Co. KG
  Potsdamer Straße 23/24, 14163 Berlin

König, Gert, Prof. Dr.-Ing. Dr.-Ing. e.h.
  Universität Leipzig
  Institut für Massivbau und Baustofftechnologie
  Marschner Straße 31, 04109 Leipzig

Konn, Wolfgang, Dipl.-Ing.
  TU Berlin, Institut für Bauingenieurwesen
  Fachgebiet Stahlbetonbau
  Straße des 17. Juni 135, 10623 Berlin

Kramp, Michael, Dr.-Ing.
  Kronprinzenstraße 41, 13589 Berlin

Kunath, Günther
  Beratende Ingenieure
  Specht, Kalleja + Partner GmbH
  Reuchlinstraße 10/11, 10553 Berlin

Kupfer, Helmut, Dr.-Ing.
  Ingenieurbüro Dr. Kupfer
  Barer Straße 44, 80799 München

Kupfer, Herbert, em. Prof. Dr.-Ing. Dr. techn. h.c.
  Institut für Tragwerksbau der
  Technischen Universität München
  Arcisstraße 21, 80333 München

Mangold, Martin, Dr.-Ing.
Barg Baustofflabor GmbH & Co. KG
Potsdamer Straße 23/24, 14163 Berlin

Rösler, Michael, Prof. Dr.-Ing.
Technische Fachhochschule Berlin, Fachbereich Bauingenieurwesen
Luxemburger Straße 10, 13353 Berlin

Scholz, Hans, Dr.-Ing.
Kronprinzenstraße 57b, 13589 Berlin

Stauch, Michael, Dr.-Ing.
Michel-Klinitz-Weg 36, 12349 Berlin

Steinke, Wolfram, Dipl.-Ing.
Beratende Ingenieure
Specht, Kalleja + Partner GmbH
Reuchlinstraße 10/11, 10553 Berlin

Storch, Thomas, Dr.-Ing.
Kiefernweg 36, 14532 Klein-Machnow

Tepasse, Rainer
ATD - Überbetrieblicher Dienst GmbH
Adlergestell 129, 12439 Berlin

Vielhaber, Johannes, Prof. Dr.-Ing.
Fachhochschule Potsdam
Fachbereich Bauingenieurwesen,
Fachgebiet Planung und Konstruktion im Ingenieurbau/Massivbau,
Leiter des Baulabors Konstruktiver Ingenieurbau (BKI)
Pappelallee 8/9, 14469 Potsdam

Inhaltsverzeichnis

1

Ein Externer promoviert: Manfred Specht

KLAUS-WOLFGANG BIEGER

1 Ein Externer promoviert: Manfred Specht

Klaus-Wolfgang Bieger

Den Jubilar kenne ich jetzt 30 Jahre, fast genau das halbe bisherige Leben von Manfred Specht. Über die ersten fachlichen Kontakte entwickelte sich schnell eine sehr persönliche, feste Freundschaft – getragen vom Wissen um die unterschiedlichen fachlichen Erfahrungen und Interessen sowie dem aufrichtigen, hilfsbereiten, offenen und ehrlichen Charakter des Kollegen. Deshalb sei es mir gestattet, einige etwas mehr persönlich gefärbte Zeilen zu veröffentlichen.

Wir haben beide fast zur gleichen Zeit in Hannover eine neue Tätigkeit aufgenommen. Der Diplom-Ingenieur Manfred Specht kam von der Hauptverwaltung der Firma Dyckerhoff & Widmann AG und wurde der neue Leiter des Technischen Büros der Niederlassung Hannover. Ich übernahm kurz vorher den Lehrstuhl und das Institut für „Statik und Baukonstruktionen" an der Architekturabteilung der damaligen Technischen Hochschule Hannover. Meine praktische Ausbildung erhielt ich bei der (Konkurrenz-) Baufirma Wayss & Freytag AG und war dann längere Zeit als Oberingenieur am Lehrstuhl für Stahlbetonbau in Berlin tätig, dem jetzigen Wirkungsfeld des Universitäts-Professors Specht. Meinen Ruf nach Hannover erhielt ich während meiner Tätigkeit als Gastprofessor am Massachusetts Institute of Technology (M.I.T.) in Cambridge. Ich war der erste Bauingenieur, der im Rahmen des kurz vorher initiierten und von der Ford-Foundation geförderten Wissenschaftler-Austauschprogramms zwischen der TU Berlin und dem M.I.T. Cambridge forschen und lehren durfte. Im Zuge der Nachfolge-Programme war auch der Jubilar mehrmals am M.I.T. und arbeitete an gemeinsamen Forschungsprojekten.

In Hannover sollte ich nun die Architekturstudenten das Gespür für das Tragverhalten einer Konstruktion, die Vor- und Nachteile beim Einsatz der verschiedensten Baustoffe und wenn möglich sogar die Ermittlung der Hauptabmessungen der wichtigsten Tragglieder lehren. Dabei war es oft schon schwierig, selbst den Mitarbeitern in den Entwurfslehrstühlen klarzumachen, daß es sinnvoll und wirtschaftlich ist, Wände und Stützen möglichst übereinander und nicht mitten auf eine Stahlbetonplatte zu stellen. Da in der Bauingenieurabteilung, die zur gleichen Fakultät gehörte, auch ein Lehrstuhl und später Institut für Statik vorhanden und bei den Architekten die Ausbildung in der Statik nur ein Teilgebiet war, entschloß ich mich, eine Umbenennung in „Institut für Tragwerkslehre" vorzunehmen.

Viel wichtiger aber war für die Architekturstudenten der Praxisbezug. An einem ausgeführten Objekt erlebt er geradezu die Umsetzung der planerischen Idee in die Wirklichkeit, erkennt die Schwierigkeiten, die sich erst in der Realisation ergeben, ganz gleich, ob es sich um Gründungs- oder Materialprobleme handelt. Auch die Anpassung des Entwurfs in wirtschaftlicher Hinsicht kann nur in Abstimmung mit der bauausführenden Firma erlernt werden. Daher bemühte ich mich frühzeitig um einen engen Kontakt zu den Niederlassungen der größeren Bauunternehmungen. Und hier waren die Leiter der Konstruktionsbüros die richtigen Ansprechpartner. Bei der Dyckerhoff & Widmann AG hatte ich nun das Glück, einen jungen, dynamischen Ingenieur anzutreffen, der zusätzlich noch eine etwas andere Ausbildung – nämlich an der Technischen Hochschule Dresden – erhalten hatte als unsere hannoverschen Bauingenieure. Der neue Konstruktionschef suchte den Bezug zur Wissenschaft und Forschung. So war es nur selbstverständlich, daß wir sehr schnell einen nicht nur fachlichen, sondern auch persönlichen freundschaftlichen Kontakt aufbauen konnten.

Genau in diese erste Anfangsphase unserer Beziehung fiel der Bau des Stadionbades in Hannover. Das erste Hallenbad mit einer 50-m-Bahn – mit immerhin 72 000 m^3 umbautem Raum, geplant mit zwei ineinandergeschobenen schalenförmigen Dächern – hatte die Niederlassung Hannover der Dyckerhoff & Widmann AG 1966 zur Ausführung erhalten (vgl. auch den Beitrag: Bauwerke von Manfred Specht). Das Haupttragsystem der großen Halle sah zwei fast 100 m weit gespannte Bögen mit einem Pfeilverhältnis von $f/l = 0{,}2$ vor, die bei 3,00 m Breite und 1,16 m Höhe als Hohlkästen auf einem Lehrgerüst aus Rohren vorab hergestellt werden sollten. Die Kosten für Schalung und Rüstung waren sehr wesentlich abhängig von den Beanspruchungen während des Betoniervorganges. Zuverlässige Berechnungsansätze standen zu jener Zeit praktisch nicht zur Verfügung, also hätte man mit maximalen Grenzwerten rechnen müssen.

Da war es für den neu berufenen Konstruktionschef geradezu ein Glück, daß der Landeshauptstadt Hannover die Mittel ausgingen, das Stadionbad zügig weiterzubauen, nachdem gerade die Fundamente und Zugbänder fertiggestellt waren. Die dreijährige Unterbrechung nutzte der nicht nur konstruktiv, sondern auch wirtschaftlich denkende Ingenieur, um die Grundlagen für eine möglichst genaue Abschätzung der Beanspruchung von Schalung und Rüstung beim Betoniervorgang zu erarbeiten. Das mag jetzt so einfach klingen, aber man muß sich vergewissern, welche vielen Einflußfaktoren zu berücksichtigen waren. Der Schalungsdruck war nicht nur abhängig von der Betonzusammensetzung – hier vor allem vom Wassergehalt – und dem Erhärtungsverlauf sowie der Betoniergeschwindigkeit, sondern auch von der Rüttelenergie, der Schalungsrauhigkeit und natürlich von der Neigung der Schalung.

Nach einigen Diskussionen und Gesprächen kam uns der Gedanke, diese Problemstellung zu einem Dissertationsthema zu machen. So konnte Manfred Specht die Erfahrung und Unterstützung meiner Mitarbeiter vor allem in der Meßtechnik und die des Institus für Baustoffkunde und Materialprüfung in der apparativen Ausstattung bei den geplanten Versuchen bestens nutzen. Aber wie konnte ein voll im Berufsleben stehender Ingenieur die Zeit finden, nicht nur die wissenschaftlichen Grundlagen und theoretischen Ableitungen zu erarbeiten, sondern auch noch langwierige Versuchsreihen praktisch handwerklich selbständig durchzuführen? Denn nach den ersten Literaturstudien war es selbstverständlich, daß nicht nur einzelne Tastversuche zur Absicherung der theoretischen Ansätze ausreichen würden.

Hier muß ich nun einige grundsätzliche Überlegungen einfügen, die sich auf die Promotion von sogenannten Externen beziehen. Vor allem im Ingenieurwesen ist es üblich, daß die Dissertationen von Hochschulangehörigen im weitesten Sinne angefertigt werden. Das sind fast immer Institutsassistenten oder wissenschaftliche Mitarbeiter, die meist neben der Mitarbeit in der Lehre auch Forschungsaufgaben oder Gutachtertätigkeiten durchführen. Die Themen ihrer wissenschaftlichen Arbeiten ergeben sich vielfach aus der Forschungsrichtung des Instituts, auch wenn sie vorher mehrere Jahre in der Praxis tätig waren. Zu diesen bezahlten Mitarbeitern kann man im Hinblick auf die Promotion noch die Studenten zählen, die ein Stipendium oder Fördergelder erhalten und daher fast immer einen Arbeitsplatz im Institut haben. In unserem Bereich waren dies meist ausländische Ingenieure, die zwar einen Hochschulabschluß hatten, aber noch einige sogenannte Wissensstandsprüfungen absolvieren sollten, um die anders aufgebaute Ausbildung zu kompensieren. Alle diese Doktoranden hatten viele Vorteile gegenüber den Externen im engeren Sinne. Sie hatten im Institut viele Mitarbeiter und Professoren, die sich mit ähnlichen Problemen beschäftigten, mit denen sie diskutieren und streiten konnten. Sie hörten andere Meinungen, erhielten aber auch Hinweise und Anregungen für die eigene Arbeit. Zusätzlich hatten sie freien Zugang zu Bibliotheken und EDV-Einrichtungen. Bei experimentellen Arbeiten standen ihnen oft alle Einrichtungen und die Hilfe der Mitarbeiter im Labor zur Verfügung. Die Durchführung von Versuchen mit speziellen Belastungen sowie der Meßwerterfassung waren oft schon Routine genauso wie die Herstellung der Versuchskörper und Meßwertaufnehmer.

Ein Externer im engeren Sinne, wie es der Jubilar einer war, braucht für alle Teilgebiete grundsätzlich mehr Zeit und persönlichen Einsatz. Er ist fast immer voll im Berufsleben integriert, auch wenn er einige Urlaube für die Dissertation opfert. Schon bei der Literatursichtung muß er die Büchereien aufsuchen, die Institutsbibliothek liegt nicht neben seinem Arbeitszimmer. Beim Abklären der theoretischen Ansätze kann er nicht schnell mal den Kollegen fragen; er muß einen Termin mit dem „Doktorvater" vereinbaren. Wo und wie kann er erforderliche Versuche durchführen? Dies sind die Gründe, daß es sehr wenige Externe gibt, die sich dieser Arbeitsbelastung unterziehen. Von meinen insgesamt 39 Dissertationen, die ich betreut habe, waren nur vier Externe, immerhin schon fünf Stipendiaten. Bei den Externen kamen drei aus der Industrie, einer war sogar in der Brückenbaubehörde eines USA-Staates tätig.

Der Leiter des Technischen Büros Hannover, der Doktorand Specht, hatte noch einen weiteren Nachteil. Weil er den Professor für Tragwerkslehre als seinen Doktorvater erkor, hatte er praktisch keinen Zugang zu einer Versuchshalle. So war er gezwungen, die erforderlichen Versuche entweder auf der Baustelle oder im Betonlabor auf dem Bauhof der Firma durchzuführen. Die Baustelle war wenig geeignet; so machte er dort nur einige Vorversuche zur Bestimmung der Horizontalbeanspruchung des Lehrgerüstes. Die vielen Versuchsreihen, vor allem zur Ermittlung des Reibungsbeiwertes bei acht verschiedenen Schalungsoberflächen, aber auch zur Vorausberechnung der Lehrgerüstbelastung und des Schalungsdruckes bei beliebig geneigter Wandschalung, machte er eigenhändig nach Feierabend, nur assistiert von seiner lieben Frau, im Betonlabor der Firma in einem Vorort von Hannover.

Aber das waren ja alles nur Vorarbeiten und Hilfsmittel, um zu der gewünschten Aussage über die Beanspruchung von Schalung und Rüstung während des Betonierens zu kommen. Bei der Abfassung der eigentlichen wissenschaftlichen Arbeit zeigte sich nun die unkonventionelle Denk- und Arbeitsweise des Doktoranden, der immer den Praxisbezug seiner Dissertation vor Augen hatte. Sicher mußte er auch gewisse Vorgaben machen, Vereinfachungen einführen und Grenzbetrachtungen anstellen. Aber als Ergebnis finden sich dann Diagramme und Formeln, die dem praktisch tätigen Ingenieur eine schnelle und gezielte näherungsweise Vorausbestimmung aller benötigten Größen erlaubt.

Wenn man zusätzlich noch weiß, daß der Jubilar für die Anfertigung der Dissertation mit Literatursichtung, Versuchsdurchführung und theoretischer Aufbereitung nur insgesamt etwa vier Jahre benötigt hat, dann kann man ob dieser Leistung nur den (Doktor-) Hut ziehen und ihm für die Zukunft weiterhin eine ähnliche positive Schaffenskraft bei bester Gesundheit wünschen.

PROMOTIONSFEIER DR.-ING. MANFRED SPECHT AM 2. NOVEMBER 1972

2

Ansätze zur Steigerung der Duktilität von Hochleistungsbeton durch Wahl geeigneter Ausgangs- und Zusatzstoffe

GERT KÖNIG, KARSTEN DEUTSCHMANN

2 Ansätze zur Steigerung der Duktilität von Hochleistungsbeton durch Wahl geeigneter Ausgangs- und Zusatzstoffe

GERT KÖNIG, KARSTEN DEUTSCHMANN

2.1 Zusammenfassung

Hochleistungsbetone, die unter Verwendung von Betonzusatzmitteln und -stoffen hergestellt werden, zeichnen sich u. a. durch erhöhte Festigkeiten aus. Durch die Verwendung von Fließmitteln wird bei gleicher Verarbeitbarkeit ein niedriger Wasser-Zement-Wert (w/z) erreicht. Der Einsatz von Mikrofüllern, vornehmlich wird hier Microsilica verwendet, dient der feineren Abstimmung der Gefügestruktur. Allerdings versagen hochfeste Betone mit Microsilica bei Druckbelastung explosionsartig, nahezu ohne eine Ankündigung.

Im vorliegenden Aufsatz wird über die Ursachen dieses Verhaltens berichtet und der Einfluß von Zementsteinmatrix und Zuschlägen diskutiert. Es werden werkstofftechnologische Veränderungsmöglichkeiten aufgezeigt, die es ermöglichen, daß sich ein solch modifizierter hochfester Beton unter Druckbeanspruchung duktil verhält. Seine Druckspannungs-Verformungs-Kurve ist der normalfester Betone affin.

Somit ist es nun möglich, z. B. bei Stützen auf die sonst üblichen hohen Querbewehrungsgehalte, die der Sicherung der Bauteilduktilität dienen, zu verzichten oder diese zu reduzieren. Dies spart Kosten und Zeit.

2.2 Einführung

Unter zähen bzw. duktilen Werkstoffen werden Materialien mit einem gutmütigen Nachbruchverhalten verstanden. Dies zeigt sehr anschaulich die Spannungs-Dehnungs-Linie (σ-ε-Linie) solcher Werkstoffe entweder durch einen stark abfallenden Ast im Nachbruchbereich (post-peak-behavior) und/oder durch ein ausgeprägtes Fließplateau (s. Bild 1).

Versagt ein Werkstoff trotz vorhandener innerer Schädigungen[1] und/oder einer vorausgegangenen Beanspruchung weder schlagartig noch explosiv, also mit Vorankündigung, dann nennt man eine solche Werkstoffeigenschaft duktil, zäh

---

[1] Dies können z. B. Mikrorisse oder Fehlstellen sein.

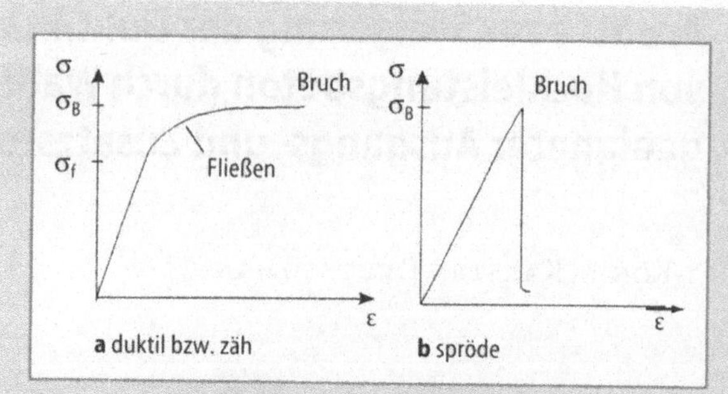

Bild 1. Darstellung der σ-ε-Linien eines duktilen und eines spröden Werkstoffes

oder gar verformungsfähig. In Bauteilen aus diesen Werkstoffen werden die Spannungskonzentrationen durch plastische Verformungen abgebaut.

Das Vorhandensein von Rissen im Werkstoff bewirkt dort eine Spannungskonzentration in der Nähe der Rißspitze. Diese Spannungsfelder sind Ursache für die Rißauslösung bzw. für die Rißverlängerung.

Hieraus folgt, daß man Werkstoffe, deren Versagen hauptsächlich durch das Vorhandensein von wenigen Makro-Rissen gesteuert wird, als spröde bezeichnet. Solche Werkstoffe zeigen eine sehr große Empfindlichkeit gegenüber Spannungskonzentrationen und versagen bei unplanmäßig hohen Einwirkungen explosionsartig, also ohne Vorankündigung. Bild 2 zeigt sehr eindrucksvoll dieses explosionsartige Versagen einer Stütze unter Druckbelastung.

Hochleistungsbetone, die unter Verwendung von Betonzusatzmitteln und -stoffen hergestellt werden, zeichnen sich u.a. durch erhöhte Festigkeit aus, zeigen aber dieses spröde Verhalten [8], [9]. Es werden Festigkeiten bis 125 N/m^2 (MPa) unter Baustellenbedingungen erzielt.

Durch die Verwendung von Fließmitteln wird bei gleicher Verarbeitbarkeit ein niedriger Wasser-Zement-Wert (w/z) erreicht. Der Einsatz von Mikrofüllern, vornehmlich wird hier Microsilica verwendet (ein Nebenprodukt, das bei der Herstellung von Siliciummetallen und Ferrosilicium im Elektroschmelzofen als Kondensat anfällt), dient der feineren Abstimmung der Gefügestruktur. Darüber hinaus verbessert die Zugabe von Microsilica die Kontaktzone zwischen Zementsteinmatrix und Zuschlag. Dabei werden die Calciumhydroxid- und Ettringitgehalte an den Kontaktzonen verringert. Zusätzlich reagiert der gegenüber dem Zement 100mal feinere Silicastaub puzzolanisch mit dem Calciumhydroxid zu Calciumsilicathydrate (CSH). Dieses Endprodukt trägt mit zur erhöhten Festigkeitsentwicklung bei [11].

Ein Vergleich der Kontaktzonen von normalfesten und hochfesten Betonen, z.B. mittels Rasterelektronenmikroskopie- (REM-) Aufnahmen zeigt (s. Bild 3), daß bei normalfestem Beton im Bereich der Kontaktzone^2 erhöhte Calciumhydroxid- und Ettringitgehalte sowie eine erhöhte Porosität auftritt. Außerdem sammelt sich Wasser infolge inneren Blutens im Bereich der Kontaktzone an.

Bild 2. Explosionsartiges Versagen einer hochfesten Stütze unter Druckbelastung

Dies hat unter anderem zur Folge, daß die Festigkeit in dieser Zone gegenüber der Zementsteinmatrix wesentlich reduziert ist.

Demgegenüber stellt sich die Kontaktzone von hochfesten Beton ganz anders dar:

In der Nähe der Zuschläge herrscht nun amorphes und dichtes CSH vor, welches bei der puzzolanischen Reaktion des Microsilicas entsteht. Ferner reduziert das Microsilica das innere Bluten und es bewirkt eine Verminderung des Wandeffektes an den Zuschlagoberflächen (s. Bild 3).

Die oben beschriebenen Veränderungen der Microstruktur infolge der Zugabe von Microsilica führt insgesamt zu einer Steigerung der Betonfestigkeit, die deutlich über den durch die bloße Reduzierung des Wasser-Zement-Werts erreichbaren Festigkeitssteigerungen liegt.

Diese Festigkeitssteigerung bedingt aber auch eine Änderung des Bruchverhaltens solch modifizierter Betone.
Normalfeste Betone versagen maßgeblich durch die geringere Festigkeit der Kontaktzone.

Das Bruchverhalten von hochfestem Beton weist auf den guten Verbund der Kontaktzone hin, da die Bruchflächen vermehrt durch die Zuschläge gehen. Dies hat eine relativ glatte Bruchfläche zur Folge.

Bei normalfestem Beton versagt der schwächere Teil der Matrix an der Zuschlagoberfläche und es entsteht eine rauhe, weil um die Zuschlagskörner herumlaufende, Bruchfläche [18].

---

[2] Auf Grund des erhöhten Wassergehalts an den Oberflächen der Zuschläge, da diese infolge des sog. Wandeffekts eine dichte Packung der Zementkörner in der Kontaktzone verhindern [4].

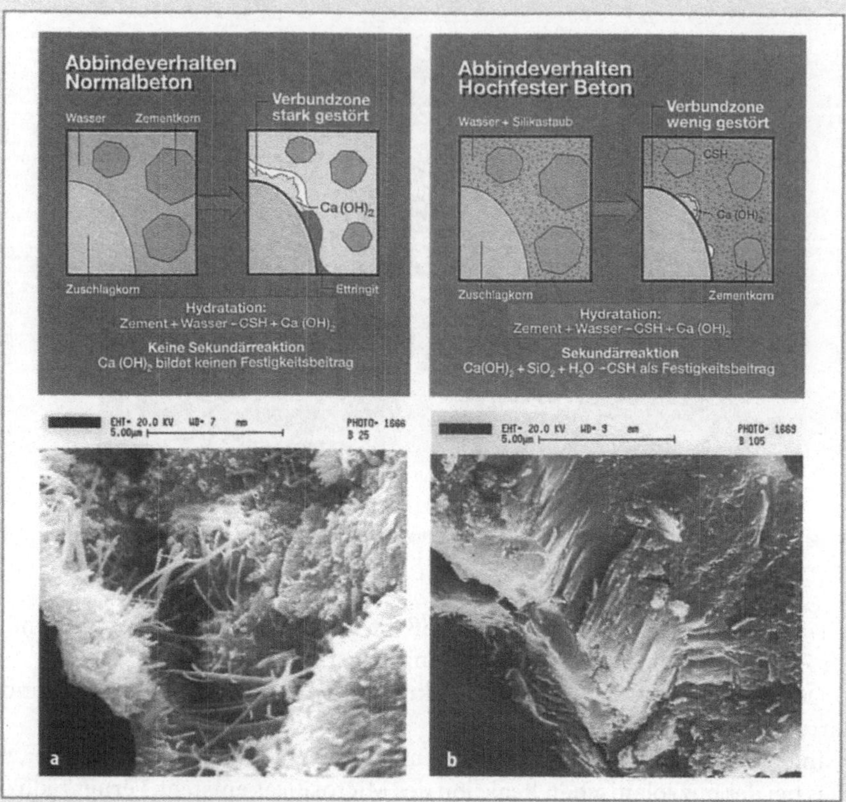

Bild 3. Vergleich der Mikrostruktur von Normalbeton (a) und hochfesten Beton (b) aus [15]
oben: Prinzipskizze des Abbindeverhaltens, unten: REM-Aufnahmen

Unter Druckbelastung zeigen hochfeste Betone ein lineares Spannungs-Dehnungs-Verhalten bis ca. 90 % der maximalen Spannung. Dagegen ist bei normalfesten Betonen im zentrischen Druckversuch an Zylindern bereits bei ca. 60 % der maximalen Spannung ein überproportionales Anwachsen der Stauchungen meßbar (s. Bild 4). Nach Überschreiten der Druckfestigkeit weisen die Hochleistungsbetone einen steiler abfallenden Ast als die normalfesten Betone auf, was auf eine größere Sprödigkeit bzw. geringere Verformungsfähigkeit zurückzuführen ist [19].

Aufgrund der oben beschriebenen Zusammenhänge ergeben sich folgende neue Ansätze, zur Steigerung der Duktilität durch den Werkstoff selbst:
– Gezielte Schwächung des Werkstoffes derart, daß vor dem Erreichen der maximalen Druckspannung eine Energieabsorption durch Bildung von Mikrorissen erfolgen kann, dadurch wird die im Körper gespeicherte elastisch Energie, die beim Bruch schlagartig frei wird, minimiert. Außerdem wird eine Vergrößerung der Bruchprozeßzone angestrebt, um möglichst viel Energie dissi-

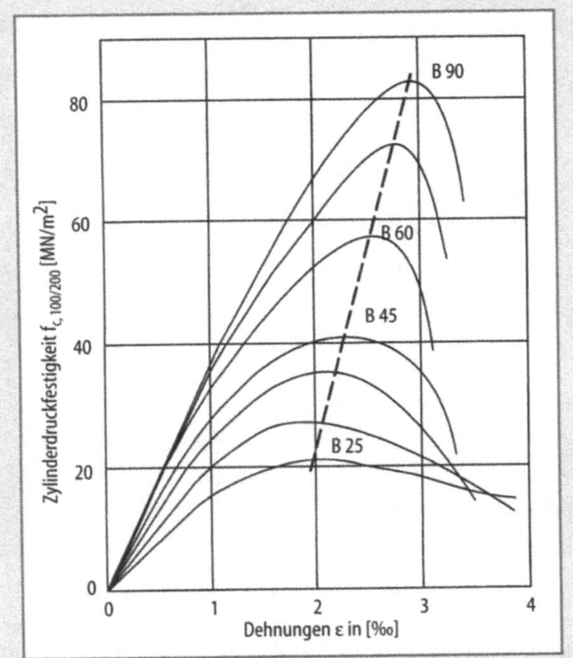

Bild 4. Vergleich der Spannung-Dehnungs-Linien von Betonen unterschiedlicher Zylinderdruckfestigkeit aus [8]

pieren zu können und damit den freiwerdenden elastischen Energieanteil klein zu halten. Als Ergebnis der gesteigerten Duktilität sollte sich das Abflachen der Spannung-Dehnungs-Linie affin der vom normalfesten Beton einstellen.

– Verwenden von Zuschlägen höherer Festigkeit, um somit ein ähnliches Verhältnis der verbesserten Matrix- zur Zuschlagsfestigkeit zu erhalten, wie beim normalfesten Beton, jedoch auf höherem Niveau. Dabei soll die Schwachstelle erneut die nun stark verbesserte Kontaktzone zwischen Matrix und Zuschlag sein. Die Risse sollten um den Zuschlag herum verlaufen, die Bruchflächen sollten rauh sein.

– Verwenden von mineralischen Fasern und neuartigen Betonzusatzstoffen.

Hierbei sollen weitere bekannte Möglichkeiten der Duktilitätssteigerung nicht unerwähnt bleiben:

– Anordnung einer Quer- und Umschnürungsbewehrung [20]. Die Querbewehrung verhindert ein Aufweiten von Rissen bei Druckbeanspruchung. Aufgrund der behinderten Querdehnung des umschnürten Betonkörpers, wird ein dreiachsiger Spannungszustand erzeugt, der sowohl eine Steigerung der Druckfestigkeit, als auch eine verbesserte Verformungsfähigkeit zur Folge hat. Aller-

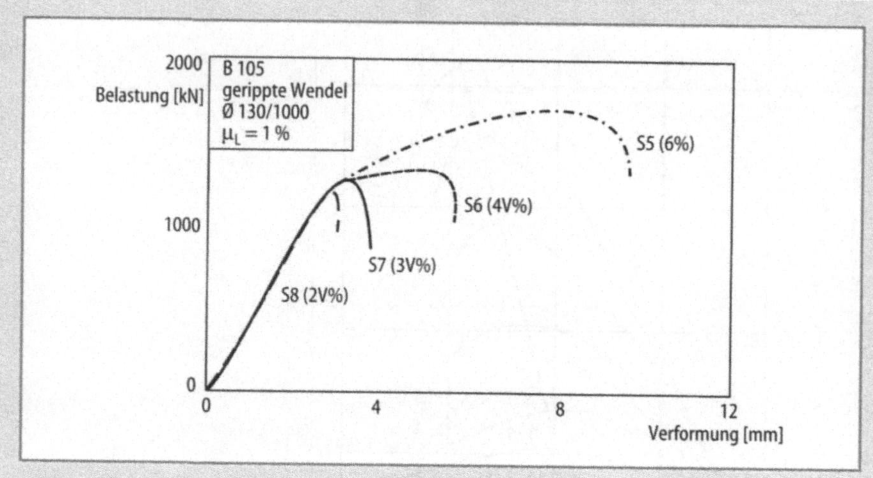

Bild 5. Typische Last-Verformungs-Linien hochfester Stützen aus [20]

dings wird in [20] gezeigt, daß um ein schlagartiges Versagen einer Stütze zu verhindern, Querbewehrungsgehalte von mindestens 6 Vol.% benötigt werden. Diese Bewehrungsgehalte sind viel zu hoch, und damit baupraktisch nicht relevant (s. Bild 5).

– Verbesserung der Zähigkeit durch Zugabe von mind. 10 Vol.% Stahlfasern [14]. Diese Stahlfasergehalte sind baupraktisch ungeeignet und bedürfen spezieller Herstellungsverfahren, da Ortbetone selbst mit Stahlfasergehalten von 2 Vol.% kaum noch einzubauen sind.

– Verbesserung der Verformungsfähigkeit bei Stützen bestehend aus einem Stahlrohr, das mit hochfestem Beton verfüllt wird. Diese Bauweise ist in Erdbebengebieten sehr empfehlenswert [12] und wurde in den USA schon realisiert [2].

In Deutschland kommt der Steigerung der Duktilität von Hochleistungsbetonen unter Druckbeanspruchung besondere Bedeutung zu, da bislang nur Druckglieder mit diesem neuen Baustoff erstellt wurden. Dabei wurde ein duktiles Bauteilverhalten bisher einzig durch Anordnung einer zusätzlichen Querbewehrung erreicht.

Wünschenswert wäre die Anwendung dieses neuen Baustoffs auch auf andere Bauteile, um die Vorteile seiner besseren Dauerhaftigkeit ausnutzen zu können.

Dies kann u. E. nur gelingen, wenn man dem hochfesten Beton seine ihm innewohnende Sprödigkeit mit vertretbarem Aufwand nimmt. Dies würde die Akzeptanz von hochfestem Beton im Bauwesen sprunghaft steigern.

Neben der höheren Festigkeit hat der hochfeste Beton noch weitere vorteilhafte Eigenschaften, auf die hier kurz eingegangen werden soll:

– Erhöhte Frühfestigkeitsentwicklung führt zum schnelleren Baufortschritt.

- Erhöhte Steifigkeit ermöglicht Tragwerke mit geringeren Verformungen.
- Erhöhter Frost-Tausalzwiderstand verbessert die Dauerhaftigkeit.
- Erhöhte Dichtheit durch verringerte Porosität sorgt für geringere Eindringtiefen von Feuchtigkeit.
- Erhöhter Abriebwiderstand sichert einen guten mechanischen Widerstand.

Auf Grund der Vielzahl der beschriebenen positiven Eigenschaften wird dieser Konstruktionswerkstoff auch Hochleistungsbeton genannt.

Da aber die Anforderungen an den Hochleistungsbeton immer höher werden, wird es in nicht ferner Zukunft zur gezielten Herstellung von Betonen kommen, die nur noch ganz spezielle Eigenschaftsverbesserungen aufweisen. Dieser Konstruktionswerkstoff wird der Bauaufgabe optimal angepaßt sein, er wird dann quasi modular aufgebaut sein.

2.3
Die Versuchssteuerung

Zur Aufzeichnung des Nachbruchverhaltens spröder Baustoffe wird eine spezielle Maschinensteuerung benötigt [20], die den Prüfkörper unter Berücksichtigung des Bruchverhaltens verformungsgesteuert belastet.

Unter ansteigender Belastung verhält sich der Probezylinder aus Hochleistungsbeton nahezu ideal elastisch gemäß dem Hook'schen Gesetz. Die Stauchung in Längsrichtung ε_l wächst proportional zur Belastung. Erreicht das Belastungsniveau ca. 90 % der Druckfestigkeit stoppt der Zuwachs der Stauchung in Längsrichtung. Statt dessen wächst die Querdehnung ε_q überproportional an. Ein ähnliches Verhalten zeigt auch der Normalbeton. Die Querdehnung nimmt hier aber schon bei ca. 60% der Druckfestigkeit überproportional zu (s. Bild 6). Die Maschi-

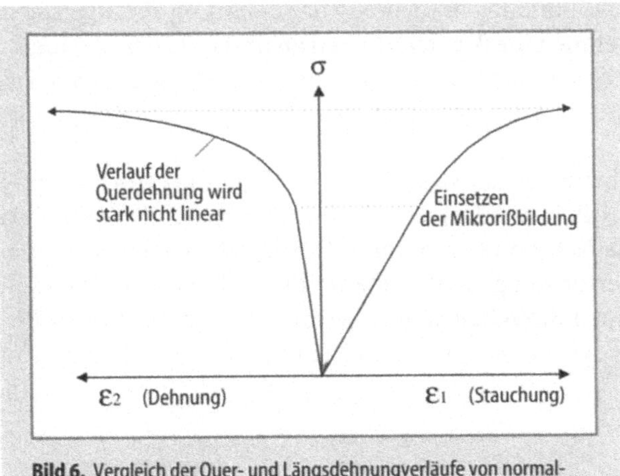

Bild 6. Vergleich der Quer- und Längsdehnungverläufe von normalfestem Beton auf Druck

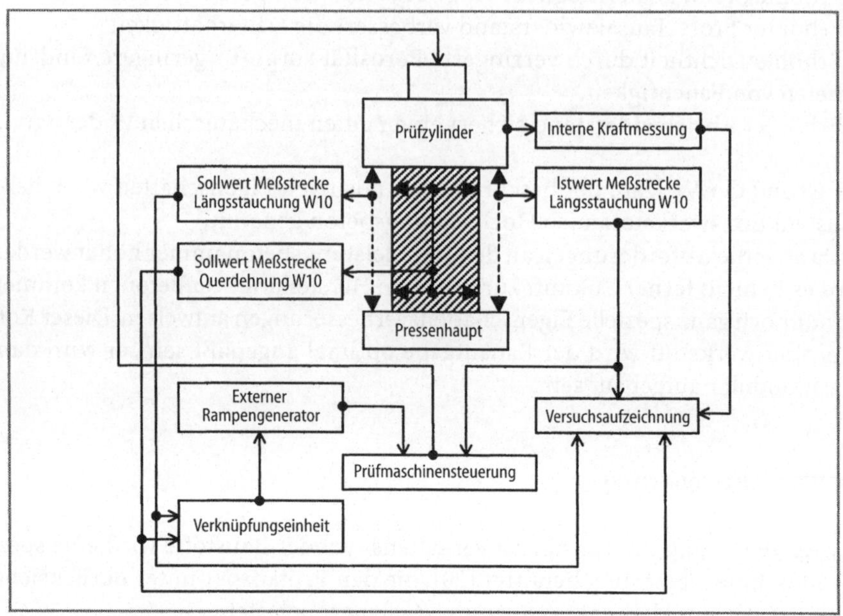

Bild 7. Prinzipskizze des Versuchsaufbaus für weggesteuerte Druckversuche

nensteuerung, die speziell zur Durchführung solcher Versuche konzipiert wurde, erfaßt diese Längs- und Querdehnungseigenschaften und errechnet ein Steuersignal, das die Belastungsgeschwindigkeit im Bereich der Druckfestigkeit verlangsamt und damit auf Bruchvorgänge sehr sensibel reagiert. Dies führt zu einer stabilen Aufzeichnung des abfallenden Astes (s. Bild 7 und 8).

Durch eine ausgeprägte Rißbildung in Richtung der Belastung kündigen Strukturen aus normalfesten Betonen ihr Bruchverhalten an und reduzieren dabei stetig ihre Steifigkeit. Dadurch kommt es zu anwachsenden Verformungen bei sich kontinuierlich verringernder Last. Es entsteht die in Bild 9 dargestellte glockenförmige σ-ε-Linien.

Völlig gegensätzlich hierzu verhält sich ein Probekörper aus Hochleistungsbeton. Dieser speichert bis zu einem Lastniveau von ca. 90 % der Druckfestigkeit die eingetragene Kraft elastisch, ohne Rißbildung. Die nach Erreichen dieser Laststufe einsetzende Querverformung wird begleitet durch Längsrißbildung und einer hieraus resultierenden Stefigkeitsabminderung. Infolge des hohen Energieniveaus kollabiert das System, meist unter Ausbildung eines lokalen Schubbruchbandes.

Bild 8. Foto von der Versuchseinrichtung

2.4
Ansätze zur Steigerung der Duktilität von Hochleistungsbetonen durch Wahl geeigneter Ausgangs- und Zusatzstoffe

2.4.1
Steigerung der Duktilität von Hochleistungsbeton (HLNB) auf Zuschlagsebene

2.4.1.1
Verwendung der Hochleistungskeramik Steatit, ein Magnesiumsilikat

Die Idee besteht, einen Zuschlag in den HLB einzubauen, der eine so hohe Druck- und Zugfestigkeit aufweist, daß sich die Schwachstelle wieder auf Seiten der Zementsteinmatrix einstellt. Ziel dieser Maßnahme sollte es sein, ein ähnliches Risseverhalten zu erzeugen, wie bei NFB, nur auf einer höheren Lastebene.

Ein geeigneter Zuschlag für diesen Modellbeton, der die oben beschriebenen Anforderungen erfüllt, ist Steatit, eine Hochleistungskeramik mit hoher Druck-

Tabelle 1. Vergleich der Materialeigenschaften von Steatit, Serpentinit und Granit

Eigenschaften	Steatit*	Serpentinit	Granit
Rohdichte [kg/dm³]	2,6	2,65	2,65
Druckfestigkeit [MPa]	min. 850	140 – 250	160 – 240
Biegezugfestigkeit [MPa]	min. 120	50 – 80	10 – 20
Elastizitätsmodul [GPa]	min. 80	keine Angabe	38 – 76

* Magnesiumsilikat

und Zugfestigkeit. Die Werkstoffeigenschaften dieses Werkstoffes sind in Tabelle 1 zu finden.

2.4.1.2
Serpentinit

Serpentinit ist ein natürlicher Zuschlag, der eine hohe Biegezugfestigkeit im Vergleich z. B. zum Granit aufweist (s. Tabelle 1).

Das Versagen eines Probekörpers unter einer Drucklast wird dadurch gekennzeichnet, daß die Zugspannung senkrecht zur Wirkungslinie der Druckkraft überschritten wird (Querzugspannungen). Bei verbesserter Zementsteinmatrix (z. B. durch die Zugabe von Microsilica) ist die Schwachstelle abermals der Zuschlag. Auf diese Weise tritt ein Bruch durch die Zuschlagskörner ein. Ein Gestein mit höherer Biegezugfestigkeit sollte also in der Lage sein eine höhere maximale Drucklast zu ertragen und somit die Zementsteinmatrix besser auszunutzen.

2.4.2
Erhöhung der Duktilität durch gezielte Veränderung der Mikrostruktur in der Zementsteinmatrix

2.4.2.1
Zugabe von Gesteinsstaub in die Zementmatrix

Das Ziel dieser ausgewählten Mischungen mit Gesteinsstaub (s. Tabelle 2) ist die Schwächung der Kontaktzone zwischen Zuschlag und Zementsteinmatrix. Der Gesteinsstaub hat die Funktion eines inerten Füllers, der in die noch freien, sehr kleine Poren der Zementsteinmatrix eingebaut wird. Das hat eine äußerst dichte Matrix zur Folge. Das Gesteinsmehl reagiert dabei nicht puzzolanisch unter Bildung festigkeitsbildender Hydratationsprodukte, wie das z. B. bei Microsilica der Fall wäre. Der schwächere Verbund in der Kontaktzone bewirkt eine bessere Energiedissipierung im Vergleich zu Betonen mit Microsilica, da der Riß um die Zuschläge verläuft. Insgesamt könnte sich ein duktileres Verhalten einstellen.

Tabelle 2. Materialeigenschaften und Siebanalyse des verwendeten Gesteinsstaubs

Eigenschaften	Gesteinsstaub	Siebanalyse	
		Korngrößen in [mm]	Durchgänge in [Massen-%]
Art des Gesteinsstaubs	Quarzporphyr (Rhyolith)	2	100
Rohdichte [kg/dm³]	2,65	0,125	96,7
Druckfestigkeit [MPa]	180 – 300	0,09	92,2
Biegezugfestigkeit [MPa]	15 – 20	0,063	86,3
Elastizitätsmodul [GPa]	25 – 50	0,054	81,05
		0,0390	71,66
		0,0325	64,24
		0,0260	55,35
		0,0185	44,97
		0,0131	35,09
		0,0077	25,70
		0,0033	14,83

2.4.2.2
Zugabe von geeigneten Polymeren in die Zementsteinmatrix

Es ist allgemein bekannt, daß Normalbetone mit Hilfe geeigneter Polymere, sog. kunststoffmodifizierte Zementbetone (engl. *Polymer modified Cement Concrete* kurz: PCC), ein sehr verformungsfähiges Verhalten aufweisen. Die Übertragung von PCC auf einen hochfesten Beton scheint, bei Verwendung geeigneter Polymere, einen möglichen Weg darzustellen, um das Verformungsverhalten von HLB zu verbessern, allerdings unter Reduzierung der Druckfestigkeit.

2.4.2.3
Erhöhung der Homogenität der Zementsteinmatrix bei gleichzeitiger Einführung duktil wirkender Silikatschichten

Angestrebtes Ziel weiterer Untersuchungen ist die Entwicklung eines neuen Betonzusatzstoffes für Hochleistungsbetone auf rein mineralischer Basis. Unsere Arbeiten haben folgende, aus der Literatur z. T. bekannte Zusammenhänge zur Grundlage [6], [10]:

Das für die Sprödigkeit in der Matrix mitverantwortliche Calciumhydroxid $Ca(OH)_2$, welches während der Hydratation entsteht und eine nicht unwesentliche Inhomogenität in der Matrix darstellt, kann durch folgende Maßnahmen, die zu einer Intensivierung der puzzolanischen Reaktion führen, effektiver abgebaut werden:

- Erhöhung des Puzzolangehaltes [5]
- Verwendung neuer wirksamerer Puzzolane im Vergleich zu Microsilica wie z.B. Metakaolin [23]. Metakaolin ($Al_2Si_2O_7$), ein im Temperaturbereich von

450-800 °C erhitztes Kaolinit, hat die doppelte puzzolanische Reaktivität (nach Chapelle-Test) im Vergleich zum bisher verwendeten Microsilica und wird seit einigen Jahren in Nordamerika eingesetzt.

– Erhöhung der Nachbehandlungstemperaturen beim Aushärten der Betone [5].
– Kurz- und langfristige Aktivierung der puzzolanischen Reaktion durch Erhöhung der Alkalität des Porenwassers [7].

Ein weiterer schon bekannter Weg zur Steigerung der Verformungsfähigkeit der Matrix ist das Einbringen von synthetisierten Xonotlitfasern bzw. von strukturell verwandten natürlichen Wollastonit-Mikrofasern, wie kanadische Studien von Low et al. an Mörtelproben belegen [21], [22]. Die strukturelle Ähnlichkeit zwischen Wollastonit als Calciumsilikat und Xonotlit als Calciumsilikathydrat basiert dabei auf ihrer Kettenstruktur.

Im Rahmen der Entwicklung eines mineralischen Zusatzstoffes untersuchten wir zunächst eine Kombination aus Metakaolin und natürlichen Wollastonit-Mikrofasern. Folgende Anforderungen wurden dabei an den neuen Betonzusatzstoff gestellt:

– Der Einsatz des mineralischen Betonzusatzstoffes sollte zur Steigerung der Duktilität der Matrix und des Betons ohne signifikante Erniedrigung der Druckfestigkeit des Betons führen.
– Eine gute Verarbeitbarkeit des Betons sollte weiterhin gewährleistet sein, d.h. es sollte kein wesentlich erhöhter Fließmittelanspruch entstehen.
– Die Verwendung des mineralischen Betonzusatzstoffes sollte keine negative Änderung hinsichtlich der Betoneigenschaften wie Schwinden, Frost-, Frost-Tausalzverhalten bedingen.
– Aus Korrosionsschutzgründen sollte der pH-Wert im Porenwasser des Betons nicht unter 11,5 liegen.

Dazu wurden zunächst zwei Metakaolin-Sorten der Firma ECC International (England) mit gleicher puzzolanischer Aktivität hinsichtlich ihres Einflusses auf die Druckfestigkeit der Hochleistungsbetone und ihrer Verarbeitbarkeit untersucht (s. Tabelle 3).

Tabelle 3. Einfluß des Puzzolan-Typs auf die Druckfestigkeit des Betons

(MK500)/z [%]	(MK501)/z [%]	SF/z [%]	w/b b=(z+MK) bzw.(z+SF)	f_{cm}* [MN/m²]	
				7 d	28 d
–	–	8	0,28	106,1	120,0
–	8	–	0,28	107,4	121,2
8	–	–	0,28	104,6	119,6

* Mittelwert

Tabelle 4. Einfluß der Korngrößenverteilung und der Modifizierung des Wollastonits auf die Druckfestigkeit der Betone

Wollastonittyp (Wo)	Korngröße < 10 mm	Faser- geometrie L/D	Wo/z [%]	w/z [-]	FM/z [%]	f_{cm}* [MN/m²]	
						7 d	28 d
FW 200	31 %	3 : 1	6	0,31	3,35	103,7	121,4
NYAD 400	63 %	5 : 1	6	0,31	3,35	95,8	128,6
NYAD 1250	97 %	3 : 1	6	0,31	3,35	108,1	125,4
NYAD400+**	91 % (<12 mm)		6	0,31	4,0	108,1	130,3

* Mittelwert   ** mit Tremin 283-600 MST (1:1)

Metakaolin Metastar 500 (MK 500) mit einem relativ hohen Fe_2O_3-Anteil läßt sich schlechter verarbeiten als Metakaolin Metastar 501 (MK 501). Der Beton mit Metastar 501 zeigt dabei eine schnellere Festigkeitsentwicklung. Es wurden keine Unterschiede in den Druckfestigkeiten der Betone mit Metakaolin und Microsilica (SF) festgestellt.

Ziel weiterer Untersuchungen war die Verbesserung der Verarbeitbarkeit der Betone mit Metakaolin unter Einsatz chemischer Zusätze und eines geeigneten Fließmitteltyps.

In diesem Zusammenhang wurden mehrere Fließmitteltypen getestet. Eine bessere Verarbeitbarkeit des Betons wurde erreicht bei Einsatz von Fließmitteln auf Naphthalinsulfonatbasis und Phosphatverzögerer wie Grahamschen Salz bzw. handelsüblichen Verzögeren wie LENTAN VZ 32 von WOERMANN.

Weiterhin wurden unterschiedliche Wollastonitsorten mit verschiedener Korngrößenverteilung und unterschiedlicher Fasergeometrie (L/D) getestet. Es wurden die Wollastonit-Mikrofasern vom Typ NYAD 400, NYAD 1250 der Firma NYCO MINERALS, INC., Willsboro, USA und Wollastonit FW 200 von der Partek-Industriemineralien AG, Finnland sowie Tremin 283-600 MST (Wollastonit mit Methacrylsilanbeschichtung) der Quarzwerke Frechen eingesetzt (s. Tabelle 4).

Bei den o.a. Mischungen wurden nur unwesentliche Schwankungen der Druckfestigkeit beobachtet. Unabhängig von der Korngrößenverteilung ist die Verarbeitbarkeit der unmodifizierten Wollastonitsorten annähernd gleich. Ein höherer Fließmittelanspruch ergibt sich nur bei der Mischung von unmodifiziertem Wollastonit NYAD 400 und modifiziertem Wollastonit TREMIN 283-600 MST.

Weiterhin wurde in ersten Versuchen geprüft, inwiefern der pH-Wert des Porenwassers im Beton bei Einsatz von Metakaolin unter den für den Korrosionsschutz erforderlichen Wert von 11,5 sinkt.

Tabelle 5 zeigt die Ergebnisse der pH-Wert-Messungen 50 Tage nach Herstellung der Betone.

Selbst bei einem Verhältnis MK 500/z von 20,9 und einem w/z-Wert von 0,34 sinkt der pH-Wert nicht unter 11,5. Umfangreichere Untersuchungen mit dem Metakaolin Metastar 501 zur endgültigen Abklärung dieses Sachverhalts sind vorgesehen.

Tabelle 5. Abhängigkeit des pH-Wertes im Beton von der eingesetzten Metakaolinkonzentration

MK500/z [%]	w/z [-]	pH-Wert [-]
8,9	0,30	11,8
17,8	0,31	11,8
20,9	0,34	11,7

Weiterhin soll der Einfluß von Wollastonit, dessen Einsatz zu einer weiteren Verdichtung des Porengefüges in der Matrix und damit vermutlich zu einer Behinderung der puzzolanischen Reaktion führt, auf das Alkalitätsdepot im Beton untersucht werden.

2.4.3
Testprogramm

Die Referenzmischung R2b (Mischungsentwurf s. Tabelle 6) mit einer Würfeldruckfestigkeit (f_{cm}) von 120 MPa wurde modifiziert, um die Auswirkungen der verschiedenen beschriebenen Ansätze auf ein verbessertes Verformungsverhalten beurteilen zu können.

Tabelle 7 gibt einen Überblick auf eine Auswahl von Mischungsansätzen auf der Grundlage der in Abschnitt 2.4.1. und 2.4.2. beschriebenen Ideen. Diese Mischungen werden, hinsichtlich ihres Verformungsverhaltens, mit der Referenzmischung R2b im einachsigen Druckversuch verglichen.

Um das Bruchverhalten der modifizierten Hochleistungsbetone testen zu können, wurden zylindrische Prüfkörper analog zu den beschriebenen in Kapitel 2.3 hergestellt. Die speziellen Anforderungen an die Prüfmaschine, die zur stabilen Aufzeichnung des Nachbruchverhaltens nötig sind, wurden ebenfalls in Kapitel 2.3 erläutert.

Tabelle 6. Mischungsentwurf und Betoneigenschaften des Referenzbetons R2b

CEM I 52,5 R Wittekind	[kg/m³]	450,00
Wasser	[kg/m³]	88,00
Microsilica (slurry 1:1)	[kg/m³]	72,00
Sand 0/2	[kg/m³]	572,00
Granitsplitt 2/5	[kg/m³]	268,00
Granitsplitt 5/8	[kg/m³]	215,00
Granitsplitt 8/11	[kg/m³]	340,00
Granitsplitt 11/16	[kg/m³]	394,00
Ausbreitmaß	[cm]	47
Wasser-/Bindemittelwert (w/b)	[-]	0,28
Würfeldruckfestigkeit (f_{cm}) nach 7 Tagen	[MN/m²]	106,1
Würfeldruckfestigkeit (f_{cm}) nach 28 Tagen	[MN/m²]	120,0

Tabelle 7. Überblick auf eine Auswahl von verschiedenen Mischungsansätzen zur Untersuchung der Verformungsfähigkeit im Vergleich zum Referenzbeton

Name	Modifizierte Elemente	Ausbreitmaß [cm]	w/b [-]	f_{cm}[a] nach 7 d [MN/m²]	f_{cm}[a] nach 28 d [MN/m²]
NFB	Siehe Tabelle 8				
PCB 3	Zugabe einer Kunststoffdispersion[b] mit K/z = 0,07 in die Zementsteinmatrix	50	0,28	72,9	87,3
SP 1	Vollaustausch der Splittfraktion durch Serpentinit	43	0,28	79,6	87,7
SM 2	Volumenmäßiger Austausch von Microsilica durch Quarzporphyr (Rhyolith)	43	0,31	115,5	115,6
M 10	Austausch der Splittfraktion 5/8 durch Steatit	55	0,28	101,3	129,5
M 13	Austausch aller Splittfraktionen durch Steatit	50	0,28	97,2	119,5
Met 14	MK 501/z=0,09 Wo/z=0,13	55	0,32	107,5	122,1

[a] Durchschnittswert aus drei Messungen [b] Styrol-Butadien-Copolymerisat

Tabelle 8. Mischungsentwurf und Betoneigenschaften des verwendeten Normalbetons

CEM I 42,5 R Heidelberger	[kg/m³]	375,00
Wasser	[kg/m³]	185,42
Microsilica (slurry 1:1)	[kg/m³]	–
Sand 0/2	[kg/m³]	705,00
Kies 2/4	[kg/m³]	236,00
Kies 4/8	[kg/m³]	336,00
Kies 8/16	[kg/m³]	403,00
Ausbreitmaß	[cm]	50
Wasser-/Bindemittelwert (w/b)	[-]	0,49
Würfeldruckfestigkeit (f_{cm}) nach 7 Tagen	[MN/m²]	41,6
Würfeldruckfestigkeit (f_{cm}) nach 28 Tagen	[MN/m²]	49,0

2.4.4
Ergebnisse des Versuchsprogramms

Bild 9 zeigt typische σ-ε-Linien vom hochfesten Referenzbeton im Vergleich zum Normalbeton.

Der abfallende Ast der σ-ε-Linie von Normalbeton ist weniger steil, als der des hochfesten Normalbetons. Darüber hinaus zeigt der hochfeste Referenzbeton ei-

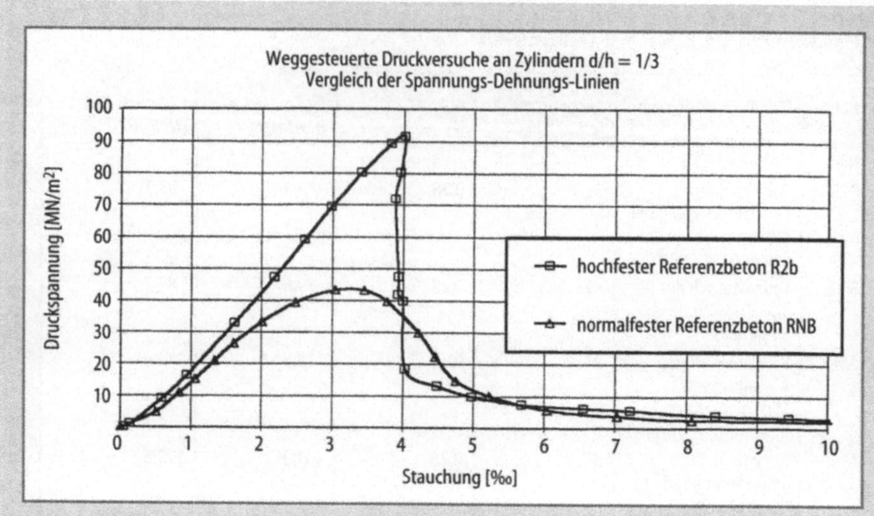

Bild 9. Vergleich der σ-ε-Linien von normalfestem und hochfestem Referenzbeton

nen ausgeprägten Peak. Die σ-ε-Linie von Normalbeton zeigt keinen derartig ausgebildeten Peak, vielmehr ist der Verlauf viel stetiger. Die Fähigkeit eines Materials im Bereich der maximal aufzunehmenden Last eine sehr große Verformung zu erlauben, kennzeichnen einen duktilen Beton. Dies zeigt die σ-ε-Linie vom Normalbeton in eindrucksvoller Weise.

Das Ziel der verschiedenen Mischungsvarianten ist die Schaffung eines ähnlichen Verlaufs der σ-ε-Linie des Normalbetons auf höherem Lastniveau.

Das Bild 10 zeigt, daß die Mischungen M10 und M13 sind affin zueinander.

Der Elastizitätsmodul der Mischungen M10 bzw. M13 ist größer als der vom hochfesten Referenzbeton.

Die Mischung M10 mit Austausch einer Kornfraktion (5-8er Splittfraktion) erreicht eine höhere aufnehmbare Maximallast, als die Mischung M13, bei der die gesamten Splittfraktionen (2 bis 16) ausgetauscht wurden. Es soll hier nicht unerwähnt bleiben, daß die Oberflächen von Steatit sehr glatt sind. und dadurch eine geschwächte Kontaktzone besteht.

Der abfallende Ast der Mischung M10 ist weniger steil als der der Mischung M13.

Eine signifikante Verbesserung der Verformungsfähigkeit solcher modifizierter Betone (M10, M13) kann zum jetzigen Zeitpunkt der Untersuchung nicht festgestellt werden.

Die Mischung SP 1 verhält sich affin zur Referenzmischung, aber auf einem niedrigeren Lastniveau, aufgrund der geringeren Druckfestigkeit des Serpentinit im Vergleich zum Granit (s. Tabelle 1). Eine Verbesserung der Verformungsfähigkeit konnte nicht festgestellt werden.

Bild 11 zeigt unter anderem die Mischung Met 14 mit einem verbesserten Nachbruchverhalten.

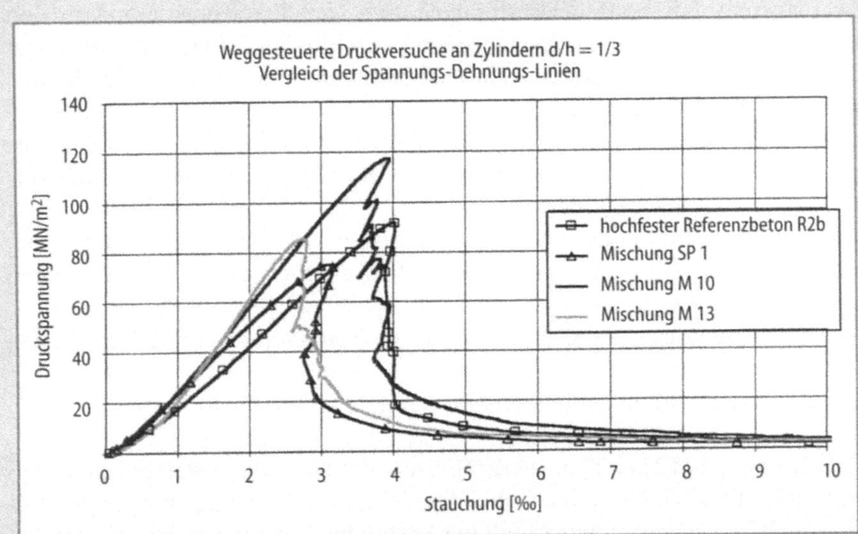

Bild 10. σ-ε-Linie des hochfesten Referenzbetons im Vergleich zu Mischungen unter Verwendung von Hochleistungskeramik als Zuschlag (Komplett- (M 13) bzw. Teilaustausch (M 10) der Zuschlagsfraktionen), sowie unter Verwendung von Serpentinit (SP 1)

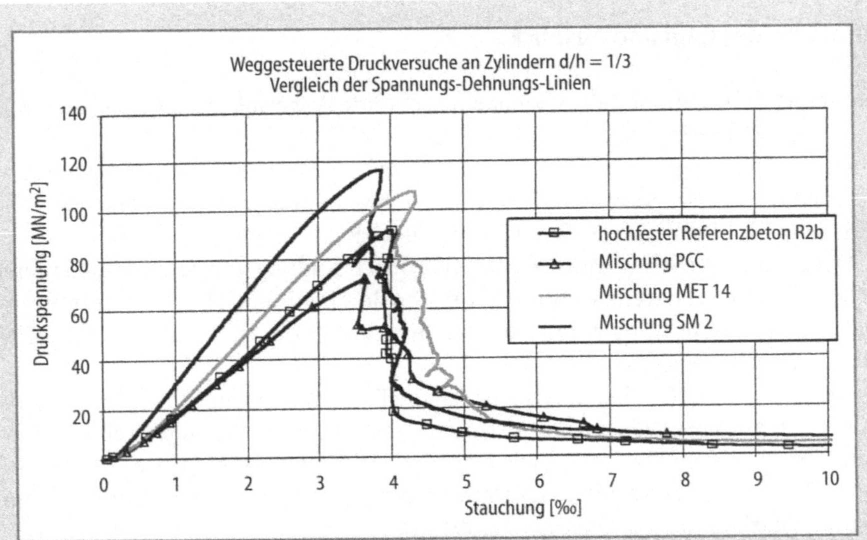

Bild 11. σ-ε-Linie von hochfestem Referenzbeton im Vergleich zu einem Beton mit Metakaolin und Wollastonit (MET 14), einem Beton mit Gesteinsstaub (SM2) und einem kunststoffmodifizierten hochfesten Zementbeton (PCC)

Zwar ist ein Abfall der Druckkraft um ca. 20 % nach Erreichen der maximalen aufnehmbaren Last zu verzeichnen, doch der anschließend abfallende Ast ist weniger steil als der des hochfesten Referenzbetons. Der Elastizitätsmodul der Mischung MET 14 ist dabei höher.

Erste Ergebnisse unter Anwendung von Polymeren in der hochfesten Zementmatrix zeigen ein duktileres Verhalten (siehe Bild 11), wobei die maximal aufnehmbare Last jedoch reduziert ist.

Der abfallende Ast der σ-ε-Linie des hochfesten PCC's ist weniger steil ausgeprägt und zeigt im Bereich der maximal aufnehmenden Last den gewünschten ausgerundeten Verlauf.

Störend wirkt noch der plötzliche Verlust an Festigkeit direkt nach Erreichen der maximalen Last.

Die Elastizitätsmoduli der beiden Mischungen im Bild 11 sind ungefähr gleich groß.

Die Mischung SM 2 zeigt eine Vergrößerung der Druckfestigkeit bei gleichzeitig erhöhtem Elastizitätsmodul, wobei der abfallende Ast weniger steil ausgebildet ist. Auch hier ist ein steiler Abfall der Lasten nach Erreichen des maximalen Wertes festzustellen, der sich aber bei ca. 80 % der maximalen Druckspannung stabilisiert. Diese Mischung zeigt ein duktileres Verhalten auf höherem Lastniveau als der Referenzbeton.

2.5
Zusammenfassung und Ausblick

Die ersten Testresultate zeigen vielversprechende Wege auf, um die Duktilität mit Hilfe von hochfesten PCC zu verbessern.

Ein anderer Weg zur Verbesserung der Verformungsfähigkeit von hochfesten Betonen könnte eine Kombination geeigneter Mischungen mit Polypropylen-Fasern sein, die eine starke Rißverästelung bewirken.

Dabei soll eine Schwächung der Matrix durch Bildung von Mikrorissen in der Bruchprozeßzone bereits vor dem Erreichen der maximalen Druckspannung erzielt werden. Eine Abflachung des steilen Astes in der Spannungs-Dehnungs-Linie wäre die Folge.

Der gleiche Effekt wird durch zusätzliche Einführung von Schwachstellen auf mineralischer Basis, wie z. B. mit Vermiculit oder Pyrophyllit, angestrebt. Zu ähnlichen Ergebnissen kommen auch Penttala und Komonen in [17]. Sie setzen innerte Füller, sog. Mikrofüller ein. Dabei verwenden sie u. a. Magnesiumcarbonate und Quarzmehle (Korngröße: 1-100 µm).

Außerdem fanden sie heraus, daß diese Quarzmehle die Fähigkeit besitzen, Risse zu stoppen. Die gleiche rißstoppende Eigenschaft haben laut Untersuchungen von Beaudoin et al. Nickel-Partikel im Durchmesser von 0,3 bis 5,0 µm (s. [3]). Bei einer Zugabe der Nickel-Kleinstpartikel stellt sich desweiteren eine verringerte Porosität des Zementstein ein. Die Biegezugfestigkeit nimmt um ca 50 % zu.

Alexander untersucht in [1] den Einfluß ausgewählter Zuschläge auf die Bruchzähigkeiten von Beton. Besonders günstig erweist sich dabei das Gestein Andesit. Untersuchungen in [17] kommen zu dem Ergebnis, daß sich die Biegezugfestigkeiten durch die Zuschläge Bauxit und Gabbro im Vergleich zu Granit signifikant erhöhen lassen.

Versuche unter Einsatz von Hochleistungskeramik mit rauher Oberfläche, die einen stärkeren Verbund zwischen Matrix und Zuschlag gewährleistet, sollen die Testreihe abrunden. Ähnliche Aussagen bzgl. dieser Eigenschaften eines Zuschlags (großer Elastizitätsmoduls, rauhe Oberflächenbeschaffenheit) findet man in [17].

Desweitern stellten wir ein verbessertes Nachbruchverhalten unter Verwendung eines innerten Füllers (hier: Quarzporphyr) fest.

Dabei führten Mischungen, die unter Verwendung von Puzzolanen hergestellt wurden, zu einem spröderen Verhalten des Betons als vergleichende Mischungen ohne Puzzolan. Dies stellten auch Low [13] an umfangreichen Untersuchungen an Mörteln fest. Zu gleichen Aussagen kommt auch Penttala [17] für Beton.

Die ersten Testresultate zeigen vielversprechende Wege auf, um die Duktilität von Hochleistungsbetonen mit Hilfe von speziell ausgewählten Ausgangs- und Betonzusatzstoffen zu verbessern.

Auf dieser Grundlage wurde ein erweitertes Versuchsprogramm zusammengestellt, um die Verformungsfähigkeit hochfesten Betonen bis B85 zu verbessern. Gerade für hochfeste Betone bis B85 bestünde in der Praxis eine erhöhte Nachfrage, wenn es gelänge diesem Baustoff seine Sprödigkeit zu nehmen. Die Nachfrage nach Betonen solcher Festigkeitsklassen würde sprunghaft steigen. Beispielhaft seien hier nur einige Anwendungsbereiche genannt, wie z.B. Tunnelschalen, vorgespannte schlanke Brückenlängsträger, Durchstanzbereich von Flachdecken, Verstärkungsmaßnahmen an Biegeträgern oder Stützen des Hochbaus.

In Einzelnen stellen sich die möglichen Wege der Steigerung der Duktilität, wie folgt dar:
- Gezielte Schwächung der Kontaktzone zwischen Zuschlag und Zementsteinmatrix
  1. Verwenden von verschiedenen inerten Füllern, wie Quarzporphyr, Quarzmehl, Kalksteinmehl, Pyrophyillit und Wollastonit und mineralischen Mikrohohlkugeln. Es sei noch darauf hingewiesen, daß Paschmann und Grube in [16] zeigen, daß inerte Füller (hier wurden Kalkstein- und Quarzmehl untersucht) die Dichtheit nicht wesentlich steigern, wohingegen Microsilica diese Betoneigenschaften wesentlich verbessert. Eine geeignete Kombination mit reduziertem Microsilika-Gehalt und inertem Füller könnte beide positiven Eigenschaften miteinander verknüpfen. Low [13] gibt für Mörtel einen optimalen Mikrosilica-Gehalt von 5 Massen-% bezogen auf den Zementgehalt an.
  2. Einsatz eines nicht so reaktiven Puzzolans, wie z.B. Steinkohleflugaschen, wobei für die Reaktivität die Korngrößenverteilung, der Glas-Anteil und der CaO-Gehalt entscheidend ist. Dabei ist auch der zeitliche Ablauf der

puzzolanischen Reaktion in Abhängigkeit von der Zementart und des Flug-
aschetyps zu beachten.

- Verwendung von speziell ausgewählten Zuschlägen
- Variation der Zementart
- Einbringen von Rißstoppern, wie z.B. von den oben beschriebenen mineralischen Fasern, sowie von Nickel-Feinstpartikeln.
- Vergrößerung der Oberfläche der Kontaktzone durch Verwenden von kleineren Zuschlagkorngrößen bei Beibehaltung gleicher Sieblinien.
- In Verbindung mit einer gezielten Mikrorißbildung an der Zuschlagoberfläche würde sich so der freiwerdene elastische Energieanteil reduzieren und
  damit ein duktileres Bauteilverhalten zur Folge haben.

Tabelle 9 gibt eine Kurzübersicht der schon getesteten Mischungen aus dem er-
weitertem Versuchsprogramm.

Dabei stellten wir folgendes fest, wie die Bilder 12 und 13 zeigen:

Mit der Festigkeitsentwicklung der Betone geht ein Verlust an Verformungver-
mögen einher.

Bei einer Lagerung der Prüfkörper von 28 Tagen im Wasserbad (nach ISO)
stellt sich ein duktileres Verhalten zum Zeitpunkt der Prüfung ein. Dies muß bei
der Auswertung der Spannungs-Dehnungs-Linien berücksichtigt werden.

Dabei ist bemerkenswert, daß die Flächen vergleichbarer Mischungen unterhalb der Kurve nahezu gleich sind. Bildet man das Produkt aus Fläche und dem
Volumen des Körpers, so erhält man einen Wert, der die Dimension [Nm], also
die Brucharbeit (BA) darstellt. Tabelle 11 faßt die Werte zusammen.

Tabelle 9. Überblick auf eine Auswahl von verschiedenen Mischungsansätzen zur Untersuchung der Verformungsfähigkeit im Vergleich zum Referenzbeton RB

Name	Modifizierte Elemente	Ausbreitmaß [cm]	w/b [-]	f_{cm}[a] nach 7 d [MN/m²]	f_{cm}[a] nach 28 d [MN/m²]
RNB	Siehe Tabelle 8				
RB	Siehe Tabelle 10				
BSM1	Austausch des Sands durch 12 M%/z NYAD G (Wollastonit) und 9,1M% / z Quarzprophyr	42	0,36	72,5	84,1
PSM1	Austausch des Sands durch 12 M%/z NYAD G (Wollastonit) und 0,2 Vol% Polyprop-Fasern	42	0,42	57,6	65,6
BQSM1	Austausch des Sands durch 21,1 M% / z Quarzmehl	53	0,39	64,7	83,4
WWOL1	Austausch des Sands durch 21,1 M% / z NYAD G (Wollastonit)	50	0,38	69,5	81,3

Tabelle 10. Mischungsentwurf und Betoneigenschaften des untersuchten Referenzbetons RB

CEM I 42,5 R Schwenk, Bernburg	[kg/m³]	450,00
Wasser	[kg/m³]	118,0
Microsilica (slurry 1:1)	[kg/m³]	45,0
Sand 0/2	[kg/m³]	572,00
Granitsplitt 2/5	[kg/m³]	268,00
Granitsplitt 5/8	[kg/m³]	214,00
Granitsplitt 8/11	[kg/m³]	340,00
Granitsplitt 11/16	[kg/m³]	393,00
Fließmittel Woermann FM 26	[kg/m³]	18,00
Verzögerer Woermann VZ 32	[kg/m³]	1,8
Ausbreitmaß	[cm]	55
Wasser-/Bindemittelwert (w/b)	[-]	0,36
Würfeldruckfestigkeit (f_{cm}) nach 7 Tagen	[MN/m²]	68,2
Würfeldruckfestigkeit (f_{cm}) nach 28 Tagen	[MN/m²]	74,7

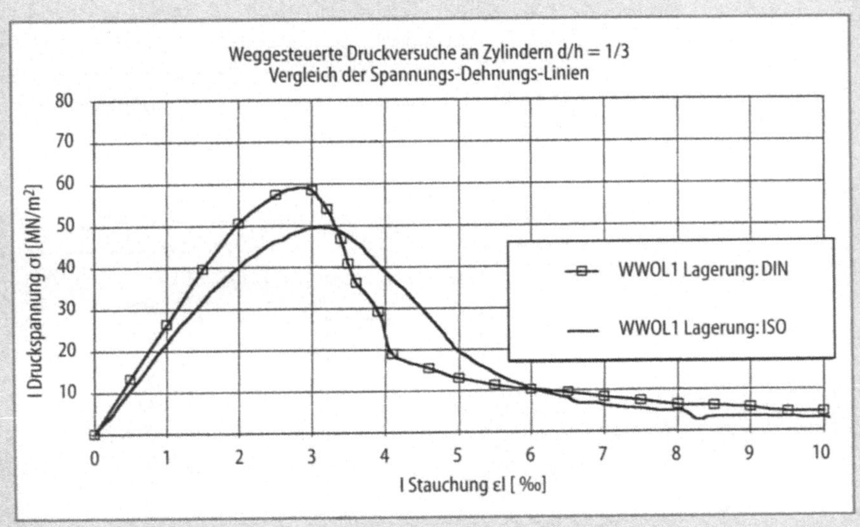

Bild 12. Vergleich der Auswirkungen der Lagerungsbedingungen (nach DIN bzw. ISO) der Prüfkörper am Beispiel der Mischung WWOL1.

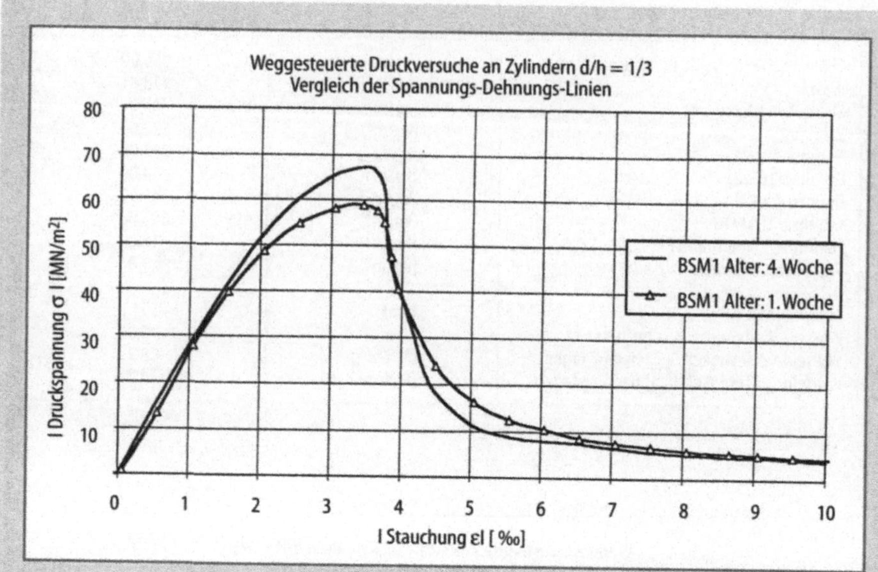

Bild 13. Vergleich der zeitliche Entwicklung der Verformungsfähigkeit der Mischung BSM1 nach der 1. und 4. Woche nach Herstellung, gleiche Lagerungsbedingungen

Tabelle 11. Übersicht

Mischung [-]	Alter (Lagerung) [Wochen]	BA [Nm]
WWOL1	4 (DIN)	484
WWOL1	4 (ISO)	468
BSM1	1	531
BSM1	4	540
RNB	8	329
RB	8	456
PSM1	8	609
BQSM1	8	648

Bild 14 zeigt ein Vergleich der Referenzmischungen zu Mischungen mit verbessertem Verformungsverhalten.

Besondere Beachtung sollte man den hohen Feinstkornanteil widmen, der sich bei solchen modifizierten Mischungen abzeichnet. Hier sind noch weitere betontechnologische Untersuchungen dringend geboten.

Insgesamt ist festzustellen, daß sich vielversprechende Wege auftun, die Sprödigkeit der Hochleistungsbetone und auch der Leichtbetone zu reduzieren.

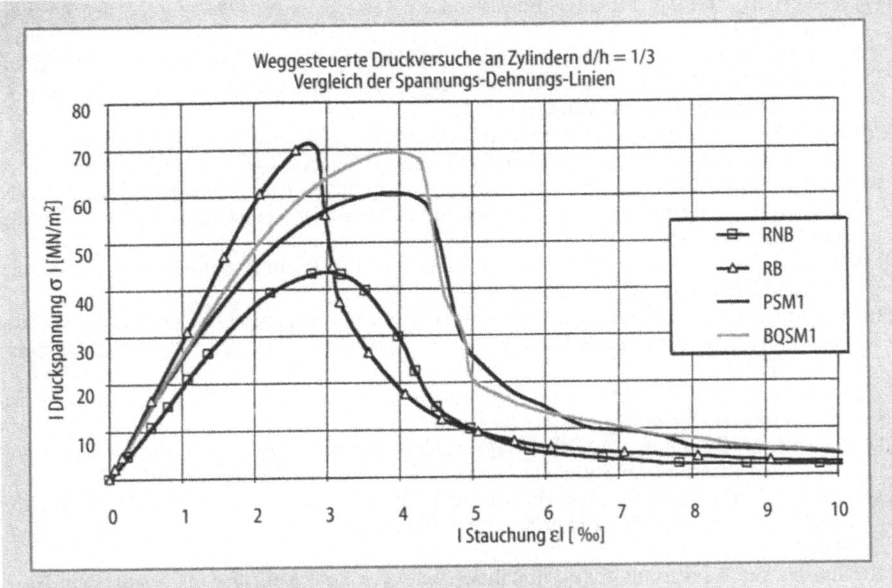

Bild 14. Vergleich der Mischungen mit verbessertem Verformungsvermögen

Literatur

[1] Alexander, M.G.; Mindess, S.; Qu, L.: The influence of rock and cement types on the fracture properties of the interfacial zone. In: Maso JC (ed) Interfaces in cementitious composites. pp129-137, E & FN SPON, London: 1992

[2] Application of High Performance Concrete. Report of the CEB-FIP Working Group on High Strength/High Performance Concrete. CEB Bulletin d`information, (1994) Vol 222.

[3] Beaudoin, J.J.; GU P.; Myers, R.E.: Flexural strength of cement paste composites containing micron and sub-micron nickel particulates. Cement and concrete Resarch (1997) 27, pp 23.

[4] Bentur, A.: Microstructure of high strength concrete. In: Darmstädter Massivbau Seminar (1991) Bd 6, S. IV 1-17.

[5] Cheyrezy, M.H.; Maret, V.; Frouin L.: Microstructural analysis of RPC. Cement and Concrete Research (1995) 25, pp 1491.

[6] Deutschmann, K.; Lewis, J.; Sicker, A.: Improving the ductility of high performance concrete under compression without steel fibres. In: Leipzig Annual Civil Engineering Report (1996) 1, Eigenverlag, Leipzig, S. 143 ff.

[7] Flor, D.: Wirkungsmechanismen von Silicastaub als Betonzusatzstoff. In: ibac-Mitteilungen, RWTH Aachen, Diplomarbeit 1995

[8] Held, M.: Ein Beitrag zur Herstellung und Bemessung von Druckgliedern aus hochfestem Normalbeton (B60-B125). TH Darmstadt, Diss. 1992

[9] König, G.; Deutschmann, K.; Kützing, L.; Meyer, J.: High Performance Concrete with improved ductility. (Vortrag auf dem Kongress: New Technologies in Structural Engineering am 02 bis 05 Juli 1997 in Lissabon).

[10] König, G.; Deutschmann, K.; Kützing, L.; Meyer, J.; Sicker, A.: Some aspects about increasing ductility of high performance concrete (Beitrag anläßlich der CANMET Conference 1998 in Bangkok).

[11] König, G.; Grimm, R.: Hochleistungsbeton. In: Betonkalender 1996 Teil 2, Ernst & Sohn, Berlin: 1996

[12] König; G.; Grimm; R.; Simsch, G.: Ductility of beams and columns made of HSC/ HPC. In: Brandt AM, Li VC, Marshall IH (eds). Proc. Int. Symp.: Brittle Matrix Composites 4. IKE and Woodhead Publ., Warshaw: 1994

[13] Low, N.M.P.; Beaudoin, J.J.: Flexural strength and microstructure of cement binders reinforced with wollastonit micro-fibres. Cement and Concrete Research 23 (1993) pp 905.

[14] Marikunte, S.; Shah, S.P.: New trends, industrial application. In: Aguado A, Gettu R, Shah SP (eds) Engineering of Cement-based composites in concrete technology. E & FN SPON, pp 83, London: 1994

[15] Mayer, L.: Neue Entwicklungen beim Einsatz von Hochleistungsbeton (Vortrag auf dem Deutschen Betontag 1995 am 28 April 1995 in Hamburg).

[16] Paschmann, H.; Grube, H.: Einfluß mineralischer und organischer Zusatzstoffe auf die Dichtheit gegenüber organischen Flüssigkeiten und auf weitere Eigenschaften des Betons. Beton (1994) 2.

[17] Penttala, V.; Komonen, J.: Effects of aggregates and microfillers on the flexural properties of concrete. Magazine of Concrete Research (1997) 49: pp 81.

[18] Remmel, G.: Zum Zug- und Schubtragverhalten von Bauteilen aus hochfestem Beton. In: Deutscher Ausschuß für Stahlbeton (1994) Heft 444, Beuth-Verlag, Berlin.

[19] Schrage, I.; König, G.; Bergner, H.; Grimm, R.; Remmel, G.; Simsch, G.: Sachstandbericht: Hochfester Beton. In: Deutscher Ausschuß für Stahlbeton (1993) Heft 438. Beuth-Verlag, Berlin.

[20] Simsch, G.: Tragverhalten von hochbeanspruchten Druckstützen aus hochfestem Normalbeton (B65-B115). TH Darmstadt, Diss. 1994

[21] Sun, G.K,; Young, J.F.: Hydration reactions in autoclaved DSP cements. Advances in Cement Research (1993) 5: pp 163.

[22] Taylor, H.F.W.: A review of autoclave calcium silicates. Proceeding of the International symposium on Autoclave Calcium Silicate Building Materials 1995, pp 195.

[23] Zhang, M.H,; Malhotra, V.M.: Characteristics of a thermally activated alumino-silicate pozzolanic material and its use in concrete. Cement and Concrete Research (1995) 25: pp 1713.

Zwangbewehrung und Rißbreite in Einschnürungsbereichen langer fugenloser Stahlbetonbauteile mit festgehaltenen Enden

H. Kupfer, H. B. Kupfer

3 Zwangbewehrung und Rißbreite in Einschnürungsbereichen langer fugenloser Stahlbetonbauteile mit festgehaltenen Enden

H. Kupfer, H. B. Kupfer

3.1 Einführung

Es ist heute üblich, selbst in sehr langen, nicht zwangfrei, also nicht verschieblich gelagerten Stahlbetonkonstruktionen auf die Anordnung von Dehnungsfugen zu verzichten und statt dessen durch eine entsprechend starke risseverteilende Bewehrung die Breite der durch Zwangspannungen erzeugten Risse auf ein zulässiges Maß zu beschränken. Zur Ermittlung dieser Bewehrung werden Hilfsmittel wie z.B. [2] und [3] benutzt, die auf einer Arbeit von Schießl [1] beruhen. Dabei ist angenommen, daß die Zwangkräfte infolge abfließender Hydratationswärme, Schwinden und klimatisch bedingter Temperaturänderung längs der betrachteten Stahlbetonbauteile annähernd gleichmäßige Zwangdehnungen hervorrufen. Im folgenden wird gezeigt, daß diese Annahme für die Bestimmung der Zwangbewehrung nicht ausreicht, wenn diese Bauteile erhebliche Einschnürungen bzw. stark veränderliche Querschnitte aufweisen. In diesen taillierten Bereichen treten nämlich erhöhte Zwangdehnungen auf, weil die anschließenden ungeschwächten Bereiche ungerissen bleiben. Dies führt zu einer gegenüber prismatischen Bauteilen erhöhten Zwangbewehrung in den Einschnürungsbereichen und in den anschließenden Ausstrahlungsbereichen der Zwangzugkräfte.

3.2 Hinweise zum fugenlosen Bauen

Grundsätzlich existieren drei Möglichkeiten, um die Rißbreite in langen Stahlbetonbauteilen zu beschränken:
- die zwangfreie Lagerung der langen Bauteile
- die Anordnung von Dehnungsfugen in relativ kurzen Abständen
- der Einbau einer ausreichend starken risseverteilenden Bewehrung (Zwangbewehrung)

Hierzu ist folgendes zu bemerken:
Eine zwangfreie Lagerung der langen Bauteile kommt eigentlich nur im Brückenbau in Frage. Im Hochbau scheidet sie dagegen zumeist aus Kostengründen aus.

Die Anordnung von Dehnungsfugen hat sich bei langen Bauteilen bzw. Baukörpern aus Stahlbeton von Anfang an, also etwa seit Ende des vorigen Jahrhunderts, sehr gut bewährt. Man bevorzugte dabei Dehnfugenabstände von 20 bis 30 m (vgl. DIN 1045, Ausgabe Juli 1988, Abschn. 14.4, Bauwerke mit großen Längenänderungen).

Bei Stahlbetondächern empfiehlt die Norm in Abschn. 14.4.1, (2) die temperaturbedingten Längenänderungen durch Anordnung einer Wärmedämmschicht an der Oberseite der Stahlbetonkonstruktion oder durch Verwendung von Beton mit kleiner Wärmedehnzahl zu verkleinern. Außerdem könne die Auswirkung der Temperaturbewegung auf die unterstützenden Teile durch bauliche Maßnahmen vermindert werden, wie z.B. durch einen kleinen Abstand der Bewegungsfugen oder durch zwangarme Lagerung mittels Gleitlagern, Gleitschichten oder Pendelstützen.

Die Norm verweist in Abschn. 14.4.2, vor allem aufgrund der im 2. Weltkrieg gemachten Erfahrungen, auf die Temperaturdehnung der Gebäude im Brandfall und empfiehlt, die Dehnfugenabstände nicht größer als 30 m und die Fugenbreite nicht kleiner als 1/1200 des Fugenabstandes zu wählen. Bei besonders großer Brandgefahr solle man die Fugenbreite sogar verdoppeln. In Abschn. 14.4.3 wird sodann auf die Ausbildung und die Anordnung der Dehnungsfugen eingegangen.

Aus heutiger Sicht erscheint dieser Abschnitt der Norm größtenteils überholt, weil große Flächenbrände, die zu großen Temperaturdehnungen führen würden, erfahrungsgemäß eine sehr geringe Auftretenswahrscheinlichkeit haben. Der Grundgedanke der Unterteilung langer Baukörper in Dehnfugenabschnitte bleibt jedoch im Hinblick auf die Vermeidung von Zwängungsrissen (bei Behinderung der Bauteilverkürzung durch Temperaturabnahme und Schwinden) auch heute noch eine durchaus in Betracht zu ziehende Lösung. Man sollte aber immer prüfen, ob es im Einzelfall schon aus Kostengründen nicht zweckmäßiger ist, ganz auf Dehnungsfugen zu verzichten und den langen Baukörper fugenlos herzustellen. Bei der Entscheidung für die eine oder die andere Lösung sollten alle Gesichtspunkte in Betracht gezogen werden, vor allem auch solche bauphysikalischer Art. So können z.B. Wärme- oder Körperschallbrücken bei der Entscheidung eine Rolle spielen und durchaus für die Beibehaltung von Dehnungsfugen sprechen. Dasselbe gilt bei hoher Wahrscheinlichkeit von späteren Umbaumaßnahmen und Teilabbrüchen. Bei hoher Brandgefahr ist auch der in DIN 1045 angesprochene Gesichtspunkt der Schaffung von Ausdehnungsmöglichkeiten bei Temperaturerhöhung von Bedeutung.

3.3
Rißformeln nach [1] bzw. [3] für Zwang

Bei Verwendung von Betonrippenstahl gilt für den Rechenwert der Rißbreite w_r, der einem oberen Fraktilenwert (etwa der 90 % Fraktile) entspricht:

$$w_r = 1{,}7\, w_m = 1{,}7 \cdot a_m \cdot \varepsilon_{sm} = 1{,}7 \cdot 2\ell_{Em} \cdot \varepsilon_{sm}. \tag{1}$$

Der Faktor 1,7 entspricht dabei dem Verhältnis w_r / w_m, d.h. dem Verhältnis von Fraktilenwert zu Mittelwert der Rißbreite.

Für den in mm gemessenen mittleren Rißabstand am im Falle der abgeschlossenen Rißbildung bzw. für die doppelte mittlere Eintragungslänge $2\ell_{Em}$ im Falle der Einzelrißbildung, die auch als Erstrißbildung bezeichnet wird, für die mittlere Stahldehnung εsm im Bereich am bzw. $2\ell_{Em}$ und für die Stahlspannung σ_{sr} am Riß gelten bei zentrischem Zwang infolge Abfließens der Hydratationswärme und infolge anfänglichen Schwindens die Ausdrücke

$$a_m = 2\ell_{Em} = 50 + ds\ (d_2/d)\ /\ (2\ \mu_E), \tag{2}$$

$$\varepsilon_{sm} = 0{,}075\ R\ 2/3\ /\ (\mu_E\ Es) \geq \varepsilon_{zwang}, \tag{3}$$

$$\sigma_{sr} = 2\ E_s \cdot \varepsilon_{sm}, \tag{4}$$

dabei bedeuten

d_s Stabdurchmesser der Bewehrung in mm,

d_2 Achsabstand der Bewehrung vom Querschnittsrand, aber $d_2 \leq 0{,}20\ d$,

d Bauteildicke

μ_E modifizierter Bewehrungsgrad $\mu_E = \mu\ /\ k_E$,

k_E Beiwert zur Berücksichtigung von Eigenspannungen, die die wirksame Betonzugfestigkeit bei Zwangbeanspruchung infolge Temperaturabnahme und Schwinden (direkte Zwangbeanspruchung) abmindern. Für Bauteildicken $d \leq 0{,}30$ m ist $k_E = 0{,}8$, für $d \geq 0{,}8$ m ist $k_E = 0{,}6$. Dazwischen wird in [2] und [3] im Gegensatz zu [1] eine quadratische Interpolation vorgeschlagen, die bei $d = 0{,}80$ m tangential anschließt: $k_E = 0{,}8\ [1{,}39 - (1{,}6 - d) \cdot d]$; damit wird ein Anwachsen des Bewehrungsgrades im Übergangsbereich vermieden.

μ Bewehrungsgrad; $\mu = A_s\ /bd$. Bei zentrischem Zwang ist A_s der Bewehrungsquerschnitt einer Seite, so daß $A_{s,\ tot} = 2\ A_s$ und $\mu_{tot} = 2\ \mu$

R $= k_{zt}^{3/2} \cdot \beta_{WN}$ Rechenwert

k_{zt} Abminderungsbeiwert zur Ermittlung der wirksamen Betonzugfestigkeit bei Zwang infolge abfließender Hydratationswärme. Er ist nach DIN 1045 im Regelfall zu $k_{zt} = 0{,}5$ anzunehmen $\left(k_{zt}^{3/2} = 0{,}5^{1,5} = 0{,}354\right)$. Bei Bauteildicken über 1,0 m und feingemahlenen Zementen (Z 35 F, Z 45 und Z 55) sind in [1] k_{zt} Werte bis 0,7 empfohlen.

β_{WN} Nennfestigkeit des Betons

E_s Elastizitätsmodul des Betonstahls ($E_s = 210\ 000$ MPa bzw. MN/m²).

Die Formel nach Gl. (3) liefert den Mittelwert der Stahldehnung im Bereich der Eintragungslänge $2\ell_{Em}$, d.h. sie gilt im Zustand der Einzelrißbildung. Wenn die Zwangdehnung (zwang den Formelwert nach Gl. (3) überschreitet, was im Bereich von Einschnürungen nach Abschn. 5 häufig der Fall ist, geht man davon aus, daß die Rißbildung abgeschlossen ist. Die mittlere Stahldehnung entspricht dann der Zwangdehnung:

$$\varepsilon_{sm} = \varepsilon_{zwang} > 0{,}075 \, R^{2/3} / (\mu_E \, E_s). \tag{3a}$$

Beim Lastfall Temperaturabnahme beträgt die Zwangdehnung

$$\varepsilon_{zwang} \, \Delta T = \varepsilon_{sm} = \alpha \cdot \Delta T, \tag{5}$$

weil angenommen werden kann, daß Beton und Stahl etwa einen gleichgroßen Temperatur-Ausdehungskoeffizienten von $\alpha_b = \alpha_s = \alpha = 10^{-5}$ besitzen [vgl. DIN 1045, Abschnitt 16.5 (5)] und auch annähernd die gleiche Temperaturänderung erfahren. Dies gilt auch für die Erwärmung der Stahlbetonkonstruktion bei der Hydratation, bei der aufgrund der Nachgiebigkeit des jungen Betons nur sehr kleine Druckspannungen auftreten und vor allem bei der anschließenden Abkühlung, die mit dem Abfließen der Hydratationswärme einhergeht.

Der Lastfall Schwinden des Betons kann bei der Rißbreitenbeschränkung so behandelt werden, als würde eine Zwangdehnung in Größe der durch die Bewehrung behinderten Schwinddehnung aufgebracht

$$\varepsilon_{zwang,\, schw} = \varepsilon_{sm} = \varepsilon_{schw}/(1 + n \cdot \mu_{tot}). \tag{6}$$

Das unbehinderte gesamte Schwindmaß (schw des Betons liegt dabei nach DIN 1045 Abschn. 16.4 bzw. DIN 4227, Teil 1 Abschn. 8.4 Tabellen 7 oder 8 zwischen 0,4 ‰ (dünne Bauteile $d = 0{,}2$ m in trockenen Innenräumen, mittlere Luftfeuchte 50 %) und 0,2 ‰ (dicke Bauteile $d = 0{,}8$ m im Freien, mittlere Luftfeuchte 70 %). Der Wert $n = E_s/E_b$ liegt bei $n = 6$ und $\mu_{tot} = 2\mu$ bedeutet den gesamten Bewehrungsgrad (für beide Bewehrungslagen). Die Stahldehnung ε_{sm} ist die aufgebrachte Zwangdehnung, der die bei zwangfreier Lagerung auftretende Stahlstauchung gleicher Absolutgröße zu überlagern ist, so daß die endgültige mittlere Stahldehnung verschwindet. Da im zwangfreien Zustand in der Bewehrung Schwinddruckspannungen $\sigma_{s,\, schw} = E_s \, \varepsilon_{schw} / (1 + n \, \mu_{tot}) < 0$ und im Beton Schwindzugspannungen $\sigma_{b,\, schw} = \mu_{tot} \cdot \sigma_{s,\, schw} > 0$ auftreten, ist die Rißlast des Stahlbetondehnkörpers entsprechend vermindert. Deshalb ist auch die Stahlspannung σ_{sr} am Riß entsprechend kleiner. Da aber die Stahlzugkraft an der Rißstelle und die Stahldruckkraft am (anderen) Ende des Störungsbereiches in der Summe der vollen Reißkraft des Betons entsprechen, werden die Verbundspannungen im Störungsbereich durch den beschriebenen Eigenspannungszustand, der bei zwangfreier Lagerung durch das Schwinden des Betons entsteht, nicht beeinflußt. Daher kann der Zwangfall des Schwindens zusammen mit dem Zwangfall Temperaturabnahme behandelt werden.

3.4
Beispiel für die Ermittlung des Rechenwertes der Rißbreiten w_r bei Zwang infolge abfließender Hydratationswärme

Bauteildicke (Platte) $d = 0,30$ m; $k_E = 0,8$; Nennfestigkeit des Betons $\beta_{WN} = 35$ MPa; Abstand der Bewehrungsachse vom benachbarten Plattenrand $d_1 = d_2 = 4,0$ cm; Stabdurchmesser der Bewehrung $d_s = 14$ mm ($A_{s1} = 1,54$ cm^2); Stababstand $s = 15$ cm

$$\text{Bewehrungsquerschnitt} \qquad A_s = \frac{1,54}{0,15} = 10,3 \ \text{cm}^2/\text{m}$$

$$\text{Bewehrungsgrad} \qquad \mu = \frac{A_s}{bd} = \frac{10,3}{100 \cdot 30} = 0,343\,\%$$

$$\text{modifizierter Bewehrungsgrad} \quad \mu_E = \frac{\mu}{k_E} = \frac{0,343\,\%}{0,8} = 0,429\,\% = 0,00429$$

$$\text{Rechenwert} \qquad R = k_{zt}^{3/2}\ \beta_{WN} = 0,354 \cdot \beta_{WN} = 0,354 \cdot 35 = 12,4 \ \text{MPa}$$

doppelte mittlere Eintragungslänge nach Gl. (2)

$$2\ell_{Em} = 50 + 14 \cdot (4/30) \,/\, (2 \cdot 0,00429) = 267 \ \text{mm}$$

mittlere Stahldehnung im Bereich $2\ell_{Em}$ nach Gl. (3)

$$\varepsilon_{sm} = 0,075 \ R^{2/3} \,/\, (\mu_E \ E_s) = 0,075 \cdot 12,4^{2/3} \,/\, (0,00429 \cdot 210\,000) = 0,000446$$

Rechenwert der Rißbreite nach Gl. (1)

$$w_r = 1,7 \cdot 2\ell_{Em} \cdot \varepsilon_{sm} = 1,7 \cdot 267 \cdot 0,000446 = 0,20 \ \text{mm}$$

Stahlspannung an der Rißstelle nach Gl. (4)

$$\sigma_{sr} = 2 \ E_s \cdot \varepsilon_{sm} = 2 \cdot 210\,000 \cdot 0,000446 = 187 \ \text{MPa}.$$

Bei diesem Nachweis ist die Zwangdehnung ε_{zwang} infolge der Temperaturabnahme beim Abfließen der Hydratationswärme und infolge des anfänglichen Schwindens des Betons ohne Einfluß, weil sie erheblich kleiner bleibt als die betrachtete mittlere Stahldehnung ε_{sm} im Bereich der mittleren Eintragungslänge ℓ_{Em}. Dies bedeutet nämlich, daß die Rißbildung unter der Wirkung dieser Zwangdehnung nicht abgeschlossen ist, d.h., daß nur Einzelrisse auftreten. Wenn beispielsweise die Abbindetemperatur 40 °C, die mittlere betrachtete Bauwerkstemperatur 15 °C und damit die Temperaturabnahme $\Delta T = 25$ °C betragen, ist

$$\varepsilon_{zwang,\Delta T} = 25 \cdot 10^{-5} = 0,25 \ \permil.$$

Wenn man für das während des Abfließens der Abbindewärme eintretende Teilschwinden $\varepsilon_{zwang \, \Delta s} = 0,05$ ‰ ansetzt, ergibt sich

$$\varepsilon_{zwang, \, \Delta T + \Delta s} = 0,25 \text{‰} + 0,05 \text{‰} = 0,30 \text{‰} < \varepsilon_{sm} = 0,446 \text{‰},$$

also wie behauptet

$$\varepsilon_{zwang} < \varepsilon_{sm}.$$

3.5
Zwangbeanspruchung im Bereich von Einschnürungen

Es sei angenommen, daß ein langer fugenloser Stahlbetonbauteil eine örtliche Einschnürung mit so stark vermindertem Querschnitt aufweist (Bild 1), daß in den verbleibenden Bereichen keine Risse auftreten. Dann entstehen in diesem als Teil 1 bezeichneten Einschnürungsbereich erhöhte Zwangdehnungen der Größe

$$\varepsilon_{zwang \, 1} = \varepsilon_{zwang} \cdot \frac{L}{\ell} \tag{7}$$

dabei bedeuten

ε_{zwang} zunächst auf die Länge L gleichmäßig verteilt angenommene Zwangdehnung

L   Gesamtlänge des Baukörpers zwischen den Festhaltungen

ℓ Länge des Einschnürungsbereiches

Die Gln. (1), (2) und (4) für den Rechenwert der Rißbreite w_r, den mittleren Rißabstand a_m und die Stahlspannung σ_{sr} am Riß gelten unverändert; jedoch tritt an die Stelle der Gl. (3) die Gl. (3a):

$$\varepsilon_{sm} = \varepsilon_{zwang \, 1} > 0,075 \; R^{2/3} / (\mu_E \, E_s). \tag{8}$$

Die Annahme, daß die Teile 2 möglicherweise ungerissen bleiben, trifft zu, falls

$$A_{bz,2} \cdot \beta_{bz} > \sigma_{sr} \cdot A_{s,tot,1} = \sigma_{sr} \cdot 2 \, \mu \cdot A_{bz,1}, \quad \text{d.h.}$$
$$A_{bz,2} > A_{bz,1} \cdot 2\mu \cdot \sigma_{sr} / \beta_{bz} \tag{9}$$

Für die Betonzugfestigkeit β_{bz} wird im jungen Alter des Betons unter Berücksichtigung von Eigenspannungen ein abgeminderter Wert

$$\beta_{bz} = k_{zt} \cdot 0,25 \cdot \beta_{WN}^{2/3} \quad \text{mit } k_{zt} = 0,5 \tag{10}$$

eingesetzt.

Wenn die ungünstige Voraussetzung, daß die Teile 2 ungerissen bleiben, nicht zutrifft, d.h. wenn die Einschnürung nur schwach ist, verbleibt der Einschnürungsbereich im Einzelrißzustand, so daß die Bewehrung im Einschnürungsbe-

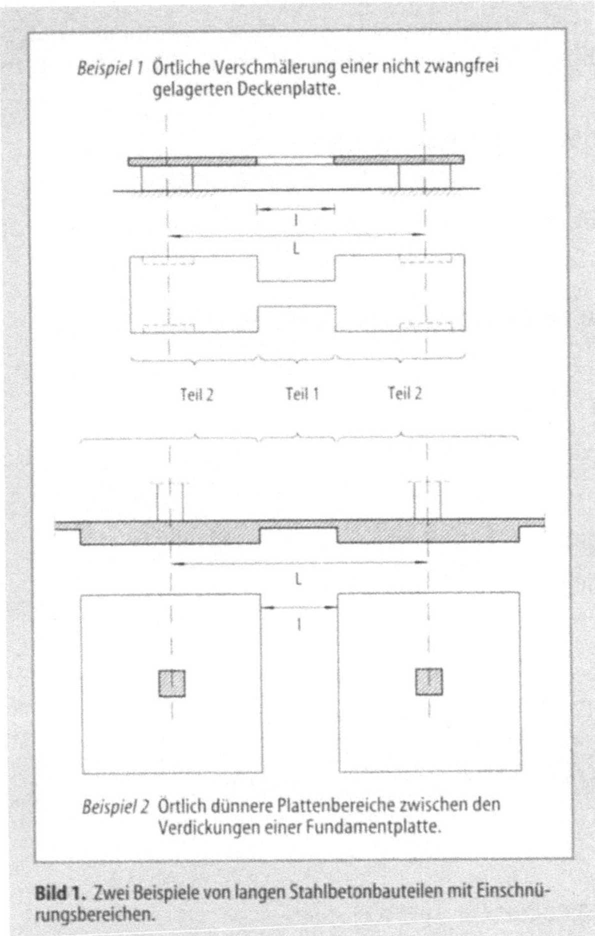

Bild 1. Zwei Beispiele von langen Stahlbetonbauteilen mit Einschnürungsbereichen.

reich kaum verstärkt werden muß. Es ist aber zu empfehlen, den Bewehrungsquerschnitt A_s bzw. $A_{s,tot}$ der nicht eingeschnürten Teile 2 in diesem Falle ungeschwächt durchlaufen zu lassen.

3.6
Beispiel für die Ermittlung des Rechenwertes der Rißbreite im Einschnürungsbereich bei Zwang infolge abfließender Hydratationswärme für $L/\ell = 3$

Die Betonabmessungen des Einschnürungsbereiches ($d = 0,30$ m), die Nennfestigkeit des Betons ($\beta_{WN} = 35$ MPa), die Lage der Bewehrungsachsen ($d_2 = 0,04$ m) und die Zwangdehnung ($\varepsilon_{zwang} = 0,30$ ‰) werden von dem Beispiel in Abschn. 4 übernommen.

Für den Stabdurchmesser der Bewehrung wird jedoch $d_s = 20$ mm gewählt.
Erhöhte Zwangdehnung im Einschnürungsbereich 1, wenn Teil 2 ungerissen
bleibt:

$$\varepsilon_{\text{zwang 1}} = \varepsilon_{\text{zwang}} \cdot \frac{L}{\ell} = 0,30\,\text{‰} \cdot 3 = 0,90\,\text{‰} = 0,00090$$

Bestimmung der Bewehrung im Einschnürungsbereich aus den Gln. (1) und (2)
für $w_r = 0,20$ mm:

$$w_r = 1,7 \cdot a_m \cdot \varepsilon_{sm} = 1,7\left(50 + d_s(d_2/d)/(2\mu_E)\right) \cdot 0,00090 = 0,20\,\text{mm}$$

$$50 + \frac{d_s \cdot d_2}{d \cdot 2\mu_E} = \frac{0,2}{1,7 \cdot 0,0009} = 130,7$$

$$\frac{d_s \cdot d_2}{d \cdot 2\mu_E} = 80,7$$

$$\mu_E = \frac{d_s \cdot d_2}{d \cdot 2 \cdot 80,7} = \frac{20 \cdot 0,04}{0,30 \cdot 2 \cdot 80,7} = 0,0165.$$

Probe:

$$w_r = 1,7\left(50 + 20 \cdot (4/30)/(2 \cdot 0,0165)\right) \cdot 0,00090 = 0,20\,\text{mm}$$

$$\mu = 0,8 \cdot 1,65\% = 1,32\%; \quad A_s = 1,32 \cdot 30 = 39,6\,\text{cm}^2 = (1/2)A_{s,\text{tot}}$$

gewählt:

$$\phi\,20, \quad s = 8\,\text{cm} \rightarrow \frac{3,14}{0,08} = 39,3\,\text{cm}^2/\text{m} \approx \text{erf}\,A_s\,\text{je Seite}$$

$$\sigma_{sr} = 2\,E_s \cdot \varepsilon_{\text{zwang}} = 2 \cdot 210\,000 \cdot 0,00090 = 378\,\text{MPa} < 0,8 \cdot \beta_s = 0,8 \cdot 500 = 400.$$

Der ungeschwächte Querschnitt $A_{bz,2}$ der Teile 2 bleibt – wie ungünstigerweise
angenommen – dann gemäß Gleichnug (9) ungerissen, wenn

$$A_{bz,2} > A_{bz,1}\ \ 2\mu\,\sigma_{sr}/\beta_{bz} = A_{bz,1} \cdot 2 \cdot 0,0132 \cdot 378/1,34 = A_{bz,1} \cdot 7,4,$$

dabei ist gemäß Gl. (10) $\beta_{bz} = 0,5 \cdot 0,25 \cdot 35^{2/3} = 1,34$ MPa eingesetzt.

3.7
Hinweise für weiße Wannen

Wenn lange fugenlose Stahlbetonbauteile als weiße Wannen ausgeführt werden, wie z.B. die Sohlplatten von im Grundwasser befindlichen Tiefgaragen, kommt der Beschränkung der Rißbreite im Hinblick auf die Gebrauchstauglichkeit des Bauwerkes eine ausschlaggebende Bedeutung zu. Daher müssen in solchen Fällen bei der Rißbreitenermittlung bzw. bei der Ermittlung der zur Beschränkung der Rißbreite erforderlichen Zwangbewehrung alle ungünstigen Einflüsse beachtet werden. Dazu gehören auch die Auswirkungen örtlicher Verdickungen auf die Zwangdehnungen der dünneren Sohlplattenbereiche. Sie können mit Hilfe der vorstehend geschilderten Überlegungen erfaßt werden. Weitere Angaben zur Ausbildung der Weißen Wannen enthält [4].

Literatur

[1] Schießl, P.: Grundlagen der Neuregelung zur Beschränkung der Rißbreite. Heft 400 des DAfStb S. 157-175, Berlin: Beuth Verlag 1989
[2] Meyer, G.: Rißbreitenbeschränkung nach DIN 1045. Düsseldorf: Beton-Verlag 1989
[3] Windels, R.: Graphische Ermittlung der Rißbreite für Zwang. Beton- undStahlbetonbau (1992) 2, S. 29-32
[4] Specht, M.: Statische und konstruktive Behandlung der Weißen Wanne. In: Gründungsbauwerke aus WU-Beton. (Hrsg. Technische Akademie Eßlingen) 1996

Bauen mit Fertigteilen

Bürostadt TOP Tegel in Berlin

* ***Wohnungen und Hotels***
* ***Büro- und Gewerbebauten***
* ***Einkaufsmärkte, Hallen***
* ***Kommunalbauten***

imbau Berlin GmbH
Gehrenseestraße 19
13053 Berlin
Tel.: (0 30) 9 86 02-5 00
Fax: (0 30) 9 86 02-3 00

4

Influences of Mortar-Aggregate Interface Fracture on Concrete Behaviour

ORAL BUYUKOZTURK, BRIAN HEARING

4 Influences of Mortar-Aggregate Interface Fracture on Concrete Behavior

ORAL BUYUKOZTURK, BRIAN HEARING

4.1 Abstract

The fracture behavior of concrete composites is influenced by the characteristics of mortar-aggregate interfaces. Initiation and propagation of cracks at the interface or penetration of cracks into the aggregate will greatly influence the global behavior of the material. In the mortar-aggregate interfacial regions of concrete composites, crack path criteria involve relative magnitudes of the fracture toughnesses between the interface and the constituent materials. This paper investigates fracture in two-phase composites in terms of parameters that influence the cracking scenarios in these interfacial regions and affect the fracture behavior of the composite. Parameters studied include elastic moduli mismatch between the mortar and the aggregate and the ratios of the interface fracture toughness to the fracture toughness of the aggregate and the mortar. First, experimental techniques for the assessment of interfacial fracture properties are reviewed. Then, results from numerical and physical model testing are discussed to study the influence of these variables on the global load-deformation behavior of composite beams. Analytical capabilities developed to investigate fracture in composites incorporating transgranular or interfacial fracture scenarios using finite element simulations are examined. Simulations of a cohesive force type that allow parametric variation of fracture parameters are used to study influences on load-deformation performance of the composite. Results of the simulation are used to quantify the effect of different interfacial fracture properties on the fracture and load-deformation behavior of the specimens. The results of both experimental and analytical model studies show that ductility improves when fracture propagates through mortar-aggregate interfaces and also improves with rougher aggregate surfaces. This study advances the understanding of the role of interfaces in the global behavior of the composite and furthers the development of high-performance cementitious materials.

4.2 Introduction

The use of high strength concrete for improved structural performance in infrastructure development and renewal around the world continues to increase. A concern with this increased use is the brittle nature of failure of high strength concrete compared to the relatively ductile failure of normal strength concrete; this concern has limited the application of high strength concrete in flexural members where its advanced performance capabilities would be advantageous. The concrete construction and engineering industries have expressed the need for the development of a high performance concrete with improved toughness and ductility characteristics. For this reason, interest in the deformation behavior and fracture mechanisms of cementitious composites has increased.

The development of bond cracks at mortar-aggregate interfaces has been shown to be an important factor in the inelastic deformation and fracture behavior of concrete (Hsu et al. 1963; Shah and Winter 1966; Buyukozturk et al. 1971). It is generally established that cracks in normal strength concrete often initiate and propagate along the interface between mortar and aggregate, absorbing energy before linking and forming continuous cracks through mortar at failure. In this respect the fracture properties of the interface relative to the mortar are important parameters that affect the global material behavior. Recently, interfacial zones in high strength concrete have been shown to be more dense and stronger than interfaces in normal strength concrete and can prevent the formation of interfacial bond cracks and facilitate stress transfer to weaker aggregate particles (Lee et al. 1991; Chatterji and Jensen 1992; Trende and Buyukozturk 1995). In this failure mechanism crack propagation through aggregates has been observed, indicating less pronounced effects of crack arrest by aggregates leading to more brittle global material behavior in high strength concretes (Carrasquillo et al. 1981; Gerstle 1979). Here, the fracture properties of the aggregate relative to the mortar are important parameters affecting the performance of the material. Therefore, in the improvement of high strength cementitious material performance, the influence of mortar, aggregate, and interfacial fracture properties on the material behavior must be understood.

This study investigates the influence of mortar, aggregate, and interfacial fracture properties on the performance of concrete composites. Relative fracture parameters and how they affect the behavior and ductility of the composite are studied in combined experimental and analytical research programs. First, principles governing fracture at mortar-aggregate interfaces are reviewed. Then, experimental methods of assessing fracture properties of these interfaces are examined. These properties are then varied in parametric experiments on composite concrete models representing two-phase meso-level fracture in concrete. Analytical models are employed to simulate the fracture process of the tested physical specimens during failure. The models are used in parametric studies to investigate the influence of relative fracture properties of the mortar, aggregate, and interface on the deformation behavior of the composite. Finally, the findings of these studies are used to make recommendations for manufacturing high performance concretes with improved toughness and ductility.

4.3
Fracture Processes in Concrete

The composite structure of concrete is frequently distinguished into three phases: the aggregate, the mortar matrix, and the interfacial transition zone (ITZ) between the matrix and the aggregate particles. Due to the relatively high aggregate to mortar stiffness ratio, stress concentrations are formed around the aggregate particles in the interfacial transition zone. The bond at these zones may be weak due to a variety of reasons, including shrinkage and bleeding around the aggregates (Liu et al. 1972), and often initiate microcracks at relatively low loads. Upon further loading these microcracks lead to bridging through mortar forming macrocracks, resulting in material failure. Models of this mechanism and its constitutive behavior include fictitious crack models (Hillerborg et al. 1976), crack band models (Bazant and Oh 1983), and a variety of tension softening models (Elices et al. 1992; Carpinteri 1982; Hillerborg 1985).

Over the past two decades, a significant amount of research has focused on the enhancement of concrete strength through improving the interfacial transition zone. The use of micro-grain mineral admixtures such as silica fume or fly ash has been shown to affect the interfacial microstructure through a refinement of pores and a reduction in the amount of calcium hydroxide and ettringite (Detwiler and Mehta 1989). These alterations lead to greater bonding strength and microcrack initiation at higher stress ratios. With weaker aggregates, the bond may be strong enough to prevent interfacial cracks; fracture through aggregates instead of around them has been observed (Carrasquillo et al. 1981; Gerstle 1979; Zaitsev 1983). Here the fracture process zone is significantly smaller and damage is reduced, giving some high strength concretes their characteristic brittleness.

Interfaces between the matrix and the aggregate are intrinsic to concrete, and its structural performance is influenced by these interfaces. The development of advanced concrete materials with improved toughness and durability requires analytical techniques to quantify this influence. This can be achieved through the application of interfacial fracture mechanics to mortar-aggregate interfaces.

4.4
Crack Propagation at Mortar-Aggregate Interfaces

It has been suggested that the mechanical properties of concrete are largely attributable to the properties of mortar-aggregate interface regions (Goldman and Bentur 1989; Lee and Buyukozturk 1994). Quantitative studies of interfacial fracture processes through interface fracture mechanics concepts (Rice 1988) offer great potential for the understanding of the global material behavior of concrete. The main objectives of interface fracture mechanics are to define and assess the fracture energy release rate of interfaces and also to quantify fracture criteria for crack path prediction.

The energy release rate G per unit length of extension of a crack at an interface in a bimaterial system is related to the stress intensity factors with an Irwin-type relation

$$G = \frac{|K|^2}{\left(E^* \cosh^2 \pi\varepsilon\right)} \tag{1}$$

where $|K|^2 = K_1^2 + K_2^2$ is the sum of the squares of the mode I and mode II stress intensity factors, E^* is an average stiffness defined by

$$\frac{1}{E} = \frac{1}{2}\left(\frac{1}{E_1} + \frac{1}{E_2}\right) \tag{2}$$

$\cosh^2 \pi\varepsilon = 1 \mid (1-\beta^2)$ and $E_i = E_i /(1-v_i^2)$ is the plane strain elastic modulus for material i. The complex interface stress intensity factor $K = K_1 + iK_2$ has a real and imaginary parts K_1 and K_2 which are similar to conventional mode I and mode II intensity factors in a homogeneous solid. Bimaterial elasticity depends on two moduli mismatch parameters α and β defined by (Dundurs 1969)

$$\alpha = \frac{\overline{E}_1 - \overline{E}_2}{\overline{E}_1 + \overline{E}_2} \quad \beta = \frac{1\mu_1(1-2\vartheta_2) - \mu_2(1-2\vartheta_1)}{2\mu_1(1-\vartheta_2) + \mu_2(1-\vartheta_1)} \tag{3}$$

where μ_i and ϑ_i represent the shear modulus and Poisson's ratio of material i.

The energy release rate G is defined as a function of the real phase angle $\hat{\Psi}$ of the stress intensity factors ahead of the crack tip

$$\hat{\Psi} = \arctan\left(\frac{\Im\left(KL^{i\varepsilon}\right)}{\Re\left(KL^{i\varepsilon}\right)}\right) \tag{4}$$

where L is a somewhat arbitrary reference length and $\varepsilon = \frac{1}{2\pi}\ln\frac{1-\beta}{1+\beta}$.

Here $\hat{\Psi}$ measures the relative proportion of the effect of mode II to mode I stresses on the interface. For many practical systems, including mortar-aggregate interfaces, the effect of nonzero β is often of secondary consequence, reducing the phase angle $\hat{\Psi}$ to

$$\hat{\Psi} = \arctan\left(\frac{K_2}{K_1}\right). \tag{5}$$

These concepts can be applied to the assessment of mortar-aggregate interfacial fracture properties.

4.4.1
Assessment of Interfacial Fracture Properties

Fracture energy release rates for a variety of mortar-aggregate interfaces have been assessed through sandwich beam and Brazilian disk specimen tests (Buyukozturk and Lee 1993; Lee et al. 1992), Fig. 1. As an example, an interface fracture energy curve for a high strength mortar-granite aggregate interface is given in Fig. 2. It is observed that the interfacial fracture energy markedly increases as the loading phase angle increases. Similar trends were found in both normal and high strength mortar-aggregate interfaces with greater fracture energies exhibited by the high strength mortar (Lee et al. 1992). Rougher aggregate surfaces have also been shown to increase the interfacial fracture energy (Trende and Buyukozturk 1995).

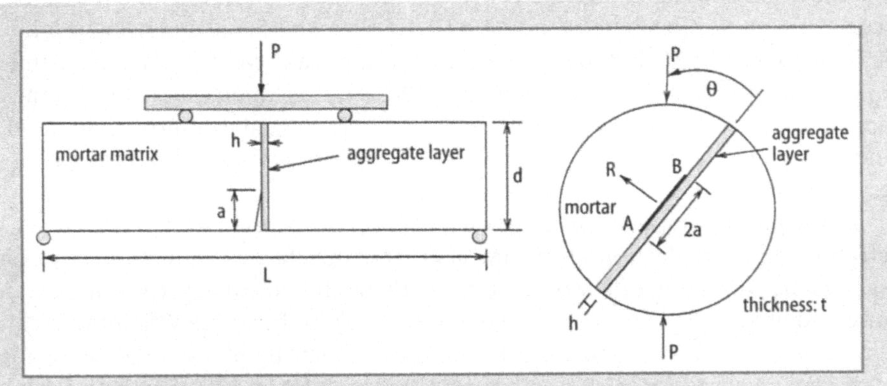

Fig. 1. Specimens used in assessment of interfacial fracture properties

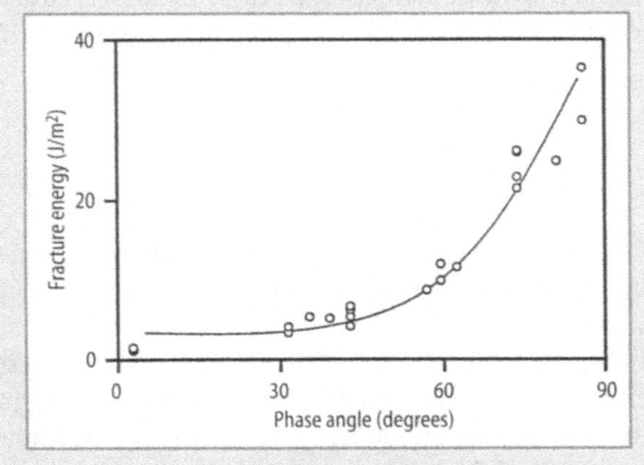

Fig. 2. Fracture energy curves of mortar-aggregate interfaces

4.4.2
Crack Paths in Fracture of Concrete

In concrete, a crack impinging a mortar-aggregate interface has been shown to advance by either penetrating into the aggregate or deflecting along the interface (Buyukozturk 1993). Let Γ_i be the toughness of the interface as a function of $\hat{\Psi}$ and let Γ_1 be the mode I toughness of the aggregate.

The impinging crack is likely to be deflected if

$$\frac{\Gamma_i}{\Gamma_1} < \frac{G_i}{G_a^{max}} \tag{6}$$

where Γ_1 and Γ_i are material properties, which can be measured by fracture testing, G_i is the energy release rate of the crack deflected into the interfaces and G_a^{max} is the maximum energy release rate of the crack penetrating into the aggregate. For complex geometries the ratio G_i / G_a^{max} can be calculated using numerical analyses schemes, but the ratio has been analytically computed for semi-infinite crack problems (He and Hutchinson 1989). It was found that with the crack approaching perpendicular to the interface, G_i / G_a is equal to approximately 1/4, indicating that the crack will deflect if the interface toughness is less than a quarter of the aggregate.

A two-phase composite model shown in Fig. 3 can be used to study crack penetration versus deflection at mortar-aggregate interfaces in concrete. Physical specimens consisting of a mortar beam with an embedded aggregate inclusion oriented at various angles were tested in three point bending. When the inclusion was oriented perpendicular to the inital crack the phase angle $\hat{\Psi}$ for the deflected crack was estimated through finite elements to be 30°. The critical fracture energy for the mortar-granite interface at this phase was measured at $\Gamma(30°)$ = 3,5 J/m² (Buyukozturk and Lee 1993). The mode I fracture toughness of granite (material 1) is $\Gamma_1 = 17,5$ J/m². From finite elements, the ratio of energy released through a deflected crack to a penetrated crack is $G_d / G_p^{max} = 0,29$. Substituting these values into Eq. 6

$$\frac{3,5}{17,5} < 0,29 \tag{7}$$

interfacial fracture is predicted, and was observed in the laboratory specimen tests. Thus, it can be concluded that a semi-empirical method based on the criterion given in Eq. 6 is valid.

From Eq. 6 it is shown that the fracture energy of the interface relative to the aggregate can shift the fracture processes in concrete from interfacial to aggregate penetration, altering the behavior of the material. However, little is known about the quantitative influence this shift will have on the behavior of concrete. Furthermore, the influence of variations in these fracture parameters on the

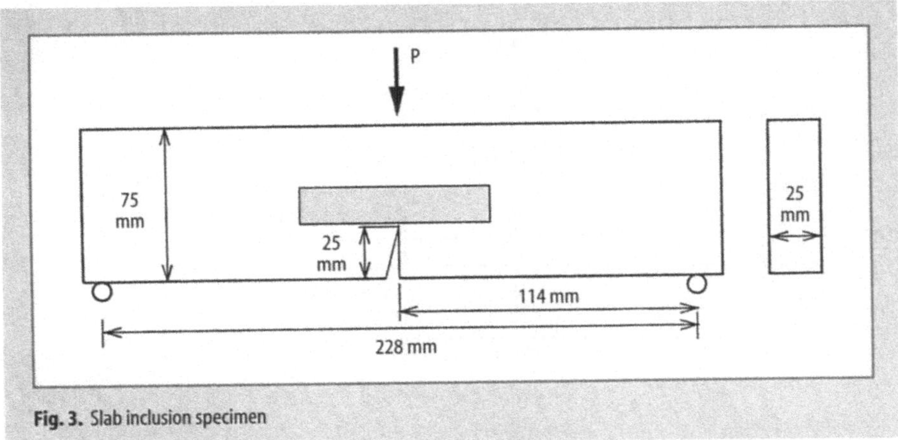

Fig. 3. Slab inclusion specimen

behavior of the fracture process is not widely known. For this reason, composite specimens with strong and weak aggregates were tested with different interfaces and mortars to study these influences.

4.5
Fracture in Cementitious Composites: Experimental Study

Two-phase cementitious composite physical models were tested to study crack penetration and deflection at mortar-aggregate interfaces. Relative magnitudes of the fracture properties of mortar, aggregate, and the characteristics of the mortar-aggregate interface play a major role in studying the various scenarios for crack growth and its effects on durability and failure modes of the composite material.

These material properties and their relative magnitudes were varied in laboratory specimens through combinations of strong and weak aggregate inclusions, low and high strength mortars, and various interfacial characteristics to study these effects.

4.5.1
Specimens

Two types of circular inclusion beam specimens shown in Fig. 4 were tested under three-point bending to investigate concrete fracture as a composite. The dimensions of the single inclusion specimen were 300 mm × 75 mm × 25 mm and the double inclusion specimen were 228 mm × 75 mm × 25 mm. The aggregate inclusions were placed in the line of the initial crack, which was cut with a circular diamond saw one day prior to testing. This initial crack size was fixed to be $a/d = {}^1/_3$ the specimen height.

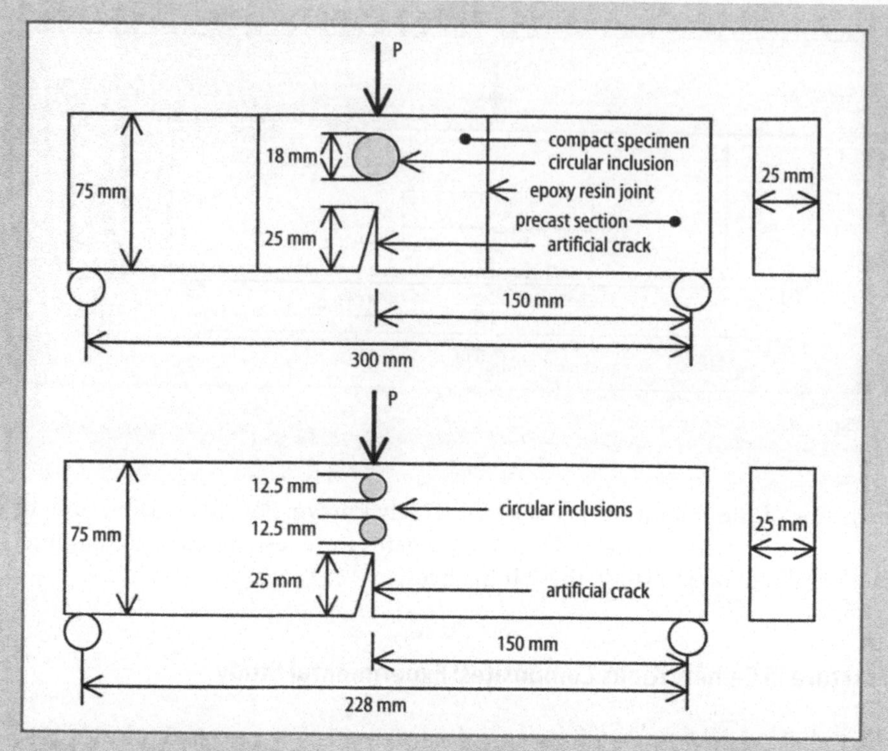

Fig. 4. Three-point bending loading used on circular inclusion specimens

4.5.2
Materials

Two different mortar strengths were used with circular inclusions of granite and limestone placed along the crack path in three-point bending specimens with a notch created in the mortar matrix below the inclusion. Granite was chosen as a high strength, high fracture energy aggregate while limestone was used as a weaker, low fracture energy aggregate; both aggregates have been widely used for concrete production. All specimens were made using Type III cement to produce high early strength mortars. High strength mortars were manufactured using silica fume and high range water-reducing admixtures. The properties of the materials are reported in Table 1.

4.5.3
Scope of Tests

The testing parameters in this study were the mortar strength, the aggregate strength, and the interfacial fracture resistance. Variations in interfacial fracture

Table 1. Material properties

Material	σ_c [Mpa]	σ_t [Mpa]	E [Gpa]	ν	G_f [J/m²]
Low Strength mortar	40,0	2,8	27,8	0,2	39,0
High Strength mortar	83,8	5,0	33,3	0,2	57,0
Granite	123,0	6,2	42,2	0,16	59,7
Limestone	57,5	3,1	34,5	0,18	29,2

energy were achieved through smooth and sandblasted aggregate surface roughnesses and different material combinations of the high and low strength mortars with the granite and limestone aggregates. All specimens were tested after 7 days of curing. Three-point bending tests on the beam specimens were performed using an INSTRON machine with a displacement control. During the testing, the ultimate loads and load and load-line displacement signals were recorded to measure the bending performance of the specimens.

4.5.4
Results of Experimental Program

Average failure loads P_u^{avg} for the laboratory tests are reported in Table 2. Specimens with granite inclusions failed with interfacial crack propagation as illustrated in Fig. 5(a) and specimens with limestone failed with transgranular aggregate penetration as illustrated in Fig. 5(b). Failure loads of specimens with interfacial failure were found to increase with high strength mortar and also increase with rougher aggregate surfaces. Load/load-line displacement curves for samples of the specimens with one granite inclusion are shown in Fig. 6(a). Peak loads are shown to increase with greater mortar strength; additionally, specimens with normal strength mortar exhibited a secondary load peak lower than an initial first peak, while specimens with higher strength mortars demonstrated a higher secondary peak. Specimens with sandblasted aggregate are also shown to have higher load magnitudes with similar peaking behavior. These effects may be due to increased fracture resistance found in high strength mortar interfaces and rougher aggregate surfaces (Lee et al. 1992, Trende and Buyukozturk 1995).

Failure loads of specimens with transgranular failure are also found to increase with mortar strength; however, their peak loads were lower than specimens with interfacial failure. Load/load-line displacement curves for a sample specimen with two limestone inclusions that resulted in transgranular failure is compared to a sample specimen with two granite inclusions that resulted in interfacial failure in Fig. 6(b). It is seen that failure loads of specimens with limestone inclusions that resulted in transgranular aggregate failure are lower than failure loads of specimens with granite. This may be due to a decreased effect of crack arrest mechanism and differences in fracture energies of the aggregates compared to the interface.

Table 2. Fracture loads of the tested specimens

Series	Type of Aggregate	Number of Inclusions	Mode of Failure	P_u^{avg} [KN]
Low strength/ smooth	Granite	1	Interfacial	0,6150
High strength/ smooth	Granite	1	Interfacial	0,6377
Low strength/ sandblasted	Granite	1	Interfacial	0,6364
High strength/ sandblasted	Granite	1	Interfacial	0,6655
Low strength/ smooth	Limestone	2	Transgranular	0,6802
Low strength/ smooth	Granite	2	Interfacial	0,6837
High strength/ smooth	Limestone	2	Transgranular	0,9344
High strength/ smooth	Granite	2	Interfacial	1,1395

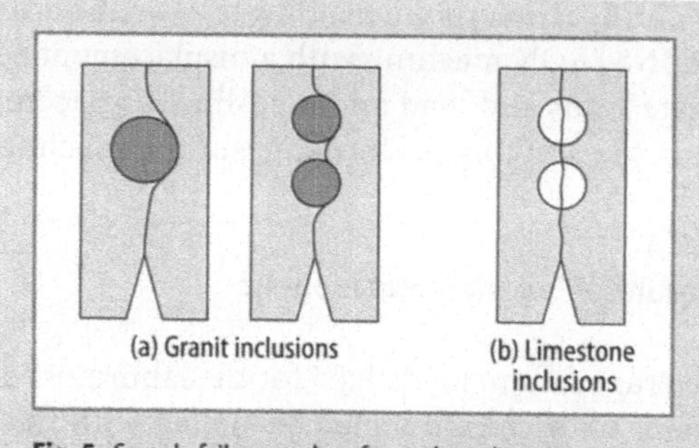

Fig. 5. Sample failure modes of tested specimens

The results of the experimental testing of the inclusion specimens demonstrated the sensitivity of composite behavior to different constituent and interfacial properties. This behavior can be verified through the crack path criteria given by Eq. 6. The phase angle $\hat{\Psi}$ for the crack as it approaches the aggregate inclusion in the three-point bending specimen has been calculated by finite element analysis (Buyukozturk and Hearing 1996b). Interfacial fracture energies for the mortar-aggregate combinations and surface roughnesses used in the tests have been investigated (Lee et al. 1992, Trende and Buyukozturk 1995) and are shown in Table 3. The ratios G_i / G_a^{max} are computed from tables (He and Hutchinson 1989) and are also shown in Table 3. The ratios given by Eq. 6 predict interfacial failure for the granite inclusion specimens and aggregate penetration for the limestone inclusion specimens, agreeing with the results of the experimental program and demonstrating the significant influence that constituent properties can have on composite behavior.

From the results of the tests it is concluded that the behavior of the specimens with interfacial crack propagation are affected by the fracture toughness of the interface. In specimens with aggregate penetration it is concluded that the behavior is affected by the fracture resistance of the aggregate. To understand the effects of these factors and to assess their influence on the behavior of the specimens, an analytical procedure is presented.

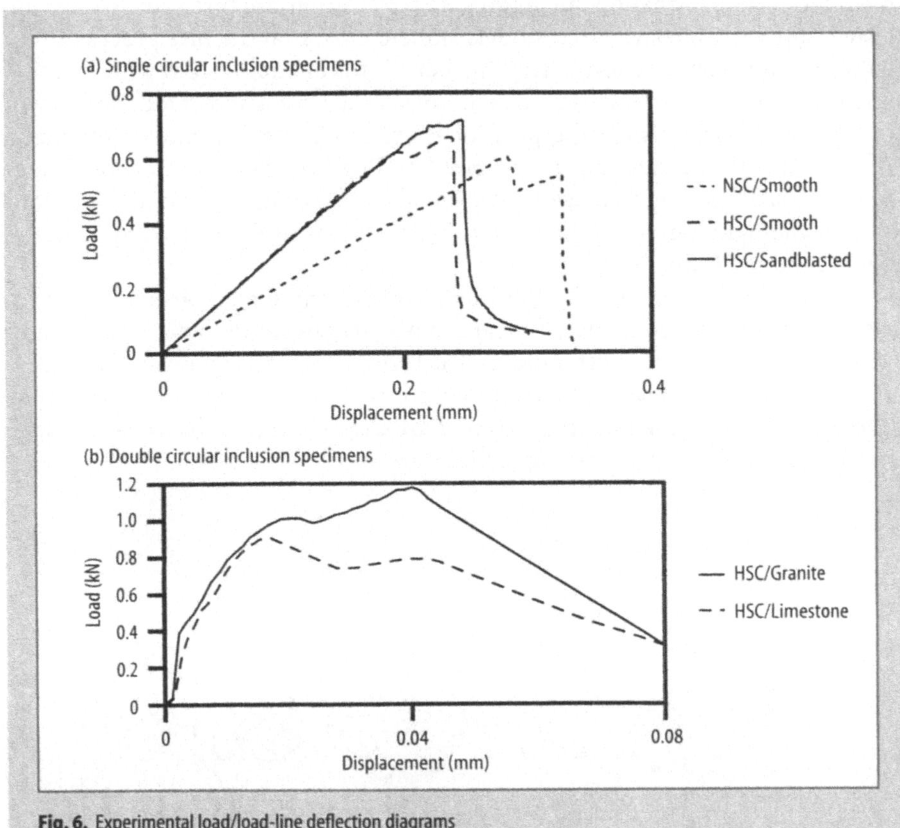

Fig. 6. Experimental load/load-line deflection diagrams

Table 3. Verification of prediction criteria

Series	Γ_i [J/m²]	$\dfrac{\Gamma_i}{\Gamma_I}$	$\dfrac{G_d}{G_p^{max}}$	Predicted mode	Actual mode
NS/ smooth granite	22,0	0,37	0,39	Interfacial	Interfacial
NS/ sandblasted granite	22,5	0,38	0,40	Interfacial	Interfacial
HS/ smooth granite	20,0	0,33	0,34	Interfacial	Interfacial
HS/ sandblasted granite	21,0	0,35	0,35	Interfacial	Interfacial
NS/ Limestone	22,0	0,75	0,30	Transgranular	Transgranular
HS/ Limestone	18,0	0,62	0,26	Transgranular	Transgranular

4.6
Analytical Study of Composite Specimen Fracture

To further assess the influence these constituent and interfacial fracture properties have on the performance of the composite as a whole, an analytical investigation was conducted. Two separate cohesive force models were used to simulate the interfacial propagation and aggregate penetration fracture processes in the tested samples. Cohesive force models simulate material fracture process zones with fictitious cohesive forces trailing a crack tip in equilibrium with external forces. For example, the forces used in the interfacial propagation model are shown in Fig. 7. A stress intensity superposition is utilized to combine mode I and mode II stresses with the external three-point bending load to calculate mode I and mode II crack opening displacements. The strain-softening constitutive relationship of the material determines the cohesive forces in the fracturing material behind the crack tip.

It has been concluded that a bilinear strain-softening relationship best models fracture in most concretes, mortars, and aggregates, and that a linear strain-softening relationship best models fracture in mortar-aggregate interfaces (Buyukozturk and Hearing 1996a; Buyukzoturk and Hearing 1997; Foote et al. 1986). Fig. 8 shows the relationships that are used to relate cohesive forces with crack opening displacements during fracture.

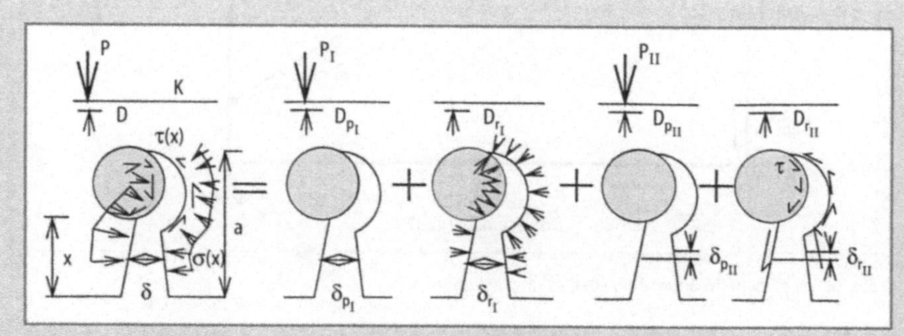

Fig. 7. Stress intensity superposition for circular inclusion specimens

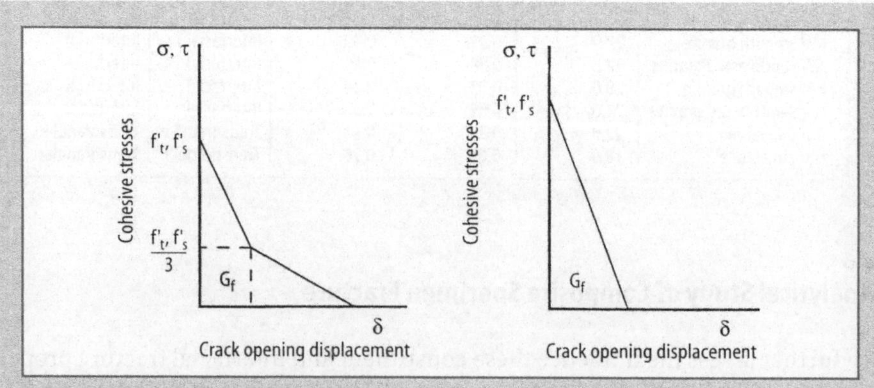

Fig. 8. Bilinear and linear constitutive models

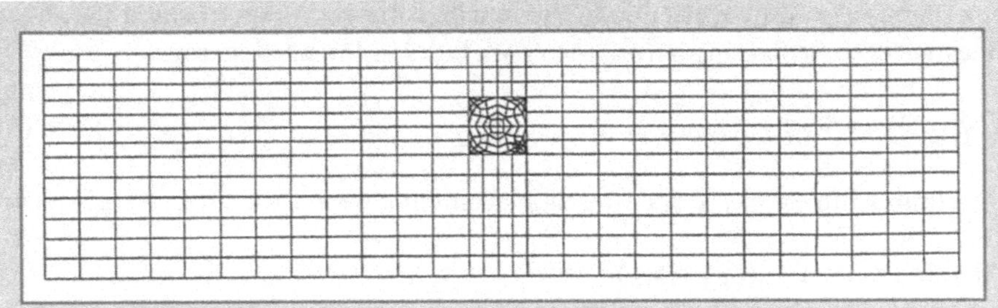

Fig. 9. Finite element discretization of the circular inclusion specimen

4.6.1
Finite Element Investigation

Implementation of a cohesive force model requires an integration of stress intensity factors for a series of crack propagation steps that represent a discretization of fracture. Each of these 'steps' will represent the geometry of a hairline crack along the crack path to the ending point of the crack. Stress intensity factors for the simulation with aggregate penetration were available from simple three-point bending relationships (Tada et al. 1985). However, for the interfacial fracture model stress intensity factors for a circular inclusion were not readily available and a finite element stress intensity factor investigation was conducted.

The circular inclusion specimen was discretized with 16 nodes radially around the circumference of the inclusion, as shown in Fig. 9. Solutions of this mesh with various permutations of cohesive and external forces were conducted to obtain mixed-mode stress intensity factors. A displacement extrapolation routine was implemented (Owen and Fawkes 1983) and modified to calculate stress intensity factors at interfacial crack tips. The results were used in the interfacial fracture simulation.

4.6.2
Cohesive Fracture Models

Using two separate iterative computer models, simulated load/load-line displacement diagrams of the tested specimens with interfacial fracture and aggregate penetration are generated.

The relation between load and load-line displacement is obtained by solving the equatations of the net stress intensity factor (K_e), the equilibrium of crack opening displacement (COD) at the crack surface, and the constitutive function of the COD and cohesive stresses.

The crack opening displacements are calculated by a K-superposition method. Figure 7 shows that in the interfacial specimens there are four contributions to K_e. Two are the stress intensity factors due to the applied load (P), K_{PI} and K_{PII};

the others, K_{PI} and K_{PII}, are due to the tensile cohesive forces $\sigma(x)$ and the shear cohesive force $\tau(x)$ acting across the crack faces in the process zone.

$$K_e = (K_{PI} + K_{rI}) + i(K_{PII} + K_{rII}). \tag{8}$$

The equilibrium of crack opening displacement at the crack surface is given by

$$\delta = (\delta_{PI} + \delta_{rII}) + i(\delta_{PII} + \delta_{rII})$$

where δ_{PI} and δ_{PII} are the CODs due to the three-point bending load and δ_{rI} and δ_{rII} are the CODs due to the cohesive stresses. By solving the stress intensity equilibrium for the three-point bending loads and substituting them into the COD equilibrium, a relationship between the COD and the cohesive stresses is obtained

$$\delta = \frac{1}{E^*}\left[\int_0^a \sigma(a,c)\,H_I(a,c)\,dc + i\int_0^a \tau(a,c)\,H_{II}(a,c)\,dc\right] \tag{10}$$

where $\sigma(a,c)$ and $\tau(a,c)$ are cohesive stresses at point c along crack length a, and H_I and H_{II} are Green's functions relating the three-point bending load to crack opening displacement.

A constitutive relationship for the material is needed to solve the problem. It is given by an equatation relating the COD to the cohesive stresses

$$\sigma = f(\delta_I) \tag{11}$$

and

$$\tau = f(\delta_{II}) \tag{12}$$

The bilinear and linear relationships of Fig. 8 were used depending on the location of the cohesive force, either in the mortar, aggregate, or interface phase. Interfacial ultimate tensile and shear stresses and fracture energies found from previous research (Buyukozturk and Hearing 1996a) were used for propagation in the interface.

These constitutive laws were implemented independently; in reality, coupling effects on mixed-mode fracture could exist. By substituting this relationship into the COD/cohesive stress equatation the crack opening displacements of Eq. 10, $\delta_1(a,x)$ and $\delta_{11}(a,x)$, can be solved, as illustrated in Fig. 10.

Corresponding cohesive forces found from the constitutive model are compared to assumed initial forces; when the COD and cohesive forces agree, the crack zone is in equilibrium. The external force P and load-line displacement D can be computed.

$$P = P_1 + P_{II} \tag{13}$$

$$D = D_1 + D_{II} \tag{14}$$

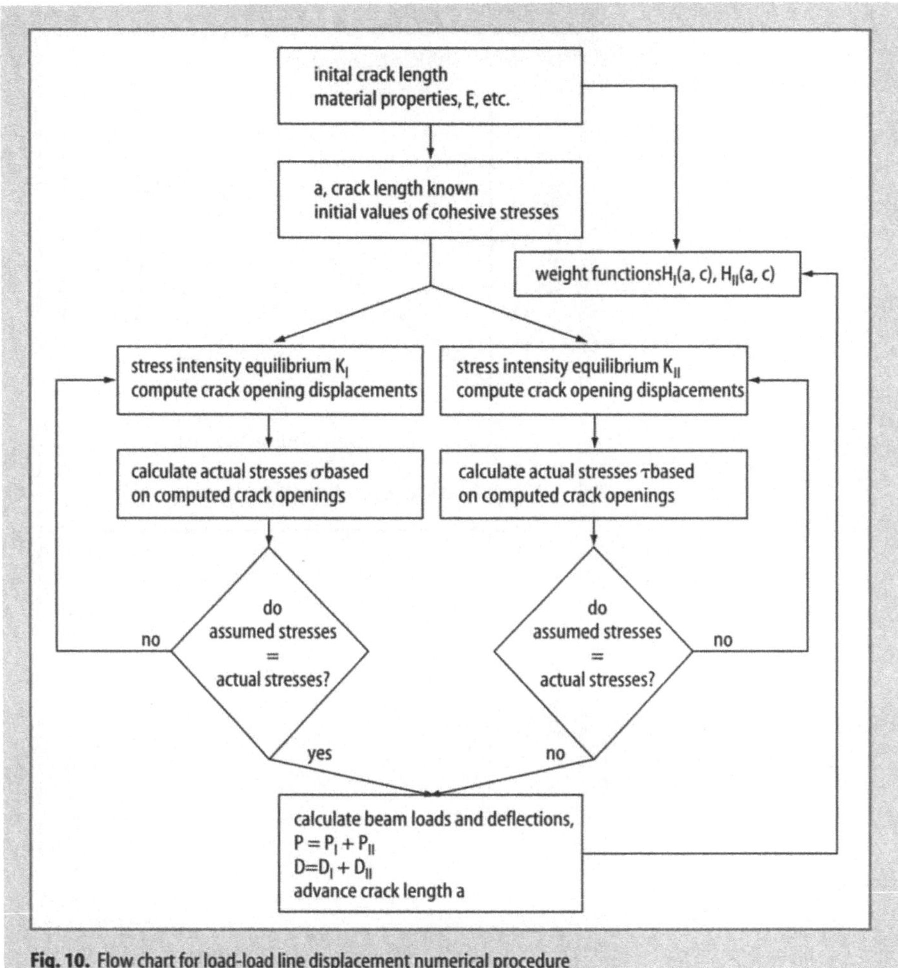

Fig. 10. Flow chart for load-load line displacement numerical procedure

4.6.3
Results of Analytical Models

The load/load-line deflection curves for the three-point bending tests were simulated. From each set of experimental tests a representative sample was chosen to model. The chosen sample was closest to the fracture load and ductility behavior of the group it came from. Results from sample simulations are shown in Fig. 11. A sample curve from the interfacial fracture simulation is shown in Fig. 11(a) and a sample from the aggregate penetration simulation is shown in Fig. 11(b). The analytical strain-softening model results are plotted with dashed lines while the experimental results are given as solid lines. The results of the simulation pro-

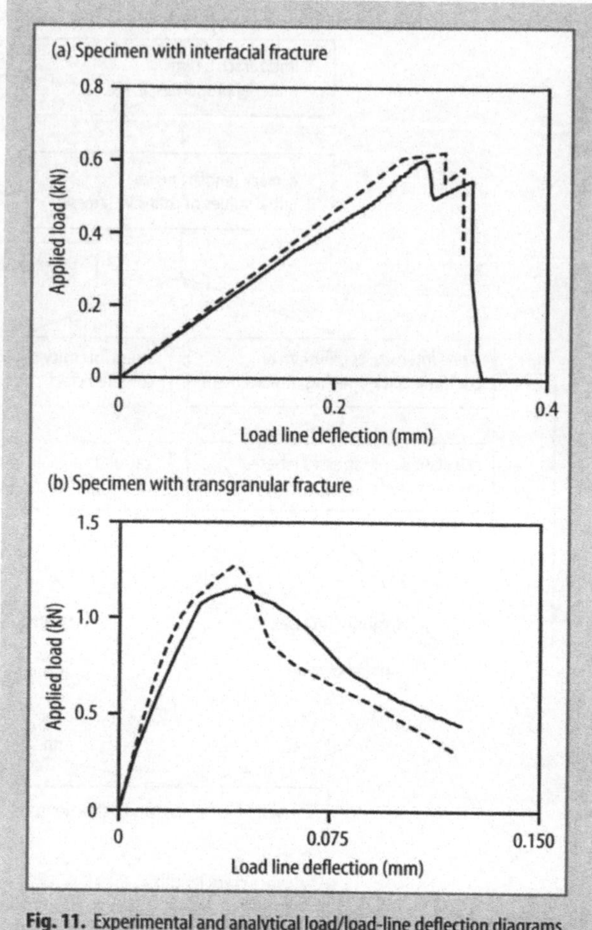

Fig. 11. Experimental and analytical load/load-line deflection diagrams

grams agree well with the experimental model performance. It is concluded that the method provides accurate results and can be useful to predict the load-displacement behavior of multi-phase composites.

4.7
Influence of Mortar-Aggregate Interfaces: Parametric Study

The analytical models were used to study the effect of material parameters on the composite behavior of the three-point bending specimens. Parametric studies using the models of the interfacial fracture and aggregate penetration fracture scenarios were conducted with variations on relative constituent fracture energies. The influence of the interface fracture energy G_{fi} relative to the mortar fracture energy G_{mi} as $F_i = G_{fi}/G_{fi}$ was studied with the interfacial fracture simula-

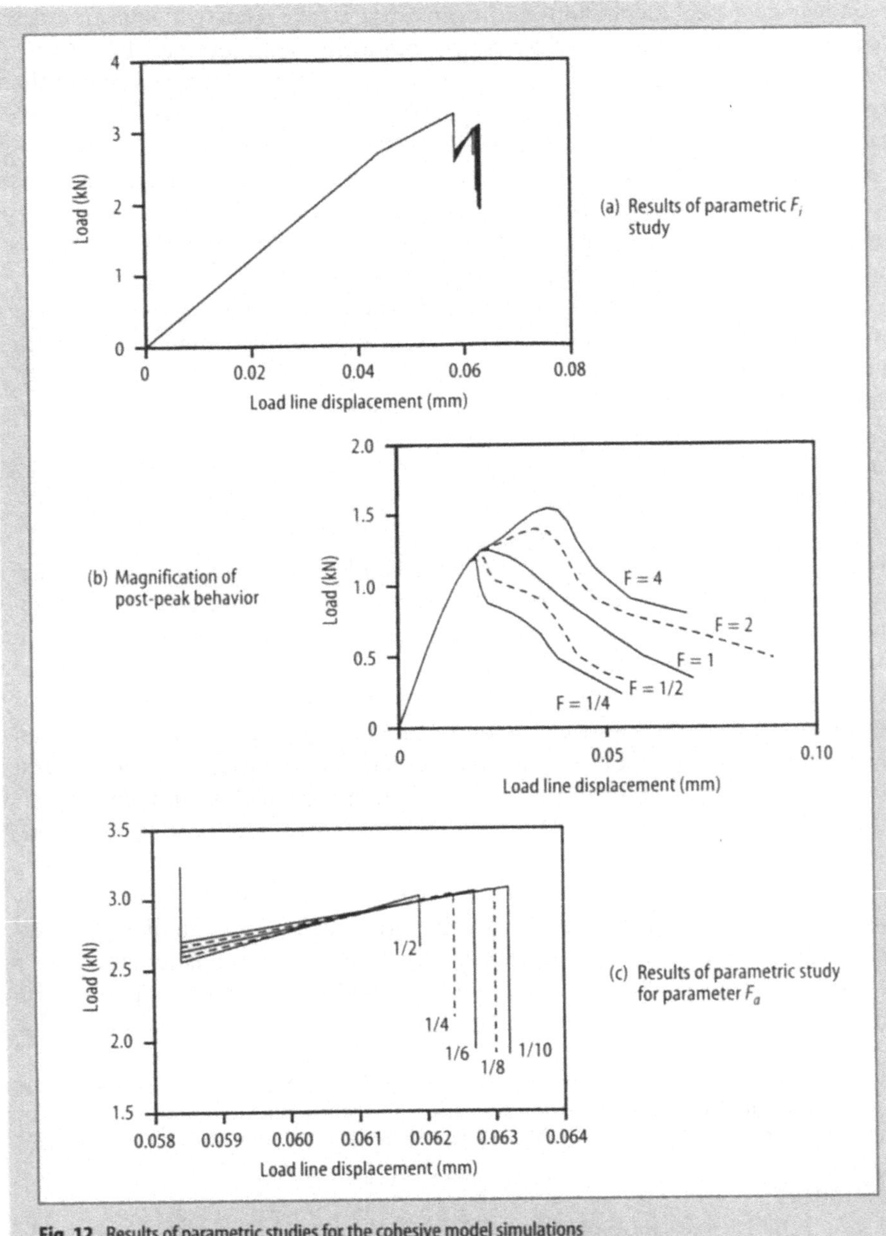

Fig. 12. Results of parametric studies for the cohesive model simulations

tion (Buyukozturk and Hearing 1996b). Analytical simulations with variations of mortar fracture energies were conducted using the interfacial analytical fracture model, shown in Fig. 12(b). Magnifications of the resulting secondary post-peaking behavior are shown in Fig. 12(b). Smaller F_i is shown to result in greater secondary post-peak deflections, indicating that higher relative mortar fracture energies may result in greater ductility in composites with interfacial fracture.

For specimens with aggregate penetration the relative fracture energy of the aggregate G_{fa} to the mortar G_{fm} as $F_a = G_{fa}/G_{fm}$ was investigated with the aggregate penetration simulation (Kitsutaka et al. 1993). Analytical simulations with variations of aggregate fracture energies were conducted using the aggregate penetration fracture model. As shown in Fig. 12(c), greater F_a is shown to result in larger deflections, indicating that for transgranular fracture a higher aggregate fracture energy may result in greater composite ductility.

These results illustrate the applicability of cohesive force models to the study of multi-phase composites. It is concluded that in engineering a high performance material for optimum behavior, careful adjustment of the qualities of material constituents can result in improved global material behavior.

4.8
Conclusions

In this paper, fracture models were presented and a combined analytical/experimental methodology was developed to study the influence of constituent fracture properties on the behavior of concrete composites. First, interfacial fracture parameters governing crack propagation at mortar-aggregate interfaces were reviewed along with experimental techniques for their assessment. Then, aggregate inclusion specimens were tested to confirm crack-path prediction criteria and to investigate the influence of various combinations of mortars, aggregates, and interfaces. A study was then presented on the quantization of the influence of relative constituent fracture properties using cohesive force crack propagation models.

Cracking scenerios were modeled through cohesive force analytical simulations, and variations of constituent properties are studied. The methodology developed for the study of crack propagation in cementitious composites is shown to be a suitable approach to the development of high performance concrete with improved ductility and toughness characteristics.

Acknowledgment. Support of this work was provided by the National Science Foundation through grant no. MSS-9313062. Part of the work reported here includes work performed by Dr. Yoshinori Kitsutaka as Postdoctoral Associate at Massachusetts Institute of Technology.

References

[1]   Bazant, Z. P.; Oh, B. H.: Crack band theory for fracture of concrete. ASCE Journal of Engineering Mechanics 68 (1983) 8, pp. 590-599

[2]   Buyukozturk, O.: Interface fracture and crack propagation in concrete composites.(editor Huet, C.) Micromechanics of Concrete and Cementitious Composites, pages 203-212, Lausanne. Presses Polytechniques Et Universitaires Romandes 1993, pp.203-212

[3]   Buyukozturk, O.; Hearing, B.: Constitutive relationships of mortar-aggregate interfaces in high performnce concrete.(editor Schultz, A. E. and McCabe, S. L.) Worldwide Advances

in Structural Concrete and Masonry, New York, NY. American Society of Civil Engineers 1996a, pp. 452-461

[4] Buyukozturk, O.; Hearing, B.: Improving the ductility of high performance concrete through mortar-aggregate interfaces. (editor Chong, K. P.) Materials for the New Millennium. American Society of Civil Engineers, New York, NY 1996b, pp. 1337-1346

[5] Buyukozturk, O.; Hearing, B.: Crack propagation in concrete composites influenced by interface fracture parameters. (To appear) International Journal of Solids and Structures (1997)

[6] Buyukozturk, O.; Lee, K. M.: Assessment of interfacial fracture toughness in concrete composites. Cement and Concrete Composites 15 (1993) 3, pp. 143-151

[7] Buyukozturk, O.; Nilson, A.H.; Slate, F.O.: Stress-strain response and fracture of a concrete model in biaxial loading. ACI Journal 68 (1971) 8, pp. 590-599

[8] Carpinteri, A.: Application of fracture mechanics to concrete structures. Journal of the Structural Division (ASCE), 108 (1982) pp. 833-848,

[9] Carrasquillo, R.L.; Nilson, A.H.; Slate, F.O.: Microcracking and behavior of high strength concrete subject to short-term loading. ACI Journal 78 (1981) 3, pp. 179-186

[10] Chatterji, S.; Jensen, A.D.: Formation and development of interfacial zones between aggregates and portland cement-based materials. (editor Maso, J. C.), Interfaces in Cementitious Composites, Toulouse: E & FN Spon (Chapman and Hall) 1992, pp. 3-12,

[11] Detwiler, R.J.; Mehta, P.K.: Chemical and physical effects of silica fume on the mechanical behavior of concrete. ACI Materials Journal 86 (1989) 6, pp. 609-614

[12] Dundurs, J.: Edge-bonded dissimilar orthogonal elastic wedges. Journal of Applied Mechanics (1969) 36, pp. 650-652

[13] Elices, M.; Guinea, G.V.; Planas, J.: Measurementof the fracture energy using three-point bending tests: Part 3 – influence of cutting the p-δ tail. Materials and Structures (RILEM) (1992) 25, pp 327-334

[14] Foote, R.M.L.; Mai, Y.-W.; Cotterell, B.: Crack growth resistance curves in strain-softening materials. Journal of the Mechanics and Physics of Solids 34 (1986) 6, pp 593-607

[15] Gerstle, K.: Material behavior under various types of loading. In: Proceedings of a Workshop on High strength Concrete. National Science Foundation 1979, pp. 43-78

[16] Goldman, A.; Bentur, A.: Bond effects in high-strength silica fume concretes. ACI Materials Journal 86 (1989) 5, pp. 440-447

[17] He, M.Y.; Hutchinson, J.W.: Crack deflection at an interface between dissimilar elastic materials. International Journal of Solids and Structures 25 (1989) 9, pp. 1053-1067

[18] Hillerborg, A.: The theoretical basis of a method to determine the fracture energy GF of concrete. Materials and Structures (RILEM) 18 (1985) 106, pp. 291-296

[18] Hillerborg, A.; ModÈer, M.; Petersson, P.-E.: Analysis of crack formation and crack growth in concrete by means of fracture mechanics and finite elements. Cement and Concrete Research 6 (1976) 6, p. 773

[19] Hsu, T.T.; Slate, F.O.; Sturman, G.M.; Winter, G.: Microcracking of plain concrete and the shape of the stress-strain curve. ACI Journal 60 (1963) 2, pp. 209-223.

[20] Kitsutaka, Y.; Buyukozturk, O.; Lee, K.M.: Fracture behaviour of high strength concrete composite models. Submitted to ACI Journal of Materials 1993

[21] Lee, K.M.; Buyukozturk, O.: Fracture mechanics parameters influencing the mechanical properties of high performance concrete. In: Proceedings of the Second International ACI Conference on High Performance Concrete, Singapore 1994, pp 491-498,

[22] Lee, K.M.; Buyukozturk, O.; Oumera, A.: Fracture analysis of mortar-aggregate interfaces in concrete. ASCE Journal of Engineering Mechanics, 118 (1992) 10, pp. 2031-2047

[23] Liu, T.C.Y.; Nilson, A.H.; Slate, F.O.: Stress-strain response and fracture of concrete in uniaxial and biaxial compression. ACI Journal, 69 (1972) 5, pp. 291-295

[24] Owen, D.R.J.; Fawkes, A.J.: Engineering Fracture Mechanics: Numerical Methods and Applications. Swansea, U. K.: Pineridge Press Ltd. 1983

[25] Rice, J.R.: Elastic fracture concepts for interfacial cracks. Journal of Applied Mechanics 55 (1988) 1, pp. 98-103

[26] Shah, S.P.; Winter, G.: Inelastic behavior and fracture of concrete. In: Causes, mechanism, and control of cracking in concrete. SP-20, American Concrete Institute 1966
[27] Tada, H.; Paris, P.C.; Irwin, G.R.: The stress analysis of Cracks handbook, 2nd edition. St. Louis, Missouri: 1985 Paris Productions Incorporated
[28] Trende, U.; Buyukozturk, O.: Size effect and influence of aggregate roughness in interface fracture of concrete composites. Accepted for publication in ACI Journal of Materials 1995
[29] Zaitsev, Y.: Crack propagation in a composite material. In: Fracture Mechanics of Concrete (editor Whittmann, F. H.). Netherlands: Elsevier Science Publications 1983, pp 251-299

5 Bauwerke von Manfred Specht

Wolfgang Konn

5 Bauwerke von Manfred Specht

WOLFGANG KONN

In den ersten Jahren nach Abschluß des Studiums begann der Berufsweg Manfred Spechts bei der Firma Dyckerhoff & Widmann AG. Als Tragwerksplaner und Leiter des Technischen Büros der Niederlassung Hannover und Niederlassungsleiter realisierte er Projekte aus den verschiedensten Teilgebieten des Bau- und Ingenieurwesens, bei denen nicht immer nur konventionelle Methoden zum Einsatz kamen.

Die Kreativität eines Ingenieurs und der Mut, den gewohnten Pfad bewährter Methoden zu verlassen, sind Voraussetzungen für die erfolgreiche Lösung außergewöhnlicher Aufgaben. Des öfteren bedurfte es bei der Überzeugung anderer am Bau Beteiligter auch eines gewissen diplomatischen Geschicks. Dies und der Pioniergeist zeichnen den innovativen Charakter Manfred Spechts aus.

Besonders erwähnt werden sollen in diesem Zusammenhang einige Bauvorhaben, bei denen neuartige richtungsweisende Techniken das erste mal erprobt wurden. Dabei handelt es sich um die einschiebbaren Unterführungsbauwerke für Dammstrecken der Deutschen Bundesbahn, die Baumaßnahmen für die Globius-Teppich-Fabrik in Einbeck, das Stadionbad in Hannover, der Verkehrsknotenpunkt an der Kaiserbrauerei in Hannover und die Errichtung der Weserbrükke in Höxter-Lüchtringen.

5.1
Einschiebbare Unterführungsbauwerke für Dammstrecken der Deutschen Bundesbahn

Gegen Ende der sechziger Jahre entschloß sich die Deutsche Bundesbahn im Zuge des immer stärker werdenden Straßen- und Schienenverkehrs Bahnübergänge aus Rationalisierungsgründen und Sicherheitsaspekten durch kreuzungsfreie Unterführungsbauwerke zu ersetzen. Um den Bahnbetrieb nicht mehr als unbedingt nötig zu beeinträchtigen wurde von der Bauherrenseite eine Hilfsbrücke für den Zeitraum von maximal 14 Tagen vorgehalten.

Die vorgegebene kurze Bauzeit führte Herrn Specht zu der Idee, die Unterführungsbauwerke außerhalb ihrer endgültigen Lage herzustellen und nachträglich in den Bahndamm einzufügen. Mit den neu entwickelten DYWIDAG-Gewindestäben entfiel das ständige Umsetzen der Presseneinrichtungen und ihren Widerlagern. (Bild 1)

Bild 1. Verschieben des vorgefertigten Unterführungsbauwerks

Das Unterführungsbauwerk aus Stahlbeton wurde auf Streifenfundamenten neben dem Bahndamm errichtet, die dem Bauwerk als Verschubbahn dienten. Untereinander waren die Streifenfundamente durch eine zehn Zentimeter dicke Stahlbetonplatte und einen Querträger am Ende biege- und schubsteif miteinander verbunden. Der Einschubvorgang erfolgte auf zwei Schienen, die in die Stahlbeton-Bankette einbetoniert waren und ca. 3 cm aus dem Beton herausragten. Auf der Unterseite des 600 t schweren Fertigteilbauwerks waren zwei I-100-Profile liegend einbetoniert worden. Zur Verringerung der Reibungswiderstände während des Einschiebens wurden die Schienen und I-Profile mit einem Gleitlack und Gleitfett versehen.

In der ersten Woche wurden die Hilfsbrücken und der Berliner Verbau zu Sicherung des Dammfußes hergestellt Anschließend erfolgte die Fertigstellung der Verschubbahnen, der Endquerträger und der Zieheinrichtung. Innerhalb eines Tages erfolgte danach das Einziehen des Bauwerkes in seine endgültige Position. Gegen Ende der zweiten Woche wurde das Bauwerk hinterfüllt, der Verbau entfernt und die Hilfsbrücken wieder ausgebaut. Der Querträger zwischen den Verschubbahnen verblieb im Erdreich

Die Kräfte zum Einziehen des Unterführungsbauwerks wurden durch je 6 DYWIDAG-Gewindestangen, St 800/1050, $\varnothing$ 26 mm, aufgenommen. Während des Verschiebevorganges mit einer Länge von 30m wurden über die Manometer der hydraulischen Pressen Haftreibungsbeiwerte zwischen μ = 0,27 beim Anfahren und μ = 0,20 bis μ = 0,12 während des Ziehvorgangs beobachtet.

5.2
Die Globus-Teppich-Fabrik in Einbeck

In den 50 und 60er Jahren wurde nach den Plänen des Architekten Horn eine Teppichweberei in Shed-Bauweise der Firma DYWIDAG erstellt und ständig erweitert, um den gewachsenen Produktionskapazitäten zu genügen. Geplant wurde der Bau einer 140 m langen und 100m breiten Halle, die in zwei Hälften unterteilt wurde. Die Aufgabe bestand darin, beide Hallenhälften mit 140m Länge und 50m Breite stützenfrei zu überdecken. (Bild 2)

Die alte Halle wurde mit einem Schalen-Shed-Dach, System DYWIDAG mit Querspannweiten von 8,22 m und Stützenabständen in Längsrichtung von 14,75 m bei einer Gesamthallenbreite von 74,00 m ausgeführt. Der obere Schalenrand stützt sich über Betonpfosten auf Rinnenträger ab. Die Betonpfosten dienen gleichzeitig als Fenstersprossen. Auf diese Weise wurden die ersten 6 Sheds bei einem Stützenraster von 8,22 m * 14,75 m erstellt, danach wurden die Stützenabstände von 8,22 m auf 16,44 m verdoppelt, um mehr Flexibilität bei der Raumnutzung zu erreichen. Die Lasten zweier Sheds wurden hierbei durch vorgespannte Fachwerkträger abgetragen. Die Fachwerkträger wurden in DYWIDAG-Spannbeton ausgeführt. Um die neue Halle stützenfrei zu halten schied die Shed-Lösung aus wirtschaftlichen Aspekten aus.

Der Ausführungsentwurf sah für den Hallenneubau einen Rahmen in Ortbetonkonstruktion vor. Von der Firma DYWIDAG wurde unter der Leitung von Herrn Specht die Binderriegel als konische Hohlkastenträger mit einer Spannweite von 48 m bei einem Binderabstand von 16,44 m ausgebildet. Durch die Hohlkastenform ließen sich die Spannbetonbinder gleichzeitig als Klimakanäle nutzen. Für die zwischenliegenden Dachdecken wurden 15 m lange und 3,30 m breite vorgespannte Fertigteilträger eingesetzt, auf denen die aus Bimsbetonstegdielen bestehende Dacheindeckung liegt. Die Auflagerkonsolen für die Fertigteilträger sind ebenfalls Fertigteile und wurden direkt mit in die Schalung der Binder eingelegt.

Ergänzt wird der Neubau durch eine zweigeschossige Stahlbeton-Skelettkonstruktion in denen die Aggregate der Klimaanlagen untergebracht sind.

Auf Grund seiner konzentrierten Stützenlasten erfolgte die Gründung des Erweiterungsbaus auf Preßbeton-Bohrpfählen, von denen ein Teil im bereits bestehenden Untergeschoß eingebracht werden mußte. Bei einer Flachgründung hätte der stark unterschiedliche Baugrund außerdem zu unwirtschaftlich großen Einzelfundamenten geführt, bei denen das Risiko von Setzungsdifferenzen nicht auszuschließen war.

Bild 2. Hohlkastenträger als Klimakanal

Bild 3. Bohrgerät beim Niederbringen eines Verdrängungspfahls

Im östlichen Teil des Neubaus wurden statt der Preßbeton-Bohrpfähle ATLAS-Pfähle zur Gründung herangezogen. Dieses Spezialgründungsverfahren unterscheidet sich von den übrigen Bohrpfahlsystemen darin, daß hierbei keinerlei Bohrgut aus dem Untergrund entnommen wird. (Bild 3)

Das ATLAS-Pfahlsystem kann als Verdrängungsbohrverfahren bezeichnet werden. Dabei dreht eine hydraulisch angetriebene 50 t schwere Maschine unter vertikaler Belastung ein starkwandiges Bohrrohr in den Boden. Eine auf dessen Bohrkopf aufgeschweißte Schnecke verbessert die Eindringwirkung. Beim Bohrvorgang wird ein spiralförmiges Bodenvolumen seitlich verdrängt, so daß die Umgebung des Pfahles eine zusätzliche Verdichtung erhält. Unterhalb des Bohrkopfes sitzt eine gußeiserne Spitze mit einer Gummidichtung, die das Rohr gegen eindringendes Wasser abschließt und nach Beendigung der Bohrarbeiten im Boden verbleibt.

Bei genügend tiefer Einbindung in den tragfähigem Baugrund wird ein Bewehrungskorb in das Rohr eingesetzt und über einen oben auf dem Bohrrohr sitzenden Behälter Beton eingefüllt. Mit zunehmendem Betonierfortschritt kann das Bohrrohr aus dem Boden herausgezogen werden. Nachdem die Spitze sich vom Bohrer abgelöst hat, kann der Beton seitlich austreten. Durch das hohe Gewicht der Betonsäule im Bohrrohr wird der Beton seitlich gegen den Boden gedrückt. Mit diesem Verfahren ließen sich seinerzeit Pfähle mit einem Durchmesser bis 56 cm und einer Tragfähigkeit von 1050 kN herstellen. Aus konstruktiven Gründen erhielten die Pfähle eine Neigung von 10:1. Um die tragfähige Grobkiesschicht zu erreichen, wurde Pfähle bis 10m Länge hergestellt.

Dieses neuartige Verfahren erforderte zwar ein relativ arbeitsintensives Umsetzen der Maschine durch die enge Anordnung der Pfähle, die durchgeführten Bohrarbeiten jedoch verliefen ohne nennenswerte Komplikationen, so daß eine maximale Tagesleistung von 11 Pfählen erreicht wurde.

5.3
Das Stadionbad in Hannover

Im Jahre 1966 wurde in Hannover mit der Errichtung eines neuen Hallenbades begonnen. Der vom Ingenieurbüro Dr. Konrad Schindler statisch und konstruktiv bearbeitete Entwurf von Herrn Prof. Dipl.-Ing.-Arch. Friedrich Florian Grünberger aus Wien sah eine Schalenkonstruktion, bestehend aus zwei verschieden großen Tonnenschalen vor, die das Hallenbad in zwei ineinander übergehende Hallen aufteilt.

Der gesamte Komplex umfaßt ca. 72000 m^3 umbauten Raum, wobei die Größe der überdachten Fläche ca. 5880 m^2 beträgt. Unter dem Tonnendach der großen Halle befindet sich ein „innerer Geschoßbau" sowie der Sprungturm mit der Sprunggrube. In der kleinen Halle ist das Nichtschwimmerbecken untergebracht

5.3.1
Konstruktion

Das Dach der großen Halle ist ein einfach-symmetrische Ausschnitt aus einer Kreiszylinderschalen mit einer Spannweite von ca. 100 m, die ca. 12° gegen die Horizontale geneigt ist. Bei der kleinen Halle handelt es sich bei der Dachkonstruktion um den Ausschnitt einer konoidförmigen Schale mit einer maximalen Spannweite von 56 m, deren Neigung gegen die Horizontale beträchtlich größer ist. (Bild 4)

Zur Realisierung der großen Halle wurde ein Konzept entwickelt, das zwei gespannten Gurtbögen (Pfeilhöhe 18,50 m und 20,40 m) mit zwischenliegenden Spannbetonbindern vorsah, die sich auf ein außen umlaufendes Randglied absetzen. Das Randglied wird seinerseits von den Fassadenstützen getragen. Die Druckbögen wurden als Hohlkästen von 3 m Breite und 1,16 m Höhe und einer allseitigen Wandstärke von 30 cm ausgeführt. Sie stützen sich gegen Widerlager ab, die untereinander durch Zugbänder verbunden sind. Die dabei auftretenden Zugkräfte in einer Größenordnung von 10 000 kN werden über 22 DYWIDAG-Spannglieder, St 800/1050, $\varnothing$ 32 mm aufgenommen.

Die kleine Halle wurde als räumlich gekrümmter Trägerrost, bestehen aus Rand- und Diagonalbögen sowie Überzügen, realisiert. Als Raumabschluß dient eine untere 8 cm starke gewölbte Stahlbetonplatte. Die Eckpunkte des Trägerrostes sind ebenfalls über Rand- und Diagonalzugbänder untereinander verbunden. Wegen des schlechten Baugrundes wurde das gesamte Bauwerks und insbesondere die Widerlager über Ortbeton-Rammpfähle bis $\varnothing$ 42 cm tief gegründet.

Schwerpunkt der statischen Berechnung bildeten die großen Bogenträger. Eigens durchgeführte Windversuche zur Stabilitätsuntersuchung ergaben Staudrücke von 1,1 kN/m^2 und Sogkräfte zwischen 0,5 kN/m^2 und 2,5 kN/m^2. Die nach DIN 1075 durchgeführte Stabilitätsuntersuchung ergab Momente nach Theorie zweiter Ordnung, die ungefähr in der Größenordnung der relativ geringen Momente nach Theorie erster Ordnung lagen. Die größte Durchbiegung im Scheitel errechnete sich zu 2,1 cm.

5.3.2
Bauausführung

Vorgesehen war ein Anspannen der Spannglieder affin zum Baufortschritt und mithin zum Widerlagerschub. Bereits kurz nach Errichtung der Widerlager wurde der Baubetrieb für über 3 Jahre unterbrochen und die noch schlaffen und nicht injizierten Spannglieder mußten nun dauerhaft konserviert werden. Zur Vermeidung von Korrosion wurde in Zusammenarbeit mit dem Institut für Materialprüfung und Baustoffkunde der TU Hannover ein Spezialöl in Verbindung mit einem späteren Waschmittel ausgewählt, mit dem die Spannkanäle gefüllt wurden. Versuche an gleichbelasteten Versuchskörpern ergab, daß auch nach Ablauf von drei Jahren keine nennenswerten Festigkeitsminderungen zu verzeichnen waren und die Spannstähle die Zulassungsbedingungen weiterhin erfüllten.

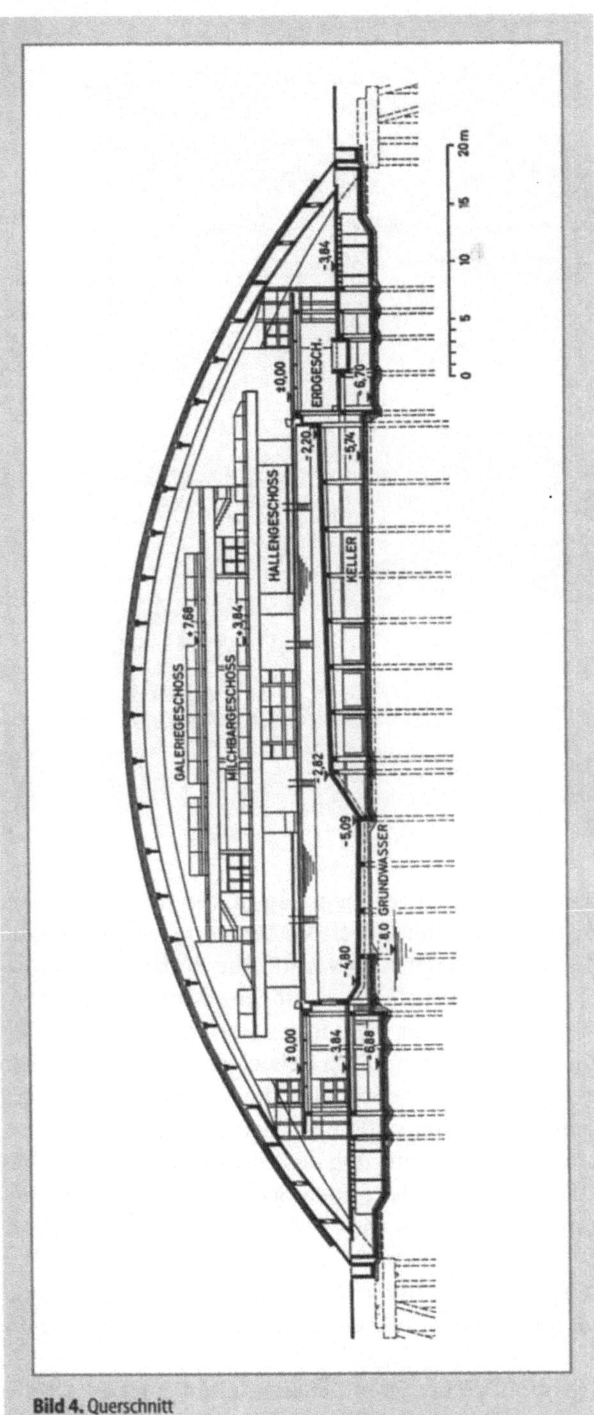

Bild 4. Querschnitt

Bild 5. Luftbild des Stadionbades

Ein weiterer Schwerpunkt dieses Bauvorhabens lag in der möglichst wirtschaftlichen Herstellung der Schalendächer. Durch die Zerlegung des Schalendaches in einzelne Stabtragglieder entfiel der Aufwand für die Einrüstung der gesamten Dachfläche. Um auch die Lehrgerüste für die Bögen so wirtschaftlich wie möglich zu errichten, wurden zunächst nur die unteren Bodenplatten der Hohlkästen der Bögen von beiden Seiten gleichmäßig aufsteigend betoniert. Wirklichkeitsnahe Versuche führten zu dem Ergebnis, daß die bis dahin vernachlässigte Reibungskraft zwischen Frischbeton und Schalung doch verläßliche Größen aufwies und zu einer spürbaren Reduzierung des ansonsten beträchtlichen Horizontalschubes führten. Bei Neigungen der Boden-Schalung um 22° ergab sich eine Minderung des Horizontalschubes von 45 % gegenüber einer reibungsfreien Kräftezerlegung. (Bild 5)

Die bis zu 34 m langen Spannbetonbinder konnten auf dem Hallenboden betoniert werden und wurden später mit Hilfe eines Autokranes an ihre endgültige Position gebracht.

Im Juli 1972 konnte das Stadionbad der Öffentlichkeit unter Anwesenheit des damaligen Bundesministers Egon Franke der Öffentlichkeit übergeben werden.

5.3.3
Schlußbetrachtung

Beim Bau des Stadionbades Hannover hat sich vor allem gezeigt, daß die wirtschaftliche Errichtung eines Bauwerks ganz wesentlich von einer Konstruktion abhängt, die den Einsatz von zeitgemäßen Baumethoden ermöglicht und den kostenintensiven Aufwand an Schalung und Rüstung minimiert. Um auch in Zukunft Bauvorhaben wirtschaftlich zu realisieren ist es bereits im Entwurfsstadium notwendig, die konstruktive Durchbildung auf baubetriebliche Aspekte abzustimmen, um ein optimales Verhältnis zwischen wirtschaftlichem Aufwand und erbrachter Bauleistung zu erzielen.

5.4.
Der Verkehrsknotenpunkt an der Kaiserbrauerei Hannover

In Hannover wurden Ende der 60er und Anfang der 70er Jahre im Zuge der Umgestaltung das alte Hauptstraßenverkehrsnetzes zu einem leistungsfähigeren Straßensystem, bestehend aus zwei Trogstrecken, 3 Brücken und einer Hochstraße umgebaut.

5.4.1
Die Trogstrecken

Der stadteinwärts und stadtauswärts fließende Verkehr sollte durch zwei getrennte Tröge mit einer Breite von je 10m geführt werden.

Im Entwurf war für die Errichtung der Trogstrecken, die bis zu 2,60 m tief ins Grundwasser einbinden, Massenbeton in einer Stärke von 70 cm bis 1,84 m als Auftriebssicherung mit einer mehrlagig geklebten Sperrschicht als Abdichtung vorgesehen. Bereits kurz nach der Fertigstellung eines ersten Teilabschnittes wurde die ursprüngliche Vorgehensweise verworfen, dagegen kam ein von Dyckerhoff & Widmann unter der Leitung von Herrn Specht entwickelter Sondervorschlag zum Einsatz. Dieser sah eine längs und quer mit DYWIDAG-Spanngliedern vorgespannte 40 cm starke Fahrbahnplatte aus Spannbeton vor. Durch die abgeminderte Sohlstärke mußten die Auftriebskräfte von vorgespannten und korrosionsgeschützten 11,50 m langen Erdankern, St 800/1050, $\varnothing$ 26 mm, aufgenommen werden, die unter den Notgehwegen angeordnet wurden.

Die äußeren Begrenzungen der Trogstrecken wurden durch rückverankerte Spundwände, die in den Schlössern verschweißt wurden, realisiert. Deren Erdanker, die im Verhältnis 1:1 geneigt waren, konnten ebenfalls zur Auftriebssicherung herangezogen. Als Gurtträger wurde erdseitig ein IPB 200 angebracht.

Aufgrund des frostgefährdeten Bodens, wurde die Bauwerkssohle der bis zu 90 m langen Blöcke auf einer 30 cm starken Frostschutzschicht betoniert, die durch ein doppellagiges Gleitpapier reibungsarme getrennt wurden. Durch oben und unten angeschweißte Anker aus St I wurde die Fahrbahnplatte biegesteif mit den

Spundwänden verbunden, eine stählerne 120 mm breite und 10 mm starke Dichtungsleiste sorgte für eine ausreichende Abdichtung.

Durch den Verzicht auf eine Sperrschicht erfolgte die endgültige Bemessung der Sohle unter Berücksichtigung der zu erzielenden Wasserdichtigkeit. Maßgebendes Kriterium hierbei war die Forderung, daß nach normalen, üblichen Rechenannahmen gemäß DIN 1072 die zentrische Überdrückung beider Spannrichtungen nach Überlagerung der ungünstigsten Lastfälle mindestens gleich dem Wert des Lastfalls Reibung (infolge gleichmäßiger Temperatur) sein soll. Der Wert für die Reibung zwischen Bodenplatte und Frostschutzschicht kann 100 % streuen, ohne daß zentrische Zugspannungen entstehen.

Aus diesem Kriterium ergaben sich die Abstände in Längs- und Querrichtung der einzelnen Spannglieder, Gewindestäbe, St 800/1050, $\varnothing$ 26 mm. Um die Zwängungen gering zuhalten, wurden in den Wänden ebenfalls Längsspannglieder angeordnet.

Die Sohle wurde in Arbeitsabschnitten zu je ca. 29 m hergestellt, wodurch sich Betonierleistungen von etwa 120 m^3 ergeben. Die dadurch erzielte relativ gleichmäßige Erhärtung in jedem Abschnitt ermöglichte eine relativ frühe Teilvorspannung und nach ausreichender Erhärtung die volle Vorspannung bei relativ geringen Reibungsverlusten. Bereits 24 Stunden nach dem Betonieren der Sohle wurden die Wände betoniert. Den wasserdichten Abschluß in der Betonierfuge zwischen Sohle und Wand wurde durch ein in Wandmitte stehendes Blech erreicht. Den oberen Abschluß der Wand bildet ein 15 cm starker Vorsatzbeton mit erdseitigem Kopfbalken, der einige Wochen später nach Abschluß des größten Teils der

Bild 6. Trogstrecke mit Bundesbahnüberführung und Hochstraße

Kriech- und Schwindverkürzung entsprechend der Fugenteilung abschnittsweise hergestellt wurde. (Bild 6)

Aufmerksamkeit verdient auch 450 m³ fassendes Regenwassersammelbecken, das unterhalb der stadteinwärts führenden Trogstrecke liegt. In Anlehnung an die Konstruktion der Trogstrecken wurden die äußeren Behälterwände aus 12 m langen Spundwandprofilen mit verschweißten Schlössern hergestellt, Sohle und Decke wurden wiederum in Stahlbeton ausgeführt.

5.4.2
Die Brückenbauwerke

Für die Bahnhofszufahrt mußte eine Überführung im Bereich der Trogstrecken errichtet werden. Die Mittellager dieser Brücke werden durch eine Reihe von je 5 Rundstützen gebildet, für die Endauflager wurden die vorhandenen Spundwände der Trogstrecken herangezogen.

Auf einer Länge von 178 m mußte der Schnellweg im Bereich der westlichen Trogstrecke aufgeständert werden. Der zur Ausführung gekommene Sondervorschlag des Arge-Partners Grün & Bilfinger AG zeichnet sich durch eine siebenfeldrige längs- und quervorgespannte 22 m breite Massivbrücke aus. Als Brückenüberbau wurde ein dreistegiger Plattenbalken für beide Fahrbahnen gewählt. Die Hauptträger besitzen dabei eine Breite von 1,10 m und haben untereinander einen Abstand von 7,90 m. Die Stützweiten der sieben Felder betragen 24,52 m – 4 × 25,70 m – 27,42 m – 23,10 m. Im Auflagerbereich werden die Lasten über einen vorgespannten Querträger in die Stützen abgeleitet, die jeweils in der Achse der äußeren Hauptträgern angeordnet sind.

Aufgrund des anstehenden fetten dunkelgrauen Tons steifer bis fester Konsistenz mußten die Stützen und Widerlager auf Preßbeton-Großbohrpfählen, mit einem Schaftdurchmesser von 120 cm gegründet werden. Zur Aufnahme der größten Lasten war eine Fußverbreiterung bis auf 2,70 m erforderlich.

Bei Kompressionsversuchen im Lastbereich bis 2000 kN/m² ergab sich für diesen Baugrund eine Steifemodul von $E = 60$ MN/m². Trotz des von Prüfingenieur und Bodengutachter übereinstimmend gut beurteilten Zustandes der Sohle, bei der der Ton teilweise gemeißelt werden mußte, traten bereits bei relativ geringen Bodenbelastungen von 1100 kN/m² überraschend große Setzungen bis maximal 20 cm ein, deren Ursachen sich letztlich nicht endgültig klären ließen.

Um eine Zerstörung des Bauwerks zu vermeiden wurden die Pfähle schubfest an die Pfähle Fundamentplatten gespannt, die die Bodenpressungen auf 200 kN/m² reduzierten. Danach konnte der Überbau in bewährter Weise ohne nennenswerte Komplikationen errichtet werden.

Im Zuge des Verkehrsknotenumbaus mußte auch die alte Bundesbahnbrücke durch eine neue ersetzt werden. Unter vollem Betrieb der fünfgleisigen Eisenbahnstrecke wurde eine Stahlbrücke mit Massivwiderlagern ausgeführt. Die Arbeiten wurden unter den Gleisen und unter Hilfsbrücken ausgeführt. Der alte Überbau konnte dabei mit wechselnder Unterstützung als Hilfsbrücke weiter verwendet werden. Den Abschluß der Umgestaltung des Verkehrsknotenpunktes bildet der Neubau einer Rad- und Fußwegbrücke über den Zubringer.

5.5.
Die Weserbrücke in Höxter-Lüchtringen

Mit der Drehbauweise bei der Errichtung der Weserbrücke in Höxter-Lüchtringen wurde von Herrn Specht abermals technisches Neuland betreten. Neuentwicklungen können immer Überraschungen und Schwierigkeiten bergen, die den Erfolg eines Bauvorhabens keineswegs von Anfang an garantieren. Gerade in der Baubranche können auf Grund des Einzelcharakters von Bauwerken nicht erst umfangreiche Serien zu Studienzwecken hergestellt werden. Die Erprobungsphase findet dann auch direkt am endgültigen Objekt statt. Vor diesem Hintergrund muß man daher auch den Mut und das Vertrauen aller am Bau Beteiligter sehen, die bereit waren, das Risiko eines Mißerfolgs mitzutragen. (Bild 7)

Beim Neubau einer Straßenverbindung zwischen den Orten Höxter und Lüchtringen sollte die Weser im Ausschreibungsentwurf durch eine Massivbrücke überquert werden.

Vorgesehen war eine 14,50 m breite Dreifeldbrücke, deren Mittelfeld mit 87,00 m Länge die 82,00 m breite Weser in rechtem Winkel überquert. Die Endfelder wiesen eine Länge von je 46,50 m Länge auf. Aufgrund des Schiffsverkehrs der Weser liegt die Gradiente der Fahrbahn ca. 9,50 m über Gelände in einer Kuppenausrundung.

Zusätzliche Randbedingungen bildete die Forderung, für die Schiffahrt während der Dauer der Bauarbeiten ein 25 m breites Lichtraumprofil zu ermöglichen. Erschwerend zeichnet sich die Weser durch stark schwankende Wasserstände aus, möglicher Eisgang hätte für zusätzliche Belastungen der Lehrgerüste in der Bauphase sorgen können. Da Sondervorschläge in der Ausschreibung zugelassen waren, brachten die Firmen Dyckerhoff & Widmann AG, Bielefeld und der Grün & Bilfinger AG einen Vorschlag ein, der erstmals in der Bundesrepublik Deutschland die Drehbauweise vorsah.

Grundgedanke des neuen Bauverfahrens war die Idee, den Überbau in zwei Teilen parallel zur Weser herzustellen und nach Fertigstellung in ihre endgültige Position zu drehen. Durch dieses Verfahren ließen sich Beeinträchtigungen für den Schiffsverkehr vermeiden. Zusätzlich wurden die Kosten für ein lichtraumübergreifendes Lehrgerüst gespart.

Bis zum Zeitpunkt der Ausschreibung waren in der Fachliteratur nur eine Fußgängerbrücke in England, eine Talsperrenbrücke in der DDR und eine Autobahnbrücke in Österreich bekannt.

Hinsichtlich der Drehtechnik unterscheidet man zwischen einer kreisförmigen äußeren Vorschubbahn, auf die sich der Überbau durch ein einseitiges Übergewicht auflegt, und einer inneren Vorschubbahn, bei dem der Überbau als Waagebalken hergestellt wird. Das Eindrehen erfolgt durch eine am äußeren Kragarmende angreifende Horizontalkraft HD. Dagegen wird beim Typ Waagebalken das

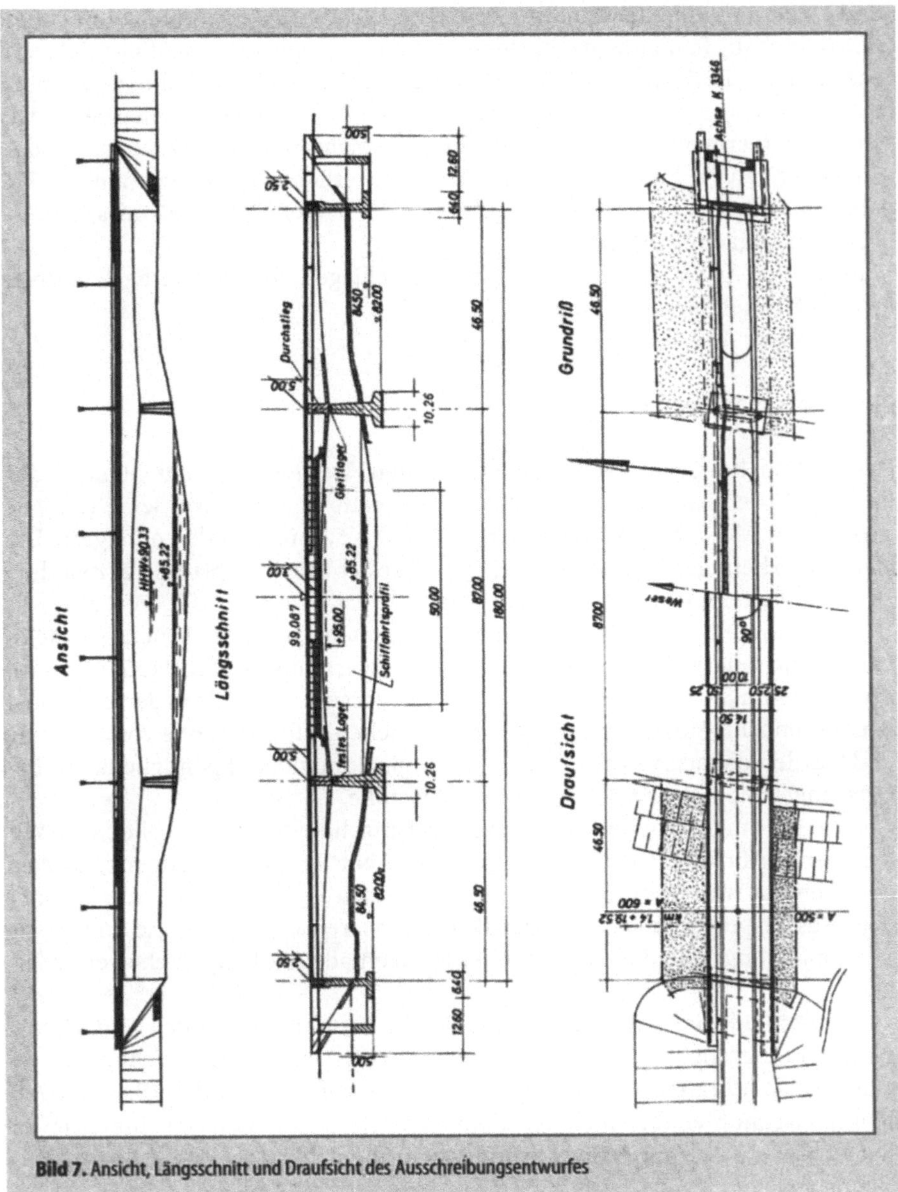

Bild 7. Ansicht, Längsschnitt und Draufsicht des Ausschreibungsentwurfes

Eindrehen durch hydraulische Pressen auf einer inneren Vorschubbahn in einem
verbreiterten Pfeilerfuß ermöglicht.

Vorteil des Verfahrens mit innerer Vorschubbahn ist die mit dem Wegfall des
Gerüstes am Kragarmende sich ergebende Kostenersparnis. Auch die Möglichkeit, das zweite Lichtraumprofil während der Bauzeit zu nutzen ist ein Vorteil, der
hier jedoch nicht zu tragen kam. Infolge der horizontal zwischen Pfeilerfuß und

Fundament angreifenden Drehkräfte HD stellen sich nur innere Schnittkräfte
ein, wodurch die Fundamentsohle hierbei von Horizontalkräften infolge HD frei-
gehalten wird. Dem stehen die Nachteile der inneren Vorschubbahn gegenüber:
Durch die geringeren inneren Hebelarme sind die Kräfte zum Eindrehen des Brük-
kenüberbaus erheblich größer. Dies zieht einen Mehraufwand an Konstruktions-
massen für den Pfeilerfuß nach sich. Gleichzeitig erhöht sich der Aufwand an Hydraulik und Steuerung. Außerdem sind durch die engeren Platzverhältnisse erhöhte Baugenauigkeiten erforderlich.

Bei beiden Arten ist die Anordnung des Drehlagers sowohl oberhalb als auch
unterhalb des Pfeilers möglich.

5.5.1
Die Brückenkonstruktion

Der Überbau besteht aus einem 14,50 m breiten zweistegigem Plattenbalken, der
im Auflagerbereich durch eine untere Druckplatte ergänzt wird. Seine Höhe d_0
variiert von 2,50 m bzw. 3,00 m in den Feldern bis 5,00 m über den Auflagern. Die
Stegbreiten betragen konstant 0,72 m. Die Dicke der Fahrbahnplatte liegt zwischen
28 cm in Plattenmitte und 42 cm am Stegrand.

Der gesamte Brückenüberbau ruht auf Kalottenlagern. Die Brücke wurde in
Längs- und Querrichtung mit Einzelspanngliedern aus St 1100/1135 $\varnothing$ 36 mm
bzw. $\varnothing$ 32 mm System DYWIDAG beschränkt vorgespannt. Alle in den einzelnen
Bauphasen zu spannenden Spannglieder erhielten sofort die volle Vorspannung
und wurden danach sofort injiziert. Die Koppelung neuer Spannglieder an bereits eingebaut Stäbe erfolgte durch Muffenstöße.

Kastenförmige 15 m hohe Widerlager mit angehängten Flügeln bilden die Widerlager der Brücke. Die Gründung erfolgte über Streifenfundamente auf dem
anstehenden Weserkies. Die konisch zulaufenden Pfeiler wurden ca. 4 m unter
dem Wasserspiegel flach gegründet. Durch den Drehvorgang war die Anpassung
der Abmessungen an die Aufnahme der Horizontalkräfte beim Drehen erforderlich.

Unterschiedliche statische Systeme für die Bauphasen und den Endzustand
machten differenzierte Untersuchungen nötig. Gegenüber den leicht zu ermit-
telnden Schnittkräften der statisch bestimmten Systeme während der Bau- und Anfangsphase mußten die Momentenumlagerungen infolge Kriechen und Schwinden für das statisch unbestimmte Endsystem abgeschätzt werden. Diese ergaben
sich nach [7] zu

$$M_4 \; = \; M_A + C \, (M_{EI} - M_A)$$
$$\text{mit}$$

M_A = Summe aller Momente aus einzelnen Bauzuständen
M_{EI} = Momente am statisch unbestimmten Durchlaufträger (Einflußsystem)
C = Umlagerungsfaktor in Abhängigkeit der Kriechzahl ν

Die während der Bauphase erhöhten Stützmomente des reinen Kragträgersystems konnten durch die zwängungsfrei wirkenden Vorspannmomente abgedeckt werden. In der Endphase nach Schließen des Mittelfeldes lagerten sich diese Momente durch Kriechen und Schwinden entsprechend um und deckten dann die Stützmomente infolge g und p. Dadurch waren keine zusätzlichen Spannglieder erforderlich.

5.5.2
Die Drehvorrichtung

Die neu angewandte Bauweise erforderte einige besondere konstruktive Maßnahmen.

Die neue Weserbrücke wurde als zuvor beschriebener Typ Waagebalken auf innerer Vorschubbahn mit untenliegendem Drehpunkt konstruiert. Jeweils östlich und westlich der Weser wurden auf diese Weise zwei identische Abschnitte von je ca. 80 m Länge im Bereich der Mittelpfeiler parallel zu den Flußufern hergestellt.

Im Schnittpunkt zwischen Brückenachse und Pfeilerachse befinden sich die Drehlager. Die im Durchmesser 8 m messende innere Gleitbahn ist 30 cm breit und besteht aus einer wenigen Millimeter starken Epoxydharzschicht. Die Brückenlasten von 30 MN zum Zeitpunkt des Eindrehens wurden über vier stählerne Schlitten aufgenommen, die gleichmäßig über den Umfang verteilt sind. Die Unterseite der Schlitten wurden mit Teflon beschichtet und trugen so zur Reibungsminderung bei. Jeder Schlitten wurde durch zwei hydraulische Pressen vorgetrieben, damit im Schadensfall unter Last ausgewechselt werden konnte. Außerdem ließ sich dadurch immer eine Dreipunktlagerung für jede beliebige Richtung von Lastexzentrizitäten erreichen, die vor allem aus dem seitlichen Winddruck, dem aufwärts gerichteten Staudruck, unplanmäßigen Lastexzentrizitäten und Lagerabweichungen herrührten. Während des Drehvorgangs mußte der gelenkig gelagerte Überbau durch Abspannungen aus Spannstahl und Profilträger biegesteif und schubfest mit dem Pfeiler verbunden werden. (Bilder 8 + 9)

Die maximale Abstützkraft eines Stützpunktes errechnete sich zu 5,1 MN, so daß die gewählten Pressen mit einer zulässigen Belastung von 6,3 MN ausreichend erschienen. Aus diesen vertikalen Kräften und einem ungünstig angenommenen Reibungsbeiwert von $\mu = 0{,}20$ errechneten sich die Pressenkräfte für den Drehvorgang.

Um das Abgleiten der Lasten vom Drehlager auf die Gleitbahnpressen und die bei einer Exzentrizität auftretenden Stützenkräfte beizubehalten, mußten an das Steuerungssystem der Hydraulik besonders hohe Anforderungen gestellt werden. Für das Eindrehen der Brückenkonstruktion in seine endgültige Lage wurden zwei hydraulische Pressen mit einer zulässigen Belastung von jeweils 0,7 MN eingesetzt. Diese stützten sich gegen Betonwiderlager im Pfeilerfundament ab. Die Drehkräfte wurden über einbetonierte Stahlkonsolen oberhalb des Drehlagers in den Pfeiler eingeleitet.

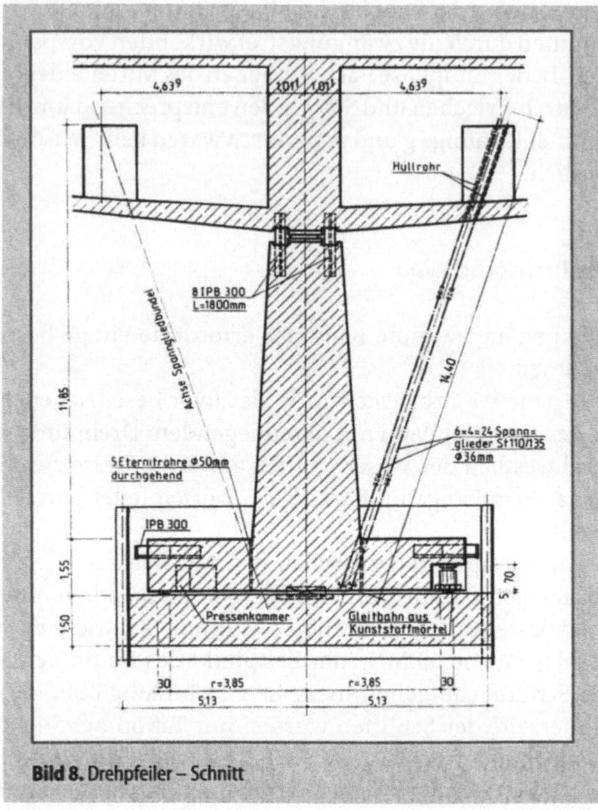

Bild 8. Drehpfeiler – Schnitt

Nachdem Eindrehvorgang wurde die Drehfuge zwischen Fundament und Stützenfuß mit Verpreßmörtel injiziert. Während des Erhärtungsvorgangs wurden die Stützenlasten über die Stützpressen mit 24 MN entlastet. Nach Abschluß wurden diese Pressen entfernt und die gesamten Brückenlasten dem Drehlager zugewiesen. Seine Funktion als Drehlager hatte es damit verloren.

Zu beiden Seiten der Weser stand je ein Turmdrehkran mit ca. 30 m Ausladung zur Verfügung, die jeweils auf einer Kranbahn neben der höchsten Uferkante liefen. Die Spundwände für die Brückenpfeiler wurden mit einer Freifallramme in den Kies eingerammt.

Die Herstellung der Widerlager und Pfeiler mit Großflächenschalung erfolgte reibungslos. Das Lehrgerüst des Überbaus mußte dagegen auf einem Pfahlkopfrost längs der Weser gegründet werden.

Nach dem Erhärten des Betons (Ende der Phase 1) wurde zunächst nur das Lehrgerüst im Bereich der Pfeiler abgebaut. Nach dem Aufbringen der endgültigen Vorspannung wurde der Überbau durch das Anbringen von Abspannungen und Steifen für den Drehvorgang stabilisiert, so daß auch das restliche Lehrgerüst abgesenkt werden konnte. Durch Kontrolle der Manometerdrücke ergaben sich tatsäch-

Bild 9. Brücke während des Drehvorgangs

liche Lastexzentrizitäten von maximal 6,1 cm beim westlichen Überbauteil gegenüber zuvor errechneten 71,8 cm Abweichung aus der ungünstigen Überlagerung von planmäßiger Abweichung, Lagerfehler und Gewichtsabweichung.

Im September 1975 wurde der westliche Überbauabschnitt in $4^{1}/_{2}$ Stunden reiner Drehzeit um 90° in seine endgültige Lage gedreht. Drei Drehkonsolen mit jeweils drei Stellungen auf dem Pressenwiderlager erlaubten den Vorschub in 9 Etappen. Durch die zuvor erwähnten Meßeinrichtungen ließen sich Unebenheiten auf der Gleitbahn kontrollieren. Die tatsächlich aufgetretenen Haft- und Gleitreibungsbeiwerte von $\mu = 0,09$ bzw. $\mu = 0,06$ lagen ebenfalls erheblich unter dem angesetzten Wert von $\mu = 0,20$, so daß die verwendeten Pressen nur zu 30 % ausgenutzt wurden.

Die Abweichung des eingedrehten Brückenteilabschnitts zur Bauwerksachse von der Sollage betrug 5 mm am Kragarmende.

Auf die gleiche Weise wurde anschließend auf der gegenüberliegenden Weserseite der zweite Brückenabschnitt hergestellt. Die Lücke im Mittelfeld der Brücke wurde in konventioneller Bauweise auf einem Gerüst, welches an die Kragarme angehängt wurde, geschlossen. Mit der Kopplung und Vorspannung der Kontinuitäts-Spannglieder wurde die Errichtung des Brückenbauwerkes abgeschlossen.

5.6
Schlußbemerkung

Bei allen Bauvorhaben zeigte sich, daß bei naturgemäß mangelnder Erfahrung beim Einsatz neuer Technologien das Risiko eines Mißerfolgs durch eine besonders gründliche Planung minimiert werden kann, jedoch nie völlig auszuschließen ist. Der Mut, dieses Risiko zu tragen, ist ein Charakterzug, der insbesondere erfolgreichen Konstrukteuren eigen ist. Sie sind es, die einen Fortschritt in der Kunst des Bauens und Konstruierens erst möglich machen. Diese Maxime kennzeichnet Manfred Spechts Verständnis des Ingenieurberufs.

Literatur

[1] Specht, M.: Einschiebbare Unterführungsbauwerke für Dammstrecken der Deutschen Bundesbahn. Dywidag-Bericht (1969) 2, S. 14-15
[2] Specht, M.: Ein neues Stadionbad in Hannover. Dywidag-Bericht (1970) 4, S. 18
[3] Horn, R.: Baumaßnahmen der Globus-Teppich-Fabrik „Walter Poser GmbH" in Einbeck von 1952 bis 1970. Dywidag-Bericht (1970) 5, S. 4-13
[4] Specht, M.: Verkehrsknotenpunkt an der Kaiserbrauerei Hannover. Dywidag-Bericht (1971) 1, S. 12-18
[5] Specht, M.: Ein neues Stadionbad für Hannovers Bürger. Dywidag-Bericht (1973) 2, S. 10-14
[6] Specht, M.; Powitz, G.; Priedigkeit, B.: Anwendung der Drehbauweise beim Bau der Weserbrücke in Höxter-Lüchtringen. Bauingenieur 52 (1977) 4, S. 117-123
[7] Trost, H.; Wolff, H.-J.: Zur wirklichkeitsnahen Ermittlung der Beanspruchung in abschnittsweise hergestellten Spannbetontragwerken. In: Bauingenieur 45 (1970) , S. 155-169
[8] Richtlinien für den Bau von Spannbetonfahrbahnen auf Flugplätzen, Ausg. 1964

6

Der Neubau des Hauses Sommer, Pariser Platz 1, Berlin-Mitte – Ingenieurherausforderung der besonderen Art

Wolfram Steinke, Hartmut Kalleja

6 Der Neubau des Hauses Sommer, Pariser Platz 1, Berlin-Mitte – Ingenieurherausforderung der besonderen Art

Wolfram Steinke, Hartmut Kalleja

6.1 Einleitung

Die Straße „Unter den Linden" – der wahrscheinlich bekannteste Boulevard der deutschen Hauptstadt – reicht von der Schloßbrücke bis zum Pariser Platz. Den repräsentativen Abschluß dieser Allee bildet das Brandenburger Tor. Dieses berühmteste Wahrzeichen Berlins war gleichermaßen Symbol der deutschen Teilung wie später das der deutschen Einheit. Der Pariser Platz – im Volksmund schon immer „die gute Stube Berlins" genannt – weist aber neben diesem populären Denkmal noch eine Reihe anderer historischer Gebäude auf, die jedoch allesamt den Kriegs- und Nachkriegszerstörungen zum Opfer gefallen sind: das Blüchersche Palais, das Hotel Adlon und die beiden direkt neben dem Brandenburger Tor liegenden Häuser Liebermann und Sommer an der Nord- bzw. Südseite, stellen nur eine kleine Auswahl dar.

Im Jahre 1990, also kurz nach dem Fall der Mauer, wurden erste Überlegungen zu der Neugestaltung des Pariser Platzes öffentlich bekannt gemacht. So entstand ein Bebauungsplan, der bis ins Detail planerische Vorgaben z. B. zur Fassadengestaltung und zu Traufhöhen enthält. Die neu entstehenden Gebäude erinnern stark an die historischen Vorbilder und die Architektur knüpft an die alten Funktionen an.

Die ingenieurmäßige Herausforderung für den Neubau des Hauses Sommer am Pariser Platz 1, lag daher nicht in seiner ungewöhnlichen Architektur mit einem komplizierten Lastabtrag und schwierigen Sonderbauteilen, sondern vielmehr in der Berücksichtigung verschiedener, überaus diffiziler und mitunter auch konträrer Randbedingungen:

1. Am nördlichen Giebel des Hauses steht das historische Baudenkmal – das Brandenburger Tor. Am südlichen Giebel soll die Amerikanische Botschaft an der Stelle neu wiederhergestellt werden, wo sie noch vor dem 2. Weltkrieg ihren Sitz hatte. Unmittelbar unter dem Grundriß des Hauses Sommer verläuft die S-Bahn-Trasse der 1936 erbauten Nord-Süd-Bahn, die damals unter dem bestehenden alten Haus Sommer hindurch gebaut wurde. Diese S-Bahn Linie läuft unter vollem Betrieb und ist gemäß eines zusätzlich angefertigten Beweissicherungsverfahrens baulich in einem einwandfreien Zustand (vgl. Bild 1: Lageplan).

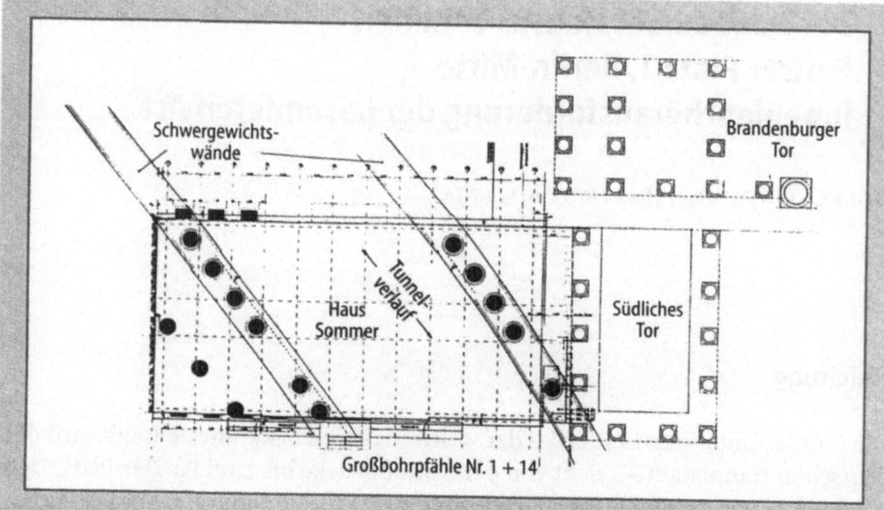

Bild 1. Lageplan des geplanten Neubaus, des Brandenburger Tores mit dem südlichen Torhaus, der Schwergewichtswände neben der vorhandenen Tunnelröhre und der geplanten Großbohrpfähle, erstellt vom Büro Prof. Kleihues

2. Der Entwurf für den Neubau des Hauses Sommer stammt von dem Architekten Prof. Josef Paul Kleihues. Dieser Entwurf sieht, entgegen dem historischen Vorbild mit nur drei Obergeschossen, ein 4-geschossiges Büro- und Geschäftshaus mit einem zusätzlichen Kellergeschoß vor. Die Abmessungen der Grundfläche betragen ca. 28 m in der Länge und ca. 14 m in der Breite.

3. Der Bauherr dieses Bauwerks ist die Rheinische Hypothekenbank, die an dieser exponierten Stelle ein äußerst repräsentatives Haus mit höchsten Ansprüchen an die Gebrauchsfähigkeit erstellt haben wollte.

4. Die erforderlichen Koordinations- und Abstimmungsgespräche mit allen an dem geplanten Neubau Beteiligten führten zu äußerst schwierigen Problemstellungen, die große Anforderungen an die Tragwerksplanung und an die Baukonstruktion stellten.

6.2
Vorgespräche und Problemsondierungen

In ersten Vorgesprächen mit dem Bauherren und dem Architekten wurden die hohen Ansprüche an die Funktionalität des Gebäudes dargelegt. Diese Ansprüche wirkten sich im weiteren Planungsablauf sehr stark auf die Baukonstruktion aus. So sollte unter anderem

– die unter dem Gebäude in einem Tunnel aus Stahlbeton hindurch fahrende S-Bahn weder akustisch noch von der körperlichen Empfindung her spürbaren Einfluß auf die Nutzer des Gebäudes ausüben.

- die Nutzung des Erdgeschosses sowohl für Empfänge, als auch für Ausstellungen, Publikumsvorträge und andere repräsentative Maßnahmen ausgelegt werden. Das bedeutete eine maximale Raumausnutzung mit einer minimalen Anzahl tragender Bauteile.
- das Kellergeschoß in großen Teilen ebenfalls für den Publikumsverkehr zugänglich gemacht und deshalb entsprechend ausgebaut werden.
- höchster Anspruch an den Komfort der technischen Gebäudeausrüstung gestellt werden, bei gleichzeitiger Beschränkung der erforderlichen Haustechnikräume auf ein Minimum. Dies hatte eine Häufung von großen Durchbrüchen in tragenden Bauteilen zur Folge.

Die Unversehrtheit des Brandenburger Tores während der Bauphase und auch nach der Fertigstellung des Gebäudes war eine eindeutige und unumstößliche Forderung der zuständigen Senatsverwaltung. Der Antrag für die Genehmigung der erforderlichen Wasserhaltung zum Einbau des Kellergeschosses wurde mit der Begründung der nicht einzuschätzenden Gefährdung des Brandenburger Tores abgelehnt, bzw. auf eine maximale Absenkung von ca. 1 m unter den gemessenen Wasserstand festgesetzt. Auch die Aussage eines hinzugezogenen Bodengutachters, daß keine Setzungen aufgrund der geplanten Wasserabsenkung zu erwarten sind, konnte keine Aufhebung dieser Festsetzung erwirken.

Die Vertreter der Botschaft der Vereinigten Staaten von Amerika stellten ihrerseits Forderungen hinsichtlich der Sicherheitsmaßnahmen gegen Terrorangriffe für ihr direkt angrenzendes, noch in der Planung befindliches Botschaftsgebäude. Um diesen Sicherheitsansprüchen gerecht werden zu können, wurde unter anderem eine „Verpuffungszone" (ein mehrere Zentimeter dicker Luftspalt) zwischen den beiden Nachbargebäuden geplant, mit dem Ziel dadurch einen möglichen Sprengstoffangriff abfedern zu können.

Die Deutsche Bahn AG schließlich, als Rechtsnachfolger der Reichsbahn und heutiger Betreiber der S-Bahn in Berlin, erhob den Anspruch, daß ihr bestehendes Tunnelbauwerk zu keiner Zeit durch die Baumaßnahmen in Mitleidenschaft gezogen oder gar gefährdet werden darf. Sie war nur dann gewillt, der geplanten Baumaßnahme zuzustimmen, wenn ihr alle erforderlichen Unterlagen (Ausführungspläne, Genehmigungen etc.) vor Baubeginn zur Prüfung vorgelegt würden. Ein zeitlich begrenzter, eingeschränkter Zugverkehr wurde von der DBAG auf keinen Fall akzeptiert.

Bereits nach der ersten Durchsicht der Bestandsunterlagen, die von der DBAG zur Verfügung gestellt wurden, erkannte man, daß die noch vorhandene alte Tragkonstruktion oberhalb der Tunnelröhre ein nicht zu unterschätzendes zusätzliches Problem darstellte (vgl. Bild 2 und 3: Bestandsunterlagen). Diese Abfangekonstruktion, die im Zuge der Tunnelerbauung im Jahre 1936 unter das damals bestehende Haus Sommer zur Aufnahme und Weiterleitung der Gebäudelasten eingebaut worden war, bestand aus vier Trägerpaaren, die auf den beiden parallel zu der Tunnelröhre verlaufenden Schwergewichtswänden auflagen. Jeder Träger war ein ca. 160 cm hoher Stahlträger aus zusammengeschweißten Stahlble-

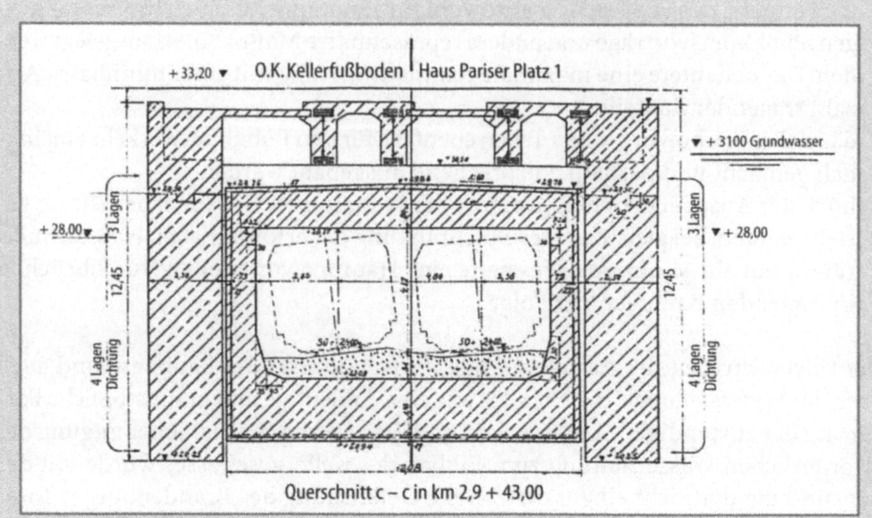

Bild 2. Bestandsunterlagen der DBAG Tunnelquerschnitt unter dem alten Haus Sommer mit Trägerpaaren der Abfangekonstruktion und den beiden Parallelwänden

chen mit zusätzlichen Stahllamellen am Ober- und Unterflansch. Jeweils zwei Träger waren durch eine Betonumhüllung zu einem Paar zusammengefaßt und die Paare waren mit Stahlbetonplatten untereinander verbunden (vgl. Bild 4 Originalfoto). Die Träger und die Stahlbetonplatten störten den geplanten Neubau in ihrer vorhandenen Lage und mußten vor Beginn der Bauarbeiten komplett entfernt werden.

6.3
Planungsphase

Die nun bekannten planerischen Aufgaben wurden von dem im Ingenieurbüro SPECHT, KALLEJA + PARTNER GMBH zusammengestellten Team unter der Leitung von Herrn Prof. Dr.-Ing. Manfred Specht systematisch untersucht und gelöst.

Zuerst wurde ein tragwerksplanerisches Gesamtkonzept entwickelt:

Der fünfgeschossige Baukörper wurde als monolithischer Stahlbetonbau geplant – die Wahl des Baustoffes Beton hatte den Vorteil auch sehr filigrane Bauteile mit hohen Tragreserven herzustellen. Wegen der geringen Anzahl tragender Bauteile im Erd- und im Kellergeschoß und unter Einhaltung der vorgegebenen kleinen Wand- und Stützenquerschnitte mußten neben hochbewehrten Stahlbetonbauteilen auch Stahlverbundstützen ausgeführt werden.

Die Gebäudeaussteifung erfolgte rechnerisch über den Aufzugskern und die beiden Treppenhäuser, sowie einzelne, über alle Geschosse durchgehende Wandstücke in den Außenwänden.

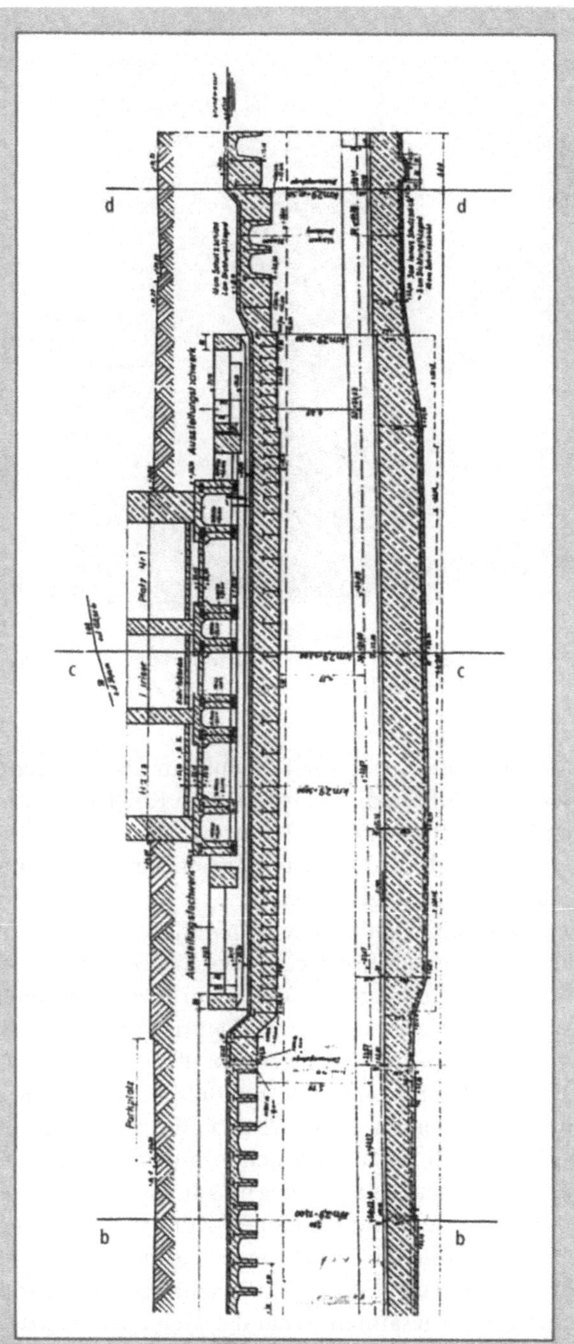

Bild 3. Bestandsunterlagen der DBAG Tunnellängsschnitt unter dem alten Haus Sommer mit Abfangekonstruktion

Bild 4. Originalfoto der Unterfahrung des alten Hauses Sommer von 1936 Bodenaushub zwischen den Parallelwänden unter den einbetonierten Stahlträgern der Hausabfangung

Da an beiden Giebelwänden über alle Geschosse Schächte für die haustechnischen Anlagen vorgesehen waren, mußten die erforderlichen Knickaussteifungen der Giebelwände in den Deckenebenen über Betonstege erbracht werden. Als zusätzliche Halterung für die Wand wurde konstruktiv ein Ringbalken in jeder Deckenebene rings um die Schächte angeordnet.

Die Gebäudelasten durften wegen einer entsprechenden Auflage der Deutschen Bahn AG nicht über die Stahlbeton-Tunnelröhre (weder über die Decke noch über die Wände und Fundamente) abgeleitet werden. Daher wurde eine komplette Überbauung der Trasse geplant. Die planerischen Überlegungen richteten sich daher darauf aus, das Kellergeschoß des geplanten Neubaus als „steife Kiste" mit den vorhandenen Wänden, der Sohle und der Decke auszubilden und so die erforderliche Steifigkeit für das Überspannen von ca. 20 m zu erhalten. Aufgrund erheblicher Störungsstellen (erforderliche Durchbrüche) in den „selbsttragenden" Bauteilen, aber hauptsächlich wegen der schwierig bis gar nicht umzusetzenden Erschütterungsentkopplung wurde dieser Gedanke wieder verworfen. Also wurde eine über die Tunnelröhre spannende Fundamentplatte mit entsprechender Stahleinlage geplant, auf der konstruktiv sauber die Erschütterungsentkopplung umzusetzen war und auf der die gesamten Gebäudelasten über erforderliche Streifen- und Einzelfundamente abgetragen werden konnten. Diese Fundamentplatte aus Beton mit der Güte B 55 beinhaltet einen Trägerrost aus einer Vielzahl orthogonal angeordneter Haupt- und Nebenträger aus Baustahl.

Als ein weiteres Problem erwies sich die Planung der Gründung bzw. der Last-weiterleitung in den Baugrund. Erste Überlegungen galten dem Problem, wie die Gebäudelasten in den Baugrund eingeleitet werden können. Wie bereits oben beschrieben, durften die Gebäudelasten nicht auf den Tunnel abgesetzt werden, sondern mußten neben dem Tunnel über Auflager abgeleitet werden.

Es lag daher auf der Hand die beiden noch vorhandenen Schwergewichtswän-de, die parallel neben der Tunnelröhre verlaufen, als Auflager für die Tragelemente des geplanten Neubaus zu nutzen. Dabei stellte sich die Frage, ob die vorhandenen Schwergewichtswände überhaupt in der Lage seien, die Gebäudelasten des neu geplanten Hauses Sommer aufnehmen zu können. Sie wurden ursprünglich im Jahre 1936 geplant und gebaut um die Gebäudelasten aus dem alten Haus Sommer in das Erdreich abzutragen, aber das geplante neue Gebäude hat ein Geschoß mehr als das alte Haus Sommer und damit auch erhebliche Mehrlasten. Mögliche Einwirkungen des 2. Weltkrieges (eventuelle Horizontalrisse durch die Schwer-gewichtswände) mußten ebenfalls mit einkalkuliert werden, wenn die Parallel-wände zum Lastabtrag hinzugezogen werden sollen.

Es wurde überlegt, wie trotz dieser Randbedingungen die vorhandenen Beton-wände für das geplante Neubauvorhaben nutzbar gemacht werden könnten. Zu-nächst sollten diese Wände für die Erhaltung bzw. Reaktivierung ihrer Tragfä-higkeit ertüchtigt werden. Diese Ertüchtigung sollte mittels vertikal durch die Betonwände durchgebohrter Stabstähle mit 40 mm Durchmesser geschehen, deren Bohrlöcher im Nachgang mit Verpreßmaterial kraftschlüssig zu ver-schließen wären. Diese Stäbe würden eventuell vorhandene, horizontale Schub-risse vernadeln und es ermöglichen, die vorhandenen Schwergewichtswände zum Lastabtrag hinzuzuziehen.

Dabei sollten die Gebäudelasten auf eine über den Tunnel gespannte Tragkon-struktion abgegeben werden, die wiederum auf den ertüchtigten Schwergewichts-wänden aufliegt. Daraus resultierte die Frage, welche zulässigen Betondruckspan-nungen den vorhandenen Wänden zugeordnet werden konnten. Zur Untersuchung des vorhandenen Betons sollten Bohrkerne entnommen werden, um sie im La-bor abzudrücken. Bei dem Versuch die Bohrkerne zu entnehmen, stieß man er-neut auf unerwartete Schwierigkeiten:

Die angesetzten Bohrungen in den Schwergewichtswänden förderten bereits in einer Tiefe von ca. 2 m nur noch Krümelbeton, Reste von Stahlträgern und ver-moderte Holzreste zu Tage.

Auf der Grundlage alter Zeitungsartikel und alter Fotos der damaligen Tun-nelbaustelle wurde auch für dieses zunächst unerklärliche Phänomen eine Erklä-rung gefunden:

Die beiden Schwergewichtswände links- und rechtsseitig von dem Tunnel sind als Kammerbaukörper erstellt worden. Als Basis wurde damals ein Wandfuß von etwa 2 m Dicke aus Stahlbeton erstellt. Darauf betonierte man als Wandkorpus zwei äußere, bewehrte Kammerwände, die mit zwischenliegendem Bauschutt auf-gefüllt und durch einen ebenfalls ca. 2m dicken Wandkopf aus Stahlbeton abge-deckt wurden.

Die Ertüchtigung eines solchen „hohlen Vogels" wäre ohne sehr umfangreiche Untersuchungen nicht möglich. Daher wurde eine neue Lösung ausgearbeitet.

Auch der Schaffung einer zweiten Auflagerbank hinter den bestehenden Schwergewichtswänden waren baupraktische Grenzen gesetzt:

Das Brandenburger Tor steht mit der südöstlichen Ecke des Wachhauses auf einem Versprung der nördlichen Schwergewichtswand, die mit aufwendigen Hilfskonstruktionen für die Tunnelerbauung unter das Brandenburger Tor eingebaut worden war. Es ist also zumindest an dieser Ecke kein Raum zwischen Schwergewichtswand und Brandenburger Tor vorhanden, um eine neue Auflagerbank zu erstellen. Abgesehen davon hätte das Einbringen einer Wand unmittelbar neben dem Brandenburger Tor ein nicht vertretbares Risiko für das denkmalgeschützte historische Bauwerk bedeuten können.

Als weitere Alternative bot sich an, die Schwergewichtswände nicht als lastabtragende Elemente selbst, sondern als „Schutzmantel" für einzubringende Bohrungen für Bohrpfähle, die ihrerseits die Auflagerlasten der geplanten Fundamentplatte sicher aufnehmen und in den Baugrund weiterleiten sollten, zu ersetzen. Es wurde geplant, insgesamt 14 Stahlbeton-Bohrpfähle mit einer jeweiligen Gesamtlänge von ca. 30 m und einem Durchmesser von 1,20 m senkrecht durch die Schwergewichtswände einzubringen. Diese Bohrpfähle sollten die rechnerischen Auflagerlasten aus dem Neubau aufnehmen und durch die etwa 12 m tiefen Schwergewichtswände hindurchleiten, ohne diese am Lastabtrag zu beteiligen. Die Lasten werden dann über Mantelreibung und Spitzendruck unterhalb des Wandfußes der Schwergewichtswände über eine Länge von ca. 18 m in den Baugrund eingeleitet. Bei diesen Bohrlochdurchmessern und der erforderlichen Bohrtiefe ein nicht gerade alltägliches Vorhaben.

6.4
Bauphase

Zur Freimachung des Baufeldes war es notwendig, die alten Abfangeträger und die alten Stahlbetonplatten mit Seilsägen in transportierbare Stücke zu zersägen und abzufahren. Die jeweiligen in Arbeit befindlichen Träger wurden an einen Kran angehangen, um sie gegen Absturz auf die direkt darunter befindliche Tunneldecke zu sichern. Da das Grundwasser, wie oben bereits erläutert, nicht abgesenkt werden durfte, war es unumgänglich, daß die Arbeiter zeitweise im Wasser stehend ihre Arbeit verrichten mußten (vgl. Bild 5: Sägearbeiten).

In Zusammenarbeit mit der ausführenden Fachfirma wurde der folgende Bauablauf für das Einbringen der Bohrpfähle unter Berücksichtigung verschiedener Randbedingungen entwickelt:

1. Einbringen von Kernbohrungen Ø 15 cm vertikal durch die Wände in den Mittelpunkten der Großbohrpfähle. Diese Pilotbohrung wurde während des Bohrvorganges vermessen und diente zur Führung für die anschließende Großbohrung.

Bild 5. Sägearbeiten zum Abriß der alten Abfangekonstruktion (Schnittstelle eines in der Mittelachse getrennten 1,60 m hohen I-Stahlprofils) im Hintergrund Säulen des Brandenburger Tores

2. Verfestigung des Erdreiches unterhalb der Schwergewichtswandfüße durch die Pilotbohrungen hindurch mit „Mager-HDI" bis in eine maximale Tiefe der Pfahlsohle. Die Eignung des Erdreichs für diese Methode wurde im Vorfeld gesondert untersucht.

3. Einbringen der Bohrung für die Großbohrpfähle mit einer äußeren Bohrkrone $\varnothing$ 150 cm und einer Bohrschnecke mit Pilotkopf, die in die Pilotbohrung eingedreht wurde. Der Beton wurde weggefräst, die vorhandene Stabstahlbewehrung wickelte sich um die Bohrschnecke und wurde herausgezogen bzw. abgeschnitten. Die Bohrkrone hatte einen kleinen Vorschub gegenüber der Bohrschnecke und wurde mit nur äußerst geringem Druck vorangetrieben. Dadurch konnte das plötzliche Ausbrechen des Betonkegels am Wandfuß ausgeschlossen werden.

4. Etwa 2 m vor Erreichen der Sohle der Schwergewichtswände wurde ein Wasserüberdruck in das Bohrloch eingebracht, um beim Durchstoßen der unteren Betonsohle das plötzliche Einbrechen des Grundwassers unter Mitnahme

von Erdmassen in das Bohrloch zu verhindern (Gefahr des hydraulischen Grundbruchs!).

5. Einbau eines doppelwandigen Stahlrohres außen Ø 136 cm /innen Ø 130 cm in das Bohrloch. Es wurde ein gleichmäßiger Abstand von 7 cm zwischen Stahlrohr und umgebendem Beton gewahrt.

6. Der Bereich zwischen der äußeren Stahlrohrwand und dem Beton der Schwergewichtswände wurde mit einer Bentonit-Suspension verdämmt.

7. Weiterführung der Pfahlbohrung bis zur Pfahlsohle unter Beibehaltung des Wasserüberdrucks. Durch den Wasserüberdruck konnten Einbrüche des Erdreichs in das Bohrloch verhindert werden.

8. Einbringen der erforderlichen Bewehrung der Großbohrpfähle als vorgeflochtene Körbe.

9. Betonieren der Großbohrpfähle im herkömmlichen Kontraktorverfahren.

Bild 6. Einbringen der 30 m langen Großbohrpfähle durch die bestehenden Schwergewichtswände

Dieses Bohrverfahren gilt nach dem heutigen Stand der Technik als das erschütterungsärmste. Zudem hat die unter Punkt 5. genannte Doppelwandigkeit der Stahlrohre den Vorteil einer zusätzlichen Erschütterungsentkopplung des geplanten Gebäudes von der Tunnelröhre und den Schwergewichtswänden, da dieser Zwischenraum mit Densofett als Gleitschicht gefüllt wurde (vgl. Bild 6: Bohrarbeiten).

Die sichere Lastableitung in den Baugrund war somit gewährleistet. Die Lasteinleitung in die Bohrpfähle erfolgte über einen Stahlträgerrost in der 1,10 m dicken Fundamentplatte aus Beton, die den S-Bahn-Tunnel komplett überspannt. Im Bereich der Bohrpfähle wurde ein zusätzlicher Auflagerträger entwickelt, der die Lasten gezielt in die Bohrpfähle einleitet. Das Verlegen, der in der Werkstatt vorgefertigten Hauptstahlträger, erfolgte mit einem Kran. Auf dem Oberflansch waren Schubdübel aufgeschweißt, um die Lastübertragung zwischen Stahlträger und umgebendem Beton zu gewährleisten. An den Unterflanschen der Stahlträger wurden Verbreiterungen anbetoniert, die als verlorene Schalung für den Ortbeton der Fundamentplatte dienten.

Die zusätzlich erforderliche Querbewehrung ist durch vorgebohrte Löcher in den Stegen der Stahlträger eingefädelt und zusammen mit der zusätzlich einzubringenden Hauptbewehrung fachgerecht verlegt worden. Die Anschlüsse der Träger untereinander, mit den entsprechenden stahlbaumäßigen Verbindungen

Bild 7. Verlegearbeiten des Trägerrostes aus Stahlprofilen mit anbetonierten Unterflanschen und aufgeschweißten Schubdübeln innerhalb der 1,10 m dicken Fundamentplatte zum Überspannen der Tunnelröhre

und der Einbau der erforderlichen Anschlußbewehrung (vor allem für die auskragenden Plattenecken) ist direkt vor Ort geschehen (vgl. Bild 7 und 8: Verlegearbeiten und Zusatzarbeiten).

Die Streifenfundamente wurden als Fertigteile auf die Fundamentplatte aufgesetzt. Zwischen die Fundamentplatte und die Fertigteilfundamente wurde zusätzlich eine Kunststoffschicht (Sylomer-Schicht) eingebaut, die gemäß der Berechnung eines hinzugezogenen Akustiklabors, die vom Bauherren geforderte Erschütterungsentkopplung gewährleisten soll. Auf den Streifenfundamenten wurden Fertigteilplatten als Kellersohle verlegt, die erforderliche obere Sohlbewehrung und die Anfängerbewehrung wurden eingebracht und mit einer Ortbetonschicht vergossen.

Mit dieser soliden Gründung wurde nun das geplante Gebäude in herkömmlicher Stahlbetonbauweise errichtet.

6.5
Baubegleitende Sicherungsmaßnahmen für das Brandenburger Tor

Neben den oben beschriebenen, sehr umfangreichen Baumaßnahmen, vor allem für die Gründung des Neubaus des Hauses Sommer, war eine geeignete Sicherung des Brandenburger Tores zu gewährleisten.

Bild 8. Erforderliche Arbeiten vor Ort, nach dem Verlegen des Trägerrostes - Stahlbauverbindungen und -stöße, Einbau zusätzlicher Stabstahlbewehrung

Unabhängig von der laufenden meßtechnischen Überwachung durch die beauftragten Ingenieure der Senatsverwaltung wurde eine zusätzliche Meßeinrichtung und zwar gezielt an der Südseite des historischen Baudenkmals eingerichtet. Diese überwachte nicht nur ständig die mögliche vertikale und horizontale Veränderung der bestehenden Gebäude, sondern hätte außerdem für den Fall einer bedenklich großen Setzung bzw. Verdrehung der Säulen einen akustischen und optischen Alarm ausgelöst, so daß jeder am Bau Beteiligte sofort alle Arbeiten hätte stoppen können um größere Schäden zu verhindern.

Ergänzend sind zudem auch mechanische Sicherungsmaßnahmen angeordnet worden, die im „Notfall" nicht nur informiert hätten, sondern tatsächlich hätten sichern können. So wurden z. B. die äußeren südöstlichen Säulen während der gesamten Bauzeit über „Bauchbinden" untereinander gehalten, um der Gefahr des Herauskippens einer Säule entgegen zu wirken.

Zusätzlich sind Hydraulikpressen in den Keller eingebaut worden, um für diesen Fall schnell und gezielt gegensteuern und den Kraftschluß zwischen Stützen und oberen Randbalken des Torhauses wieder herstellen zu können.

Die südwestliche Ecke des Tores wurde mit einem „Korsett" aus Betonbohrpfählen und Erdankern in ihrer Form zusammengehalten.

In der gesamten Rohbauphase mußten tatsächlich lediglich die akustischen und die optischen Sicherungsmaßnahmen in Anspruch genommen werden. Größere Setzungen bzw. Verdrehungen in einem für das historische Bauwerk gefährdendem Maße sind nicht aufgetreten.

6.6
Schlußwort

Sämtliche geplanten und ausgeführten Bau- und Sicherungsmaßnahmen haben ihren Zweck voll und ganz erfüllt.

Das Haus Sommer steht wieder an seinem alten, angestammten Platz, trotz aller Widrigkeiten und erschwerenden Umstände, die während der Planungs- und auch während der Bauphase aufgetreten sind.

Das Gebäude reiht sich mit dem Hotel Adlon und dem Haus Liebermann ein, „die gute Stube von Berlin" in neuem Glanze wiederentstehen zu lassen.

Bauherr: Rheinische Hypothekenbank
Architekt: Prof. Josef Paul Kleihues
Tragwerksplanung: SPECHT, KALLEJA + PARTNER GmbH
Bauausführung: HOCHTIEF AG

WAYSS & FREYTAG

7

Forschungstätigkeit am Institut für Stahlbetonbau der TU Berlin seit 1979

Martin Göricke

7 Forschungstätigkeit am Institut für Stahlbetonbau der TU Berlin seit 1979

Martin Göricke

7.1 Einführung

In der umfangreichen Forschungstätigkeit am Institut für Bauingenieurwesen an der TU Berlin seit der Berufung von Professor Specht lassen sich ungeachtet einer breit gestreuten Beschäftigung mit verschiedenen Problemen des Stahl- und Spannbetonbaus eine Reihe von Forschungsvorhaben anführen, die entweder aufgrund ihrer praktischen Relevanz oder wegen ihres Charakters als Grundlagenforschung jeweils über einen längeren Zeitraum hinweg im Mittelpunkt des Interesses standen. Als besondere Schwerpunkte seien hier genannt:

- Dauerhaftigkeit von Stahlbeton
- Vorspannung ohne Verbund
- Schubtragverhalten
- Modellstatische Untersuchungen
- Dynamisches Verhalten von Stahlbetonkonstruktionen

Während das Wissen um die Grundlagen der Dauerhaftigkeit von Stahlbeton inzwischen weitgehend bereitgestellt ist [12], sind auf dem Gebiet der Entwicklung echter Bemessungskonzepte, die vergleichbar zur Bemessung der Lasteinwirkungen auf nachvollziehbaren Sicherheitskonzepten probabilistischer Grundlage aufbauen, noch Fragen offen [9]. Hierzu finden z. Zt. weiterführende Untersuchungen am Lehrstuhl statt. Der Vorspannung ohne Verbund galten in den vergangenen Jahren ebenfalls mehrere Forschungsvorhaben. So konnten besondere Probleme hinsichtlich der Fugenausbildung verbundlos vorgespannter Segmentbrücken gelöst werden, und wirklichkeitsnahe Modelle zur Beschreibung des Schubtragverhaltens entwickelt werden. Das durch Professor Specht entwickelten Modell zur Beschreibung der Querkrafttragfähigkeit von Stahlbetonbiegegliedern ohne Schubbewehrung im Bruchzustand wurde in mehreren Forschungsvorhaben zu einem konsistenten Modell zur Beschreibung unterschiedlichster Schubprobleme ausgebaut. In diesem Zusammenhang wurden auch die Grundlagen der Modellstatik weiterentwickelt. Durch Einsatz moderner Meßtechnik sind in den letzten Jahren auch dynamische Versuche an Stahlbetonbauteilen möglich geworden. Hierdurch konnten weiterführende Erkenntnisse zur wirklichkeitsnahen Beschreibung von Einwirkung und Widerstand dynamisch belasteter Bauteile gewonnen werden.

In [3] wurde bereits ausführlich über die Forschungsschwerpunkte am Institut bis 1987 berichtet. Um dem Leser einen weitgehend vollständigen Überblick über alle bisher durchgeführten Forschungsvorhaben zu geben, werden die einzelnen Projekte noch einmal kurz beschrieben.

7.2
Untersuchung der Mindestbetondeckung von Außenbauteilen und ihre Wechselbeziehung zur Nachbehandlung von Beton

Ausgehend von der Annahme, daß die Kapillarporösität des Betons und somit die Wassereindringtiefe tendenziell ein Maß für die Gefährdung des einbetonierten Betonstahls gegenüber korrosiven Angriffen darstellt, wurde die Frage geklärt, durch welche besondere Art der Nachbehandlung ein mit unzureichender Betondeckung geplantes oder ausgeführtes Bauteil im Sinne der Dauerhaftigkeit verbessert werden kann [13]. Durch Untersuchung von 480 Auslagerungskörpern wurden die Einflüsse der Nachbehandlungsdauer und des w/z-Werts auf die Dauerhaftigkeit quantifiziert.

7.3
Entwicklung eines Verfahrens zur Abschätzung der Lebensdauer von Außenbauteilen aus Stahlbeton

Durch nachträgliche Oberflächenbeschichtung läßt sich die Lebensdauer von Außenbauteilen aus Stahlbeton nachhaltig verlängern. Ausgehend vom 1. Fick´schen Diffusionsgesetz kann die durch den Karbonatisierungsfortschritt bestimmte Lebensdauer durch Berechnung des theoretischen Endes der alkalischen Schutzwirkung vorhergesagt werden [14]. Unter Berücksichtigung eines Vorhaltemaßes läßt sich eine Prognose über den spätesten Zeitpunkt einer erforderlichen Oberflächenbehandlung geben.

7.4
Untersuchung von Probekörpern aus Fließbeton zur Herstellung druckwasserdichten Betons

Durch Versuche wurde gezeigt, daß unverdichteter oder schwach verdichteter Fließbeton im Bereich stählerner Einbauteile nicht die WU-Qualität eines verdichteten Normalbetons erreichen kann. Damit konnten Leckagen bei aus Fließbeton hergestellten wasserundurchlässigen Wänden mit hoher Bewehrungsdichte erklärt werden [15].

7.5
Die teilweise Vorspannung ohne Verbund

Im Brückenbau bilden die Fugen verbundlos vorgespannter Segmentbrücken aufgrund der fehlenden Durchdringung mit einer im Verbund liegenden Bewehrung besondere Schwachstellen. In Ermangelung einer schlaffen Bewehrung können Risse im Fugenbereich, hervorgerufen durch Imperfektionen der Kontaktfläche, unterschiedliches Schwinden und Kriechen oder konzentrierte Lasteinleitung unkontrolliert anwachsen. Abhilfe kann eine zusätzliche schlaffe, oder auch vorgespannte Bewehrung schaffen, die in gesonderten Hüllrohren verlegt die Fugen durchdringt und nachträglich injiziert wird. Diese verbessert auch das Schubtragverhalten im gerissenen Zustand. Die Wirksamkeit einer solchen Zusatzbewehrung wurde in Versuchen nachgewiesen [22, 16] . Für die Besonderheiten der Bemessung wurden Gundlagen und Berechnungsverfahren entwickelt.

7.6
Versuche an vorgespannten Modellen aus Mikrobeton

Zur Untersuchung des Querkrafttragverhaltens von Stahlbetonbalken mit und ohne Vorspannung wurde die Mikrobetontechnik durch vergleichbare Schubversuche an Hauptausführungen und entsprechenden Modellen grundlegend erweitert [4]. Eine Übertragbarkeit der Ergebnisse von Schubversuchen an Mikrobetonbalken auf die Hauptausführung kann bei Verwendung geeigneter Werkstoffkombinationen sowie konsequenter Anwendung der modellstatischen Gesetze auf alle Anteile der einzelnen Querkrafttragwirkungen gewährleistet werden. Auch entspricht die im Versuch beobachtete Rißentwicklung und die Verformung des Modellbalkens dem Verhalten der Hauptausführung. Mit den gewonnenen Versuchsergebnissen konnte die analytische Leistungsfähigkeit des Schubmodells nach Specht [17] erneut nachgewiesen werden.

7.7
Versuche zur nachträglichen Erhöhung des Schubtragverhaltens
von Spannbeton-Durchlaufträgern

Für die Entwicklung von Verfahren zur Ertüchtigung von ungenügend schubbewehrten Stahlbetonkonstruktionen wurden Versuche zur Beurteilung der Wirksamkeit einer nachträglich angebrachten vertikalen Vorspannung im Bereich hoher Schubbeanspruchung durchgeführt. Durch diese zusätzliche vorgespannte Schubbewehrung kann ein Versagen der ansonsten bruchgefährdeten Bereiche vermieden werden [18].

7.8
Untersuchung des Tragverhaltens von Bügelbewehrung in der
querschnittsverstärkenden Spritzbetonschale von
Plattenbalkenquerschnitten unter schwellender Belastung

Durch Versuche wurde nachgewiesen, daß spritzbetonverstärkte Balken ein gegenüber monolithisch hergestellten Trägern äquivalentes Querkrafttragvermögen aufweisen, wenn die Ausführung gemäß den anerkannten Regeln der Bautechnik vorgenommen wird [5]. Die bisher in der Praxis üblichen Maßnahmen zur Querkraftverstärkung in Form von Ergänzungsbügeln konnten hierbei auch unter nicht ruhenden Lasten in ihrer Wirksamkeit bestätigt werden. Erst bei großen Lastschwingbreiten treten örtliche Verbundstörungen auf, die zwar zu Lastumlagerungen im Querschnitt führen, aber weitgehend ohne Einfluß auf die Bruchlast bleiben. Ein vorzeitiges Ablösen der Spritzbetonschale konnte hierbei nicht beobachtet werden. Die Schubrißbreiten sind ebenfalls mit den in Versuchen an monolithisch hergestellten Trägern beobachteten Rißbreiten vergleichbar. Zur praxisnahen Verankerung der Bügel wird ein Verschweißen der Bügelschenkel an Stahlwinkel empfohlen, die mit der vorhandenen Konstruktion verdübelt werden. Zur Bemessung kann das von Specht entwickelte Querkraftmodell in einer modifizierten Form verwendet werden.

7.9
Untersuchung der Dehnungen und Schnittgrößen prismatischer Stahlbetonquerschnitte auf der Grundlage verschiedener Spannungs-Dehnungsbeziehungen

Durch Vergleich unterschiedlicher Arbeitslinien mit dem Parabel-Rechteckdiagramm nach DIN 1045 wurde der Einfluß verschiedener Spannungs-Dehnungs-Beziehungen in der Betondruckzone auf das Tragverhalten des Gesamtquerschnitts untersucht. In der Auswertung konnten die erforderlichen Randbedingungen ermittelt werden, mit denen die Spannungsverteilung in der Betondruckzone im Rahmen der werkstoffspezifischen Streuungen hinreichend genau zur Beschreibung der Grenzzustände im Gebrauchs- und Bruchzustand erfaßt werden kann [2].

7.10
Störung des Spannungszustands in Kreiszylinderschalen infolge kleiner quadratischer Öffnungen, berechnet mit einem degenerierten Stahlbeton-Schalenelement

Das nichtlineare Kraft-Verformungsverhalten von ebenen und räumlichen Stahlbetonflächentragwerken kann mit degenerierten Schalenelementen wirklichkeitsnah beschrieben werden [1]. Hierbei wird das Werkstoffverhalten durch ein nichtlineares zweiaxiales Materialgesetz für den Beton und ein nichtlineares quasi-zweiaxiales Materialgesetz für den Betonstahl beschrieben. Das Element erlaubt die Anordnung von maximal vier verschiedenen Bewehrungslagen unterschiedlichen Querschnitts und beliebiger Richtung. Die Rißentwicklung im Beton bei Überschreiten der Zugfestigkeit wird ebenso berücksichtigt wie die damit einhergehende Umlagerung der Schnittgrößen.

Mit diesem Element wurde der Einfluß kleiner quadratischer Öffnungen auf das Tragverhalten von Kreiszylinderschalen untersucht. Es zeigte sich, daß bei kleinen Öffnungen der Einfluß der Randstörungsmomente vernachlässigt werden kann, und nur noch die Veränderungen der Normalkräfte berücksichtigt werden muß. Während der Einfluß von Schalendicke und Betongüte relativ gering ist, sind neben der Belastung die Öffnungsgröße, das Belastungsverhältnis und der Bewehrungsgrad von Bedeutung. Es wurde gezeigt, daß schon durch kleine Ausrundung der Öffnungsecken die dort auftretenden Normalkräfte erheblich vermindert werden können. Zur Bestimmung der zum Versagen führenden Belastung sowie zur Bemessung wurde ein Näherungsverfahren entwickelt.

7.11
Zur Berechnung von Stahlbetonbalken und -scheiben im gerissenen Zustand unter Berücksichtigung der Mitwirkung des Betons zwischen den Rissen

Zur Berechnung des nichtlinearen Kraft-Verformungsverhaltens von Stahlbetonbalken und -scheiben wurde ein Verfahren entwickelt, welches neben der Berücksichtigung der physikalischen Nichtlinearität der Stoffgesetze auch ein besonderes Modell zur Beschreibung des Zusammenwirkens von Stahl und Beton im Zugbereich beinhaltet, daß ausgehend von der Normalkraft-Dehnungsbeziehung zentrisch gezogener Stäbe die Mitwirkung des Betons zwischen den Rissen beschreibt. Ausgehend von Rißentwicklungsmodellen können hiermit die Dehnungen im Rißbildungsbereich abhängig vom Rißbildunsgrad beschrieben werden [11].

7.12
Experimentelle Untersuchung bewehrter und hohler Prüfkörper aus Normalbeton mittels eines zwängungsarmen Krafteinleitungssystems

Im Stahl- und Spannbetonbau sind neben „harten Einlagen" in Form von Schlaff- oder Spannstahl anwendungsbedingt auch „weiche Einlagen" in Form von Hohlräumen vorhanden. Der Einfluß dieser Störungen im ohnehin schon ausgeprägt inhomogenen Werkstoff Beton wurde in einem Versuchsprogramm untersucht. Hierbei konnte erwartungsgemäß bestätigt werden, daß Stahlbeton trotz moderner Meßmethoden und Versuchseinrichtungen nur unvollkommen durch einfache Kenngrößen beschrieben werden kann, die an reinen Betonprismen bestimmt werden. Die Wirkung der genannten Einlagen reicht von einer Verminderung über eine Nichtbeeinflussung bis hin zur Erhöhung der Betonprismenfestigkeit, die daher als Werkstoffkennwert nur eine beschreibende Richtgröße darstellen kann [19].

7.13
Entwicklung eines Querkrafttragmodells für Durchlaufträger aus Stahlbeton

Da ausnahmslos alle bisher entwickelten Modelle zur Beschreibung des Querkrafttragverhaltens von Stahlbetonträgern an Einfeldsystemen abgeleitet wurden, wurde ausgehend vom Schubmodell nach Specht [17] ein Berechnungsmodell für das Querkrafttragverhalten von Durchlaufträgern entwickelt [21]. Hierfür wurden eigene Versuche mit Versuchskörpern aus Mikrobeton durchgeführt, um insbesondere die Datenlücke hinsichtlich der Querkrafttragfähigkeit verbundlos vorgespannter Zweifeldträger zu schließen.

Die Versuchsreihe umfaßte fünf symmetrische Zweifeldträger aus schlaff bewehrtem Mikrobeton. Alle Träger besaßen einen Rechteckquerschnitt mit b/h = 25/80 mm. Variiert wurden Vorspanngrade und Stützweiten (2×500 bis 2×1070 mm). Zwei der Träger waren extern und verbundlos vorgespannt.

Im Versuch wurden alle Träger in neun Belastungsstufen zu Bruch gefahren. Die eingeleiteten Lasten sowie die Auflager- und Vorspannkräfte wurden mit Kraftmeßdosen erfaßt. Beton- und Schlaffstahldehnungen wurden mit Hilfe von Dehnmeßstreifen, Durchbiegungen durch induktive Wegaufnehmer ermittelt.

Die strenge Teilung der einzelnen Anteile am Querkraftabtrag wurde in der Weiterentwicklung des Schubmodells nach Specht beibehalten. Analog zur Methode der Schnittgrößenermittlung bei statisch unbestimmten Systemen wurde das Modell in zwei Teilmodelle entkoppelt, die eine getrennte Beschreibung des Querkrafttragverhaltens für den statisch bestimmten und den statisch unbestimmten Anteil der Gesamtquerkraft ermöglichen. Die auf ein Auflager einstrahlende Druckstrebe kann nun durch vektorielle Addition der Druckstreben aus den beiden Teilmodellen dem Betrag nach bestimmt werden. Hierfür wird ihre Neigung gegen die Systemachse am Zwischenauflager abgeleitet aus den vorliegenden Versuchsergebnissen in beiden Teilmodellen zu 35° festgelegt, wodurch sich in der Überlagerung der Neigungswinkel am Endauflager mit 30°, und am Zwischenauflager mit 35° einstellt. Der Lastabtrag in den Feldern wird je nach Art der Belastung über ein Bogen-Zugbandmodell (Streckenlasten) oder ein Sprengwerk (Einzellasten) vorgenommen, welches sich in ein Restfachwerk zu den Auflagern hin einhängt.

An diesem Modell lassen sich wieder abhängig von der Trägergeometrie und der Art der Belastung die beiden Versagensmechanismen eines Schubdruckbruchs bzw. eines Schubzugbruchs sowie ein gleitender Übergang zwischen beiden Möglichkeiten isolieren.

Die üblicherweise eingeführten freien Parameter des Modells wurden durch Abgleichung mit Versuchsergebnissen ermittelt. Ein abschließend entwickeltes Bemessungskonzept mit Teilsicherheitsbeiwerten erlaubt die Anwendung des Verfahrens für praktische Probleme.

7.14
Interaktion zwischen einer Massivbrücke und periodisch angeregten Straßenfahrzeugen

Der dynamische Charakter der Belastung von Brücken durch schwere Fahrzeuge wird maßgeblich durch das Eigenschwingverhalten der durch periodische Fahrbahnunebenheiten angeregten Fahrzeuge während der Überfahrt beeinflußt. Um das Interaktionsverhalten zwischen Fahrzeug und Brücke zu untersuchen, wurden statische und dynamische Versuche an einer Versuchsbrücke durchgeführt [8].

Hierfür stand eine besondere Forschungsbrücke in Berlin-Marienfelde zur Verfügung, die bereits in hohem Maß mit Meßtechnik versehen war. Die Brücke ist mit externen Glasfaser-Verbundspanngliedern teilweise vorgespannt. Das Schwingungsverhalten des Gesamtsystems wurde durch Variation der Anregungsart und -frequenz sowie der Fahrgeschwindigkeit und der Fahrzeugmasse untersucht.

Aus den Erkenntnissen der statischen und dynamischen Versuche konnten zwei verschiedene Modellverfahren zu Berechnung der Interaktion zwischen Fahrzeug und Brücke mit Verwendung der FEM entwickelt werden:

1. Das Gesamtsystem wird in drei Teilsysteme entkoppelt, die zeitlich aufeinander folgen:
   - Anregung (Fahrbahnoberfläche),
   - Fahrzeug,
   - Brücke.

   Jedes Teilsystem wird getrennt berechnet, und liefert gemäß des Zeitverlaufs die Eingangswerte für das nachfolgende Teilsystem. Dieses Modell ist übersichtlich und mit geringen Rechenzeiten zu bewältigen. Vernachlässigt wird hierbei die gegenseitige Beeinflussung der Massen von Fahrzeug und Brücke.

2. Fahrzeug und Brücke werden als gekoppeltes System untersucht. Die Untersuchung wurde hierbei auf eine eindimensionale Diskretisierung des Gesamtsystems beschränkt, wobei eine Erweiterung mit unter Berücksichtigung der Torsionsbewegungen des Brückenüberbaus prinzipiell möglich ist. Die Stellung des Fahrzeugs auf dem Überbau kann durch Wahl der Kopplungsknoten variiert werden.

Beiden Modellen liegt eine einheitliche Beschreibung der Teilsysteme zugrunde:
   - Die Anregung des Fahrzeugs durch Fahrbahnunebenheiten kann als eingeprägte, zeitabhängige Weggröße entsprechend der Fahrzeuggeschwindigkeit und Größe der Unebenheiten auf das Fahrzeugmodell angesetzt werden.
   - Das Fahrzeugmodell antwortet aufgrund der Fußpunkterregung mit entsprechenden Kraftgrößen, die den dynamischen Radlasten entsprechen.
   - Die Reaktion der Brücke kann durch Ansatz der dynamischen Radlasten am jeweils zu untersuchenden Punkt berechnet werden.

Durch Vergleich von berechneten mit gemessenen Eigenfrequenzen der Forschungsbrücke konnte die Güte beider Verfahren zufriedenstellend nachgewiesen werden, wobei das gekoppelte Modell erwartungsgemäß ein besseres Abbild der physikalischen Realität ermöglicht.

Die Untersuchungsergebnisse zeigen weiterhin, daß Unebenheiten der Fahrbahn in hohem Maß als Auslöser von dynamisch bedingten Brückenschäden zu werten sind. Zur realistischen Einschätzung der dynamischen Belastung von Brükken mit mangelhaften Oberflächen ist der klassische Schwingbeiwert allerdings ungeeignet.

7.15
Der Einfluß von freien Schwingungen auf ausgewählte dynamische Parameter von Stahlbetonbiegeträgern

Der dynamische Charakter der Belastung von Straßenbrücken durch Verkehr wird in den gängigen Regelwerken durch Schwingbeiwerte berücksichtigt, mit denen die statische Belastung in eine dynamische Ersatzlast umgerechnet werden darf. Aufgrund von Messungen vor Ort ist bekannt, daß durch diese Ersatzlasten die wahren Beanspruchungen einer Brücke durch die dynamische Wirkung der Verkehrslasten insbesondere bei LKW-Überfahrten unterschätzt werden.

Um genauere Einsicht in das dynamische Tragverhalten von Stahlbetonbiegeträgern zu erhalten, wurden vier Versuchsbalken mit zyklischen Dauerlasten sowie freien Schwingungen beansprucht [6]. Die Versuchsträger waren geometrisch identisch ausgebildet. Als Querschnitt wurde ein T-Querschnitt gewählt. Der Lagerabstand betrug 7,0 m, der Längsbewehrungsgrad 2,23 % bzw. 1,09 %. Die Bügelbewehrung aller Träger wurde ebenfalls identisch mit je zwei konstruktiv verschiedenen Bereichen bei gleichem Bewehrungsgrad ausgebildet.

Träger 1 und 4 erhielten zunächst 50 000 Lastwechsel im Ausschwingversuch. Die Belastung wurde durch eine erzwungene Auslenkung mittels eines motorgetriebenen Exzenters in Trägermitte eingeleitet. Nach dem Erreichen der gewünschten Auslenkung wurde das System plötzlich entlastet und konnte frei ausschwingen. Nach jeweils 10 000 Lastwechseln erhöhte sich die Auslenkung um 5 mm bis auf 25 mm. Anschließend wurde der Träger 1 statisch bis zum Bruch belastet. Träger 4 hatte eine sinusförmige Dauerlast bei einer Amplitude von 22 mm bis zum Ermüdungsbruch eines Bewehrungsstabs zu erleiden. Die Träger 2 und 3 wurden ausschließlich mit einer sinusförmigen Dauerlast beansprucht. Die ersten 50 000 Lastwechsel bestanden aus den gleichen Auslenkungen wie bei den Trägern 1 und 4. Anschließend wurden auch diese Träger mit einer Amplitude von 22 mm weiter belastet. Dabei erreichte Träger 2 2×10^6 Lastwechsel ohne Anzeichen einer Ermüdung. Er wurde deshalb anschließend wie Träger 1 statisch bis zum Bruch belastet. Die Bruchlasten der Träger 1 und 2 waren annähernd gleich. Träger 3 erreichte wie Träger 4 den Bruchzustand während der Dauerbelastung durch den Ermüdungsbruch eines Bewehrungsstabs. Die erreichte Bruchspielzahl der Träger 3 und 4 war bei gleichem Bruchbild annähernd gleich.

Hinsichtlich der Meßtechnik erfordern Versuche mit dynamischen Lasten einen erheblich größeren Aufwand als Versuche mit statischen Lasten. Neben einer genauen Erfassung der äußeren Beanspruchung, welche vergleichsweise einfach zu bestimmen ist, müssen neben den Dehnungen der Längs- und Bügelbewehrung sowie den Betondehnungen an der Oberfläche auch Weg- und Beschleunigungsaufnehmer vorgesehen werden, um aus der Kopplung von äußeren und inneren Meßwerten die gesuchten Zusammenhänge hinsichtlich einer dynamischen Systemidentifikation zu erhalten.

Die Beziehung zwischen Einwirkung und Widerstand einer dynamisch belasteten Stahlbetonkonstruktion wird maßgeblich durch das Verbundverhalten der

Bewehrung bestimmt. Es konnte gezeigt werden, daß die dynamische Biegesteifigkeit zu einem diskreten Zeitpunkt nicht mit der statischen Biegesteifigkeit identisch sein muß. Durch die Verknüpfung der Schwinggeschwindigkeit des Trägers mit der Dehngeschwindigkeit der Längsbewehrung kann über eine geeignete Darstellungsform eine Phasenverschiebung sichtbar gemacht werden, die eine aufgetretene Verbundstörungen anzeigt. Diese entstehen durch die Relativverschiebung zwischen Bewehrung und Beton und nehmen mit steigender Größe und Häufigkeit der Beanspruchung zu. Die dynamische Biegesteifigkeit verhält sich hierbei proportional zur ersten Eigenfrequenz des Trägers. Sie nimmt mit wachsenden Verbundstörungen ab. Die Dämpfung ist abhängig von der Art und der Häu- figkeit der bis zum Zeitpunkt der Messung eingetretenen Einwirkungen. Das Dämpfungsmaß scheint deshalb für die Systemidentifikation ein ungeeigneter Parameter zu sein. Für die Systemidentifikation eines Stahlbetonbauwerks reicht die Kenntnis von statischer und dynamischer Steifigkeit, Eigenfrequenz und Eigenform nicht aus. Die Verbundeigenschaften und die Dämpfung sind abhängig von der Belastungsart und -häufigkeit sowie der Belastungsgeschichte eines Bauwerks.

7.16
Zur Rißbildung von Stahlbetonträgern unter reiner Torsionsbeanspruchung

Während für Träger unter reiner Biegebeanspruchung, teilweise mit zusätzlicher Wirkung einer Normalkraft, viele theoretische und experimentelle Untersuchungen zur Rißbreitenbeschränkung durchgeführt wurden, fehlten bisher systematische Untersuchungen zur Rißbildung unter reiner Torsionsbeanspruchung. Durch das durchgeführte Forschungsvorhaben wurde im besonderen die Frage geklärt, ob das Rißverhalten nicht nur anhand der Verbundwirkung, sondern auch mittels der Relativverschiebung zwischen Stahl und Beton bei nicht vorgespannten und ohne Verbund vorgespannten Stahlbetonträgern unter reiner Torsionsbeanspruchung mit Hilfe der in Versuchen festgestellten Ergebnisse allgemeingültig und wirklichkeitsnah beschrieben werden kann [7].

Als idealisiertes Grundmodell zur Untersuchung der Torsionsrißbildung wird ein Zugstab mit Querdruck zu Grunde gelegt. Mittels Gleichgewichts- und Kontinuitätsbedingungen kann eine Differentialgleichung des verschieblichen Verbunds zwischen Bewehrungsstahl und Beton an diesem Modell hergeleitet werden. Durch Ansatz eines idealisierten Verbundgesetzes für den Zusammenhang zwischen Verbundspannung und Relativverschiebung kann diese Differentialgleichung für den elastischen und den plastischen Bereich getrennt gelöst werden. Damit sind die Relativverschiebungen zwischen Bewehrung und Beton sowie die Stahlzug- und Betonzugspannungen entlang des Bewehrungsstabs bei beliebiger äußerer Beanspruchung bestimmbar.

Durch Versuche wurde gezeigt, daß die Zuverlässigkeit der berechneten Werte der Torsionsrißbreiten mindestens ebensogut ist wie bei der Berechnung der Biegerißbreiten mit Hilfe der gegenwärtig etablierten Verfahren.

7.17
Ein Querkrafttragmodell für Bauteile ohne Schubbewehrung im Bruchzustand aus normalfestem und hochfestem Beton

Für Bauteile ohne Schubbewehrung aus normalfestem und hochfestem Beton der Güte C12 bis etwa C130 wurde auf der Grundlage des Schubmodells nach Specht [17] ein durchgängiges Bemessungsverfahren entwickelt [10].

Grundlegend ist hierbei die strenge Trennung der einzelnen Anteile am Querkraftabtrag:

$$V_R = V_c + V_w + V_p$$

mit

V_R Summe der Querkraftwiderstandsanteile eines Stahlbetonträgers

V_c Querkraftwiderstand eines nur in Längsrichtung bewehrten Betonquerschnitts

V_w Querkraftwiderstand einer evtl. vorhandenen Schubbewehrung

V_p Querkraftwiderstand einer zusätzlich vorgespannten Längsbewehrung

Die einzelnen Widerstandsanteile werden durch ein Bogen-Zugband Modell beschrieben. Je nach Trägergeometrie und Laststellung können die Auflagerkräfte dieses Bogen-Zugband Modells unmittelbar in das Trägerauflager einstrahlen, oder müssen über eine Betonzugstrebe bzw. Bügelbewehrung in ein Restfachwerk eingehängt werden. Es wird daher nach „schlanken" und „gedrungenen", und Trägern in einem Übergangsbereich unterschieden. Abhängig von der Trägergeometrie (bei Gleichlasten) bzw. der Laststellung (bei Einzellasten) werden zwei unterschiedliche Versagensarten beobachtet:

– schlanke Träger versagen durch Schubzugbruch
– gedrungene Träger versagen durch Schubdruckbruch

Beide Versagensarten können mit dem vorgelegten Modell durchgängig beschrieben werden. Die Trennung in ein Querkrafttragverhalten normalfester bzw. hochfester Betone ist nicht erforderlich.

Da nur wenige Versuchsergebnisse mit Trägern aus hochfestem Beton vorlagen, wurden hierzu eigene Versuche durchgeführt. Es konnte bestätigt werden, daß die auflagernahe Druckstrebe bei schubschlanken Trägern auch bei hohen Betonfestigkeiten eine Neigung von ca. 30° aufweist. Weiterhin hat die Laststellung von Einzellasten einen erheblichen Einfluß auf den Querkraftwiderstand. Der beobachtete Zuwachs der aufnehmbaren Querkraft bei zunehmend geringerem Abstand der Einzellast zum Auflager wird hierbei maßgeblich vom Längsbewehrungsgrad beeinflußt.

Bei schlanken Trägern kommt es mit der Schrägrißbildung zum sofortigen Versagen. Für die Querkrafttragfähigkeit ist daher entscheidend, welches Maß an Zugspannungen im Bereich der Rißwurzel des Biegerisses noch übertragbar sind, aus dem sich der zum Versagen führende Schrägriß entwickelt. Gedrungene Träger können trotz ausgeprägter Schrägrisse die Belastung über ein Sprengwerk bzw. einen Druckbogen abtragen. Das Versagen der Betondruckstrebe in einem solchen System kann aber ebenfalls auf das Überschreiten der Betonzugfestigkeit infolge von Querzugspannungen zurückgeführt werden. Im Übergangsbereich zwischen schlanken und gedrungenen Trägern wird auf eine Übergangsfunktion zurückgegriffen, da eine eindeutige Versagensursache nicht mehr zu isolieren ist.

Die Anpassung freier Parameter im Modell wurde durch Gegenrechnung der eigenen sowie der in der Literatur vorliegenden Versuchsergebnisse durchgeführt. Aufgrund der großen Datenbasis (700 Versuche mit Einzellasten, 91 mit Streckenlasten) wird die Allgemeingültigkeit des Verfahrens gewährleistet.

Das Modell wurde in ein Bemessungskonzept mit Teilsicherheitsbeiwerten eingebettet, welches eine Anwendung des Verfahrens für praktische Probleme erlaubt.

7.18
Versuchsreihe zur Ermittlung der Tragfähigkeit besonderer Rahmenknoten für das Bauvorhaben „Topographie des Terrors" in Berlin

Der Architekt Peter Zumthor aus Haldenstein/Schweiz gewann mit seinem Entwurf einer abstrahierten Säulenhalle als zentral gesetzten Baukörper den Wettbewerb für den Neubau der Gedenkstätte „Topographie des Terrors" in Berlin. Das dreigeschossige Gebäude ist etwa 128 m lang, 16,9 m breit und 20,0 m (über Gelände) hoch. Charakteristisches Merkmal ist die strenge Reihung von durchgehenden Betonstäben in vertikaler und horizontaler Richtung in abwechselnder Folge. Das Institut für Bauingenieurwesen an der TU Berlin wurde durch die Senatsverwaltung für Bauen, Wohnen und Verkehr des Landes Berlin beauftragt, eine Versuchsreihe an Makroprüfkörpern aus Stahlbeton für das genannte Bauvorhaben durchzuführen.

Das Gebäude ist als dreistöckige Rahmenkonstruktion geplant, der keinerlei aussteifende Kerne zur Verfügung stehen. Daher muß das Rotationsverhalten der Rahmenknoten zur Berechnung des Gleichgewichts nach Theorie 2. Ordnung bekannt sein. Stützen und Riegel stehen in unmittelbarer Reihenfolge nebeneinander, und sind nur durch einen besonders ausgebildeten, durch die Ingenieurgemeinschaft Buchli (Schweiz)/Fink (Berlin) entwickelten, Kontaktbereich miteinander verbunden. In der Kontaktfläche wird eine Kammer ausgebildet, in die ein Metallstern eingelegt wird. Der Metallstern sitzt auf einem Hüllrohr auf, daß durch die Kammern in Längsrichtung des Bauwerks hindurch läuft. Die eigentliche Kontaktfläche der Kammer wird jeweils durch einen überstehenden Falz auf Stütze und Riegel gebildet, der zur besseren Dichtheit plan geschliffen wird. Nach dem Zusammenbau von je drei Stützen und drei Riegelebenen wird das entstandene Paket mittels des durchlaufenden Hüllrohrs gegen das vorangehende Paket vorgespannt. Die geschliffenen Falzflächen werden vor dem Zusammenfügen zusätz-

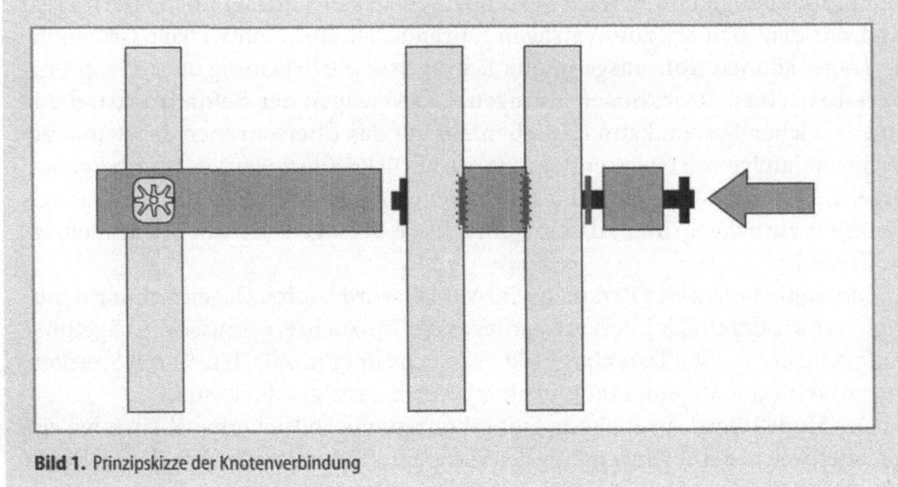

Bild 1. Prinzipskizze der Knotenverbindung

lich mit Klebstoff bestrichen, um eine optimale Dichtheit der Kammern zu gewährleisten. Die Kammer wird anschließend verpreßt, und das Gesamtsystem nach Montage aller Elemente insgesamt vorgespannt. Hierzu werden durch die durchlaufenden Hüllrohre Spannkabel eingelegt. Die Vorspannkraft in den Kammern entsteht somit als Überlagerung aus der Vorspannung der Hüllrohre und der äußeren Systemvorspannung. Die Vorspannwirkung der Hüllrohre wird durch die Systemvorspannung zwar etwas reduziert, ist aber für den Montageablauf unverzichtbar. (Bild 1.)

Der untersuchte Makroprüfkörper war ein Ausschnitt aus dem Gesamtgebäude im Originalmaßstab. Es wurde das erste Feld eines Vierendeel-Trägers ausgewählt. Das Paket weist sieben Stützen- und sieben Riegelreihen auf. Durch Trennschnitte wurde das Paket in acht Einzelprüfkörper zerlegt. Es wurden insgesamt 24 Einzelversuche durchgeführt.

Nach Auswertung der Versuchsergebnisse wurden Arbeitslinien für die Biege- und Querkrafttragfähigkeit der Knoten abhängig von Bauart und Vorspanngrad ermittelt. Auf Grundlage dieser Arbeitslinien kann die Drehfedersteifigkeit der Knoten im elastischen Bereich sowie deren rechnerisches Bruchmoment vorhergesagt werden. Die rechnerische Querkrafttragfähigkeit wurde durch eine Interaktionsbeziehung an die Momententragfähigkeit gekoppelt. Abschließend wurde ein Bemessungskonzept auf der Grundlage von Teilsicherheitsbeiwerten für die praktische Bemessung der Knoten entwickelt [20].

Literatur

[1]   Avak R (1983) Störung des Spannungszustandes in Kreiszylinderschalen infolge kleiner quadratischer Öffnungen, berechnet mit einem degenerierten Stahlbeton-Schalenelement. Dissertation, Technische Universität Berlin

[2]   Hirschfeld M (1980) Untersuchung der Dehnungen und Schnittgrößen prismatischer Stahlbetonquerschnitte auf der Grundlage verschiedener Spannungs-Dehnungs-Beziehungen. Dissertation, Technische Universität Berlin

[3]   Kalleja H, Vielhaber J (1987) Gegenwärtige Forschungsschwerpunkte an Dischingers ehemaligem Lehrstuhl. In: Specht M (Hrsg) Spannweite der Gedanken. Springer, Berlin Heidelberg NewYork London Paris Tokyo, S 239-257

[4]   Kalleja H (1988) Übertragungsgesetze und Querkrafttragverhalten von Mikrobetonbalken unter Einschluß einer Vorspannung ohne Verbund. Berichte aus dem Konstruktiven Ingenieurbau, Technische Universität Berlin, Heft 7

[5]   Kallin E (1994) Tragverhalten von Bügeln und deren Verankerung in der querschnittsverstärkenden Spritzbetonschale von Stahlbetoneinfeldträgern unter schwellender Belastung. Berichte aus dem Konstruktiven Ingenieurbau, Technische Universität Berlin, Heft 20

[6]   Kramp M (1995) Der Einfluß von freien Schwingungen auf ausgewählte dynamische Parameter von Stahlbetonbiegeträgern. Berichte aus dem Konstruktiven Ingenieurbau, Technische Universität Berlin, Heft 23

[7]   Park S (1994) Zur Rißbildung von Stahlbetonträgern unter reiner Torsionsbeanspruchung. Dissertation, Technische Universität Berlin

[8]   Rösler M (1992) Interaktion zwischen einer Massivbrücke und periodisch angeregten Straßenfahrzeugen. Berichte aus dem Konstruktiven Ingenieurbau, Technische Universität Berlin, Heft 15

[9]   Schießl P (1997) Bemessung auf Dauerhaftigkeit – Brauchen wir neue Konzepte?. In: Kurzfassung der Fachvorträge Deutscher Betontag 1997, Eigenverlag Deutscher Betonverein, Wiesbaden, S 25-26

[10] Scholz M (1994) Ein Querkraftmodell für Bauteile ohne Schubbewehrung im Bruchzustand aus normalfestem und hochfestem Beton. Berichte aus dem Konstruktiven Ingenieurbau, Technische Universität Berlin, Heft 21

[11] Schwennike A (1983) Zur Berechnung von Stahlbetonbalken und -scheiben im gerissenen Zustand unter Berücksichtigung der Mitwirkung des Betons zwischen den Rissen. Dissertation, Technische Universität Berlin

[12] Specht M (1990) Grundlagen der Dauerhaftigkeit von Stahlbeton. Berichte aus dem Konstruktiven Ingenieurbau, Technische Universität Berlin, Heft 11

[13] Specht M (1983) Zur Frage der notwendigen Mindestbetondeckung von Außenbauteilen und ihrer Wechselbeziehung zur Nachbehandlung des Betons. Die Bautechnik 5/1983

[14] Specht M, Kallin E (1986) Method for assessment of working life of exterior concrete components. IVBH-Report, IVBH-Congress, Tokyo

[15] Specht M (1984) Ursachen der Leckage von wasserundurchlässigem Beton bei der Phosphateliminationsanlage in Berlin-Tegel. Gutachten 8403, Berlin

[16] Specht M, Kalleja H (1986) Sheartests On Prestressed Microconcrete Models. MIT-TUB Reports On Cooperativ Research, Teil 10, Berlin

[17] Specht M (1986) Modellstudie zur Querkrafttragfähigkeit von Stahlbetonbiegegliedern ohne Schubbewehrung im Bruchzustand. Die Bautechnik 10/1986

[18] Specht M, Both W (1986) Bericht über Schubtragfähigkeitsversuche an drei Spannbeton-Durchlaufträger-Modellen. Unveröffentlichter Bericht des Fachgebiets Stahlbetonbau an der Technische Universität Berlin

[19] Specht M, Schmidt R, Kappes H (1985) Experimentelle Untersuchungen bewehrter und hohler Prüfkörper aus Normalbeton mittels eines zwängungsarmen Krafteinleitungssystems. Heft 365, Deutscher Ausschuß für Stahlbeton, Verlag für Architektur und technische Wissenschaften, Berlin

[20] Specht M (1997) Versuchsreihe „Topographie des Terrors". Unveröffentlichter Versuchsbericht, Technische Universität Berlin

[21] Stauch M (1996) Entwicklung eines Querkrafttragmodells für Durchlaufträger aus Stahlbeton. Berichte aus dem Konstruktiven Ingenieurbau, Technische Universität Berlin, Heft 26

[22] Vielhaber J (1989) Vorspannung ohne Verbund im Segmentbrückenbau. Berichte aus dem Konstruktiven Ingenieurbau, Technische Universität Berlin, Heft 8

8

Die Querkrafttragfähigkeit von Biegeträgern aus Stahlbeton unter Berücksichtigung der Trägerschlankheit und der Laststellung

Hans Scholz

8 Die Querkrafttragfähigkeit von Biegeträgern aus Stahlbeton unter Berücksichtigung der Trägerschlankheit und der Laststellung

Hans Scholz

8.1 Einleitung

Die Querkraftbemessung eines Bauteils stellt sicher, daß im rechnerischen Bruchzustand ein gegenüber dem Biegeversagen vorzeitiges Schubversagen verhindert wird. Für einen Balken ohne Schubbewehrung zeigt das bekannte Kani'sche Schubbruchtal dieses vorzeitige Versagen in Abhängigkeit vom bezogenen Abstand einer Einzellast a/d vom Auflager in sehr anschaulicher Weise. (Bild 1)

Regelwerke wie DIN 1045 oder EC2 definieren das Schubversagen als Folge eines Biegerisses, aus dem sich schlagartig ein Schrägriß entwickelt. Letzteren abzusichern ist die Aufgabe der üblichen Schubbemessung eines schlanken Biegeträgers. Eine nach der Fachwerkanalogie ermittelte Schubbewehrung muß in der Lage sein, die Schrägrißufer miteinander zu verklammern und eine weitere Schrägrißöffnung zu verhindern. Der Sonderfall auflagernaher Lasten wird in den Regelwerken entweder durch einen gegenüber schlanken Trägern höheren Querkraftwiderstand (EC2) oder durch eine Reduktion der notwendigen Schub-

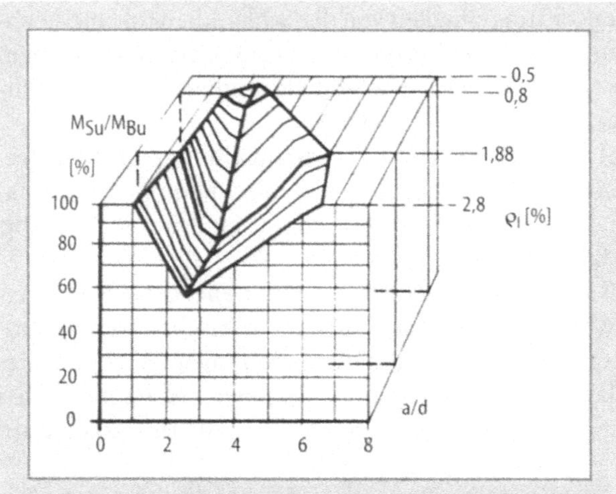

Bild 1. „Schubbruchtal" nach Kani bei Balken ohne Schubbewehrung [1]

bewehrung (DIN 1045) abgehandelt. Bei wandartigen Trägern dagegen wird das Bemessungskonzept nach der Fachwerkanalogie verlassen und wie beispielsweise in Heft 240 des DAfStb bei direkter Stützung durch einen Nachweis der Auflagerpressungen und der Hauptzugspannungen ersetzt. Ein Bemessungskonzept mit einer durchgängigen Betrachtung vom schlanken Biegeträger bis zum wandartigen Träger auf Grundlage einer Modellvorstellung gibt es in den gegenwärtigen Regelwerken nicht. Eine solche Modellvorstellung für Träger mit und ohne Schubbewehrung sowie mit und ohne Längsvorspannung aus normalfestem Beton wurde erstmals Mitte der 80er Jahre vorgestellt [3-7]. Eine Erweiterung dieses Modells auch auf hochfeste Betone mündete in eine Neuformulierung der Modellansätze und die Ableitung eines Sicherheitskonzeptes nach dem Prinzip der Teilsicherheitsbeiwerte [2].

8.2
Abhängigkeit der Querkrafttragfähigkeit von der Trägerschlankheit

Die Trägerschlankheit l/d bei Gleichlasten bzw. die Schubschlankheit a/d bei Einzellasten ist neben dem Schubbewehrungsgrad ρ_w der Parameter mit den signifikantesten Auswirkungen auf die Querkrafttragfähigkeit. Warum dies so ist, wird im folgenden an dem gemeinsam mit Specht entwickelten Querkrafttragmodell für den Bruchzustand erläutert.

Dieses Modell (Bild 2) basiert auf den drei superponierbaren Teilmodellen:
- Betontraganteil nichtschubbewehrter Träger (Teilmodell A),
- Traganteil einer Schubbewehrung (Teilmodell B) sowie
- Traganteil einer Längsvorspannung (Teilmodell C).

Die Querkrafttragfähigkeit eines schubbewehrten und längsvorgespannten Trägers setzt sich demnach aus allen drei Teilmodellen A, B und C zusammen.

Die Abhängigkeit der Querkrafttragfähigkeit von der Schlankheit l/d bei Gleichlasten bzw. der Schubschlankheit a/d bei Einzellasten ergibt sich allein aus dem Betontraganteil (Teilmodell A). Die wesentlichen Modellgrundlagen dieses Betontraganteiles werden im folgenden kurz vorgestellt.

In einem Biegebalken auf zwei Stützen (Bild 3) entsteht ein innerer lastabtragender Druckbogen, der sich im Idealfall bei ausreichender Bauhöhe von Auflager zu Auflager spannt und sein inneres Gleichgewicht durch das von der Stahleinlage gebildete Zugband findet (gedrungener Träger).

Durch die Annahme, daß sich dieser Druckbogen in der energetisch günstigsten Form der Stützlinie ausbildet, ergeben sich die geometrischen Randbedingungen hinsichtlich der Modellbildung. Die zu erwartende Tangentenneigung des Stützbogens an seinen Auflagern wird aus der in Bruchversuchen beobachteten Neigung der Schubrisse mit einem Mittelwert $\vartheta = 30°$ gegen die Horizontale angesetzt.

Vergrößert man nun die Stützweite des Trägers bei gleichbleibender statischer Höhe d, so reicht, wie in Bild 4, die Bauhöhe nicht mehr aus, einen durchgängi-

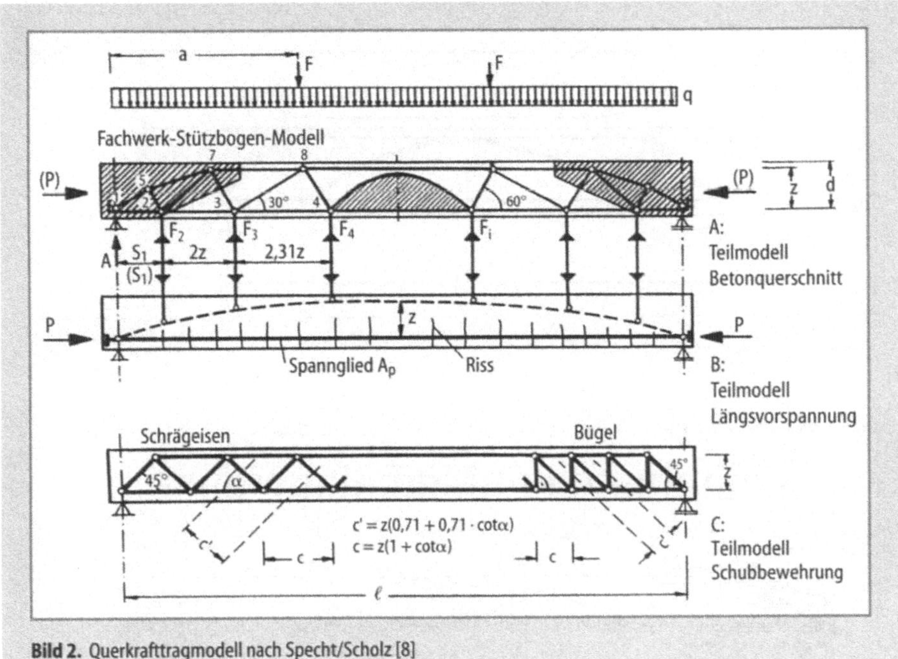

Bild 2. Querkrafttragmodell nach Specht/Scholz [8]

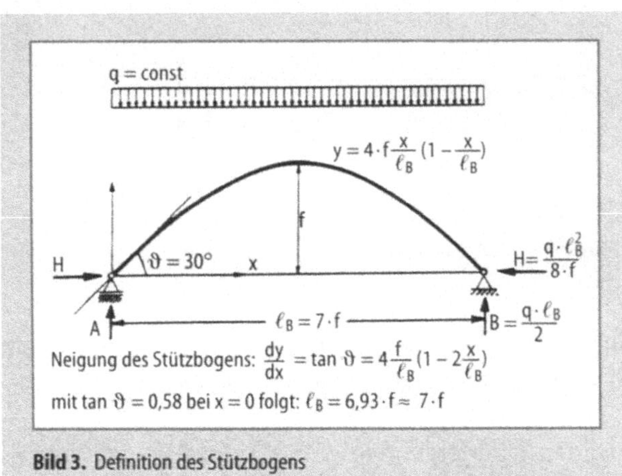

Bild 3. Definition des Stützbogens

gen Druckbogen aufzunehmen. Den oberen, herausragenden Teil des Bogens kann man nun gedanklich abschneiden, in den Balken zurückverlegen und an den Eckpunkten des Resttragwerkes mit schrägen Zugstreben aufhängen.

Wird die Stützweite weiter vergrößert (schlanker Träger), so genügt nicht mehr eine alleinige Zugstrebe, sondern es bedarf eines inneren Fachwerks zur Koppelung der beiden Bogenbereiche (Bild 5).

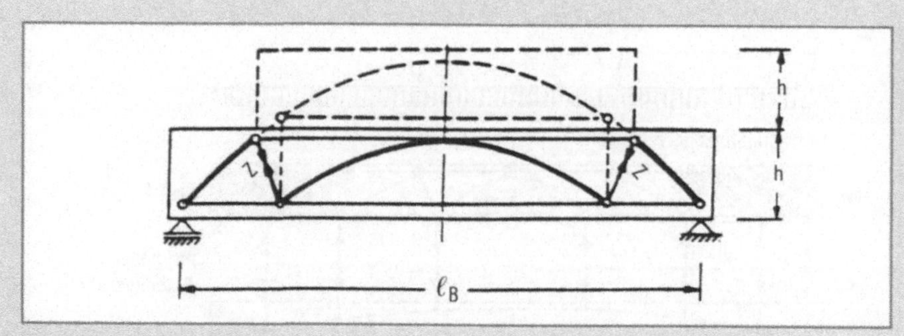

Bild 4. Koppelung zweier Bogenbereiche im Träger

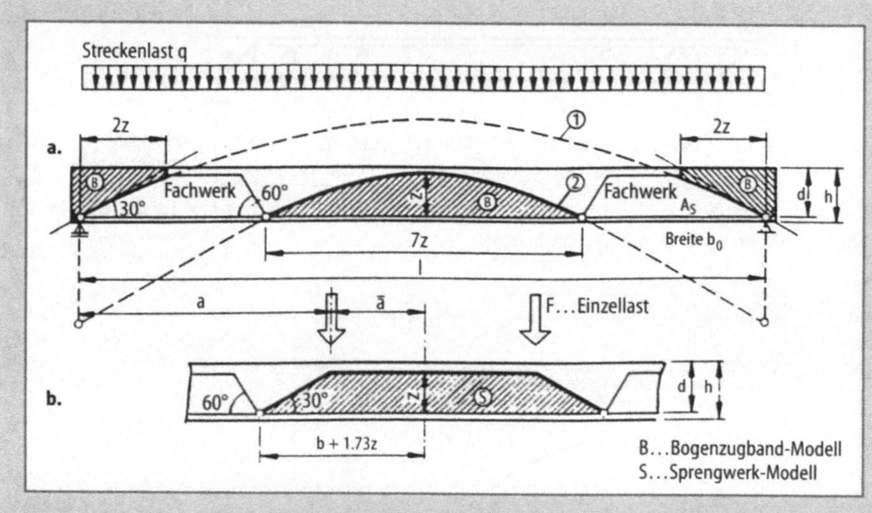

Bild 5. Bogen-, Sprengwerk- und Fachwerkbereiche des Biegeträgers

Im Fall des durch Einzellasten beanspruchten Trägers wird lediglich an Stelle eines Druckbogens ein Strebenwerk mit unter 30° geneigten Druckstreben angesetzt.

Anhand der vorangegangenen Überlegungen wird klar, daß es mindestens zwei unterschiedliche Versagensmechanismen geben muß.

8.2.1
Versagenskriterium für schlanke Träger

Ab einer gewissen Grenzschlankheit wird die Querkrafttragfähigkeit eines Trägers einzig von der Tragfähigkeit der Betonzugstrebe bestimmt, die die beiden Bogenbereiche in Bild 4 miteinander koppelt. Oberhalb dieser Grenzschlankheit wird zwar anstatt einer singulären Zugstrebe ein Fachwerk benötigt, doch auch

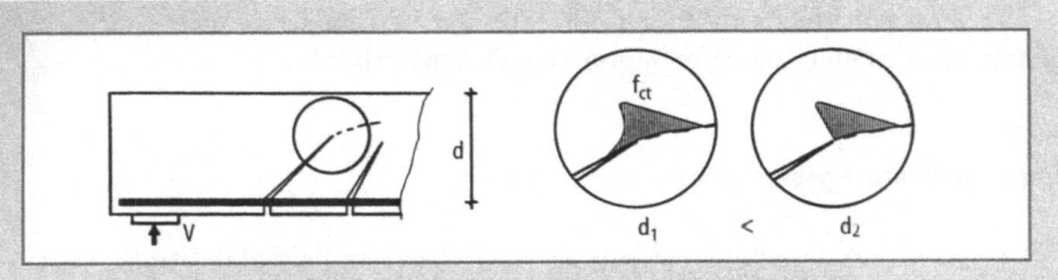

Bild 6. Zugspannungsverteilung oberhalb der Rißwurzel in Abhängigkeit von der Bauhöhe

in diesem Fall versagt als erstes die maximal beanspruchte Zugstrebe infolge Überschreitung der Betonzugfestigkeit.

Die Bruchquerkraft entspricht der vertikalen Komponente der aufintegrierten, vom Beton aufnehmbaren Zugspannungen im Bereich der Rißwurzel. Die Verteilung dieser Zugspannungen ist abhängig von der absoluten Trägerhöhe (Bild 6), was auch als Maßstabseffekt bezeichnet wird.

Die aufnehmbare Zugfestigkeit wird außerdem vom vorhandenen Längsbewehrungsgrad bzw. von den auftretenden Rißbreiten beeinflußt.

8.2.2
Versagenskriterium für gedrungene Träger

Im Falle eines durchgängigen Bogens ($l/d \leq 6{,}1$) wird die aufnehmbare Last ebenso wie bei auflagernahen Lasten ($a/d \leq 1{,}5$) um ein Vielfaches höher ausfallen, da die Lasten direkt in das Auflager gelangen können. Entscheidend ist hier die Querzugfestigkeit des auflagernahen schrägen Druckfeldes (Bild 7), im Modell durch die Zugkräfte Z1 und Z2 beschrieben.

Versuche zeigen jedoch, daß der erste Schrägriß nicht zum sofortigen Versagen führt, sondern die Bruchlast vielmehr etwa das 2,2-fache der Schrägrißlast beträgt.

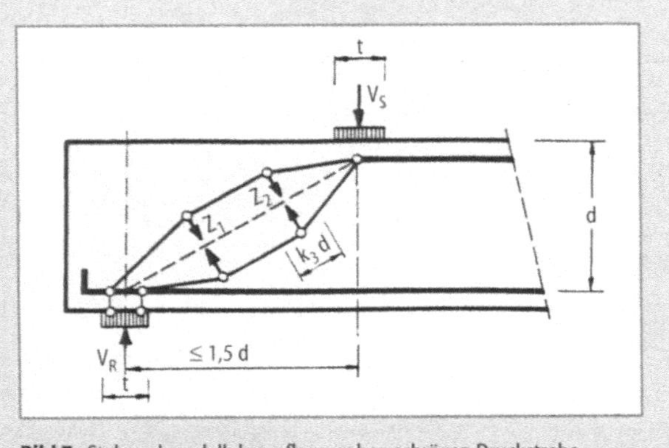

Bild 7. Stabwerkmodell der auflagernahen schrägen Druckstrebe

Die Versagensquerkraft entspricht dann der Vertikalkomponente der schrägen durch die Querzugkräfte begrenzten Druckstrebenkraft.

8.2.3
Träger im Übergangsbereich

Bei Trägern, deren (Schub-)Schlankheit zwischen den beiden genannten Versagensbereichen liegt, kann der zu erwartende Bruchvorgang nicht mehr eindeutig einem statischen Modell zugewiesen werden. Es ist lediglich nachweisbar, daß – ausgehend vom schlanken Träger – sich die Lasten mit zunehmender Auflagernähe bzw. mit abnehmender Schlankheit auf die im Auflagerbereich eingespannte Längsbewehrung abstützen. Diese Dübelwirkung ist abhängig vom Längsbewehrungsgrad und führt mit zunehmender Auflagernähe zu einem raschen Anstieg der Querkrafttragfähigkeit im dritten, sogenannten Übergangsbereich (Bild 8).

8.3
Bemessungskonzept

Eine Querkraftbemessung kann nun, ausgehend von diesen drei Versagensbereichen für jede Trägerschlankheit bzw. für jede Stellung einer Einzellast, mittels den nachfolgend aufgeführten Bemessungsgleichungen erfolgen. Auf die Herleitung der aufgeführten Gleichungen muß aus Platzgründen verzichtet werden, für Interessierte wird auf [2] und [8] verwiesen.

Die Bereichsgrenze schlanker Träger lautet für

$$\text{Gleichlasten:} \quad s_q = 9{,}62 + 0{,}774 \ln(100\,\varrho_1\,f_{ct,sp})\,/d \tag{1}$$

$$\text{Einzellasten:} \quad s_F = 3{,}26 + 0{,}106 \ln(100\,\varrho_1\,f_{ct,sp})\,/d \tag{2}$$

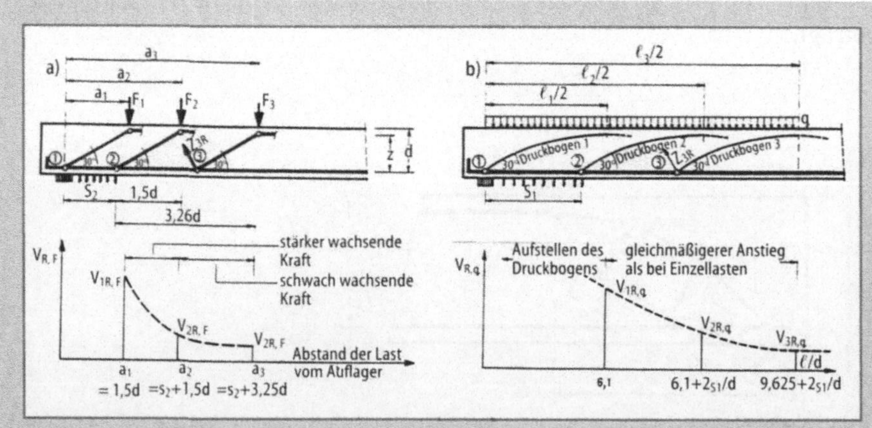

Bild 8. Qualitativer Verlauf des Querkraftwiderstandes im Übergangsbereich bei: **a** Einzellasten und **b** Gleichstreckenlasten

Tabelle 1. Bemessungswerte der Querkraft

	Schlank	Gedrungen	Übergangsbereich
Einzellasten	$a/d \geq s_F$	$a/d \leq 1{,}51$	$1{,}51 < a/d < s_F$
Bemessungswert der Querkraft	$V_{3Rd,F}$ (4)	$V_{1Rd,F}$ (6)	$V_{2Rd,F}$ (11)
Gleichlasten	$l/d \geq s_q$	$l/d \leq 6{,}125$	$6{,}125 < l/d < s_q$
Bemessungswert der Querkraft	$V_{3Rd,q}$ (5)	$V_{1Rd,q}$ (7)	$V_{2Rd,q}$ (12)

mit:

$$
\begin{aligned}
\rho_l \quad &= \quad A_s /(b\,d) &&[/] &&\text{Längsbewehrungsgrad} \\
f_{ct,sp} \quad &= \quad 2{,}22 \ln(1 + f_{cm}/10) &&[\text{N/mm}^2] &&\text{Spaltzugfestigkeit} \\
f_{cm} \quad &\leq \quad 90 \text{ N/mm}^2 &&[\text{N/mm}^2] &&\text{Zylinderdruckfestigkeit} \\
d \quad & &&[\text{m}] &&\text{Statische Höhe}
\end{aligned}
\tag{3}
$$

Die Einteilung in die drei Versagensbereiche erfolgt aufgrund der Laststellung bei Einzellasten bzw. aufgrund der Geometrie des Trägers bei Gleichstreckenlast: Tabelle 1

Nach einer ausgiebigen Durchrechnung des Modells in Bild 2 werden die nachfolgend aufgeführten Bestimmungsgleichungen für den Querkraftwiderstand der drei unterschiedlichen Schlankheitsbereiche je nach Lastart erhalten. Die Herleitung kann wiederum den Literaturstellen [2] bzw. [8] entnommen werden.

Schlanke Träger:

$$
V_{3Rd,\,F} = \frac{1{,}0}{\ln\left(100d\right)} \cdot b \cdot d \cdot \left(100\rho_l\right)^{1/3} \ln\left(1 + f_{cm}/10\right) \quad \left[\text{MN}\right]
\tag{4}
$$

$$
V_{3Rd,\,q} = \frac{1{,}3}{\ln\left(100d\right)} \cdot b \cdot d \cdot \left(100\rho_l\right)^{1/3} \ln\left(1 + f_{cm}/10\right) \quad \left[\text{MN}\right]
\tag{5}
$$

Gedrungene Träger:

$$
V_{1Rd,\,F} = \frac{7{,}8}{\ln\left(100d\right)} \cdot b \cdot d \cdot \left(100\rho_l\right)^{1/3} \ln\left(1 + f_{cm}/10\right) \sin\vartheta / k_t \quad \left[MN\right]
\tag{6}
$$

$$
V_{1Rd,\,q} = \frac{9{,}2}{\ln\left(100d\right)} \cdot b \cdot d \cdot \left(100\rho_l\right)^{1/3} \ln\left(1 + f_{cm}/10\right) \sin\vartheta \quad \left[MN\right]
\tag{7}
$$

mit:

$$30° \leq \vartheta = \arctan\left(\frac{0{,}875}{a/d}\right) \leq 60° \; \textit{bei Einzellasten und} \tag{8}$$

$$30° \leq \vartheta = \arctan\left(\frac{3{,}5}{l/d}\right) \leq 60° \; \textit{bei Gleichstreckenlasten} \tag{9}$$

$$k_t = 0{,}6\left(t/d\right)^{-1/3} \leq 0{,}85 \tag{10}$$

Träger im Übergangsbereich

$$V_{2Rd,F} = V_{3Rd,F} + \left(V_{1Rd,F} - V_{3Rd,F}\right)\left(\frac{s_F - a/d}{s_F - 1{,}51}\right)^{s_F} \qquad [MN] \tag{11}$$

$$V_{2Rd,q} = V_{3Rd,q} + \left(V_{1Rd,q} - V_{3Rd,q}\right)\left(\frac{s_q - 1/d}{s_q - 6{,}125}\right)^{2{,}3} \qquad [MN] \tag{12}$$

mit der weiteren Bezeichnung

b   Stegbreite   [m]
t   Lasteinleitungsbreite   [m]

8.4
Parameterstudie

Zur besseren Anschaulichkeit wird in den beiden folgenden Grafiken dargestellt, wie der Querkraftwiderstand gegenüber einer einwirkenden Einzellast und einer Gleichstreckenlast in Abhängigkeit von der Schubschlankheit a/d bzw. l/d für verschiedene Betondruckfestigkeiten reagiert. Bild 9

Das prinzipiell höhere Widerstandsniveau gegenüber Gleichlasten als gegenüber stützkraftgleichen Einzellasten ist bei den gedrungenen Trägern auf die geringere Spaltzugbeanspruchung, bei den schlanken Trägern hingegen auf den auflagernahen direkten Lastabtrag zurückzuführen, der die Zugstrebe entlastet.

Der Übergang zwischen gedrungenen und schlanken Trägern gestaltet sich zudem aufgrund der sich bei Gleichstreckenlasten vielfältig überlagernden Lastpfade etwas sanfter als bei Einzellasten, was sich in einem deutlich geringeren Steigungswechsel bei l/d = 6,1 bemerkbar macht. (Bild 10)

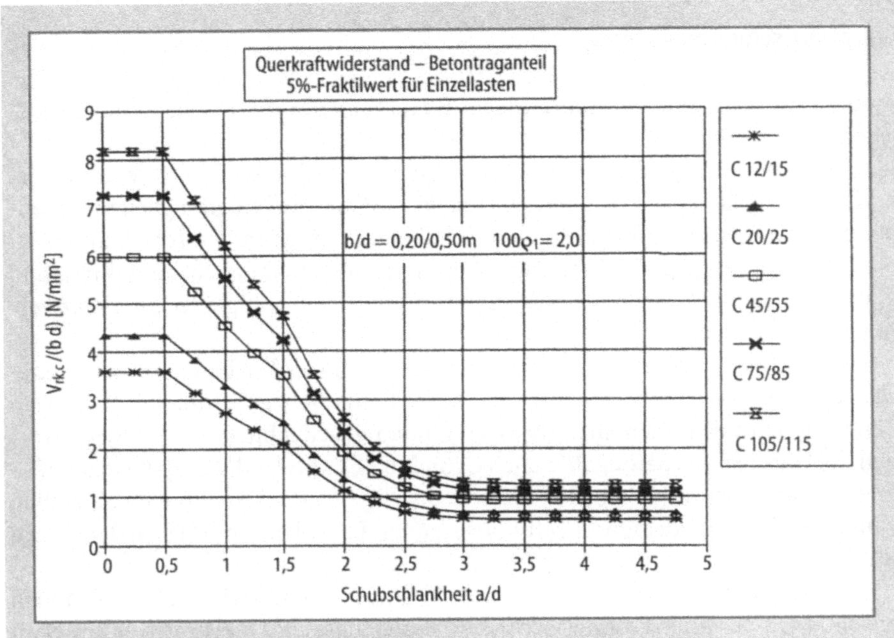

Bild 9. Einfluß der Betondruckfestigkeit bei Einzellasten

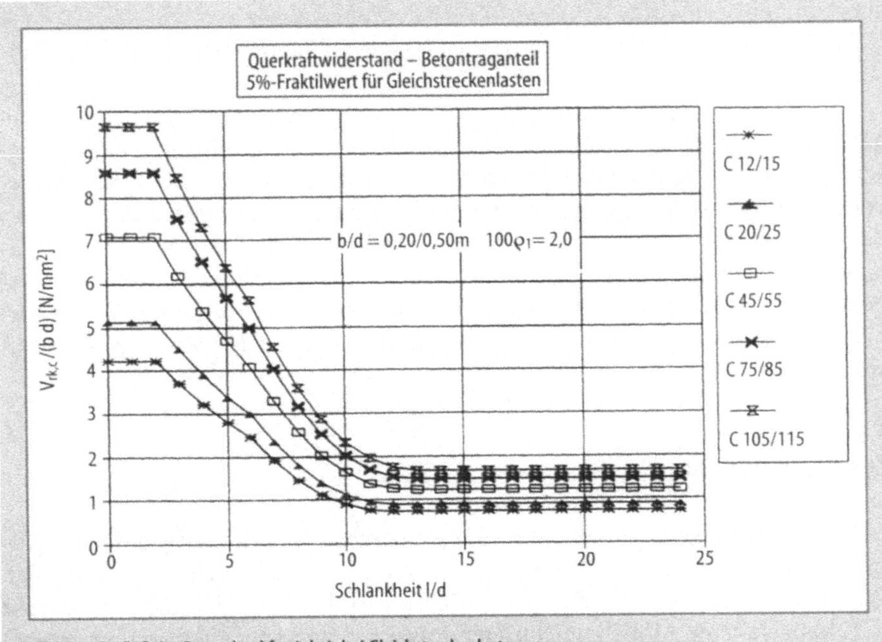

Bild 10. Einfluß der Betondruckfestigkeit bei Gleichstreckenlasten

8.5
Baupraktische Anwendung

Zwei Beispiele mögen die baupraktische Bedeutung des vorgestellten Modells belegen.

So wurde in einem Gutachten für die Deutsche Bahn AG mit Hilfe des Querkrafttragmodelles ein Nachweisverfahren für die Querkrafttragfähigkeit bestehender massiver Eisenbahnbrücken ohne Schubbewehrung (Tragsystem Stahlbetonplatte) entwickelt [9]. Mit Hilfe dieses Verfahrens war es möglich, bei zahlreichen Plattenbrücken eine ausreichende rechnerische Sicherheit gegen Querkraftversagen nachzuweisen.

Ein weiteres Anwendungsgebiet stellt der Nachweis für bewehrte wie unbewehrte Unterwasserbetonsohlen dar. Dieses Bauverfahren ist derzeit bei vielen Bauvorhaben mit hohen Grundwasserständen gebräuchlich. In der Regel werden die Unterwasserbetonsohlen aus Gründen des notwendigen Ballastes mit so großen Bauhöhen versehen, daß sich ein durchgehender Druckbogen einstellen kann. Der Nachweis des Querkraftwiderstandes dieser Platten läßt sich dann nach Gl. (7) ermitteln.

Im Falle nicht längsbewehrter Bauteile kommt es jedoch nach den Modellgleichungen zu einer rechnerisch nicht ausreichenden Querkrafttragfähigkeit ($V_R = 0$), was nachgewiesenermaßen nicht richtig ist.

Eine Querkrafttragfähigkeit ist vorhanden, weil die im Modell notwendige Zugkraft in der Längsbewehrung durch äußere Normalkräfte aus dem Erddruck überkompensiert wird.

Bei nicht längsbewehrten Tragwerken ($\rho_l = 0$) ist demnach wie folgt zu verfahren:

Bei fehlender äußerer Normaldruckkraft ist die Querkrafttragfähigkeit nicht nach den Modellgleichungen zu ermitteln, da es zu einem frühzeitigen Biegezugversagen kommt. Ein solcher theoretischer Sonderfall ist z.B. bei Versuchskörpern (Betonprismen) zur Ermittlung der Biegezugfestigkeit gegeben.
Bei vorhandener Längsnormalkraft (z.B. Erddruck) kann die Querkrafttragfähigkeit dagegen nach den Modellgleichungen unter Ansatz eines fiktiven Längsbewehrungsgrades $\min \rho_l = 0,4\,\%$ ermittelt werden, sofern die äußere Drucknormalkraft die von einer solchen fiktiven Längsbewehrung aufnehmbare Zugkraft kompensiert.

8.6
Zusammenfassung

Mit dem erstmalig 1986 der Öffentlichkeit vorgestellten dreiteiligen Querkrafttragmodell kann der Einfluß der Trägerschlankheit und der Laststellung auf den Querkraftwiderstand von Stahlbetonträgern wirklichkeitsnah erfaßt werden. Die in [2] abgeleiteten Modellgleichungen erweitern zudem die Anwendungsmöglichkeiten auf Betongüten von B15 bis B125. Somit steht eine durchgängige Modellvorstellung für die Ermittlung der Querkrafttragfähigkeit im Bruchzustand für alle derzeit realisierbaren Betonfestigkeitsklassen zur Verfügung.

Literatur

[1] Kani, G.N.J.: Basic facts concerning shear failure. ACI-Journal 64 (1966) 6, S.675-692
[2] Scholz, H.: Ein Querkrafttragmodell für Bauteile ohne Schubbewehrung im Bruchzustand aus normalfestem und hochfestem Beton. TU Berlin, Diss. 1994
[3] Specht, M.: Modellstudie zur Querkrafttragfähigkeit von Stahlbetonbiegegliedern ohne Schubbewehrung im Bruchzustand. Bautechnik (1986) 10
[4] Specht, M.: Ingenieurmodelle zur Beschreibung der Querkrafttragfähigkeit von Stahlbetonträgern im Bruchzustand. Bautechnik (1987) 11
[5] Specht, M.: Mindestbügelbewehrung, Abzugswert und Festigkeit des schrägen Druckfelds eines querkraftbeanspruchten Biegeträgers aus Stahlbeton. Beton- und Stahlbetonbau (1988) 1
[6] Specht, M.: Die Abhängigkeit der Querkraft-Tragfähigkeit eines Stahlbetonträgers von seiner Querschnittsform. Beton- und Stahlbetonbau (1989) 4
[7] Specht, M.: Zur Querkraft-Tragfähigkeit im Stahlbetonbau. Beton- und Stahlbetonbau (1989) 8 und 9
[8] Specht, M.; Scholz, H.: Ein durchgängiges Ingenieurmodell zur Bestimmung der Querkrafttragfähigkeit im Bruchzustand von Bauteilen aus Stahlbeton mit und ohne Vorspannung der Festigkeitsklassen C12 bis C115. In: DAfStb Heft 453
[9] Specht, M; Scholz, H.: Gutachten zur Entwicklung eines Nachweisverfahrens für die Querkrafttragfähigkeit bestehender massiver Eisenbahnbrücken ohne Schubbewehrung (Tragsystem Stahlbetonplatte) der Baujahre 1947-1971. G180/95 Specht + Partner GmbH

9

Erweiterung des dreiteiligen Querkrafttragmodells von Specht auf Durchlaufträger aus Stahlbeton

Michael Stauch

9 Erweiterung des dreiteiligen Querkrafttragmodells von Specht auf Durchlaufträger aus Stahlbeton

Michael Stauch

9.1 Einleitung

Bis in die 50er Jahre standen die Untersuchungen zum Schubtragverhalten im Schatten der Abhandlungen zum Biegetragverhalten schlaff bewehrter oder vorgespannter Konstruktionen. Erst in den letzten vier Jahrzehnten entwickelte sich das Schub- bzw. Querkrafttragverhalten von Stahlbeton- oder Spannbetonbauwerken zum Schwerpunkt wissenschaftlicher Untersuchungen im In- und Ausland.

Aufbauend auf Versuchsergebnissen versuchte man, sich dem Problem der Querkrafttragfähigkeit von mehreren Seiten zu nähern und entwickelte eine Vielzahl von Modellen, die zumeist einzelne Einflußgrößen mehr oder weniger zutreffend beschreiben. Das älteste Modell ist die Fachwerkanalogie, die in ihrer klassischen Form bereits um die Jahrhundertwende von Mörsch formuliert worden ist. Nach Hauptgruppen geordnet existieren heute folgende Modelle:
- Fachwerkmodelle,
- Sprengwerk- bzw. Bogen-Zugband-Modelle,
- Kammodelle,
- Plastische Modelle,
- Modelle basierend auf Festigkeitsannahmen für die Druckzone,
- Gemischte Modelle.

Außerdem gibt es Berechnungsverfahren, die auf rein empirisch gewonnenen Formeln basieren, und nach der Methode der Finiten Elemente. Manche Verfahren verknüpfen auch die genannten Grundmodelle oder verfeinern sie auf halbempirischem Wege.

Die Vielzahl der Modelle sowie die Abweichungen der Nachrechnungsergebnisse von Versuchen deuten darauf hin, daß bis heute sind nicht alle Fragen der Querkraftbemessung zufriedenstellend gelöst und alle Einflußgrößen zutreffend in ein geschlossenes Bemessungsmodell integriert sind. Noch weniger gesicherte Erkenntnisse liegen auf dem Gebiet des Querkrafttragverhaltens von Durchlaufträgern vor. Dies läßt sich schon anhand der relativ geringen Zahl von Schubversuchen an Durchlaufträgern belegen, die in der Vergangenheit durchgeführt worden sind.

9.2
Dreiteiliges Querkrafttragmodell für Einfeldträger

Specht hat seit 1987 in einer Vielzahl von Veröffentlichungen [15 bis 19] ein Ingenieurmodell zur Beschreibung der Querkrafttragfähigkeit von Biegeträgern aus Stahlbeton vorgestellt. Dieses vernachlässigt die Verträglichkeit zwischen Spannungen und Verformungen, was dem Vorgehen nach der Plastizitätstheorie entspricht, hat aber den Vorzug, anschaulich, physikalisch begründbar und für die Bemessungspraxis geeignet zu sein.

Nach Specht bestimmt sich die Querkrafttragfähigkeit V_R eines Biegegliedes aus Stahlbeton durch Addition der drei Widerstandsanteile

$$V_R = V_c + V_{sw} + V_p \tag{1}$$

mit

V_R　Summe der Anteile des Querkraftwiderstandes eines Stahlbetonträgers,

V_c　Querkraftwiderstand eines nur in Trägerlängsrichtung bewehrten Betonquerschnitts,

V_{sw}　Querkraftwiderstand einer evtl. vorhandenen Schubbewehrung,

V_p　Querkraftwiderstand einer zusätzlich vorgespannten Längsbewehrung.

Dabei schließt der Anteil V_c mehrere Nebentragwirkungen ein, die im weiteren nicht gesondert untersucht werden und hier nur der Vollständigkeit halber erwähnt sind:
- V_r　Rißverzahnung
- V_{sl}　Dübelwirkung der Längsbewehrung
- V_{cx}　Querkraftkomponente der Betondruckzone

Das Modell gilt ausdrücklich nur für den bruchnahen Bereich und erlaubt die rechnerische Ermittlung der Bruchquerkraft; das Tragverhalten im Gebrauchszustand, z.B. das Rißverhalten, läßt sich mit ihm nicht beschreiben.

Das Modell ist in einer Reihe von Folgeveröffentlichungen ständig erweitert worden; im Heft 453 des DAfStb [20] sind die Entwicklung und der derzeitige Kenntnisstand umfassend dargestellt worden. Allerdings besteht immer noch eine Lücke, weil das Ingenieurmodell von Specht nur für Einfeldträger abgeleitet wurde.

Eine systematische Nachrechnung von 225 Schubversuchen an Einfeldträgern hat die Leistungsfähigkeit des dreiteiligen Querkrafttragmodells nach Specht eindrucksvoll bewiesen. Daher wurde es als Grundlage für ein Querkrafttragmodell zur Beschreibung des bruchnahen Bereichs bei über mehrere Felder durchlaufenden Trägern ausgewählt.

Die Ableitung der Modellerweiterung erfolgte an einem Zweifeldträger bzw. für das Endfeld eines Durchlaufträgers. Da ausschließlich Versuchsergebnisse von Zweifeldträgern mit und ohne Schubbewehrung vorliegen, lassen sich die Formeln nur für diese überprüfen. Es spricht aber nichts dagegen, das Modell auf Mehrfeldträger zu übertragen, da der wesentliche Unterschied zu den Einfeldträgern, das Zusammentreffen der Momentenspitze mit der maximalen Querkraft an einem Ort, an allen Innenstützen eines Durchlaufträgers in gleicher Weise vorliegt.

9.2.1
Zusammenstellung der Bestimmungsgleichungen für den Betontraganteil statisch bestimmt gelagerter Einfeldträger

Gleichstreckenlasten

$$\frac{l}{d} \leq 6,1 \qquad \rightarrow \qquad \text{gedrungener Träger}$$

$$V_{1R} = 19,7 \cdot \frac{\ln\left(1+0,1\cdot f_{cm}\right)}{\ln\left(100d\right)} \cdot b \cdot d \cdot \sqrt[3]{100\,\rho_1} \cdot \sin\vartheta \quad \vartheta = \arctan\left[\frac{3,5}{1/d}\right] \leq 60° \quad (2)$$

$$6,1 < \frac{l}{d} < 9,6 + 0,774 \cdot \frac{\ln\left[100\,\rho_1 \cdot 2,22 \cdot \ln\left(1+0,1\cdot f_{cm}\right)\right]}{d} = s_q \rightarrow \text{Übergangsbereich}$$

$$V_{2R,\,q} = V_{3R,\,q} + \left(V_{1R,\,q} - V_{3R,\,q}\right) \cdot \left(\frac{s_q - \frac{l}{d}}{s_q - 6,13}\right)^{2,3} \tag{3}$$

$$\frac{l}{d} \geq 9,6 + 0,774 \cdot \frac{\ln\left[100\,\rho_1 \cdot 2,22 \cdot \ln\left(1+0,1\cdot f_{cm}\right)\right]}{d} = s_q \qquad \rightarrow \text{schlanker Träger.}$$

$$V_{3R,\,F} = 2,93 \cdot \frac{\ln\left(1+0,1\cdot f_{cm}\right)}{\ln\left(100d\right)} \cdot b \cdot d \cdot \sqrt[3]{100\,\rho_1} \tag{4}$$

Einzellasten

$$\frac{a}{d} \leq 1,5 \qquad \rightarrow \qquad \text{gedrungener Träger}$$

$$V_{1R} = 16,7 \cdot \frac{\ln\left(1+0,1\cdot f_{cm}\right)}{\ln\left(100d\right)} \cdot b \cdot d \cdot \sqrt[3]{100\,\rho_1} \frac{\overbrace{\sqrt[3]{\frac{t}{d}}}^{\leq 1/0,85}}{0,6} \cdot \sin\vartheta \tag{5}$$

$$\text{mit } \vartheta = \arctan\left(\frac{0,875}{a/d}\right) \leq 60°$$

$$1,5 < \frac{a}{d} < 3,3 + 0,106 \cdot \frac{\ln\left[100\,\rho_1 \cdot 2,22 \cdot \ln\left(1+0,1\cdot f_{cm}\right)\right]}{d} = s_F \rightarrow \text{Übergangsbereich}$$

$$V_{2R,F} = V_{3R,F} + \left(V_{1R,F} - V_{3R,F}\right) \cdot \left(\frac{s_F - a/d}{s_F - 1{,}51}\right)^{s_F} \tag{6}$$

$$\frac{a}{d} \geq 3{,}3 + 0{,}106 \cdot \frac{\ln\left[100\,\rho_l\, 2{,}22 \cdot \ln\left(1 + 0{,}1 \cdot f_{cm}\right)\right]}{d} = s_F \qquad \rightarrow \text{schlanker Träger.}$$

$$V_{3R,F} = 2{,}20 \cdot \frac{\ln\left(1 + 0{,}1 \cdot f_{cm}\right)}{\ln\left(100d\right)} \cdot b \cdot d \cdot \sqrt[3]{100\,\rho_l} \tag{7}$$

9.3
Anwendung der am Einfeldträger abgeleiteten Formeln auf ein statisch unbestimmt gelagertes System

Der Literatur wurden 86 Versuche an Zweifeldträgern, die infolge Querkraftbeanspruchung versagt haben, entnommen:
- Leonhardt und Walther:
  19 Versuchsergebnisse an Trägern mit Rechteckquerschnitt und Plattenbalkenquerschnitt [8],
- Bryant / Bianchini / Rodriguez / Kesler:
  9 Versuchsergebnisse an Trägern mit Rechteckquerschnitt [3],
- Bachmann / Thürlimann:
  7 Versuchsergebnisse an Trägern mit Rechteck- und I-Querschnitt [1],
- Rodriguez / Bianchini / Viest / Kesler:
  34 Versuchsergebnisse an Trägern mit Rechteckquerschnitt [11],
- Rogowsky und MacGregor:
  17 Versuchsergebnisse an Trägern mit Rechteckquerschnitt [10].

Eine Analyse der Datenbasis hat aufgezeigt, daß die verschiedenen Eingangsgrößen nicht gleichverteilt waren. 75 Versuchen an Rechteckbalken standen nur 11 Träger mit Plattenbalken- oder I-Querschnitt gegenüber. Auch waren die schlanken Träger gegenüber den gedrungenen und vor allem denen im Übergangsbereich deutlich unterrepräsentiert. Vorgespannte Zweifeldträger wurden genauso wie Mehrfeldsysteme überhaupt nicht untersucht.

Um die Übertragbarkeit der am Einfeldträger abgeleiteten Formeln für das dreigeteilte Querkrafttragmodell auf ein statisch unbestimmt gelagertes System zu überprüfen, wurden die Formeln für Einfeldträger zunächst auf die 86 Zweifeldträger angewendet.

Um die Güte des Teilmodells für den Betontraganteil abzuschätzen, wurden die Quotienten der errechneten Bruchlasten durch die Versuchsbruchlasten für die

Träger ohne Schubbewehrung gebildet. Dabei wurde deutlich, daß das Tragvermögen der gedrungenen Balken überschätzt, die Querkrafttragfähigkeit schlanker Balken und derer im Übergangsbereich dagegen deutlich zu gering eingeschätzt wird. Da sich beim Balken HV0 wegen der jeweils am Momentennullpunkt endenden Zugbewehrung kein durchgehendes Zugband ausbilden kann, besitzt er nach dem Modell keine Querkrafttragfähigkeit.

Wenn man zur Vergrößerung der Datenbasis auch die Versuche mit schubbewehrten Balken hinzuzieht, erhält man ein ähnliches Bild. Der Traganteil der Schubbewehrung wurde hierbei nach der klassischen Fachwerkanalogie berücksichtigt. Tendenziell läßt sich auch hier die Überschätzung der gedrungenen Träger und die Unterschätzung der schlanken Träger feststellen.

Die an Einfeldträgern abgeleiteten Formeln können also nicht pauschal auf statisch unbestimmt gelagerte Systeme übertragen werden. Unzutreffend können sowohl die Grenzen der Schlankheitsbereiche, als auch die errechneten Bruchlasten sein.

9.4
Entwicklung eines erweiterten Querkrafttragmodells für Durchlaufträger

9.4.1
Beanspruchende Querkraft

Die Beanspruchung eines Trägers mit geneigten Gurten, mit oder ohne Vorspannung, wird gemäß der Darstellung in Bild 1 stets in die eines Trägers mit parallelen Gurten nach folgender Gleichung umgerechnet:

$$V_S = V_u + V'_p + F_{t,p} \cdot \sin \varphi_p + F_{t,s,x} \cdot \tan \varphi_s + F_{c,x} \cdot \tan \varphi_c . \tag{8}$$

Dabei bedeuten:

V_S die Querkraftbeanspruchung eines parallelgurtigen Trägers,

V_u die Querkraftbeanspruchung unter rechnerischer Bruchlast,

V'_p die statisch unbestimmte Wirkung einer Vorspannung (Umlagerungsquerkraft),

$F_{t,p}$ die Zugkraft aller Längsspannglieder des Bemessungsquerschnitts zum Betrachtungszeitpunkt,

$F_{t,s,x}$ die Kraftkomponente der Betonstahlbewehrung des Zuggurtes parallel zur Systemachse,

$F_{c,x}$ die Kraftkomponente des Biegedruckgurtes parallel zur Systemachse,

$\varphi_p, \varphi_s, \varphi_c$ Tangentenwinkel der Kräfte an ihrem Angriffspunkt bezogen auf die Systemachse (mit genügender Genauigkeit angenähert durch den Neigungswinkel zwischen der Systemachse und der Verbindungslinie der Angriffspunkte zusammengehöriger Schnittkräfte zwischen zwei dicht benachbarten Schnitten).

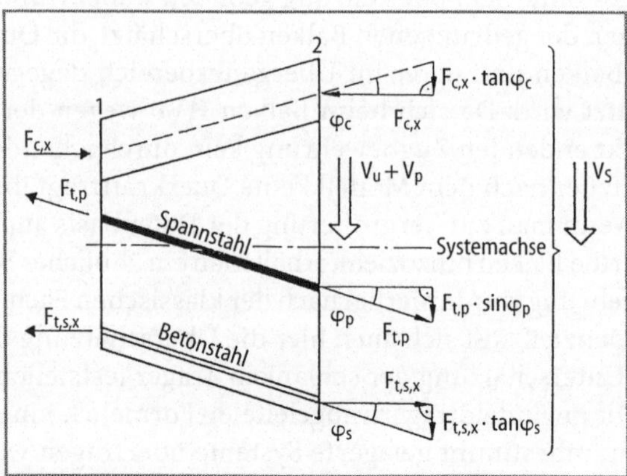

Bild 1. Querkraft am Trägerelement

9.4.2
Beanspruchung durch mehrere Einzellasten

In der Bemessungspraxis kommt es häufig vor, daß Träger einerseits nicht nur von einer oder zwei Einzellasten beansprucht werden, andererseits die Anzahl der Lasten nicht ausreicht, um von vornherein eine Gleichlast zugrunde legen zu können. In diesem Fall ist es möglich, über die Gleichheit der Feldmomente einen äquivalenten Auflagerabstand $a^{\text{äquiv}}$ zweier Einzellasten zu bestimmen.

Für einen mit n äquidistanten Einzellasten besetzten Einfeldträger erhält man den äquivalenten Auflagerabstand a aus den folgenden Zusammenhängen:

für gerade n

$$a^{\bar{\text{a}}\text{quiv}} = \frac{M_f}{V_A} = \frac{1}{2} \cdot \left[1 - \frac{n}{2 \cdot (n+1)} \right], \tag{9}$$

für ungerade n

$$a^{\bar{\text{a}}\text{quiv}} = \frac{M_f}{V_A} = \frac{1}{2} \cdot \left[1 - \frac{n-1}{2 \cdot n} \right]. \tag{10}$$

Das äquivalente Versetzungsmaß strebt bereits sehr schnell dem Grenzwert $a/l = 0{,}25$ zu, der für Gleichlast gilt. Bei anderen Laststellungen oder ungleichen Kräften kann zur Bestimmung des äquivalenten Versetzungsmaßes analog vorgegangen werden.

9.4.3
Momenten- und Querkraftverteilung in gedrungenen, statisch unbestimmt gelagerten Trägern

Während sich die Schnittkräfte von statisch bestimmt gelagerten Trägern allein aus den Gleichgewichtsbedingungen ermitteln lassen, d.h. die Steifigkeiten keinen Einfluß auf die Verteilung von Querkräften und Momenten haben, ist es bei statisch unbestimmt gelagerten Systemen erforderlich, die Verformungsbedingungen mit heranzuziehen. In diesem Falle haben die Systemsteifigkeiten, die sich durch Rißbildungen verändern, und Lagerverformungen einen wesentlichen Einfluß.

Bei schlanken Trägern, deren Länge groß ist gegenüber den Querschnittsabmessungen, können die Schnittgrößen nach der Elastizitätstheorie bestimmt werden. Bei gedrungenen Trägern treffen deren Voraussetzungen jedoch nicht mehr zu. Die Anwendung der zutreffenden Scheibentheorie ist jedoch aufwendig und für die Einführung in ein Bemessungsmodell ungeeignet.

Untersuchungen von Bay an zweifeldrigen, wandartigen Trägern zeigen eine Abweichung der Momentenverteilung gegenüber dem schlanken Balken auf, die auf die größeren Biegeverformungen im Stützbereich infolge der kleinen wirksamen Höhe und auf starke Schubverformungen über der Mittelstütze zurückzuführen ist. Dadurch werden die Stützmomente des Zweifeldträgers erheblich kleiner als bei schlanken Balken. Die Querkraftverteilung muß sich entsprechend ändern. Beim vielfeldrigen Balken wird dieser Einfluß an den zweiten und weiteren Innenstützen gemildert.
Nach Schlaich [13] lassen sich die Stützkräfte durchlaufender wandartiger Träger (l/h < 2) näherungsweise als Mittelwerte der Auflagerkräfte des schlanken Durchlaufträgers und des Einfeldträgers abschätzen. Mit zunehmender Schlankheit der Tragwerke nimmt der Einfluß der Querkraftverformung ab. Beim Einfeldträger unter Gleichlast mit einem Verhältnis l/h $\geq$ 5 beträgt ihr Einfluß an der Maximaldurchbiegung unter Momentenwirkung nur noch weniger als 10 %, ist damit vernachlässigbar und ermöglicht die Bestimmung der Auflagerkräfte nach der Biegetheorie. Im Übergangsbereich 2 < l/h < 5 werden die Auflagerkräfte nach einer quadratischen Parabel interpoliert.
Damit lassen sich die Querkräfte statisch unbestimmt gelagerter Träger näherungsweise bestimmen zu:

$$l/h \geq 5 \qquad V_B = V_B^0 + V_B^{'} \tag{11}$$

$$5 > l/h > 2 \qquad V_B = V_B^0 + \tfrac{1}{2} \cdot \left(1 + \tfrac{1}{9} \cdot \left(2 - \tfrac{1}{h}\right)^2\right) \cdot V_B^{'} \tag{12}$$

$$l/h \leq 2 \qquad V_B = V_B^0 + \tfrac{1}{2} V_B^{'} \tag{13}$$

Definition: V_B　　wahrscheinliche Querkraft am Mittelauflager,

　　　　　　　V_B^0　　statisch bestimmter Querkraftanteil am Mittelauflager,

　　　　　　　$V_B{}'$　　statisch unbestimmter Querkraftanteil am Mittelauflager (Umlagerungsanteil).

Zur Überprüfung der Richtigkeit dieser Vorgehensweise wurde für der Literatur entnommene Zweifeldträger, bei denen sowohl die Belastung als auch die Bruchquerkraft angegeben sind, das Verhältnis der nach der Biegetheorie für die Mittelstütze erhaltenen Querkraft zur Bruchquerkraft über der Schlankheit ausgewertet. Es zeigt sich, daß bei gedrungenen Trägern nach der Biegetheorie ohne Korrektur die Bruchquerkraft an der Mittelstütze deutlich überschätzt wird. Nach Korrektur zur Berücksichtigung der Scheibenwirkung ist eine wesentlich bessere Erfassung der Querkräfte festzustellen. Für ein einfach handhabbares Bemessungsmodell ist die erzielte Genauigkeit ausreichend.

9.4.4
Modell zur Bestimmung des Querkraftwiderstandes eines statisch unbestimmt gelagerten Trägers

9.4.4.1
Wirksamkeit eines durchgehenden Zugbandes

Bei einem statisch unbestimmt gelagerten Zweifeldträger werden Lasten innerhalb des Tragwerks von den Endauflagern zur Mittelstütze umgelagert. Dies gilt prinzipiell unabhängig von der Trägerschlankheit.

　　Für Durchlaufträger mit gleichen Feldweiten und annähernd feldweise gleicher Belastung erhält man durch die Wirkung des statisch unbestimmten Moments in den Feldern immer einen Momentennullpunkt. Wenn in einem Querschnitt kein äußeres Moment angreift, muß aus Gleichgewichtsgründen auch das innere Moment Null sein. Wirkt keine äußere Normalkraft, muß die Längskraft in der Zugbewehrung des Trägers im Momentennullpunkt annähernd verschwinden; wegen der Fachwerkwirkung kann eine mit Hilfe des Versatzmaßes bestimmbare Restzugkraft verbleiben. Diese nimmt mit wachsender Trägerhöhe zu. Im Bereich negativer Momente über der Mittelstütze muß die untenliegende Bewehrung eine Druckbeanspruchung erfahren. Nur bei sehr gedrungenen Trägern kann die untenliegende Bewehrung über der Mittelstütze eine Zugkraft aufweisen, weil die Lasten das Mittelauflager über eine steile Druckstrebe direkt erreichen können und deren Horizontalkomponente größer ist als die aus dem statisch unbestimmten Moment resultierende Druckkraft.

　　Eine Überprüfung an Versuchsergebnissen bestätigt diese Hypothese sowohl für schlanke, als auch sehr gedrungene Träger. Daraus läßt sich die modellbildende Erkenntnis ableiten, daß sich die Querkraftabtragung eines Zweifeldsystems nicht zutreffend mit zwei separaten auf dem Mittelauflager endenden Druckbögen beschreiben läßt. Für dieses Modell wäre immer die Existenz einer durchgehenden Zugkraft im untenliegenden Zugband Voraussetzung.

Andererseits kann man auch zeigen, daß bei einer symmetrischen Laststellung im Feld und einer Schnittgrößenverteilung nach der Elastizitätstheorie die Druckstrebenneigungen am linken und rechten Feldende bei Zugrundelegung einer konstanten Zugbandkraft nicht identisch sein können. Damit würde die Symmetrie verletzt.

9.4.4.2
Aufteilung der Querkraftbeanspruchung in einen statisch bestimmten und einen statisch unbestimmten Querkraftanteil

Grundgedanke des Modells ist eine Aufteilung der Gesamtquerkraft in einen statisch bestimmten Anteil V^0 und einen statisch unbestimmten Anteil V'. Der statisch unbestimmte Anteil der Querkraft läßt sich aus der unter Punkt 9.4.3 dargelegten Näherung zur Bestimmung der Umlagerungsgröße ermitteln. Bei einer symmetrischen Trägerbelastung ist der Querkraftabtrag des *statisch bestimmten Anteils* ebenfalls symmetrisch. Das Modell zur Beschreibung des Querkraftabtrags des statisch bestimmten Anteils wird vom Einfeldträger übernommen, wobei die Druck- und Zugstrebenneigung unter den zunächst noch unbekannten Winkeln α_1 und β_1 eingeführt werden. Dieses Teilmodell ① wird in Bild 2 vereinfacht mit nur einer Zugstrebe gezeigt.

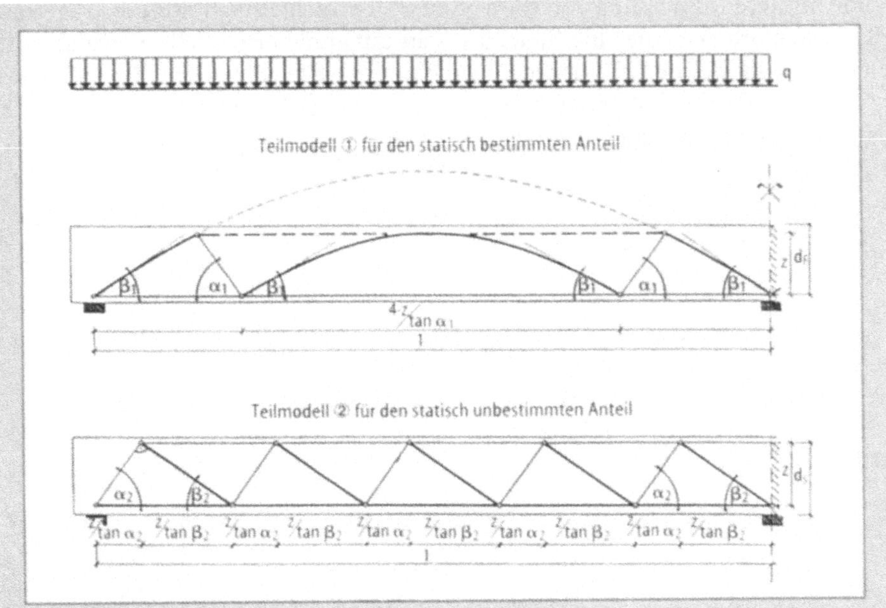

Bild 2. Teilmodelle ① und ② zur Beschreibung des Querkrafttragverhaltens eines statisch unbestimmt gelagerten Trägers

Beim Teilmodell ② für den *statisch unbestimmten* Anteil soll die über die Trägerlänge unveränderte Umlagerungsquerkraft V' über ein Fachwerk mit konstanten Strebenneigungen vom Endauflager zum Mittelauflager übertragen werden. Die Druck- und Zugstrebenneigung werden wiederum zunächst unter den unbekannten Winkeln α_2 und β_2 eingeführt. In den Fachwerkknoten greift aus den Diagonalen eine Horizontalkomponente an, die sich über die Trägerlänge aufaddiert und über dem Mittelauflager genau das dem Umlagerungsmoment M_B entsprechende innere Moment erzeugt. Das Teilmodell ② zeigt ebenfalls Bild 2.

Nun wirken an den Auflagerpunkten nicht beide Teilmodelle separat, sondern durch vektorielle Addition ergibt sich eine auf das Auflager zielende Gesamtdruckstrebe. Bild 3 zeigt die Vektorensumme am End- und Zwischenauflager.

Die Druckstrebenneigungen werden aus den Rißbildern statisch unbestimmt gelagerter Träger ohne Schubbewehrung abgeleitet. Da bei Trägern mit über die Trägerlänge konstanter Stegbreite – nur solche sind untersucht worden – das Querkraftversagen wegen der dort höheren Beanspruchung immer nahe der Mittelstütze eintritt, werden nur die Rißneigungen an den Mittelstützen ausgewertet.

Bei Versuchen an Durchlaufträgern ohne durchgehendes Zugband, also mit im Feld verankerter Längsbewehrung, bilden sich die zum Versagen führenden Schubrisse aus den hinter der Verankerung entstehenden Biegerissen. Da die Rißneigung damit im wesentlichen von der Verankerungslänge bzw. der Breite des Bereichs der übergreifenden Feld- und Stütz-bewehrung abhängig ist, werden diese Versuche nicht gewertet. Die Auswertung der übrigen Versuche ergibt eine mittlere Rißneigung von $\alpha_B = 33° \pm 8°$. Betrachtet man nur die Träger mit 11 Lasten pro Feld, die eine Gleichlast sehr gut annähern, erhält man eine mittlere Rißneigung von 37°. Für die Entwicklung eines leicht handhabbaren Bemessungsmodells ist es daher durchaus gerechtfertigt, an der Mittelstütze eine Druckstrebenneigung von $\beta_B = 35°$ zugrunde zu legen.

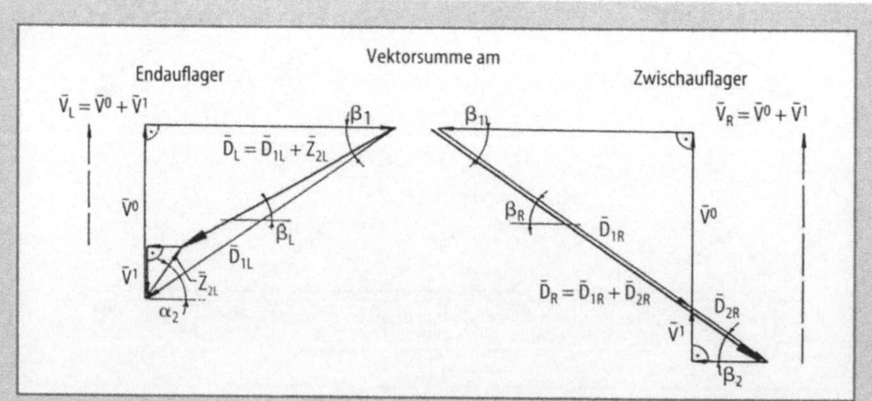

Bild 3. Kräftesummen am End- und Zwischenauflager und Neigung der Gesamtdruckstreben

Die Bestimmung der Druckstrebenneigung am Endauflager ist schwierig, da bei Trägern ohne Schubbewehrung die Grenztragfähigkeit an der Mittelstütze bereits erreicht wird, wenn sich am Endauflager noch kein abgeschlossenes Rißbild entwickelt hat. Die vorliegenden Versuche waren alle so konzipiert, daß die Träger entweder keine Schubbewehrung hatten oder am Endauflager so bewehrt waren, daß dort ein Querkraftversagen sicher ausgeschlossen wurde. Einen groben Anhalt können schwach bügelbewehrte Träger geben, bei denen sich auch eine etwa 30° betragende Rißneigung eingestellt hat. Daher wird der Ableitung eine Druckstrebenneigung $\beta_A = 30°$ zugrunde gelegt.

Löst man die Vektorgleichungen nach den Druckstrebenneigungen für die beiden Teilmodelle ① und ② auf, so erhält man keinen konstanten Wert, sondern je nach der Größe des statisch unbestimmten Anteils variieren die Winkel. Die Abweichungen sind jedoch nur relativ gering, so daß man bei ausreichender Genauigkeit die Druckstrebenneigungen in den beiden Teilmodellen ① und ② zu $\beta_1 = \beta_2 = 35°$ setzen darf.

Tabelle 1 zeigt die sich unter dieser Annahme einstellenden Neigungswinkel β_L und β_R, sortiert nach dem wachsenden, statisch unbestimmten Anteil.

Unter einer Streckenlast stellt sich ein asymmetrisches Bogentragwerk ein. Der Bogenscheitel zweier quadratischer Parabeln mit der Kämpferneigung 30° am Endauflager und 35° an der Innenstütze teilt das Feld etwa im Verhältnis 5:6.

Der in Bild 4 gezeigte Zweifeldträger kann pro Feld zwei Stützbögen, jeweils in mittiger und randnaher Lage, ausbilden. Bei ausreichendem Betonquerschnitt sind diese nicht schubbruchgefährdet. Die verbleibenden Zwischenbereiche müssen von einem Fachwerk überbrückt werden. Bei konstanter Stegdicke tritt das Versagen immer innerhalb dieses Fachwerkbereichs auf.

Wegen der statisch unbestimmten Wirkung reduziert sich das durchgehende Zugband auf ein Zugband mit gestaffeltem Zuwachs: Das Teilmodell ① für den statisch bestimmten Anteil geht zwar vom Vorhandensein eines durchgehenden Zugbandes aus, dieses wird jedoch vom Teilmodell ② für den statisch unbestimmten Anteil überlagert, bei dem die über dem Zwischenauflager vorhande-

Tabelle 1. Neigungswinkel β_L und β_R der Druckstreben an End- und Zwischenauflager unter der Annahme von Druckstrebenneigungen von $\beta_1 = \beta_2 = 35°$ in beiden Teilmodellen ① und ②

Belastung	Stat. best.	Stat. unbest.	β_1	β_2	β_L	β_R
F in den Sechstelspunkten	0,5000	0,1042	35,0°	35,0°	31,7°	−35,0°
Gleichlast	0,5000	0,1250	35,0°	35,0°	30,9°	−35,0°
F in Feldmitte	0,5000	0,1319	35,0°	35,0°	30,6°	−35,0°
und in den Sechstelspunkten						
11 äquidistante Einzellasten	0,5000	0,1356	35,0°	35,0°	30,5°	−35,0°
5 äquidistante Einzellasten	0,5000	0,1458	35,0°	35,0°	30,1°	−35,0°
F in den Drittelspunkten	0,5000	0,1667	35,0°	35,0°	29,2°	−35,0°
Einzellast in Feldmitte	0,5000	0,1875	35,0°	35,0°	28,2°	−35,0°
		Mittel			30,2°	−35,0°

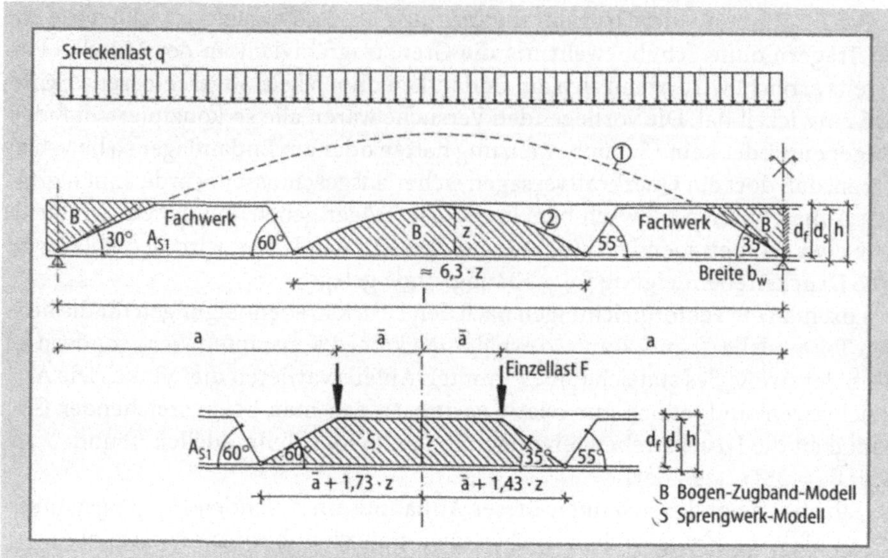

Bild 4. Bogen-, Sprengwerk- und Fachwerkbereiche eines statisch unbestimmt gelagerten Biegeträgers

ne Druckkraft die Zugbandkraft aus dem Teilmodell ① reduziert, im allgemeinen sogar überdrückt. Andererseits ist dann über dem Zwischenauflager eine Zugbewehrung auf der Trägeroberseite zwingend erforderlich. In Bild 4 ist diese Eigenschaft in den betreffenden Bereichen durch die Wahl gestrichelter Linie für die Zugbänder angedeutet.

Bei einer Beanspruchung durch Einzellasten ist – wie in Bild 4 unten gezeigt – konsequenterweise ein asymmetrisches Sprengwerk anzunehmen.

9.4.4.3
Querkrafttragfähigkeit an Endauflagern

Der Neigungswinkel der resultierenden Druckstrebe an einem Endauflager wird, wie unter dem vorigen Punkt gezeigt, zu 30° angenommen. Die Abgrenzung der Versagensmechanismen und die Gleichungen zur Bestimmung der Schubtragfähigkeit unterscheiden sich nicht von denen, die von Specht/Scholz für den Einfeldträger aufgestellt worden sind.

9.4.4.4
Querkrafttragfähigkeit an Zwischenauflagern

9.4.4.4.1
Versagensmechanismen

Verfügt der Träger über eine große Bauhöhe, kann sich ein durchgehender Druckbogen ausbilden, der sich direkt auf dem durch die Biegedruckzone gebildeten Balken (vgl. Punkt 9.4.4.4.2) über dem Mittelauflager abstützt (Knoten ① in Bild 5). Die Überlagerung des symmetrischen Bogen-Zugband-Modells für den statisch bestimmten Querkraftanteil mit dem Fachwerkmodell für den statisch unbestimmten Anteil bewirkt ein Verziehen des Bogenscheitels; die Symmetrie wird verlassen. Bei ausreichender Dimensionierung der Biegezuggurte tritt Versagen stets durch den Bruch der Druckstrebe ein. Die Querkrafttragfähigkeit wird in diesem Falle von der Festigkeit des schrägen Druckfeldes bestimmt (Druckstrebenbruch). Der Träger bricht vorzugsweise im oberen Trägerbereich, da dort ein Teil der die Festigkeit des schrägen Druckfeldes bestimmenden Betonzugfestigkeit bereits von den Biegezugspannungen aufgezehrt wird. Am unteren Druckrand der auflagernahen Bogenscheibe über dem Auflager, dem Ort der größten Querkraft, wird durch die Biegedruckspannungen ein zweiachsiger Spannungszustand aufgebaut, der die Festigkeit des schrägen Druckfeldes steigert. Beim Versagen an einer Innenstütze besteht somit kein Unterschied im wahrscheinlichen Versagensort zwischen einer Gleichbelastung und einer Einzellastbeanspruchung.

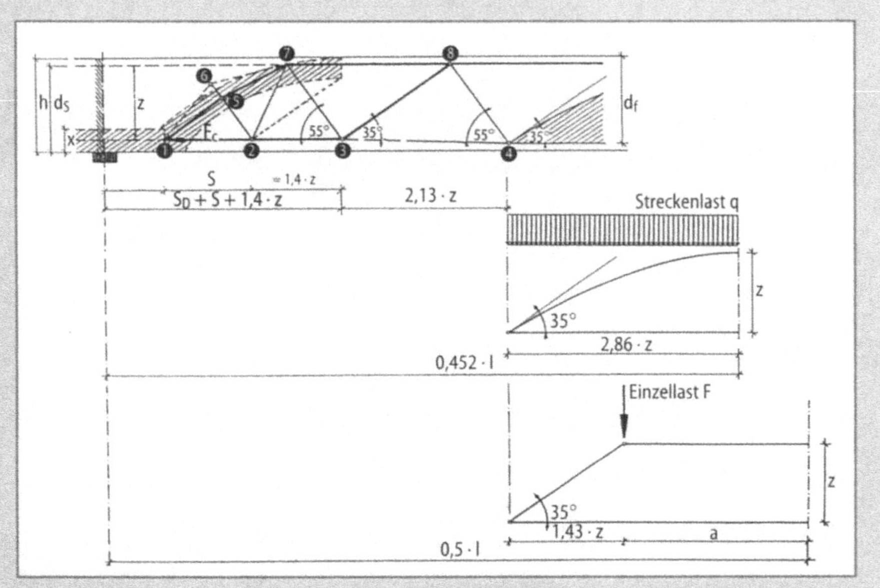

Bild 5. Bemessungsmodell für statisch unbestimmt gelagerte Biegeträger ohne Schubbewehrung

Besitzt der Träger nur eine geringe Bauhöhe, handelt es sich also um einen schlanken Träger, bildet sich ein innerer Druckbogen aus, der mindestens die Entfernung des Punktes ③ in Bild 5 vom Trägerauflager aufweist. In diesem Falle müssen die Bögen mit Hilfe von Fachwerken mit den äußeren Bogenbereichen, die bei ausreichendem Betonquerschnitt selbst nicht bruchgefährdet sind, gekoppelt werden. Die einfachste Form des Fachwerks ist eine einzelne Zugstrebe, die in Bild 5 durch den unter 55° geneigten Stab ③-⑦ symbolisiert wird; diese wird für das Versagen maßgebend (Schubzugbruch).

Zwischen diesen beiden Versagensursachen besteht ein gleitender Übergang.

9.4.4.4.2
Biegedruckkraft

Über dem Mittelauflager existiert infolge des Stützmomentes eine Biegedruckkraft, die quasi als Vorspannung des von der Biegedruckzone gebildeten Betonprismas wirkt. Das schräge Druckfeld kann sich auf den Enden dieses Biegebalkens abstützen, wodurch seine Basis vergrößert wird.

Zur Abschätzung der Größe dieser Basisverbreiterung soll das in Bild 6 gezeigte Modell dienen. Das Betonprisma weist einen Querschnitt A_{c2} auf, dessen Höhe der Biegedruckzonenhöhe x und dessen Breite der Druckzonenbreite b_u entspricht. Vereinfachend wird die Druckkraft F_c längs s_D als gleichverteilt angenommen. Dieses Betonprisma wird von zwei Einzellasten in Höhe der am Zwischenaufla-

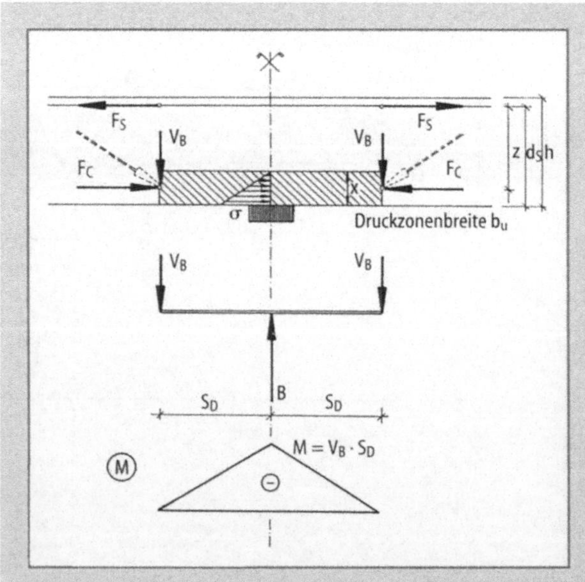

Bild 6. Vergrößerung der Auflagerbasis der Druckstrebe an einem Innenauflager

ger wirkenden Querkräfte V_B beansprucht. Die Randspannungen können für Biegung mit Längskraft im Zustand I bestimmt werden. Die Tragfähigkeitsgrenze liegt beim Erreichen der Biegezugfestigkeit des Betons.

Die Randzugspannung des Betonprismas beträgt:

$$\sigma = -\frac{F_c}{A_{c2}} + \frac{M}{W} = -\frac{F_c}{x \cdot b_u} + \frac{V \cdot s_D \cdot 6}{x^2 \cdot b_u} \leq f_{ct,\,sp} \tag{14}$$

Löst man die Gleichung nach der gesuchten Länge s_D auf, so erhält man:

$$s_D = \frac{f_{ct,\,sp} \cdot x^2 \cdot b_u}{6 \cdot V} + \frac{F_c \cdot x}{6 \cdot V}\,. \tag{15}$$

Da die Betondruckkraft infolge Biegung im allgemeinen stark überwiegt und ein Vielfaches der infolge Zugfestigkeit aufnehmbaren Kraft beträgt, kann man den ersten Summanden vernachlässigen. Dies ist gleichbedeutend mit einem Ausschluß von Zugspannungen am Betonprisma. Mit
Die Beiwerte k_x und k_z können der Biegebemessung entnommen werden. Aus

$$F_c = \frac{M_s}{z} = \frac{M_s}{k_z \cdot d_s} \quad \text{und} \quad x = k_x \cdot d_s\,, \tag{16}$$

erhält man:

$$s_D = \frac{M_s \cdot k_x \cdot d_s}{k_z \cdot d_s \cdot 6 \cdot V} = \frac{M_s \cdot k_x}{6 \cdot V \cdot k_z}\,. \tag{17}$$

der Gleichung (17) ist zu ersehen, daß die Basisverbreiterung mit zunehmendem Stützenmoment größer wird, da bei wachsendem Moment die Druckzonenhöhe ebenfalls zunimmt, der Hebelarm der inneren Kräfte dagegen absinkt.

In diese Basisverbreiterung geht die Laststellung stark ein. Drei exemplarische Beispiele mögen dies verdeutlichen. In Tabelle 2 werden für einen von Einzellasten in Feldmitte bzw. in den Sechstelspunkten und von einer Gleichlast beanspruchten Zweifeldträger die Querkräfte am Mittelauflager und das Stützmoment ($M_S = M_B$) zusammengestellt. Eine Gleichlastbeanspruchung läßt sich als äquivalente Einzellast mit der Querlotstrecke $a = l/4$ auffassen.

Tabelle 2. Bestimmung des Quotienten $M_B / 6V_B$ für verschiedene Beanspruchungsarten

Beanspruchung	a/l	V_B	M_B	$M_B / 6 \cdot V_B$	
F in Feldmitte	0,500	$-0{,}6875 \cdot P$	$-0{,}188 \cdot Pl$	$0{,}0455 \cdot l$	$0{,}0909 \cdot a$
F in den Sechstelspunkten	0,167	$-0{,}6042 \cdot P$	$-0{,}104 \cdot Pl$	$0{,}0287 \cdot l$	$0{,}1725 \cdot a$
Gleichlast	0,250	$-0{,}6250 \cdot ql$	$-0{,}125 \cdot ql^2$	$0{,}0333 \cdot l$	$0{,}1333 \cdot a$

Tabelle 3. Bestimmung der Basisvergrößerung s_D für verschiedene Beanspruchungsarten

Beanspruchung	$M_B / 6 \cdot V_B$	Ausnutzung	e_c	e_s	k_x	k_z	$M_B k_x / 6 \cdot V_B k_z$
Einzellast in Feldmitte	$0{,}0909 \cdot a$	hoch	$-3{,}5\text{‰}$	$5{,}0\text{‰}$	$0{,}41$	$0{,}83$	$0{,}045 \cdot a$
Einzellast in den Sechstelspunkten	$0{,}1725 \cdot a$	gering	$-1{,}8\text{‰}$	$5{,}0\text{‰}$	$0{,}27$	$0{,}90$	$0{,}052 \cdot a$
Gleichlast	$0{,}0333 \cdot l = 0{,}1333 \cdot a$	mittel	$-2{,}4\text{‰}$	$5{,}0\text{‰}$	$0{,}32$	$0{,}87$	$0{,}049 \cdot a$

Die unterschiedlichen Stützmomente haben unterschiedliche Beanspruchungsgrade der Druckzone über der Stütze zur Folge: Hohe Momente bedingen eine große Druckzonenhöhe und einen daraus resultierenden verminderten Hebelarm der inneren Kräfte. In Tabelle 3 werden die Basisverbreiterungen s_D in Abhängigkeit vom Ausnutzungsgrad und exemplarischen Dehnungsverhältnissen bestimmt.

Die letzte Spalte der Tabelle 3 zeigt, daß die Schwankungsbreite – auch bei extremen Laststellungen – nicht groß ist. In erster Näherung ist es daher vereinfachend möglich, die einseitige Basisverbreiterung pauschal mit 5 % des Lastabstandes vom Auflager anzusetzen.

9.4.4.4.3
Abgrenzungskriterien für gedrungene Träger

Aus der Geometrie der Stützlinie bzw. des Sprengwerks erhält man die Grenzschlankheit, bis zu der man von gedrungenen Trägern spricht. Dabei wird die unter Pkt. 9.4.4.4.2 gezeigte Basisverbreiterung des schrägen Druckfeldes berücksichtigt:

Gleichstreckenlast

$$0{,}452 \cdot l = \frac{2 \cdot z}{\tan 35°} + s_D = 2{,}86 \cdot 0{,}875 \cdot d_s + 0{,}05 \cdot \frac{l}{4} \tag{18}$$

$$\Rightarrow \frac{l}{d_s} \leq 5{,}69$$

Einzellast

$$a = \frac{z}{\tan 35°} + s_D = 1{,}43 \cdot 0{,}875 \cdot d_s + 0{,}05 \cdot a \tag{19}$$

$$\Rightarrow \frac{a}{d_s} \leq 1{,}32 \; .$$

Für die oben genannten Grenzen beträgt der Einstrahlwinkel der Druckstrebe über dem Auflager gerade 35°. Steht eine größere Bauhöhe zur Verfügung, richtet sich der Druckbogen in Abhängigkeit von der Schlankheit bis zu einem Winkel von 60° auf:

Gleichstreckenlast

$$\vartheta = \arctan\left(\frac{3,5}{l/d_s}\right) \leq 60° \tag{20}$$

Einzellast

$$\vartheta = \arctan\left(\frac{0,875}{a/d_s}\right) \leq 60° \;. \tag{21}$$

9.4.4.4.4
Abgrenzungskriterien für schlanke Träger

Aus der Geometrie ergibt sich die Lage des Punktes ③, aus der sich die Grenzschlankheit für schlanke Träger ermitteln läßt. Dabei wird wieder die unter Punkt 9.4.4.4.2 gezeigte Basisverbreiterung infolge der Biegedruckkraft berücksichtigt:

Gleichstreckenlast

$$0,452 \cdot l = 1,4 \cdot z + s + \frac{2 \cdot z}{\tan 35°} + s_D = s + 4,26 \cdot 0,875 \cdot d_s + 0,05 \cdot \frac{l}{4} \tag{22}$$

$$\Rightarrow \frac{l}{d_s} \geq 8,45 + 2,27 \cdot \frac{s}{d_s} = s_q \;,$$

Einzellast

$$a = 1,4 \cdot z + s + \frac{z}{\tan 35°} + s_D = s + 2,83 \cdot 0,875 \cdot d_s + 0,05 \cdot a \tag{23}$$

$$\Rightarrow \frac{a}{d_s} \geq 2,60 + 1,05 \cdot \frac{s}{d_s} = s_F \;.$$

9.4.4.4.5
Berücksichtigung der Dübelwirkung der Längsbewehrung

Der in den Gleichungen (22) und (23) erscheinende Wert s berücksichtigt die Verdübelungswirkung der Längsbewehrung. Über einem Zwischenauflager bewirkt die in das auflagernahe Druckfeld eingespannte Druckbewehrung eine auf eine gewisse Wirkungslänge beschränkte elastische Stützung und trägt so zu einer Vergrößerung des Auflagerbereichs bei. Die Verdübelungswirkung ist neben dem Längsbewehrungsgrad ϱ_2 entscheidend von der Spaltzugfestigkeit $f_{ct,sp}$ des Betons abhängig.

Die Größe dieser Verdübelungskräfte wird nach der von Scholz [14] angegebenen Gleichung bestimmt:

$$V_{s1} = \left[2{,}09 - 0{,}054 \cdot s / \ln\left(100\rho_2 \cdot f_{ct,\,sp} \right) \right]^5 . \tag{24}$$

Bei Mehrfeldträgern wird die Querkraft über einer Innenstütze gegenüber Einfeldträgern durch einen statisch unbestimmten Anteil vergrößert. Daher stützt sich bei diesen immer eine konzentrierte Druckstrebe auf den Dübel ab. Es erscheint daher angemessen, an Zwischenstützen von statisch unbestimmt gelagerten Trägern – unabhängig von der Belastungsart – stets die Unterstützungslänge anzusetzen, die Scholz aus einer Änderung des Tragverhaltens im Dübelversuch abgeleitet hat:

$$s = 10{,}6 \cdot \ln(100\rho_2 \cdot f_{ct,sp}) = s = 10{,}6 \cdot \ln(100\rho_2 \cdot 2{,}22 \cdot \ln(1 + 0{,}1 \cdot f_{cm})). \tag{25}$$

Damit konkretisieren sich die Gleichungen (22) und (23) für die untere Grenze der schlanken Träger zu (22a) und (23a):

Gleichstreckenlast

$$\frac{l}{d_s} \geq 8{,}45 + 0{,}241 \cdot \frac{\ln\left[100\,\rho_2 \cdot 2{,}22 \cdot \ln\left(1 + 0{,}1 \cdot f_{cm} \right) \right]}{d_s} = s_q , \tag{22a}$$

Einzellast

$$\frac{a}{d_s} \geq 2{,}60 + 0{,}111 \cdot \frac{\ln\left[100\,\rho_2 \cdot 2{,}22 \cdot \ln\left(1 + 0{,}1 \cdot f_{cm} \right) \right]}{d_s} = s_F . \tag{23a}$$

9.4.4.5
Bruchlasten

9.4.4.5.1
Einfluß des Längsbewehrungsgrades auf die Steifigkeit

Anhand einer Parameterstudie erkannte Scholz eine deutliche Abhängigkeit der Bruchquerkraft vom Längsbewehrungsgrad. Die Längsbewehrung hat einen direkten Einfluß auf die Steifigkeit im Zustand II und steuert somit die Höhe der Biegedruckzone und die sich einstellenden Rißbreiten. Es ist zu erwarten, daß auch über Zwischenauflagern eine deutliche Abhängigkeit der Bruchquerkraft vom Längsbewehrungsgrad gegeben ist. In der Nähe der Stütze, im Bereich negativer Momente ist die oben liegende Biegezugbewehrung maßgebend für das Rotationsvermögen. Daher ist der Korrekturfaktor

$$k_{\rho 2} = \sqrt[3]{100\rho_{1,s}} \tag{26}$$

eingeführt worden, dessen Richtigkeit sowie der eventuell vorhandene Einfluß einer Druckbewehrung später überprüft worden ist.

9.4.4.5.2
Schubzugbruch

Für das Versagen schlanker Träger ist im Modell der Ausfall der Betonzugstrebe ③ - ⑦ infolge Überschreitens der Betonzugfestigkeit bestimmend. Die Zugfestigkeit läßt sich nach Remmel näherungsweise aus der mittleren Zylinderdruckfestigkeit errechnen nach der Gleichung

$$f_{ctm} = 2{,}12 \cdot 1n(1 + 0{,}1 \cdot f_{cm}). \tag{27}$$

Die aufnehmbare Querkraft läßt sich aus der Zugstrebe bestimmen, für die nur der in Bild 7 ausgewiesene Bereich in und oberhalb der Rißwurzel eines zum Versagen führenden Schrägrisses zur Verfügung steht. Im Gegensatz zu statisch bestimmt gelagerten Trägern, bei denen die Zugstrebe im Bereich positiver Momente liegt, befindet sich die für das Versagen maßgebende Zugstrebe bei statisch unbestimmt gelagerten Trägern in der Nähe des Momentennullpunktes. Infolge der geringeren Biegemomente sind auch die Biegerisse, aus denen sich bei schlanken Trägern die Schrägrisse entwickeln, kürzer. Daher sind die im verbleibenden Querschnitt übertragbaren Zugkräfte erwartungsgemäß höher als bei Einfeldträgern.

Allgemein soll der Bereich oberhalb der Rißwurzel analog zur Höhe der Biegedruckzone in Abhängigkeit von der statischen Höhe definiert werden:

$$A_{Z3} = b \cdot k_1 \cdot d_s. \tag{28}$$

Zur Berücksichtigung der in Versuchen beobachteten Maßstabsabhängigkeit, nach der Träger geringer Bauhöhe eine relativ höhere Querkrafttragfähigkeit aufweisen als hohe Träger, wird der Faktor k_1 nicht als Konstante, sondern als von der statischen Höhe abhängig eingeführt. Aus den vorliegenden Versuchsergebnis-

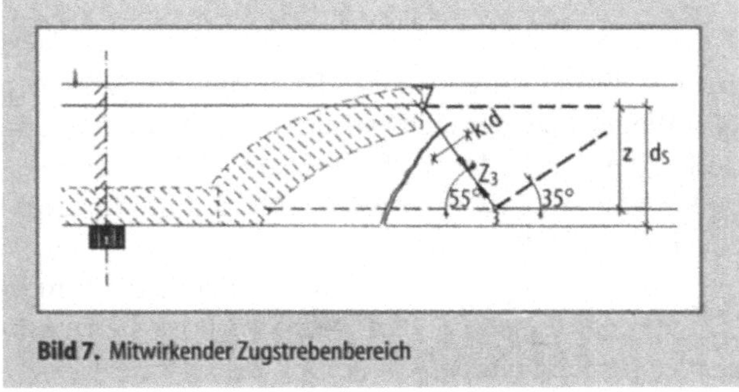

Bild 7. Mitwirkender Zugstrebenbereich

sen an schlanken Zweifeldträgern *ohne* Schubbewehrung, die durch einen Schubbruch in der Nähe des Mittelauflagers versagt haben, wurde der Koeffizient k_1 bestimmt zu:

$$k_1 = \frac{1,82}{\ln\left(100 \cdot d_s\right)} \cdot \qquad (29)$$

Der Faktor k_1 war allgemein als wirksame Zugstrebenbreite eingeführt worden. Bei einer mittleren statischen Höhe am Zwischenauflager $d_s = 0{,}31$ m ergibt sich ein Wert $k_1 = 0{,}53$. Dies bedeutet, daß etwa die halbe statische Höhe als mitwirkend anzusetzen ist. Dieser Wert liegt höher als beim Modell für Einfeldträger und ist damit zu erklären, daß die steileren Biegerisse die Betonzähne weniger stark einschnüren.

Aus der Zugstrebenkraft läßt sich über geometrische Zusammenhänge und unter Einschluß des Einflusses des Längsbewehrungsgrades die aufnehmbare Querkraft errechnen zu:

$$V_{3R} = b \cdot k_1 \cdot d_s \cdot f_{cm} \cdot \cos 35° \cdot \sqrt[3]{100\rho_{1,S}} = 3{,}17 \cdot b \cdot d_s \cdot \frac{\ln\left(1+\dfrac{f_{cm}}{10}\right)}{\ln\left(100 \cdot d_s\right)} \sqrt[3]{100\rho_{1,S}} \cdot \qquad (29)$$

Diese aufnehmbare Querkraft V_{3R} stellt die untere Grenze der von einem nicht schubbewehrten Träger aufnehmbaren Querkraft dar. Dieser Wert gilt zunächst generell – unabhängig von der Art der äußeren Belastung. Bei Trägern mit Gleichstreckenlasten gelangt ein auflagernaher Teil der Belastung direkt über die Druckstrebe zu den Auflagern, ohne die Zugstrebe zu beanspruchen. Dieser Anteil ist vorrangig abhängig von der Schlankheit, aber auch vom Längsbewehrungsgrad und der Betongüte und beträgt für praxisnahe Verhältnisse gemittelt 25%. Wegen der schwierigen Erfaßbarkeit im Übergangsbereich wird dieser Effekt einem Vorschlag von Scholz folgend nicht auf der Lastangriffsseite berücksichtigt, sondern statt dessen die Beanspruchbarkeit der Zugstrebe mit dem Faktor 1/0,75 = 1,33 heraufgesetzt.

9.4.4.5.3
Druckstrebenbruch

Das Tragvermögen gedrungener Träger wird von der Festigkeit des schrägen Druckfeldes bestimmt. Der auflagernahe Bereich ist nach der Definition von Schlaich [13] ein Diskontinuitätsbereich, in dem sich der Lastabtrag mit Hilfe eines Stabwerkmodells darstellen läßt (Bild 8) und die Trajektorien im Zustand I zu resultierenden Stäben zusammengefaßt werden.

Die Größe der Zugkräfte Z_1 und Z_2 hängt von der Größe der schiefen Hauptdruckkraft D_1 und von der Lasteinleitungsbreite t ab. Prinzipiell ist die Druckstrebengeometrie vom Neigungswinkel abhängig.

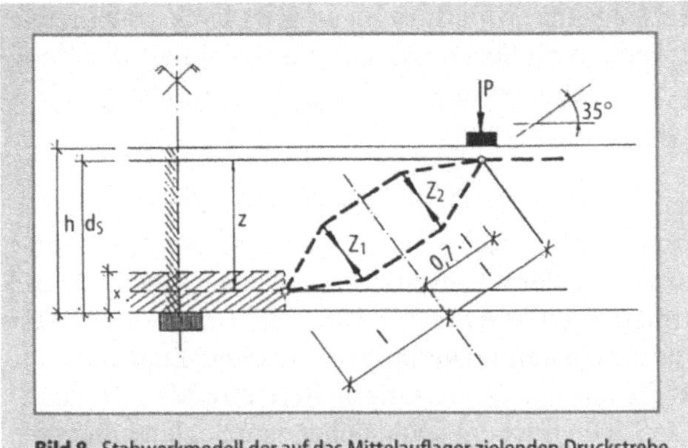

Bild 8. Stabwerkmodell der auf das Mittelauflager zielenden Druckstrebe

Baumann [2] gibt an, daß man bei Druckfeldern in Stabwerkmodellen die resultierende Stegzugkraft einschließlich des Einflusses der Belastungsbreite in Abhängigkeit von der Druckstrebenneigung α angeben kann, wenn man die Kraftübertragung im Steg als Kraftausbreitungsproblem betrachtet und von einer ungehinderten Ausbreitung der resultierenden Stegdruckkraft ausgeht.

Die effektive Druckfeldbreite b_{ef} für den beiderseits konzentriert belasteten, unendlichen Scheibenstreifen beträgt nach [2]:
Ersetzt man a durch die projizierte Knotenbereichsbreite des geneigten Druck-

$$b_{ef} = \left[1,33 + 0,25 \cdot \left(\frac{a}{1} \right)^2 \right] \cdot 1 \ . \tag{31}$$

feldes a* erhält man nach Einführung geometrischer Zusammenhänge und einigen Umformungen bei einem mittleren inneren Hebelarm der Kraftausbreitung von $0,6 \cdot l$ die resultierende Stegzugkraft Z_{res}.

Baupraktisch relevant sind Auflagerbreiten[1] von $a = 0,1 \cdot d_s$ bis $0,2 \cdot d_s$ sowie Druckzonenhöhen $x = 0,1 \cdot d_s$ bis $0,3 \cdot d_s$. Wertet man die Gleichung der Stegzugkraft für diese Abmessungen aus, ergibt sich im Mittel eine resultierende Querzugkraft im Steg, die rund 77 % der Querkraft beträgt. Eine Regressionsanalyse zeigt einen annähernd linearen Zusammenhang zwischen der auf die statische Höhe bezogenen projizierten Knotenbereichsbreite und der auf die Querkraft bezogenen Stegzugkraft:

$$Z_{res} = \left(0,954 - 0,809 \cdot \frac{a^*}{d_s} \right) \cdot V \ . \tag{32}$$

---

[1] Zu beachten ist, daß an einem Zwischenauflager nur die halbe Auflagerbreite für die Aufnahme der Querkraft aus einem Feld zur Verfügung steht.

Die Größe der aufnehmbaren Stegzugkraft läßt sich aus der Druckstrebengeometrie bestimmen. Dabei ist jedoch zu beachten, daß die Gleichheit der Zugstrebenkräfte aber nur unter Vernachlässigung der Biegenormalkräfte gilt. Die Festigkeit des schrägen Druckfeldes ist jedoch entscheidend von der Querzugbeanspruchung abhängig.

Im Gegensatz zu den Verhältnissen am Einfeldträger treten an den Innenstützen eines statisch unbestimmt gelagerten Tragwerks zur Querkraftbeanspruchung noch hohe Biegemomente hinzu. Die daraus resultierenden Druckkräfte im Untergurt erzeugen zusammen mit der Auflagerpressung über der Unterstützung einen zweiaxialen Druckspannungszustand. Die längsgerichteten Zugkräfte im Obergurt vergrößern jedoch die aus der Querdehnung herrührenden Zugkräfte und erzeugen einen Zug-Druck-Bereich. Aus Versuchen von Schlaich/Schäfer [12] kann man ableiten, daß die Druckstrebentragfähigkeit im auflagernahen, schrägen Druckfeld durch die Querzugspannungen – insbesondere bei Verwendung von senkrechten Bügeln – um etwa 20 % gemindert wird.

Außerdem wird zur Berücksichtigung der Maßstabsabhängigkeit in die Gleichung wieder ein von der statischen Höhe abhängiger Korrekturfaktor k_3 eingeführt:

$$Z_{res} = 0,8 \cdot k_3 \cdot f_{ct} \cdot b_w \cdot 0,7 \cdot l = \left(0,954 - 0,809 \cdot \frac{a^*}{d_s}\right) \cdot V \; . \tag{33}$$

Aus den vorliegenden Versuchsergebnissen an gedrungenen Zweifeldträgern ohne Schubbewehrung, die durch einen Schubbruch in der Nähe des Mittelauflagers versagt haben, wurde der Koeffizient k_3 bestimmt zu:

$$k_3 = \frac{2,70}{\ln\left(100 \cdot d_s\right)} \; . \tag{34}$$

Durch Umstellen der Gleichung (33) läßt sich die in einer unter 35° geneigten Druckdiagonalen vor der Entstehung von Schubrissen aufnehmbare Querkraft errechnen zu:

$$V_{1Riß} = \frac{0,906 \cdot 2,70 \cdot \left(1 + \dfrac{f_{cm}}{10}\right) \cdot b_w \cdot d_s}{\ln\left(100 \cdot d_s\right) \cdot \left(0,954 - 0,809 \cdot \dfrac{a^*}{d_s}\right)} \; . \tag{35}$$

Nach der Schrägrißbildung versagt das System jedoch noch nicht. Literaturauswertungen ergaben, daß die Schrägrißlast i. M. etwa 45 % der Schubbruchlast beträgt. In Übereinstimmung mit Scholz wird daher die Tragkraft als ein Vielfaches der Schrägrißlast definiert:

$$V_{1R}^{35°} \approx \frac{V_{1Ri\beta}}{0,45} = 2,2 \cdot V_{1Ri\beta} \ . \tag{36}$$

Unter Einschluß eines Korrekturfaktors zur Berücksichtigung des Längsbewehrungsgrades ergibt sich die endgültig aufnehmbare Querkraft im Falle gedrungener Träger:

$$V_{1R}^{35°} = \frac{5,43 \cdot \left(1 + \dfrac{f_{cm}}{10}\right) \cdot b_w \cdot d_s}{\ln\left(100 \cdot d_s\right) \cdot \left(0,954 - 0,809 \cdot \dfrac{a^*}{d_s}\right)} \cdot \sqrt[3]{100 \cdot \rho_{1,s}} \ . \tag{37}$$

Einfluß auflagernaher Lasten

Bei gedrungenen Trägern steht innerhalb der Bauhöhe genügend Platz für die Ausbildung eines kompletten Druckbogens zur Verfügung. Die Grenzschlankheit wurde gerade so definiert, daß die Druckstrebe eine Kämpferneigung von 35° aufweist. Rückt die Last dem Auflager näher, richtet sich die Druckstrebe bis zur Maximalneigung 60° auf, wodurch der vertikal aufnehmbare Lastanteil, also der Querkraftwiderstand, wächst.

Aus den geometrischen Verhältnissen läßt sich die Neigung der Druckstrebe berechnen zu:

Gleichstreckenlast $\qquad \vartheta = \arctan\left[4 \cdot \dfrac{z}{l}\right] = \arctan\left[3,5 \cdot \dfrac{d_s}{l}\right] \le 60° \ , \tag{38}$

Einzellast $\qquad\qquad \vartheta = \arctan\left[\dfrac{z}{a}\right] = \arctan\left[0,875 \cdot \dfrac{d_s}{a}\right] \le 60° \ . \tag{39}$

Infolge der Änderung des Winkels nimmt das Maß der in Gleichung (33) angegebenen, aufnehmbaren Stegzugkraft ab. Andererseits reduziert sich auch das Verhältnis von Stegzugkraft zur Querkraft. Wertet man die Gleichung (33) für verschiedene Druckstrebenneigungen aus, so erhält man für das Verhältnis der auf die Querkraft bezogenen Stegzugkraft bei einer Druckstrebenneigung von 35° den Mittelwert 77 %, während er bei 60° nur noch 46 % beträgt.

Für baupraktische Bemessungsaufgaben verspricht eine parabolische Regression eine ausreichende Genauigkeit. Der Faktor $f = (Z_{res}/V)_\alpha / (Z_{res}/V)_{35°}$ läßt sich annähern zu:

$$f = 3,62 - 3,68 \cdot \left(\frac{\alpha}{35°}\right) + 1,05 \cdot \left(\frac{\alpha}{35°}\right)^2 \ . \tag{40}$$

Im Falle auflagernaher Lasten erhält man unter Berücksichtigung der Gleichungen (37) und (40) die Schubbruchkraft:

$$V_{1R} = \frac{5,43 \cdot \left(1 + \dfrac{f_{cm}}{10}\right) \cdot b_w \cdot d_s}{\ln\left(100 d_s\right) \cdot \left(0,954 - 0,809 \cdot \dfrac{a^*}{d_s}\right) \cdot \left(3,62 - 3,68 \cdot \left(\dfrac{\alpha}{35°}\right) + 1,05 \cdot \left(\dfrac{\alpha}{35°}\right)^2\right)} \cdot \sqrt[3]{100 \rho_{1,S}} \cdot \tag{41}$$

Korrektur des Einflusses der Lasteinleitungsbreiten
Der Einfluß der Lasteinleitungsbreite bei gedrungenen Trägern ist in den oben angegebenen Gleichungen über die Erfassung der Druckfeldgeometrie bereits berücksichtigt. Mit abnehmender Lasteinleitungsfläche nimmt die Spaltzugkraft zu, und es kommt zu einem frühzeitigen Versagen der Druckstrebe. Andererseits bewirkt eine Vergrößerung der Lasteinleitungsbreite eine Erhöhung der aufnehmbaren Querkraft. Es ergibt sich ein gegenüber Einzellasten 15 % höherer Querkraftwiderstand.

9.4.4.5.4
Übergang zwischen schlanken und gedrungenen Trägern

Das Tragverhalten eines Trägers im Übergangsbereich zwischen schlankem und gedrungenem Träger ist schwierig zu modellieren, da es zu nicht eindeutigen Versagensformen kommt. Bei relativ schlanken Trägern versagt noch die Zugstrebe, dagegen ist der Querkraftwiderstand im Grenzbereich der gedrungenen Träger bereits deutlich von der Dübelwirkung der Längsbewehrung bestimmt.

Um einen kontinuierlichen Übergang vom schlanken zum gedrungenen Träger zu erhalten, wird eine parabolische Übergangsfunktion gewählt, deren Exponent von der Belastungsart abhängig ist und aus einer Regressionsanalyse von Versuchsergebnissen an Zweifeldträgern im Übergangsbereich ohne Schubbewehrung, die durch einen Schubbruch in der Nähe des Mittelauflagers versagt haben, gewonnen wurde. Bei Trägern unter Gleichstreckenlasten ist aufgrund der Vielzahl möglicher Lastpfade ein gleichmäßigerer Anstieg der Querkrafttragfähigkeit zu erwarten als bei Einzellasten, bei denen es erst ab einem Lastabstand vom Auflager, ab dem die Last gerade unter 30° den elastisch gestützten Bereich erreicht, zu einem deutlichen Anstieg kommen kann.

Einzellasten
$$V_{2R,F} = V_{3R,F} + \left(V_{1R,F} - V_{3R,F}\right) \cdot \left(\frac{s_F - a/d_s}{s_F - s_{1,F}}\right)^{1,01}, \tag{42}$$

Gleichstreckenlasten
$$V_{2R,q} = V_{3R,q} + \left(V_{1R,q} - V_{3R,q}\right) \cdot \left(\frac{s_q - 1/d_s}{s_q - s_{1,q}}\right)^{2,70}. \tag{43}$$

9.4.4.6
Zusammenstellung der Bestimmungsgleichungen für statisch unbestimmt gelagerte Träger an der Innenstütze

Die in den vorausgegangenen Kapiteln dargestellten Berechnungsformeln für die Bruchquerkraft an der Innenstütze von statisch unbestimmt gelagerten Zweifeldträgern sollen im folgenden unter Einschluß aller eingeführten Korrekturfaktoren zusammenfassend dargestellt werden:

9.4.4.6.1
Gleichstreckenlasten

$$\frac{1}{d_s} \leq 5,69 \qquad \rightarrow \qquad \text{gedrungener Träger}$$

$$V_{1R,q} = \frac{6,24 \cdot \ln\left(1 + 0,1 \cdot f_{cm}\right) \cdot b_w \cdot d_s \cdot \sqrt[3]{100\rho_{1,S}}}{\ln\left(100 \cdot d_s\right) \cdot \left(0,954 - 0,8908 \cdot a^* / d_s\right) \cdot \left[3,62 - 3,68 \cdot \left(\alpha / 35°\right) + 1,05 \cdot \left(\alpha / 35°\right)^2\right]}$$

$$\text{mit} \quad \alpha = \arctan\left[\frac{3,5}{\left(1/d_s\right)}\right] \leq 60° \qquad\qquad (44)$$

$$5,69 < \frac{1}{d_s} < 8,45 + 0,241 \cdot \frac{\ln\left[100\,\rho_2 \cdot 2,22 \cdot \ln\left(1 + 0,1 \cdot f_{cm}\right)\right]}{d_s} = s_q \rightarrow \text{Übergangsbereich}$$

$$V_{2R,q} = V_{3R,q} + \left(V_{1R,q} - V_{3R,q}\right) \cdot \left(\frac{s_q - 1/d_s}{s_q - 5,69}\right)^{2,7} \qquad\qquad (45)$$

$$\frac{1}{d_s} \geq 8,45 + 0,241 \cdot \frac{\ln\left[100\,\rho_2 \cdot 2,22 \cdot \ln\left(1 + 0,1 \cdot f_{cm}\right)\right]}{d_s} = s_q \qquad \rightarrow \text{schlanker Träger.}$$

$$V_{3R,q} = 4,22 \cdot \frac{\ln\left(1 + 0,1 \cdot f_{cm}\right)}{\ln\left(100 \cdot d_s\right)} \cdot b_w \cdot d_s \cdot \sqrt[3]{100\rho_{1,S}} \qquad\qquad (46)$$

9.4.4.6.2
Einzellasten

$$\frac{a}{d_s} \leq 1,32 \qquad \rightarrow \qquad \text{gedrungener Träger}$$

$$V_{1R,F} = \frac{5,43 \cdot \ln\left(1+0,1\cdot f_{cm}\right)\cdot b_w \cdot d_s \cdot \sqrt[3]{100\rho_{1,S}}}{\ln\left(100\cdot d_s\right)\cdot\left(0,954-0,8909\cdot a^*/d_s\right)\cdot\left[3,62-3,68\cdot\left(\alpha/35°\right)+1,05\cdot\left(\alpha/35°\right)^2\right]}$$

$$\text{mit } \alpha = \arctan\left[\frac{0,875}{\left(a/d_s\right)}\right] \leq 60° \tag{47}$$

$$1,32 < \frac{a}{d_s} < 2,60-0,111\cdot\frac{\ln\left[100\,\rho_2\cdot2,22\cdot\ln\left(1+0,1\cdot f_{cm}\right)\right]}{d_s} = s_F \rightarrow \text{Übergangsbereich}$$

$$V_{2R,F} = V_{3R,F} + \left(V_{1R,F}-V_{3R,F}\right)\cdot\left(\frac{s_F-a/d_s}{s_F-1,32}\right) \tag{48}$$

$$\frac{a}{d_s} \geq 2,60-0,111\cdot\frac{\ln\left[100\rho_1\cdot2,22\cdot\ln\left(1+0,1\cdot f_{cm}\right)\right]}{d_s} = s_F \qquad \rightarrow \text{schlanker Träger.}$$

$$V_{3R,q} = 3,17\cdot\frac{\ln\left(1+0,1\cdot f_{cm}\right)}{\ln\left(100\cdot d_s\right)}\cdot b_w \cdot d_s \cdot \sqrt[3]{100\rho_{1,S}} \ . \tag{49}$$

9.4.4.7
Zugstrebe für den statisch unbestimmten Anteil der Querkraft

Bei einem statisch unbestimmten Tragwerk wird immer ein Teil der Querkraft von den Endauflagern zu den Zwischenstützen umgelagert. Wie unter Punkt 9.4.4.2 gezeigt, wird dem statisch unbestimmten Anteil der Querkraft immer ein Fachwerkmodell zugrunde gelegt. Bei Trägern ohne Schubbewehrung muß daher unabhängig vom Lastabtrag im Teilmodell ① überall eine so große Betonzugfestigkeit vorhanden sein, daß sich im Teilmodell ② eine Zugstrebe, die dem zu übertragenden statisch unbestimmten Querkraftanteil entspricht, ausbilden kann.

Bei einem schlanken Träger muß in der Nähe der Zwischenstütze ohnehin die gesamte Querkraft über eine Zugstrebe aufgehangen werden. In diesem Falle ist die gesonderte Untersuchung der Zugstrebe für den statisch unbestimmten Anteil der Querkraft überflüssig. Bei gedrungenen Trägern jedoch kann die Querkraft bei den geschilderten Teilmodellen für die End- bzw. Zwischenauflager allein durch geneigte Druckstreben zu den Auflagern gelangen. In diesem Falle ist die folgende Zusatzuntersuchung erforderlich.

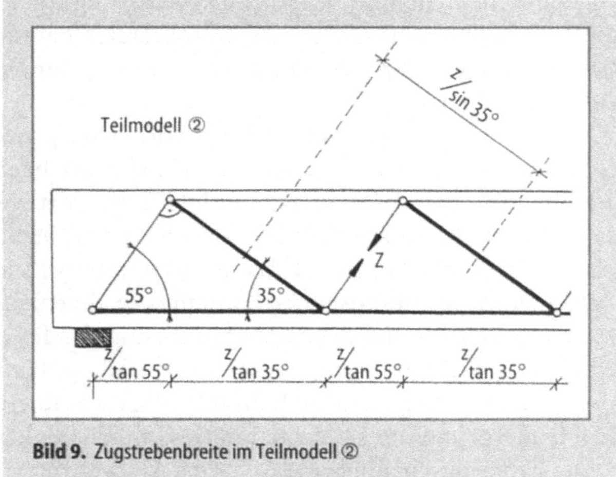

Bild 9. Zugstrebenbreite im Teilmodell ②

Der zu untersuchende Bereich liegt oftmals in der Nähe des Momentennullpunkts und ist wegen der fehlenden Biegebeanspruchung weitgehend frei von Biegerissen. Zur Beschreibung der Druckstrebe soll daher nicht die durch die Rißwurzel übertragbare Zugkraft herangezogen werden, sondern die Zugstrebe wird aus der Fachwerkgeometrie bestimmt (Bild 9).

Die Zugfestigkeit von Beton bestimmt sich aus dessen Druckfestigkeit nach der von Remmel angegebenen Beziehung. Wegen der Existenz von Eigen- und Zwangsspannungen steht die Betonzugfestigkeit nur eingeschränkt zur Verfügung. In Anlehnung an Leonhardt wird die Abminderung zu 50 % angenommen.

$$f_{ctm}^{verfügbar} = 0{,}5 \cdot 2{,}12 \cdot \ln\left(1 + 0{,}1 \cdot f_{cm}\right) = 1{,}06 \cdot \ln\left(1 + 0{,}1 \cdot f_{cm}\right) . \tag{50}$$

Die Kraft einer unter 55° geneigten Zugstrebe errechnet sich zu

$$Z_{R} = f_{ctm}^{verfügbar} \cdot b_{w} \cdot \frac{z}{\sin 35°} = 1{,}06 \cdot \ln\left(1 + 0{,}1 \cdot f_{cm}\right) \cdot b_{w} \cdot \frac{\left(d_{F} + d_{S} - h\right)}{\sin 35°} \tag{51}$$

$$= 1{,}85 \cdot \ln\left(1 + 0{,}1 \cdot f_{cm}\right) \cdot b_{w} \cdot \left(d_{F} + d_{S} - h\right) .$$

9.4.4.8
Überprüfung des Einflusses des Längsbewehrungsgrades

In den für den Betontraganteil an der Innenstütze eines statisch unbestimmten Systems abgeleiteten Gleichungen wurde zunächst der Korrekturfaktor

$$k_{\rho 2} = \sqrt[3]{100\rho_{l,S}} \tag{52}$$

eingeführt, der den Einfluß der Längsbewehrung auf die Steifigkeit im Zustand II und das Rotationsvermögen erfassen soll. Durch Parameterstudien wurde dessen Richtigkeit sowie der vernachlässigte Einfluß einer Druckbewehrung bei Zweifeldträgern überprüft.

Dazu wurde der ein Maß für die Vorhersagegenauigkeit bildende, dimensionslose Quotient $V_{R,B}/V_{u,B}$ über dem Längsbewehrungsgrad $\rho_{1,S}$ (Biegezugbewehrung über der Innenstütze) sowohl für die 23 Träger ohne Schubbewehrung, als auch für die Gesamtheit der 86 Versuchsträger betrachtet. Die Quotienten schwanken für alle Längsbewehrungsgrade relativ gleichmäßig um den Wert 1,0. Man erkennt, daß die Vorhersagegenauigkeit allgemeinen Schwankungen unterworfen ist, der Einfluß des Längsbewehrungsgrades $\rho_{1,S}$ aber durchaus zutreffend erfaßt wird. Die lineare Regressionsgerade verläuft annähernd konstant. Ein Ausgleich ihrer Neigung durch Einführung eines Korrekturfaktors erscheint vor dem Hintergrund der erreichbaren Gesamtgenauigkeit nicht sinnvoll.

Der Längsbewehrungsgrad $\rho_{2,S}$ (Druckbewehrung über der Innenstütze) geht beim Modell für statisch unbestimmte Systeme nur in die Bestimmung der Bereichsgrenzen ein, da er eine elastische Stützung der auf das Zwischenauflager zielenden Druckstrebe bewirkt. In die Gleichungen zur Bestimmung der Bruchlasten hat er keinen Eingang gefunden. Die Richtigkeit dieser Annahme wurde dadurch bestätigt, daß der ein Maß für die Vorhersagegenauigkeit darstellende, dimensionslose Quotient $V_{R,B}/V_{u,B}$ über dem Längsbewehrungsgrad $\rho_{2,S}$ wieder sowohl für die 23 Träger ohne Schubbewehrung, als auch für die Trägergesamtheit gebildet wurde. Die Vorhersagegenauigkeit schwankt gleichmäßig um den Wert 1,0. Daraus kann man folgern, daß der Einfluß der Druckbewehrung auf die Bruchlasten durchaus zutreffend erfaßt wird. Die Druckbewehrung hat also auf die aufnehmbaren Bruchquerkräfte keinen nennenswerten Einfluß.

9.4.5
Traganteil der Schubbewehrung

Specht addiert in seinem Modell den Traganteil der Schubbewehrung prinzipiell zum Betontraganteil und dem einer Vorspannung. Das Vorhandensein einer Schubbewehrung erhöht also immer die rechnerisch aufnehmbare Querkraft.

Bei schlanken Trägern ist diese Annahme richtig. Bei gedrungenen Trägern jedoch kann die Last direkt über Druckstreben den Auflagern zugeleitet werden; es bildet sich ein Sprengwerk aus. In diesem Falle wird die Schubbewehrung nur eingeschränkt aktiviert und kann nur eine relativ kleine Erhöhung der aufnehmbaren Bruchkraft bewirken.

Lehwalter [7] hat die Tragfähigkeit von Betondruckstreben in Fachwerkmodellen am Beispiel von gedrungenen Einfeldträgern unterschiedlicher a/d-Verhältnisse untersucht, die er ohne und mit vertikaler oder horizontaler Schubbewehrung ausführte. Es zeigte sich, daß horizontale Bewehrungen keinen wesentlichen bruchlasterhöhenden Einfluß haben.

Gedrungene Träger mit vertikaler Schubbewehrung zeigen gegenüber denjenigen ohne Bügel dagegen mit sinkendem a/d-Verhältnis eine deutliche Abnahme des bruchlaststeigernden Einflusses der Schubbewehrung. In erster Näherung ist es zulässig, diese Abnahme zwischen dem Verhältnis a/d = 1,51 (dies entspricht einer unter 30° geneigten Druckstrebe, bei der der volle Traganteil der Schubbewehrung wirksam wird) und a/d = 0 (die Last steht direkt über dem Auflager und besitzt daher keinerlei bruchlaststeigernden Einfluß) zu linearisieren. Bei Vorliegen einer Gleichstreckenlast erreicht die Druckstrebe bis zu einem Verhältnis l/d = 6,1 direkt das Auflager, so daß die Schubbewehrung nicht mehr vollständig aktiviert werden kann.

Für den von der Schubbewehrung zu übernehmenden Querkraftanteil gilt an *Zwischenauflagern*:

Gleichstreckenlasten

$$V_{sw} = \rho_w \cdot f_{yd} \cdot \sin\left(45° + \beta\right) \cdot \sqrt{2} \cdot b_w \cdot 0{,}875 \cdot d_s \cdot \left(\frac{{}^{1}\!/_{d_s}}{5{,}69} \right)^{\leq 1{,}0}, \qquad (53)$$

Einzellasten

$$V_{sw} = \rho_w \cdot f_{yd} \cdot \sin\left(45° + \beta\right) \cdot \sqrt{2} \cdot b_w \cdot 0{,}875 \cdot d_s \cdot \left(\frac{{}^{a}\!/_{d_s}}{1{,}32} \right)^{\leq 1{,}0}. \qquad (54)$$

9.4.6
Traganteil der Vorspannung

9.4.6.1
Wirkung einer Vorspannung an einem statisch unbestimmten System

Bei statisch unbestimmt gelagerten Trägern entstehen durch die Vorspannung neben dem Eigenspannungszustand auch Umlagerungsschnittgrößen. Der Eigenspannungszustand erzeugt nur Verformungen, jedoch keine Auflagerreaktionen. Der statisch unbestimmte Teil hingegen erzeugt das Tragwerk beanspruchende Schnittgrößen, die den aus äußerer Belastung resultierenden hinzuaddiert werden. Der statisch unbestimmte Anteil der Vorspannung wird also auf der Beanspruchungsseite (vgl. Pkt. 9.4.1) berücksichtigt.

Die von einem Spannglied ausgehende Querkrafttragfähigkeit ist von der Spanngliedführung längs der Trägerachse unabhängig. Nur die Krafteinleitung in die auflagernahe Bogenscheibe differiert. Daraus läßt sich folgern, daß man bei Durchlaufträgern in Höhe des Wendepunktes der Spanngliedachse gedanklich

Ankerkörper annehmen kann. Das geschwungene Spannglied läßt sich damit in einen unteren und einen weiterführenden oberen Strang zerlegen (Bild 10).

Es ist notwendig, die beiden Teilbögen wieder miteinander zu koppeln. Dies kann theoretisch über eine aufhängende Bügelbewehrung oder durch eine Ver-

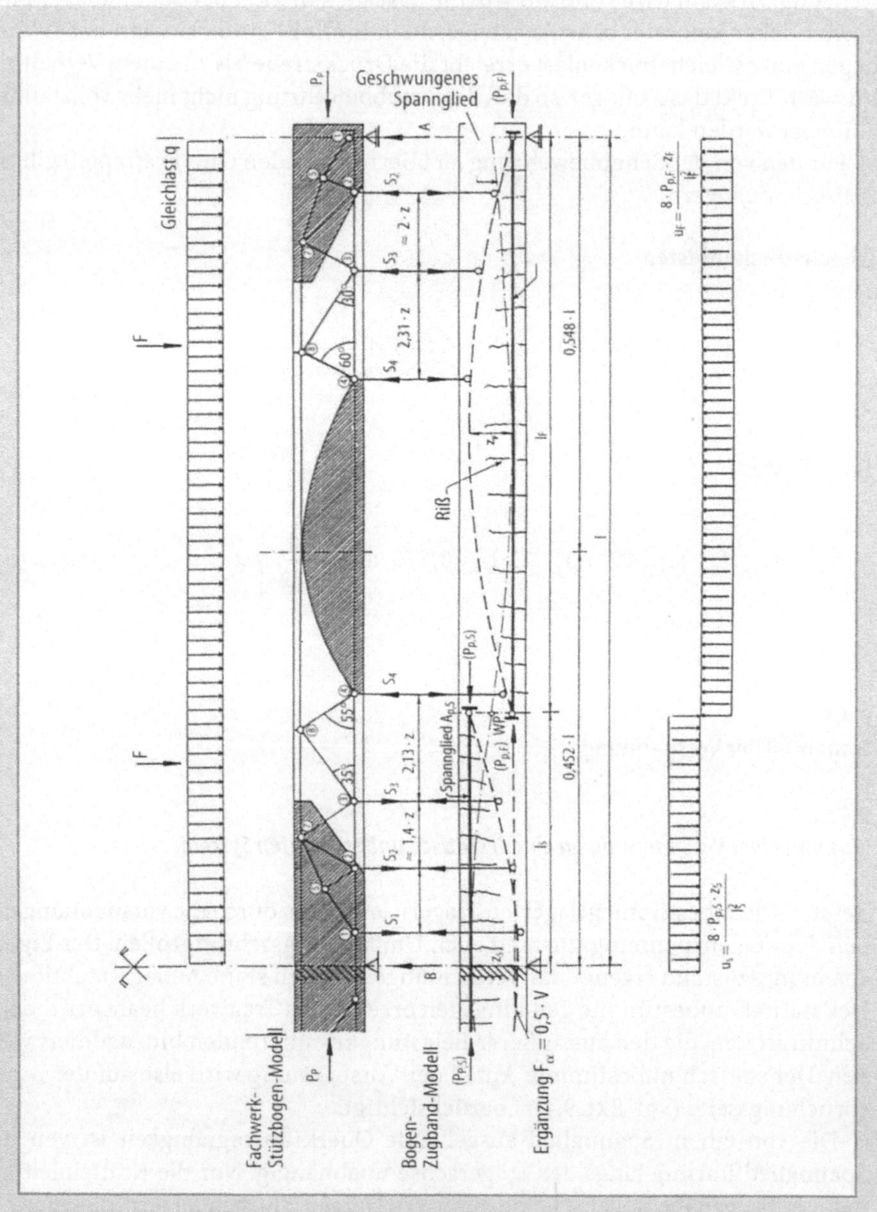

Bild 10. Modell für den Traganteil einer Vorspannung am statisch unbestimmt gelagerten Träger

längerung der Spannglieder bis zum Auflager durch ein schlaffes Zugband erfolgen. Bei einem Träger ohne Schubbewehrung steht nur die zweite Möglichkeit zur Verfügung. Bachmann gibt als Bemessungskraft für die Ergänzung des Zugbandes an:

$$F_{t,x} = 0{,}5 \ V. \tag{55}$$

9.4.6.2
Modellbildung und Gleichungen

Bei nicht geradliniger Spanngliedführung entstehen Umlenk- und Bogenkräfte u, die vereinfacht parallel ausgerichtet werden und zusätzlich auf das Fachwerk-Stützbogen-Modell zur Beschreibung des Betontraganteils einwirken. Je nach Krümmung der Spanngliedachse können diese Kräfte von oben oder von unten auf das Tragwerk wirken (Bild 10). Diese bewirken in den Zug- und Druckstreben des Fachwerks eine zusätzliche Be- oder eine Entlastung. Die zweite Wirkungskomponente, die Ankerkraft, greift in der Schwerachse des oberen Teilmodells an.

Am Endauflager statisch unbestimmt gelagerter Träger unterscheiden sich die Verhältnisse nicht von denen am Einfeldträger; an den Zwischenauflagern ändern sich die Verhältnisse wegen der dort abweichenden Strebenneigungen.

Die höchstbeanspruchte Zugstrebe in der Nähe des Zwischenauflagers im Fachwerk-Stützbogen-Modell ist die Strebe ③ -⑦. Sie wird von der Kraft S_3 gestützt oder zusätzlich beansprucht, je nach der Lage des Wendepunktes des Spanngliedes. Für das Querkrafttragvermögen ist es wünschenswert, den Wendepunkt möglichst nahe an das Mittelauflager zu führen und das Spannglied über der Stützung stark zu krümmen. Sollte im Bereich der Stützkraft S_3 schon die nach unten gerichtete Umlenkkraft u_S wirken, so erzeugt diese keine Steigerung der Querkrafttragfähigkeit, sondern ist eigentlich auf der Beanspruchungsseite zu buchen. Aus Gründen der leichten Handhabbarkeit wird sie hier jedoch als Abzugswert der Querkrafttragfähigkeit mitgeführt. Im Falle einer nach oben gerichteten Wirkung der Umlenkkräfte hat die vertikale Stützkraft die Größe

$$S_3 = \frac{1{,}4+2{,}13}{2} \cdot z_S \cdot u_F = 1{,}77 \cdot z_S \cdot \frac{8 \cdot P_{p,F} \cdot z_F}{l_S^2} \ . \tag{56}$$

Unter der Annahme $z_F \approx z_S = 0{,}875 \cdot d_S$ ergibt sich aus der Stützkraft die aus dem Einfluß der Vorspannung aufnehmbare Querkraft zu

$$V_p = Z_{3-7} \cdot \cos 35° = S_3 \cdot \cos^2 35° = 10{,}81 \cdot \left(\frac{d_S}{l_S}\right)^2 \cdot P_p \cdot 0{,}671 = 7{,}25 \cdot \left(\frac{d_S}{l_S}\right)^2 \cdot P_p. \tag{57}$$

Eine Grenze bildet das Aufrichten der Druckstreben bei gedrungenen Trägern bis zu einem Winkel von $\beta = 60°$

$$\frac{4 \cdot z_S}{l} \leq \tan 60° \Rightarrow \frac{d_S}{l_S} \leq \frac{\tan 60°}{4 \cdot 0,875} \approx 0,5 \; . \tag{58}$$

Es verbleibt noch die Wirkung der zentrisch angreifenden Verankerungskraft. Das Schubfeld ist ungerissen, und die Hauptspannungen infolge P_p lauten mit

$$\sigma_V = \frac{P_p}{A_c}; \quad \sigma_{I,II} = -\frac{\sigma_V}{2} \pm \sqrt{\left(\frac{\sigma_V}{2}\right)^2 + \tau_V^2} \; . \tag{59}$$

Mit den vorgegebenen Richtungen der Streben, die näherungsweise die Hauptspannungsrichtungen unabhängig von der Höhe der Vorspannung wiedergeben sollen, kann eine Beziehung zwischen σ_V und τ_V hergestellt werden

$$\tan \beta = \tan 35° = \frac{2 \cdot \tau_V}{\sigma_V} \Rightarrow \tau_V = \frac{\tan 35°}{2} \cdot \sigma_V = 0,350 \cdot \sigma_V \; . \tag{60}$$

Daraus ergibt sich die zusätzliche Querkrafttragfähigkeit durch die zentrisch angreifende Ankerkraft:

$$\tau_V = \frac{V_p}{b_w \cdot z_S} = 0,350 \cdot \sigma_V \tag{61}$$

$$\Rightarrow V_p = 0,350 \cdot \frac{P_p}{A_c} \cdot b_w \cdot 0,875 \cdot d_s \approx 0,30 \cdot \frac{P_p}{A_c} \cdot b_w \cdot d_S \; .$$

Setzt man die Schubspannung nach Gleichung (60) in die Hauptspannungsgleichung ein, ergeben sich:

$$\sigma_{I,II} = -\frac{\sigma_V}{2} \pm \sqrt{\left(\frac{\sigma_V}{2}\right)^2 + 0,350^2 \cdot \sigma_V^2} = -0,5 \cdot \sigma_V \pm 0,610 \cdot \sigma_V \; . \tag{62}$$

$$\Rightarrow \sigma_I = 0,110 \cdot \sigma_V \qquad \sigma_{II} = -1,110 \cdot \sigma_V \; .$$

Die Vorspannkraft erzeugt demnach in der Zugstrebe ③ - ⑦ nahe der Innenstütze eine zusätzliche Zugspannung. Obwohl die verfügbare Betonzugspannung bereits vollständig aufgezehrt wurde, tritt auch bei rein zentrischer Vorspannung kein Zugstrebenbruch ein, da die aus der summierten Belastung (q + v) resultierende Hauptzugspannung und mit ihr die Zugstrebenkraft geringer ausfällt als diejenige ohne Vorspannung. Ohne eine Betonzugfestigkeit geht es aber auch in diesem Falle nicht. Die ohne eine Längsvorspannung aufnehmbare Querkraft V_{3R} hat bereits den Teilbetrag des inneren Widerstandes aufgezehrt von der Größe

$$V_{3R,q} = 4,22 \cdot \frac{\ln\left(1 + 0,1 \cdot f_{cm}\right)}{\ln\left(100 \cdot d_s\right)} \cdot b_w \cdot d_s \cdot \sqrt[3]{100\rho_{1,s}} \tag{63}$$

$$\tau_{0,q} = \frac{V_{3R,q}}{b_w \cdot 0,875 \cdot d_s} = 4,82 \cdot \frac{\ln\left(1 + 0,1 \cdot f_{cm}\right)}{\ln\left(100 \cdot d_s\right)} \cdot \sqrt[3]{100\rho_{1,s}} \ .$$

Mit der Gleichung (50) kann das gesamte verfügbare Reaktionsvermögen ausgedrückt werden mit

$$\Sigma\tau = f_{cm}^{verfügbar} = 0,5 \cdot 2,12 \cdot \ln\left(1 + 0,1 \cdot f_{cm}\right) = 1,06 \cdot \ln\left(1 + 0,1 \cdot f_{cm}\right) \ . \tag{64}$$

Von einer zentrischen Vorspannung kann nur noch die Differenz zwischen den Gleichungen (64) und (63) querkraftsteigernd ausgenutzt werden.

$$\tau_V = \Sigma\tau - \tau_{0,q} = \left[1,06 - 4,82 \cdot \frac{\sqrt[3]{100\rho_{1,s}}}{\ln\left(100 \cdot d_s\right)}\right] \cdot \ln\left(1 + 0,1 \cdot f_{cm}\right) \ . \tag{65}$$

Einen Höchstwert der gesteigerten Querkrafttragfähigkeit erreicht eine zentrische Vorspannung der Größe

$$\sigma_V \leq \frac{1}{0,110} \cdot \left[1,06 - 4,82 \cdot \frac{\sqrt[3]{100\rho_{1,s}}}{\ln\left(100 \cdot d_s\right)}\right] \cdot \ln\left(1 + 0,1 \cdot f_{cm}\right) = \tag{66}$$

$$= \left[9,64 - 43,8 \cdot \frac{\sqrt[3]{100\rho_{1,s}}}{\ln\left(100 \cdot d_s\right)}\right] \cdot \ln\left(1 + 0,1 \cdot f_{cm}\right) \ .$$

Damit ist eine obere Grenze der aufzubringenden Vorspannung gefunden. An der Gleichung (66) erkennt man sowohl den Einfluß des Längsbewehrungsgehaltes auf die Querschnittsspannung als auch deren Maßstabsabhängigkeit.

9.4.7
Festigkeit des schrägen Druckfeldes

Die Gesamtquerkrafttragfähigkeit V_R eines Stahlbetonträgers ergibt sich aus der Summation der drei Einzelwirkungen V_c, V_{sw} und V_p, die jeweils den Trägersteg auch auf Druck beanspruchen. Um die Druckstrebe vor Versagen zu schützen, muß die aufnehmbare Gesamtquerkraft begrenzt werden.

Da die Festigkeit des schrägen Druckfeldes abhängig ist vom Verhältnis der Querzugbeanspruchung zur Querzugfestigkeit, kann die Spaltzugfestigkeit des Betons zur Bestimmung der Grenztragfähigkeit des schrägen Druckfeldes benutzt werden.

Scholz schlägt zur Erfassung der Festigkeit des schrägen Druckfeldes bei hochfesten Betonen vor:

$$f_{c1} = 9 \cdot \ln(1 + 0,1 \cdot f_{cm}) \leq 0,6 \cdot (f_{cm} - 8) \tag{67}$$

Der Querschnitt des Druckfeldes ergibt sich aus dem zugrunde gelegten Fachwerk mit unter 45° geneigten Druckstreben und unter einem Winkel β geneigten Zugstreben (Schubbewehrung) zu:

$$A_{c1} = b_w \cdot 0,875 \cdot d \cdot (1 + \cot \beta) \cdot \sin 45°. \tag{68}$$

Daraus folgt die aufnehmbare Querkraft zu:

$$V_{1R,max} = f_{c1} \cdot A_{c1} \cdot \sin 45° = 9,0 \cdot \ln\left(1 + 0,1 \cdot f_{cm}\right) \cdot b_w \cdot 0,875 \cdot d \cdot \left(1 + \cot \beta\right) \cdot \sin^2 45° \tag{69}$$

$$= 3,94 \cdot \ln\left(1 + 0,1 \cdot f_{cm}\right) \cdot b_w \cdot d \cdot \left(1 + \cot \beta\right)$$

$$\leq 0,6 \cdot \left(f_{cm} - 8\right) \cdot b_w \cdot 0,875 \cdot d \cdot \left(1 + \cot \beta\right) \cdot \sin^2 45°$$

$$= 0,263 \cdot \left(f_{cm} - 8\right) \cdot b_w \cdot d \cdot \left(1 + \cot \beta\right) \ .$$

Für einen Träger mit einer unter dem Winkel ß = 90° geneigten Schubbewehrung ergibt sich die Höchstgrenze

$$V_{1R,max} = 3,94 \cdot \ln\left(1 + 0,1 \cdot f_{cm}\right) \cdot b_w \cdot d \leq 0,263 \cdot \left(f_{cm} - 8\right) \cdot b_w \cdot d \ . \tag{70}$$

9.4.8
Ermittlung der maximalen Querkrafttragfähigkeit

Neben der Bestimmung der maximalen Querkrafttragfähigkeit eines statisch unbestimmt gelagerten Trägers ist die Vorhersage des Ortes der größten Versagenswahrscheinlichkeit von Interesse. Wegen der Schnittgrößenverteilung an statisch unbestimmt gelagerten Systemen ist nicht unbedingt der Ort des geringsten Querkraftwiderstandes die voraussichtliche Versagensstelle. Diese ist neben den Trägerabmessungen von der Belastungsanordnung abhängig. Um sie zuverlässig vorhersagen zu können, ist es erforderlich, zunächst den Querkraftverlauf am statischen System mit Einheitslasten, die in Laststellung und im Größenverhältnis zueinander stimmen, zu ermitteln.

Sodann ist es möglich, die in den drei Trägerbereichen
- Endauflager,
- Zwischenauflager und
- statisch unbestimmte Zugstrebe

auftretenden Einheitsquerkräfte zu den für die jeweiligen Bereiche errechneten Bruchquerkräften in Beziehung zu setzen. Man erhält dann drei Ausnutzungsgrade $\varkappa_1$, $\varkappa_2$ und $\varkappa_3$.

Bereich 1: Endauflager

$$\varkappa_1 = \frac{V_{\text{Bereich 1}}^{X=1}}{V_{u,\text{Bereich 1}}} \tag{71}$$

Bereich 2: Zwischenauflager

$$\varkappa_2 = \frac{V_{\text{Bereich 2}}^{X=1}}{V_{u,\text{Bereich 2}}} \tag{72}$$

Bereich 3: Stat. unbest. Zugstrebe

$$\varkappa_3 = \frac{V_{\text{Bereich 3}}^{X=1}}{V_{u,\text{Bereich 3}}} \tag{73}$$

Im Bereich mit dem größten Ausnutzungsgrad wird bei stetiger Laststeigerung das Querkraftversagen eintreten. Die Einheitslasten dividiert durch den Ausnutzungsgrad ergeben schließlich die aufnehmbare Bruchquerkraft.

9.5
Überprüfung der Vorhersagegenauigkeit des neu entwickelten Querkrafttragmodells und Vergleich mit bisherigen Ansätzen

Zur Überprüfung der Vorhersagegenauigkeit des neu entwickelten Modells zur Bestimmung der Querkrafttragfähigkeit wurden für die genannten *86 Zweifeldträger* die Bruchlasten nach den neuen Bestimmungsgleichungen für statisch unbestimmte Systeme berechnet. Die Quotienten zwischen den errechneten und den im Versuch gemessenen Bruchlasten dienen wieder als Gütemaßstab. Die Schwankungsbreite der Quotienten um den Wert 1 ist deutlich eingeschränkt worden. Die Abweichungen sind nicht mehr von den vorliegenden Schlankheiten abhängig, sondern relativ gleichmäßig über alle Bereiche verteilt.

Bild 11 ermöglicht eine gute Vergleichbarkeit der Ergebnisse des neuen Modells gegenüber der formalen Anwendung der Formeln nach Specht/Scholz für Einfeldträger auf Zweifeldträger.

Auch ein Vergleich mit anderen Schubtragmodellen, deren für Einfeldträger abgeleitete Bestimmungsgleichungen sich auch bei statisch unbestimmt gelagerten Systemen – gegebenenfalls unter Benutzung von Abminderungsfaktoren – anwenden lassen, zeigt, daß das neue Modell in allen Schlankheitsbereichen eine deutliche Steigerung der Vorhersagegenauigkeit bietet.

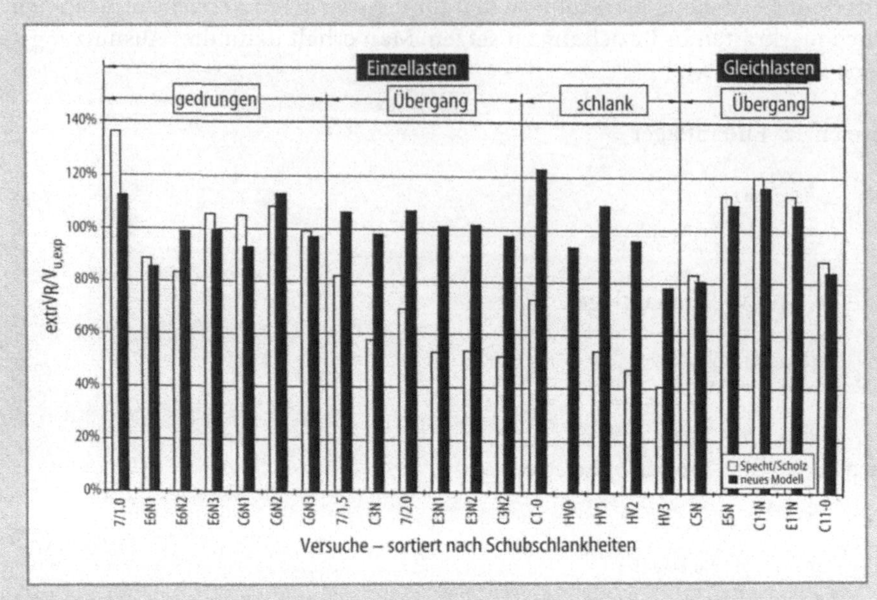

Bild 11. Vergleich der Vorhersagegenauigkeit des erweiterten Modells mit dem nach Specht/Scholz

9.5.1
Entwicklung eines Bemessungsmodells

9.5.1.1
Allgemeines

Aufbauend auf dem Ingenieurmodell ist ein Bemessungsmodell entwickelt worden, das die Unsicherheit bei der Bestimmung der Schnittgrößen einerseits und der Beanspruchbarkeit andererseits durch Sicherheitszonen, ausgedrückt durch Sicherheitsbeiwerte γ, ausgleichen muß. In Angleichung an die Bestimmungen des EC 2 sowie des MC 1990 ist das Prinzip der Teilsicherheitsbeiwerte angewendet worden. Auf eine genaue Darlegung soll aus Platzgründen hier verzichtet werden.

Auf eine praxisnahe Vereinfachung, die das neue Bemessungsmodell auch im Alltagsgebrauch leicht anwendbar macht, soll hier jedoch noch hingewiesen werden.

In einer Parameterstudie wurde untersucht, wie der Querkraftwiderstand gegenüber einwirkenden Lasten in Abhängigkeit von der *Schubschlankheit a/d bzw. l/d* auf eine Veränderung des *Längsbewehrungsgrades*, der *Bauteilhöhe* und der *Betondruckfestigkeit* reagiert. Da nicht der quantitative Einfluß der Parameter im Vordergrund stand, sondern der qualitative, wurde ein Referenzbalken mit den Abmessungen b / d = 0,20 m / 0,50 m, einem Längsbewehrungsgrad $\varrho_1 = 2,0\,\%$ und einer Betonfestigkeitsklasse C 20/25 ausgewählt.

Um einen direkten Vergleich zu ermöglichen, wurden die Querkraftwiderstände für Einfeldträger und für Zwischenstützen von Durchlaufträgern sowie der Quotient der beiden Widerstandswerte graphisch dargestellt, um die Auswirkungen auf die einzelnen Schlankheitsbereiche deutlicher herauszuheben. Vorausgesetzt wird dabei immer, daß die variierten Parameter sowohl im Feld, als auch an der Zwischenstütze die gleichen Werte annehmen. Diese Voraussetzung ist in der Praxis sowohl bei der Betongüte, als auch bei den Bauteilhöhen meist gegeben. Der Einfluß von Vouten bedarf ohnehin einer gesonderten Betrachtung.

Die Längsbewehrungsgrade ϱ_1 können im Feld und an der Stütze jedoch deutlich differieren. Die Parameterstudie hat die grundsätzlichen Zusammenhänge zwischen der Querkrafttragfähigkeit von Einfeld- und Durchlaufträgern aufgezeigt; in ihr wurden zunächst gleiche Bewehrungsgrade im Feld und an der Stütze zugrunde gelegt. Beim Träger unter Einzellasten ist der Quotient nur im Schlankheitsbereich $2{,}0 \leq a/d_S \leq 3{,}0$ vom Längsbewehrungsgrad abhängig. Bei sehr gedrungenen Trägern ($a/d_F \leq 0{,}60$), bei denen sich die Druckstrebe bis 60° aufgerichtet hat, ergibt sich konstant eine 45 %ige Erhöhung der Tragfähigkeit. Für schlanke Träger ($a/d_F \geq 2{,}41$) wird eine konstante Vergrößerung um 59% ermittelt. Der Korrekturfaktor f_F im dazwischen liegenden Bereich kann sehr gut mit einer Parabel 4. Grades angenähert werden, deren Koeffizienten aus einer Regressionsanalyse gewonnen wurden. Zur Berücksichtigung der unterschiedlichen Bewehrungsgrade im Feld $\rho_{1,F}$ und an der Stütze $\rho_{1,S}$ müssen die Korrekturfaktoren noch mit der dritten Wurzel aus dem Quotienten der Bewehrungsgehalte multipliziert werden. So ergeben sich die endgültigen Korrekturfaktoren f_F zu:

$$\frac{a}{d_F} \leq 0{,}6 \quad f_F = 1{,}45 \cdot \sqrt[3]{\frac{\rho_{1,S}}{\rho_{1,F}}} \tag{74}$$

$$0{,}6 \leq \frac{a}{d_F} \leq 2{,}4$$

$$f_F = \left[-0{,}453 \cdot \left(\frac{a}{d_F}\right)^4 + 2{,}280 \cdot \left(\frac{a}{d_F}\right)^3 - 3{,}041 \cdot \left(\frac{a}{d_F}\right)^2 + 0{,}276 \left(\frac{a}{d_F}\right) + 1{,}945 \right] \cdot \sqrt[3]{\frac{\rho_{1,S}}{\rho_{1,F}}} \tag{75}$$

$$\frac{a}{d_F} \geq 2{,}4 \quad f_F = 1{,}59 \cdot \sqrt[3]{\frac{\rho_{1,S}}{\rho_{1,F}}} \tag{76}$$

In Bild 12 sind die Korrekturfaktoren f_F für Einzellasten graphisch aufgetragen. In Abhängigkeit von der Schubschlankheit a/d_S und dem Quotienten der Längsbewehrungsgrade $\rho_{1,S}/\rho_{1,F}$ ermöglicht dieses Diagramm eine schnelle Be-

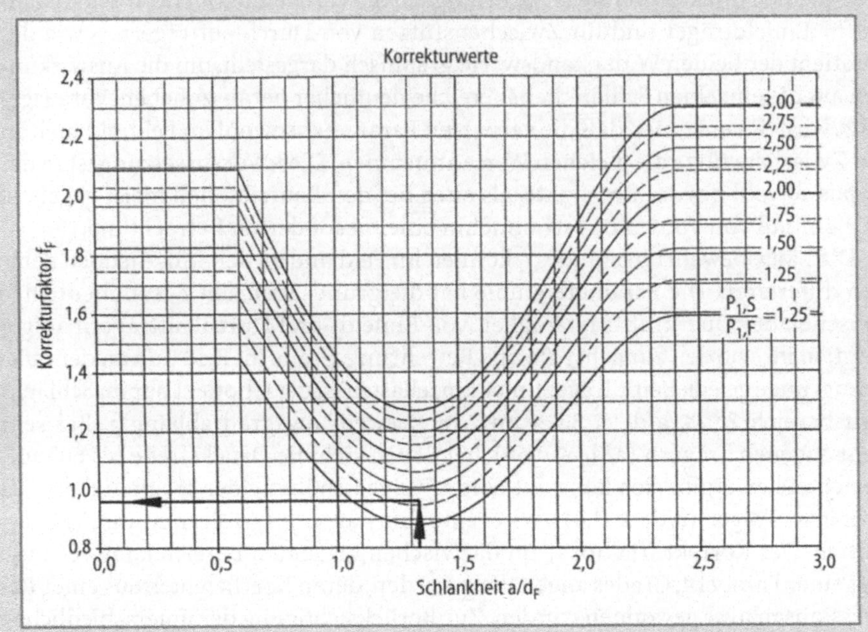

Bild 12. Korrekturfaktoren f_F für Einzellasten zur Übertragung der Querkrafttragfähigkeit von Einfeldträgern auf Durchlaufsysteme

stimmung eines Korrekturfaktors f_F, mit dem die an Einfeldträgern bestimmten Querkraftwiderstände multipliziert werden müssen, um die Verhältnisse an Durchlaufträgern zu erfassen.

Die teilweise deutlich über dem Wert 1,0 liegenden Korrekturwerte bedeuten eine Steigerung des Tragvermögens von Durchlaufträgern gegenüber Einfeldsystemen. Andererseits entnimmt man dem Diagramm aber auch, daß die relative Beanspruchbarkeit von statisch unbestimmt gelagerten Systemen auch unter dem von entsprechenden Einfeldträgern liegen kann.

Die in vorangegangenen Veröffentlichungen vertretene Meinung, die Querkrafttragfähigkeit von Durchlaufträgern durch keinen (Leonhardt), einen 10%-igen (Placas/Regan [9]) oder einen 20%igen (Kamerling/Kuyt [6]) Abschlag von der Tragfähigkeit der Einfeldträger zu berücksichtigen, kann pauschal so nicht bestätigt werden!

Studiert man die Korrekturfaktoren unter der Voraussetzung gleicher Feld- und Stützbewehrungsgrade $\rho_{1,S}/\rho_{1,F}$, zeigt sich, daß die schlanken Träger im Falle einer Durchlaufwirkung ein gegenüber Einfeldträgern deutlich gesteigertes Querkrafttragverhalten aufweisen. Dies ist auf die mit dem Aufrichten der Zugstrebe verbundene größere ansetzbare Zugstrebenbreite zurückzuführen.

Gedrungene, statisch unbestimmt gelagerte Träger besitzen dagegen ein etwas geringeres Querkrafttragvermögen als Einfeldträger. Ursache dafür ist die aus

Biegung resultierende Querzugbeanspruchung, die die Tragfähigkeit der schrägen Druckstrebe herabsetzt. Erst bei sehr gedrungenen Trägern, bei denen die Druckstrebe steil auf das Zwischenauflager stößt, ist wieder ein Anwachsen der Querkrafttragfähigkeit zu verzeichnen, was aber vornehmlich auf eine geänderte Erfassung der Lasteintragungsbreite zurückzuführen ist.

Unter Gleichlasten ergeben sich prinzipiell ähnliche Zusammenhänge. Im Bereich $6{,}0 \leq l/d_S \leq 13{,}0$ ist eine Abhängigkeit des Verhältnisses der Querkrafttragfähigkeit von Durchlaufträgern zu Einfeldträgern vom Bewehrungsgrad ρ_1 zu erkennen, die sich gut mit einer Parabel 2. Grades annähern läßt. Außerhalb dieses Bereichs ergeben sich wieder konstante Verhältniswerte.

9.5.2
Mindestbügelbewehrung schlanker Balken

Zur Vermeidung eines frühzeitigen Versagens nach dem Auftreten eines Schrägrisses ist bei schlanken Trägern nach Specht eine Mindest-Schubbewehrung anzuordnen, die in der Lage sein muß, den bei Auftreten des ersten Schubrisses frei werdenden Traganteil des Betonquerschnitts zu übernehmen. Das gilt unabhängig von Vorspanngrad und Lastgröße. Lediglich bei Platten, bei denen ein örtlicher Schrägriß nicht sofort zum Versagen führt, weil durch die zweidimensionale Ausdehnung immer Umlagerungsmöglichkeiten auf andere Lastpfade bestehen, kann die Mindestbewehrung unter Umständen geringer dimensioniert werden oder gänzlich entfallen.

Aus der Kenntnis des Betontraganteils schlanker Träger kann die erforderliche Mindest-Bügelbewehrung eindeutig bestimmt werden, indem dieser Traganteil auf ein reines Fachwerk mit unter dem Winkel β geneigten Zugstreben umgelagert wird. Dabei darf der Querkraftwiderstand unter Einzellasten $V_{3R,F}$ zugrunde gelegt werden, da der höhere Widerstand unter Gleichlasten $V_{3R,q}$ einen direkten Querkraftabtrag ohne Beanspruchung der Zugstreben beinhaltet. An einer Zwischenstütze ergibt sich unter Verwendung der Formel (49) folgende Gleichgewichtsbedingung:

$$V_{2Rk,\,F} = 0{,}75 \cdot 3{,}17 \cdot \frac{\ln\left[1 + 0{,}1 \cdot \left(f_{ck} + 8\right)\right]}{\ln\left(100 \cdot d_s\right)} \cdot b_w \cdot d_s \cdot \sqrt[3]{100\rho_{1,\,s}}$$

$$= \frac{A_{sw}}{s} \cdot \frac{7}{8} \cdot d_s \cdot f_{yk} \cdot \cot 35° \cdot \sqrt{2} \cdot \sin\left(45° + \beta\right) .$$

(77)

Durch Umstellen der Gleichung (77) läßt sich der Mindest-Schubbewehrungsgrad angeben:

$$\min \rho_w = \frac{A_{sw}}{s_w \cdot b_w} = 1{,}35 \cdot \frac{\ln\left[1 + 0{,}1 \cdot \left(f_{ck} + 8\right)\right]}{f_{yk} \cdot \ln\left(100 \cdot d_s\right) \cdot \sin\left(45° + \beta\right)} \cdot \sqrt[3]{100\rho_{1,\,s}} .$$

(78)

Bei Verwendung von senkrechten Bügeln beträgt der Mindest-Schubbewehrungsgrad:

$$\min \rho_w = \frac{A_{sw}}{s_w \cdot b_w} = 1{,}90 \cdot \frac{\ln\left[1 + 0{,}1 \cdot \left(f_{ck} + 8\right)\right]}{f_{yk} \cdot \ln\left(100 \cdot d_s\right)} \cdot \sqrt[3]{100 \rho_{1,S}} \quad . \tag{79}$$

Die erforderliche Mindest-Bügelbewehrung ist an Zwischenstützen von statisch unbestimmt gelagerten Trägern also annähernd doppelt so groß wie bei Einfeldträgern. In Abhängigkeit vom Verhältnis der Längsbewehrungsgrade im Feld $\rho_{1,F}$ und über der Stütze $\rho_{1,S}$ können sich sogar noch größere Verhältnisse ergeben.

Diese Mindest-Bügelbewehrung stellt einen oberen Grenzwert dar und folgt aus der konsequenten Anwendung der Modellvorstellung. Diese besagt aber auch, daß durch die Mindest-Bügelbewehrung im Moment der Erstrißbildung die Wirkung der Rißverzahnung sichergestellt werden muß, um den ausfallenden Betontraganteil zu übernehmen. Für diese Aufgabe ist es denkbar, daß der Mindest-Bügelbewehrungsgrad merklich reduziert werden kann. Zuverlässige Quantifizierungen sind jedoch erst durch eine hierfür konzipierte Versuchsserie zu gewinnen. Eine Antwort auf diese Fragestellung steht somit noch aus.

9.5.3
Mindestbiegebewehrung über Zwischenauflagern

Das entwickelte Querkrafttragmodell für Durchlaufträger kann nur gelten, wenn das betrachtete System tatsächlich eine Umlagerung der Querkraft von den Endauflagern zu den Zwischenauflagern zuläßt und sich ein Stützmoment über den Zwischenauflagern ausbilden kann. Die *Durchlaufwirkung bewirkt ein Aufrichten der Druckstreben* und damit eine Abnahme der Beanspruchung der Zugstreben. *Außerdem vergrößert die Biegedruckzone über den Zwischenauflagern den Abstützungsbereich des auflagernahen Druckfeldes* und damit den Bereich, in dem von gedrungenen Trägern, die ihre Druckkraft ohne Mitwirkung einer Zugstrebe direkt auf das Auflager abgeben, gesprochen werden kann.

Nach der Elastizitätstheorie ergibt sich immer ein Stützmoment über den Zwischenauflagern. Läßt man jedoch ein Plastifizieren der Stahlbetontragwerke zu, so stellt sich eine von der Elastizitätstheorie abweichende Schnittgrößenverteilung ein. Im Extremfall könnte man ein vollkommenes Plastifizieren des Stahlbetonträgers über seinen Innenstützen annehmen, was gleichbedeutend mit der Ausbildung von Fließgelenken an diesen Stellen ist. In diesem Falle liegt aber kein Durchlaufsystem mehr vor, sondern eine Aneinanderreihung einzelner Einfeldträger, deren Querkrafttragfähigkeit sich mit dem Modell für Einfeldträger beschreiben ließe.

In der Praxis ist eine vollkommene Plastifizierung infolge der beschränkten Rotationsfähigkeit von Stahlbetonquerschnitten ausgeschlossen.

Graubner hat in seiner Dissertation [4] die Schnittgrößenverteilung in statisch unbestimmten Stahlbetonbalken unter Berücksichtigung wirklichkeitsnaher Stoffgesetze untersucht. Bei Durchlaufbalken aus Stahlbeton können Tragreserven dadurch genutzt werden, daß die auftretenden Momente von stärker beanspruchten Tragwerksbereichen in weniger beanspruchte Bereiche umgelagert werden. Das Umlagerungsvermögen ist jedoch durch drei Faktoren beschränkt:

- Tragwerksbereiche, die durch Schnittgrößenumlagerung entlastet werden, müssen ein ausreichendes Verformungsvermögen (Rotationskapazität) aufweisen.
- Die Rißbreiten sind den Bauwerksanforderungen entsprechend zu begrenzen, um die Dauerhaftigkeit des Bauwerks im Gebrauchszustand sicherzustellen. Eine Bewehrungsanordnung, die aus einer umgelagerten Schnittgrößenverteilung ermittelt wird, führt unter Gebrauchslasten in den „entlasteten" Tragwerksbereichen zu größeren Stahlspannungen und damit zu größeren Rißbreiten als bei elastischer Schnittgrößenermittlung und zugehöriger Bemessung.
- Unter Gebrauchslasten dürfen keine nennenswerten plastischen Verformungen entstehen, um bei Lastwiederholungen eine Akkumulation der Verformungen zu vermeiden. Diese Bedingung kann als erfüllt gelten, wenn im Gebrauchszustand die Streckgrenze der Bewehrung nicht überschritten wird.

Eine Parameterstudie erbrachte als wesentliche Einflußgröße auf die Umlagerungsfähigkeit den Biegebewehrungsgrad über den Innenstützen. Der nahezu lineare Abfall des Umlagerungsvermögens mit steigendem Bewehrungsgrad (oberhalb einer Mindestbewehrung) und die geringen Auswirkungen der systembedingten Einflußgrößen ermöglichen dem Autor die Angabe einer einfachen Begrenzungsformel für die zulässige Momentenumverteilung in Stahlbetondurchlaufträgern:

$$\text{zul } u = 1 - \frac{M_u}{M_{u,el}} = 0{,}6 - 1{,}7 \cdot \omega \leq 0{,}3 \quad \text{mit} \quad \omega = \frac{\left(A_{s2} - A_{s1}\right)}{b \cdot h_s} \cdot \frac{f_{yd}}{0{,}85 \cdot f_{cd}} \ . \tag{80}$$

Bei niedrigen Bewehrungsgraden empfiehlt der Autor eine Beschränkung des Umlagerungsvermögens auf 30% des elastizitätstheoretischen Wertes, um große Rißbreiten zu vermeiden und die Querkraftübertragung sicherzustellen. Grundsätzlich wird ein Rißbreitennachweis im Gebrauchszustand unter Zugrundelegung einer Schnittgrößenverteilung nach der Elastizitätstheorie gefordert.

Dieser Ansatz besitzt eine gute Übereinstimmung mit den im EC 2 getroffenen Festlegungen zur Begrenzung des Umlagerungsvermögens:

$$\text{zul } u = 1 - \frac{M_u}{M_{u,el}} = 0{,}56 - 1{,}25 \cdot \frac{x}{d} \leq 0{,}3 \quad \text{für Festigkeitsklassen} \leq C35/45 \ , \tag{81}$$

$$\text{zul } u = 1 - \frac{M_u}{M_{u,el}} = 0{,}44 - 1{,}25 \cdot \frac{x}{d} \leq 0{,}3 \quad \text{für Festigkeitsklassen} > C35/45 \ .$$

In Abhängigkeit vom Umlagerungsvermögen lassen sich für verschiedene statische Systeme und Belastungen die Quotienten Stützmoment M_S zu maximalem Feldmoment M_F angeben. Betrachtet man einen beidseitig starr eingespannten Träger als Näherung für ein Innenfeld eines Durchlaufträgers und einen einseitig starr eingespannten, auf der anderen Seite frei drehbar gelagerten Träger stellvertretend für ein Endfeld unter verschiedenen Laststellungen, ergibt die Berechnung der Schnittgrößen nach der Elastizitätstheorie (u = 0 %!) für einseitig eingespannte Balken – unabhängig von der Belastungsart – immer ein das Feldmoment übersteigendes Stützmoment. Bei beidseitig eingespannten Balken sind die elastischen Schnittgrößen nur im Extremfall der Einzellast in Feldmitte an der Stütze und im Feld gleich; bei allen anderen Laststellungen überschreitet das Stützmoment deutlich das Feldmoment.

Läßt man die größte Umlagerung u = 30 % zu, so beträgt das Stützmoment beim einseitig eingespannten Träger auch bei einer Einzellast in Feldmitte noch 71 % des Feldmoments. Bei anderen Laststellungen – so auch bei Gleichlast – liegt der Quotient um den Wert 1. Bei beidseitig eingespannten Trägern kann das Stützmoment für Einzellasten in Feldmitte auf 54 % des Feldmomentes absinken. Bei anderen Laststellungen liegt der Quotient knapp unter oder deutlich über 1.

Bedenkt man, daß das maximale Umlagerungsvermögen in Abhängigkeit von der tatsächlich vorhandenen Rotationsfähigkeit oftmals geringer als 30 % ausfällt, so erscheint es unter der Voraussetzung gleicher Trägerquerschnitte im Feld und an der Stütze gerechtfertigt, einen Stützbewehrungsgrad zu fordern, der dem Biegebewehrungsgrad im Feld entspricht. Dieser hat zwei Aufgaben: Er muß die Ausbildung eines Stützmomentes ermöglichen, das Voraussetzung für die Vergrößerung des Abstützungsbereichs der auflagernahen Druckstrebe ist und für das Aufrichten der Druckstreben sorgt. Außerdem muß er grobe, das Querkrafttragvermögen mindernde Risse verhindern.

Das Zugband bei Einfeldträgern muß mindestens so stark sein, daß es nicht früher als die Zugstrebe versagt. Specht weist in seinen Veröffentlichungen nach, daß der Längsbewehrungsgrad aus diesem Grunde mindestens $\rho_{1,F} = 0{,}3\,\%$ betragen muß, bei höheren Betongüten eher noch etwas größer gewählt werden sollte. Aus den vorgenannten Überlegungen ist auch über Zwischenauflagern von Durchlaufsystemen mindestens ein Längsbewehrungsgrad $\rho_{1,S} = 0{,}3\,\%$ zu fordern.

Macht man aber von dieser Momentenumlagerung von der Stütze ins Feld Gebrauch, so empfiehlt es sich, zusätzlich einen Nachweis der Beschränkung der Rißbreite unter Zugrundelegung einer Schnittgrößenverteilung nach der Elastizitätstheorie zu führen. Ein Maß für die zulässigen Rißbreiten kann man der Veröffentlichung von Schlaich/Schäfer [12] entnehmen, die Betonprismen unter einer Druck-Querzug-Beanspruchung getestet haben. Im Extremfall mußten sie einen 14 %igen Abfall der zweiachsigen Festigkeit gegenüber der einachsigen feststellen. Diesem Festigkeitsabfall war eine maximale Rißbreite von etwa 0,6 mm zugeordnet. Hierbei kreuzte das Bewehrungsnetz die Risse unter 45°, was in etwa den Verhältnissen im Zwischenauflagerbereich des Durchlaufträgers entspricht. Im Falle einer die Risse rechtwinklig kreuzenden Bewehrung wurde nur ein 9 %-

iger Festigkeitsabfall beobachtet. Allerdings traten auch nur Rißbreiten von 0,35 mm auf. Aus Sicherheitsüberlegungen sollte die zulässige Rißbreite auf einen Wert von $w_{k,cal} = 0,4$ mm beschränkt werden, um so einen Querkraftabtrag im Bereich der Zwischenauflager zuverlässig zu ermöglichen.

9.6
Zusammenfassung

Die bisher bekannten Bemessungsverfahren zur Ermittlung der Querkrafttragfähigkeit von Stahlbetonbalken sind ausschließlich an Einfeldträgern abgeleitet worden. Der Einfluß des bei statisch unbestimmt gelagerten Trägern an der Stelle der größten Querkraftbeanspruchung hinzutretenden Biegemoments wird dabei nur unzureichend erfaßt. Eine Parameterstudie zeigt, daß diese Modelle das Tragvermögen meist unterschätzen; teilweise liegen sie aber auch auf der unsicheren Seite.

Diese Lücke ist durch die Erweiterung des Ingenieurmodells von Specht zur Beschreibung der Querkrafttragfähigkeit von statisch unbestimmt gelagerten Stahlbetonträgern geschlossen worden.

Die neuen Gleichungen sind an 86 aus der Literatur entnommenen Schubversuchen an Zweifeldträgern kalibriert worden. Ein Vergleich der Vorhersagegenauigkeit des neuen Modells mit bisher veröffentlichten zeigt eine deutliche Verbesserung. Basierend auf dem im EC 2 verankerten Sicherheitskonzept wird ein Bemessungsverfahren für den Querkraftnachweis abgeleitet.

Um den Rechenaufwand in der Bemessungspraxis zu verringern, erlaubt ein vereinfachtes Nachweisverfahren die Bestimmung des Betontraganteils an Zwischenauflagern aus den an Endauflagern geltenden Gleichungen von Specht/ Scholz durch Multiplikation mit aus Diagrammen abzulesenden Korrekturfaktoren.

Literatur

[1] Bachmann,H.; Thürlimann, B.: Versuche über das plastische Verhalten von zweifeldrigen Stahlbetonbalken. Berichte 6203-1 und 6203-2, Eidgenössische Technische Hochschule Zürich (1965) 7

[2] Baumann,P.: Die Druckfelder bei der Stahlbetonbemessung mit Stabwerkmodellen. Universität Stuttgart, Diss. 1988

[3] Bryant, R.H.: Shear Strength of Two-Span Continuous Reinforced Concrete Beams with Multiple Point Loading. ACI Journal (1962) 9

[4] Graubner, C.-A.: Schnittgrößenverteilung in statisch unbestimmten Stahlbetonbalken unter Berücksichtigung wirklichkeitsnaher Stoffgesetze. Technische Universität München, Diss. 1989

[5] Grob, J.; Thürlimann, B.: Bruchwiderstand und Bemessung von Stahlbeton- und Spannbetontragwerken. Schweizerische Bauzeitung 94 (1976) 40

[6] Kamerling, J.; Kuyt, B.: Über die Berechnung der Schubtragfähigkeit von Stahlbeton- und Spannbetonbalken. Beton- und Stahlbetonbau (1976) 8

[7] Lehwalter, N.: Die Tragfähigkeit von Betondruckstreben in Fachwerkmodellen am Beispiel von gedrungenen Balken. Technische Hochschule Darmstadt, Diss. 1988

[8] Leonhardt, F.; Walther, R. ; Dilger, W.: Schubversuche an Durchlaufträgern. In: DAfStb (1963) Heft 163

[9] Placas, A.; Regan, P. E.: Shear failure of reinforced concrete beams.ACI Journal (1971) 10

[10] Rogowsky, D. M.; MacGregor, J. G.; Ong, S. Y.: Tests of reinforced concrete deep beams. ACI Journal (1986) 7-8

[11] Rodriguez, J.: Shear strength of two-span continuous reinforced concrete beams. ACI Journal (1959) 4

[12] Schlaich, J.; Schäfer, K.: Zur Druck-Querzug-Festigkeit des Stahlbetons. Beton- und Stahlbetonbau (1983) 3

[13] Schlaich, J.; Schäfer, K.: Konstruieren im Stahlbetonbau. In: Betonkalender Teil 1 und 2, Berlin: Verlag Ernst & Sohn 1984

[14] Scholz, H.: Ein Querkrafttragmodell für Bauteile ohne Schubbewehrung im Bruchzustand aus normalfestem und hochfestem Beton. Technische Universität Berlin , Diss. 1994

[15] Specht, M.: Modellstudie zur Querkrafttragfähigkeit von Stahlbetonbiegegliedern ohne Schubbewehrung im Bruchzustand. Bautechnik (1986) 10

[16] Specht, M.: Ingenieurmodelle zur Beschreibung der Querkrafttragfähigkeit von Stahlbetonträgern im Bruchzustand. Bautechnik (1987) 11

[17] Specht, M.: Mindestbügelbewehrung, Abzugswert und Festigkeit des schrägen Druckfeldes eines querkraftbeanspruchten Biegeträgers aus Stahlbeton. Beton-und Stahlbetonbau (1988) 1

[18] Specht, M.: Die Abhängigkeit der Querkrafttragfähigkeit eines Stahlbetonträgers von seiner Querschnittsform. Beton- und Stahlbetonbau (1989) 4

[19] Specht, M.: Zur Querkrafttragfähigkeit im Stahlbetonbau. Beton- und Stahlbetonbau (1989) 8 und 9

[20] Specht, M.; Scholz, H.: Ein durchgängiges Ingenieurmodell zu Bestimmung der Querkrafttragfähigkeit im Bruchzustand von Bauteilen aus Stahlbeton mit und ohne Vorspannung der Festigkeitsklassen C 12 bis C 115. In: DAfStb (1995) Heft 453

[21] Stauch, M.: Entwicklung eines Querkrafttragmodells für Durchlaufträger aus Stahlbeton. Technische Universität Berlin, Diss. 1996

10 Forschungsbrücke Berlin

Michael Rösler

10 Forschungsbrücke Berlin

Michael Rösler

10.1
Entstehung und erste Untersuchungen

10.1.1
Einführung und technisches Konzept

Als Verbindung zwischen einem neu angelegten Freizeitpark auf dem Gelände einer ehemaligen Mülldeponie in Berlin-Marienfelde und einem südlich davon gelegenen Landschaftsschutzgebiet wurde 1988 eine Fußgängerbrücke gebaut (Bild 1), die über fünf Gleise einer Industriebahnanlage führt. Die Senatsverwaltung für

Bild 1. Forschungsbrücke Berlin-Marienfelde

Bau- und Wohnungswesen konnte gewonnen werden, das Bauwerk schon während der Planung in Zusammenarbeit mit dem Fachgebiet Stahlbetonbau der Technischen Universität Berlin so zu konzipieren, daß eine Reihe von Forschungsarbeiten durchgeführt werden konnten.

Die innovativen Besonderheiten der „Adolf-Kiepert-Steg" genannten Brücke sind:

1. Teilweise Vorspannung nach DIN 4227, Teil 2,
2. Vorspannung ohne Verbund mit externen Spanngliedern nach DIN 4227, Teil 6,
3. Glasfaserverbund-Spannglieder (HLV-Spannglieder),
4. Schubkonzept nach Prof. Dr.-Ing. Manfred Specht,
5. Sensormeß- und Überwachungstechnik mit Lichtwellenleiter- und Kupferdrahtsensoren.

In dieser Kombination ist die Brücke eine bisher einzigartige Konstruktion.

10.1.2
Geometrie und Massen

Bei dem Brückenbauwerk handelt es sich um ein schwimmend gelagertes zweifeldriges Durchlaufsystem mit einem zweistegigen Plattenbalkenquerschnitt (Bild 2). Die Bauhöhe beträgt 1,10 m, die Plattenbreite 4,80 m; die Gesamtlänge von 50,61 m ist geteilt in die beiden Feldweiten von 27,61 m und 23,00 m.

Ihre Vorspannung erhält die Brücke durch sieben externe Spannglieder, die zwischen den Stegen verlaufen. Insgesamt sieben Querträger geben ihnen eine polygonzugartige Form. Da in beiden Feldern und über der Stütze ein einheitlicher Vorspanngrad angestrebt wurde, sind zwei der Spannglieder nur im längeren der beiden Felder eingebaut worden. Die Spannglieder bleiben jederzeit zugänglich

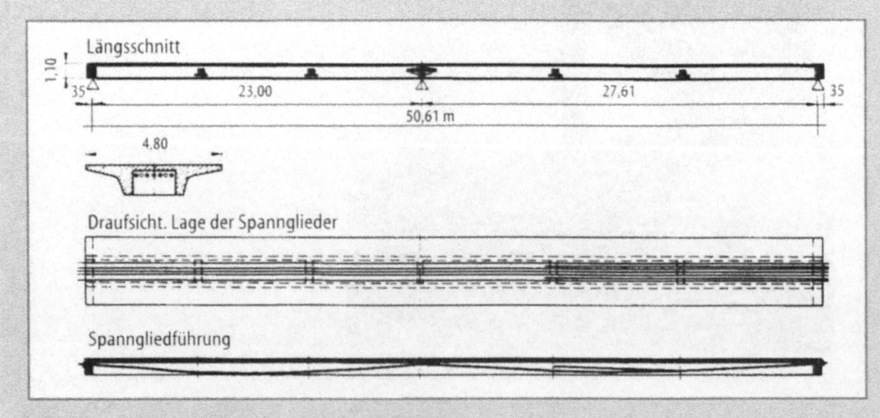

Bild 2. Abmessungen des Überbaus und Spanngliedführung

und lassen sich leicht überprüfen. Auch die Möglichkeit, einzelne Spannglieder auszuwechseln oder deren Spannkraft zu verändern, ist gegeben.

Die Brücke überdeckt eine Fläche von 250 m², ihre Schlankheit liegt bei l/h = 27. Es wurden ca. 80 m³ Beton und 14,5 t Bewehrungsstahl eingebaut. Der Vorspanngrad ist zu æ = 0,6 gewählt worden, da eine winkeltreue Vorspannung angestrebt wurde. Die planmäßige Spannkraft pro Spannglied beträgt 600 kN, bei einer Spannung von σ_v = 715 N/mm². Die mittlere zentrische Vorspannung weist mit 2,6 N/mm² deutlich auf den Bereich der teilweisen Vorspannung hin. Das Gewicht der HLV-Spannglieder liegt bei 0,5 t, was einer Spannstahlmenge von 1,5 t entspräche, würde die Spannkraft auf Litzenspannstahl 1570/1770 umgerechnet. In bezogenen Werten bedeutet dies:

Betonmenge –0,33 m³/m²

Betonstahlmenge –180 kg/m³

tatsächliche Spanngliedmenge –6 kg/m³

äquivalente Spannstahlmenge –19 kg/m³.

10.1.3
Material

Der Beton des Überbaus erreichte die Güte eines B 35, die Fertigteile an den Umlenkkonstruktionen die eines B 45. Der Bewehrungsstahl besitzt die Güte eines BSt 500 S. Die Gehwegplatte wurde zur Steigerung der Betonqualität einer Vakuumbehandlung unterzogen. Zur Vermeidung von Schwindrissen erhielt der Überbau so bald wie möglich nach dem Betonieren eine zentrische Vorspannung von 1,5 MN/m².

Die Vorspannung erfolgt durch Glasfaserverbund-Spannglieder, die eine Arbeitsgemeinschaft der Firmen STRABAG BAU-AG und BAYER AG mit Unterstützung durch das Bundesministerium für Forschung und Technologie entwickelte. 60 000 Glasfasern, gleichmäßig in Beanspruchungsrichtung orientiert, mit einer Harzmatrix getränkt und mit Synthesefasern umwickelt, ergeben ein Faserbündel, das dann mit Mikrowellen auf Härtungstemperatur erwärmt wird und eine thermische Härtungsstrecke durchläuft (Bild 3). Am Ende des Strangziehverfahrens werden die Stäbe, die einen Durchmesser von 7,5 mm besitzen, aufgehaspelt und geschnitten. Ihr Markenname ist Polystal.

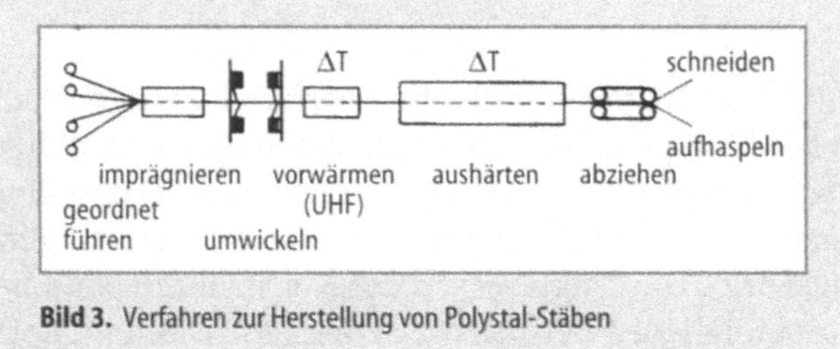

Bild 3. Verfahren zur Herstellung von Polystal-Stäben

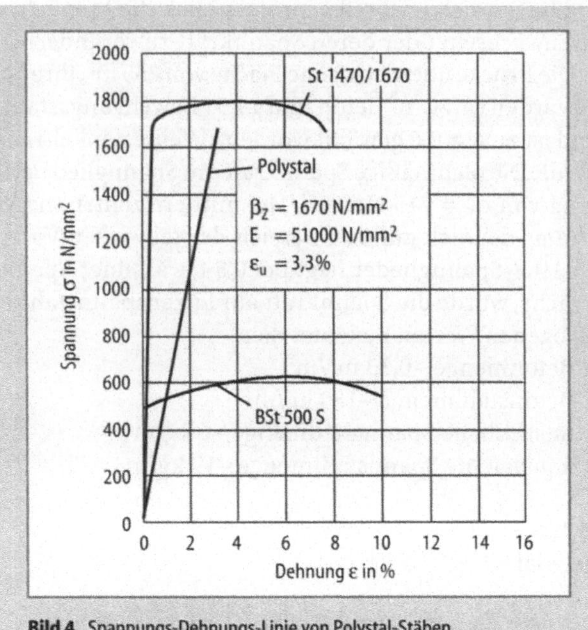

Bild 4. Spannungs-Dehnungs-Linie von Polystal-Stäben

Beim Vergleich der Kurzzeiteigenschaften mit herkömmlichen Bewehrungs-
und Spannstählen fällt auf, daß der E-Modul der HLV-Spannglieder bis zum Bruch
konstant bleibt und keine plastischen Verformungen auftreten. Die spezifische
Dehnung ist jedoch viermal so groß wie die von Stahl, die Zugfestigkeit liegt mit
1670 N/mm^2 im Bereich guter Spannstähle (Bild 4). Die Bruchdehnung beträgt
mindestens 3 % und gewährleistet die Gestaltung duktiler Konstruktionen, die
sich durch eine ausreichende Vorankündigung eines bevorstehenden örtlichen
Versagens auszeichnen.

Da für die Anwendung der HLV-Spannglieder keine allgemeine bauaufsichtliche Zulassung vorlag, wurde beim Institut für Bautechnik die Zulassung im Einzelfall für die Anwendung des HLV-Spannverfahrens bei der Brücke Berlin-Marienfelde eingeholt.

10.1.4
Bemessung

Von Beginn an wurde die teilweise Vorspannung ohne Verbund angestrebt, da
sich die charakteristischen Merkmale der HLV-Spannglieder in dieser Kombination besonders günstig nutzen lassen. Dieses Konzept erfordert ein starkes Zugband aus nicht vorgespannter, im Verbund liegender Bewehrung, was sich günstig auf die Rißkontrolle auswirkt. Die Tragreserven der Konstruktion sind bei
vollständigem Ausfall der Spannglieder, beispielsweise bei einem Brand, noch

immer so groß, daß die Brücke unter Eigengewicht gerade noch standsicher ist. Der Bemessung liegen DIN 4227 Teil 2 und Teil 6 zugrunde. Ein Spannkraftzuwachs im Bruchzustand, wie er in DIN 4227 Teil 1 §11.3 vorgeschlagen wird oder aus Berechnungen der Verformungen zu erwarten ist, wurde nicht angesetzt. Damit wurde den Materialeigenschaften der Spannglieder entsprochen. Ohnehin zeigt eine überschlägige Berechnung, daß der Einfluß auf den Stahlquerschnitt der Biegezugbewehrung vernachlässigbar klein ist.

Neue Wege wurden bei der Ermittlung der erforderlichen Bügelbewehrung beschritten. Erstmalig wurde an einem real ausgeführten Bauwerk die Querkraftbemessung nach dem von Specht entwickelten dreigeteilten Querkraftmodell [1,2,3] durchgeführt, in dem die Querkrafttragwirkungen des Betons, der Vorspannung und der Bügelbewehrung getrennt rechnerisch ermittelt werden und in der Summe die Querkrafttragfähigkeit eines Bauteils ergeben (Bild 5). In den hoch querkraftbeanspruchten Bereichen errechnete sich gegenüber DIN 4227 eine bis zu 40 % geringere Bügelbewehrung; in Bereichen geringer Beanspruchung lag die nach Specht erforderliche Mindestbügelbewehrung dagegen etwas über den Werten der Norm.

Trotz einer erfolgreichen Überprüfung des Bemessungsverfahrens an einem Brückenmodell aus Mikrobeton im Maßstab 1:10 [4] verlangte der Bauherr eine konstruktive Vorsorge, um eine normgerechte Bemessung jederzeit mit vertretbarem Aufwand verwirklichen zu können. Daher enthalten die Stege einbetonierte vertikale Hüllrohre mit eingelegten Schubnadeln. Das untere Ankerteil bildet den Festanker, das obere wird von einer verlorenen Schalung umgeben und kann bei Bedarf durch Entfernen der Betonüberdeckung und Öffnen des Schalungsdeckels angespannt werden. Durch diese Konstruktion ist es möglich, dem Si-

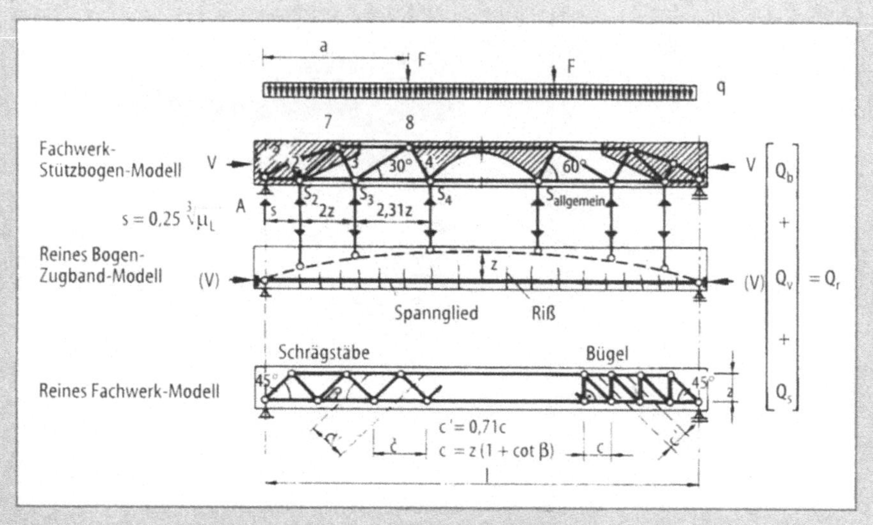

Bild 5. Das dreigeteilte Querkraft-Modell.

cherheitsbedürfnis des Bauherren gerecht zu werden, ohne die Überprüfung des Querkraftbemessungsmodells zu beeinflussen.

10.1.5
Meßtechnik

Zur Erfassung und Kontrolle des Verformungsverhaltens der Brücke wurde ein umfangreiches Meßprogramm entwickelt. Es stützt sich auf die Sensormeßtechnik mit den Komponenten Lichtwellenleiter (Fa. Felten & Guilleaume Energietechnik AG) und Kupferdraht (TU Hamburg-Harburg) sowie die konventionelle Meßtechnik mit Dehnmeßstreifen, Kraftmeßdosen und optischen Verfahren (TU Berlin).

Mit Hilfe der Sensormeßtechnik soll die für die Sicherheit des Tragwerks besonders wichtige Überwachung der Spannglieder erfolgen. Das Meßprinzip beruht auf einer Änderung des optischen (Lichtwellenleiter) oder kapazitiven (Kupferdrahtsensor) Charakters in Abhängigkeit von der Verformung. Beim Lichtwellenleiter ändert sich die Dämpfung des Lichts, was dadurch erzeugt wird, daß eine umgebende, dünne Drahtwendel mit einer definierten Ganghöhe bei axialer Dehnung des Sensors auf den Lichtwellenleiter drückt und dadurch Mikrokrümmungen an seiner Oberfläche erzeugt. Diese verändern die Reflexionseigenschaften und lassen Licht austreten, wodurch eine linear zur Dehnung verlaufende Dämpfung erzielt wird, die über Fotozellen gemessen und als Gleichspannungssignal aufgezeichnet werden kann (Bild 6). Je einer der 19 Glasfaserstäbe eines Spannglieds enthält einen derartigen, 2 mm dicken Lichtwellenleiter.

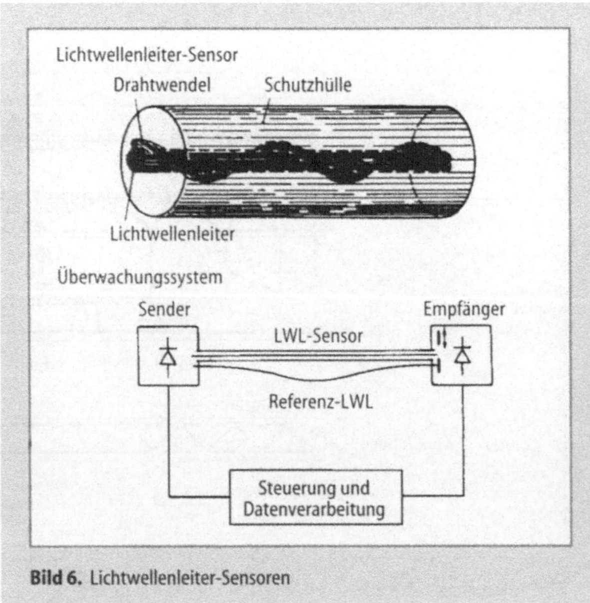

Bild 6. Lichtwellenleiter-Sensoren

Die übrigen Stäbe eines Spannglieds werden mittels vier Kupferdrähten überwacht, zwischen denen nach dem Prinzip eines Kondensators ein elektrisches Feld erzeugt wird. Das Glasfasermaterial wirkt als Dielektrikum. Die Erfassung der Dehnungsänderung geschieht über die Kapazitätsänderung des mittleren Kupferdrahts gegen einen der drei äußeren. Dieses Meßprinzip besitzt zwar eine geringere Auflösungsfähigkeit als Lichtwellenleiter, ist dafür aber mit geringeren Kosten zu fertigen.

Das Fachgebiet Stahlbetonbau der TU Berlin überwacht insgesamt 360 Meßstellen, wofür 13 km Kabel verlegt werden mußten (Bild 7). Zur Beobachtung der Bügeldehnungen enthält der Überbau 57 Bügel mit an drei Stellen paarweise angebrachte Dehnmeßstreifen. Die Längsbewehrung ist in der obersten und untersten Lage alle zwei Meter ebenfalls mit DMS versehen. Alle Meßgeber sind auf einen Steg konzentriert worden.

Die Größe und Richtung der Hauptverformungen der Stege in Höhe der Schwerachse werden an den hoch querkraftbeanspruchten Stellen mit zwölf 45-Grad Rosetten gemessen.

Kraftmeßdosen überwachen die Spannkräfte und die Auflagerkräfte. Alle sieben Spannglieder verfügen an beiden Seiten über Kraftmeßdosen, die an der TU Berlin entwickelt und gefertigt wurden. Als Meßlager dienen vier Punktkipplager der Fa. PROCEQ, die sich zwischen der Auflagerbank und den Elastomerlagern unter den Endquerträgern befinden.

Die Durchbiegungen des Überbaus und die Setzungen der Fundamente werden von der Vermessungsabteilung der Senatsverwaltung für Bau- und Wohnungswesen mit Hilfe von Höhennivellements verfolgt. Zur Beobachtung der Rißbildung während der Probebelastung stand im südlichen Feld ein Gerüst und im nördlichen Feld ein von der Berliner Brückenmeisterei gestelltes Zwei-Wege-Fahrzeug mit Hebekorb zur Verfügung.

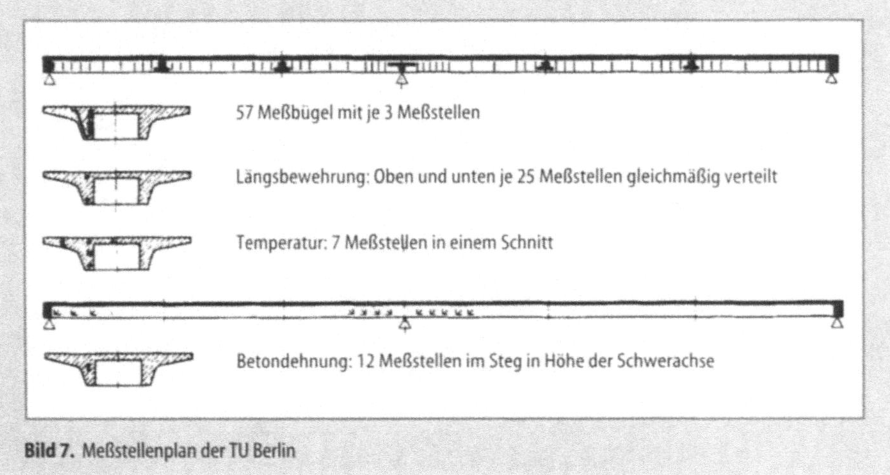

Bild 7. Meßstellenplan der TU Berlin

Da bei in-situ-Messungen die Temperatur einen großen Einfluß auf die Meßwerte hat, werden neben den Lufttemperaturen auch die Betontemperaturen an der Plattenober- und -unterseite sowie im Steg festgehalten.

10.1.6
Probebelastung

Um Erkenntnisse über das Tragverhalten der Brücke unter hoher Belastung zu gewinnen, wurde im November 1988 eine Probebelastung durchgeführt. Da die Gebrauchsfähigkeit nicht beeinträchtigt werden durfte, mußte ein Kompromiß zwischen gewünschten, möglichst hohen Verformungen, und der Unversehrtheit des Bauwerks gefunden werden. Ein Katalog von Grenzkriterien definierte die höchste Stufe der Probebelastung, z.B. maximale Stahldehnungen und Rißbreiten. Eine Bruchsicherheit von 1,3 durfte in keinem Fall unterschritten werden.

Die Belastung bildeten Fahrbahnabdeckplatten aus Beton mit einem Gewicht von einer Tonne und den Abmessungen 2,00 m × 1,00 m. Ein Kran verlegte sie in vorgeschriebener Folge auf dem Überbau. Jede Lage Platten entsprach einer Streckenlast von 10 kN/m. Die Höchstlast bestand aus fünf Lagen, was der 2,5-fachen Verkehrslast entspricht. Nach jeder Lage wurden sowohl in der Belastungs- als auch in der Entlastungsphase die Messungen durchgeführt.

Erste Auswertungen noch während der Probebelastung verhinderten, daß kritische Zustände des Bauwerks entstehen konnten. Eine umfassende Auswertung, die sämtliche Einflußparameter erfaßt, liegt als Bericht vor [5].

Die Entwicklung der Dehnungen in der Längsbewehrung läßt sich aufgrund der vorhandenen Meßstellen als Zug- bzw. Druckkraftlinie für die obere und untere Lage darstellen. Die maximalen Dehnungen wurden im großen Feld und über der Stütze mit 0,8 bzw. 0,7 ‰ gemessen. Bild 8 zeigt, daß aufgrund der sich kontinuierlich fortsetzenden Rißentwicklung im großen Feld die Stahldehnungen

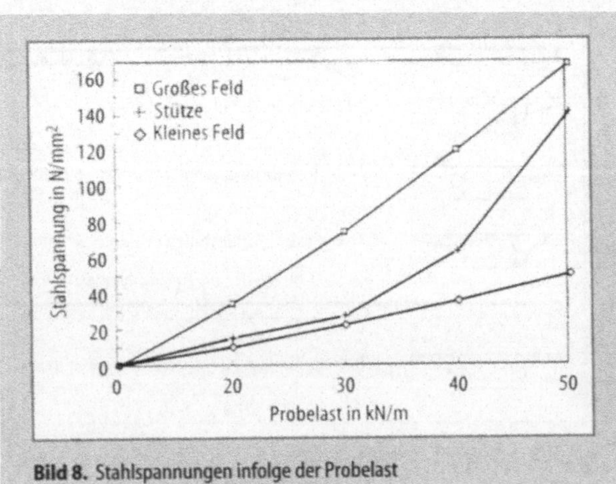

Bild 8. Stahlspannungen infolge der Probelast

gleichmäßig anwachsen, während sie über der Stütze nach der Rißbildung bei der 3. Lage Belastungsplatten stark zunehmen.

Bei der Betrachtung der Durchbiegungen ist zu erkennen, daß dem Faktor 1,2 des Feldweitenverhältnisses der Faktor 5,5 des Durchbiegungsverhältnisses gegenübersteht. Sie wurden am Tag nach dem Aufbringen der jeweiligen Lage Belastungsplatten gemessen und nochmals zwei Tage später, wobei eine etwa 10 %ige Zunahme der Durchbiegung entstand (Bild 9).

Der Spannkraftzuwachs beträgt im großen Feld bis zu 4 %, im kleinen Feld dagegen nur 2 %, was umgerechnet auf Spannglieder aus üblichem Stahl etwa 16 % bzw. 8 % entspräche. Die ungleichmäßige Spannkraftzunahme ist vermutlich auf Reibungsverluste an den Umlenkpunkten zurückzuführen.

Die Entwicklung der Risse verlief im großen Feld sehr gleichmäßig. Nach der 2. Lage Belastungsplatten zeigten sich im großen Feld zwischen den beiden Feldquerträgern die ersten Biegerisse mit einer Rißbreite von 0,1 mm. Bei weiterer Belastung nahmen Zahl und Länge der Risse in einem Bereich von 13 m zwar zu, die Rißbreite betrug aber nach wie vor im Mittel 0,1 mm, maximal 0,15 mm. Die Rißdehnung des Betons von 0,1 ‰ und ein Rißabstand von 20 cm wurden dabei sehr genau eingehalten. Über der Stütze riß die Gehwegplatte erst nach der 3. Lage an vier Stellen auf. Das späte Entstehen der Risse läßt sich möglicherweise auf die Vakuumbehandlung der Platte zurückführen, von der auch eine Erhöhung der Biegezugfestigkeit zu erwarten ist. Erst nach der 5. Lage Belastungsplatten und bei relativ hohen Dehnungen kam es im kleinen Feld zu Rissen, die sich ungleichmäßig über einen Bereich von 6 m verteilten.

Die gute Qualität des verarbeiteten Betons machte sich besonders bei der Querkraftbetrachtung bemerkbar, da auch bei fünf Lagen Belastungsplatten keine Schubrisse aufgetreten. Bei den Vorausberechnungen nach dem dreigeteilten Querkraft-Modell hätte eine Rißbildung im Laufe der 5. Lage auftreten müssen. Diesen Berechnungen lagen jedoch die Normdruckfestigkeiten des Betons zu-

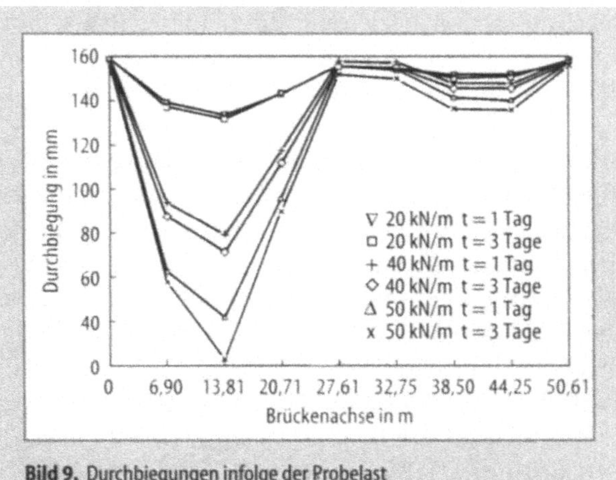

Bild 9. Durchbiegungen infolge der Probelast

grunde. Die Materialprüfungen ergaben tatsächlich, daß der Beton statt der geforderten Güte eines B 35 fast diejenige eines B 45 erreichte. Unter Zugrundelegung der realen Werte stimmen die Berechnungen mit den Beobachtungen gut überein.

10.1.7
Zusammenfassung und Ausblick

Der Bau der Forschungsbrücke Berlin-Marienfelde belegt, daß neue Baumaterialien, neue Bemessungskonzepte, eine moderne Bauweise sowie neue Meß- und Überwachungsmethoden, welche von einer wissenschaftlichen Hochschule angeregt und von einem fortschrittlich denkenden Bauherren beauftragt werden, einen erfolgreichen Beitrag zur Weiterentwicklung der Massivbauweise leisten können.

Es kann gesagt werden, daß die Kombination zwischen verbundloser und teilweiser Vorspannung bei Verwendung von sehr elastischen Spanngliedern zu einem in seinem Verformungs- und Rißverhalten sehr ausgewogenen und gutmütigen Bauwerk geführt hat, das überaus inspektions- und wartungsfreundlich ist.

10.2
Untersuchungen über die Interaktionsbeziehung zwischen Brücken und Straßenfahrzeugen

10.2.1
Einleitung und Problemstellung

Die Schwingungsanfälligkeit von Brücken wächst mit dem Bau immer schlankerer Überbauten und dem Anwachsen der Verkehrslasten. Werden schwere Fahrzeuge durch äußere Einflüsse bei der Überfahrt von Brücken zum Schwingen angeregt, entsteht eine komplexe Interaktionsbeziehung, die zu hohen Brückenbeanspruchungen führen kann. Dieser Beitrag beschreibt Versuche zur experimentellen Bestimmung der Brückenbelastung an der Forschungsbrücke sowie den Ansatz für ein Rechenmodell.

Durch ständige Verbesserung von Baumaterialien und Berechnungsmethoden werden die Festigkeiten der Baukomponenten in hohem Grad ausgenutzt und ermöglichen die Errichtung von materialsparenden und schlanken Bauwerken. Diese Bauweise erhöht allerdings durch das Anwachsen des Verhältnisses von Verkehrslast zu Eigengewicht die Schwingungsanfälligkeit der Konstruktionen. Dieser Entwicklung wurde bisher nicht durch die Anwendung adäquater Methoden zur Bestimmung dynamischer Belastungen Rechnung getragen; noch immer wird der dynamische Lastanteil auf die statische Last mit Hilfe eines Schwingbeiwertes bezogen, dessen Entwicklung sich auf den Bau stählerner Eisenbahnbrücken um die Jahrhundertwende zurückführen läßt.

Die Belastung von Brücken durch schwere Fahrzeuge besitzt einen stark dynamischen Charakter, der durch das Eigenschwingverhalten der Fahrzeuge bedingt ist. Eine der wesentlichen Anregungsquellen für die Fahrzeuge ist die Oberflächenbeschaffenheit der Fahrbahn. Daraus ergibt sich die Notwendigkeit der Betrachtung eines komplexen Systems, das aus den Komponenten Fahrbahnunebenheit, Fahrzeug und Brücke besteht.

In systematischen Versuchen wurde das Schwingungsverhalten des Gesamtsystems durch Variation von Anregungsart und -frequenz, der Fahrgeschwindigkeit und der Fahrzeugmasse untersucht. Für die Bildung eines Modells wurde auf die Anpassungsfähigkeit der einzelnen Komponenten an die tatsächlichen Verhältnisse großer Wert gelegt, damit die Teilsysteme überschaubar bleiben und den Anforderungen bei der Modellierung von unterschiedlichen Fahrzeugtypen und Brückenkonstruktionen gerecht werden.

10.2.2
Fahrbahnunebenheiten

Das Fahrzeug wird durch Umgebungseinflüsse zum Schwingen angeregt. Eine intensive Erregungsquelle stellt dabei die Fahrbahn mit ihrer Oberflächenbeschaffenheit dar, die über den Reifenkontakt das Fahrzeug direkt beeinflußt. Aus diesem Grund ist es sowohl für die Versuchsdurchführung als auch für die rechnerische Betrachtung der Fahrzeug- und Brückenschwingungen von großer Bedeutung, die Einflußparameter systematisch zu erfassen und zu quantifizieren.

Als Beschreibung der Fahrbahnunebenheiten wird die spektrale Leistungsdichte verwendet. Ganz allgemein zeigt sich, daß ihre Größe mit wachsender Wegkreisfrequenz oder kleiner werdender Wellenlänge abnimmt.

Da die maßgebenden Erregungsenergien in den Eigenfrequenzbereichen der Fahrzeuge liegen, können für einen gegebenen Oberflächenzustand in Abhängigkeit der Fahrgeschwindigkeit die Frequenzen mit den zugehörigen Amplituden ermittelt werden, die für die weiteren Betrachtungen notwendig sind. Diese Vorgehensweise ist sehr effektiv, da die Frequenzbereiche, die an der Anregung nur gering beteiligt sind, vernachlässigt werden können, ohne das Gesamtergebnis zu verfälschen.

Der Zusammenhang zwischen den interessierenden Erregerfrequenzen des Belastungsfahrzeugs für den Aufbau und die Achsen, der Fahrgeschwindigkeit des Belastungsfahrzeugs und der Wellenlänge der Fahrbahnunebenheiten geht aus Bild 10 hervor.

10.2.3
Beschreibung der Fahrzeuge

Die Belastung von Brücken durch schwere Fahrzeuge läßt sich in einen statischen und einen dynamischen Lastanteil aufspalten. Der statische Lastanteil besitzt eine konstante Last- und eine variable Ortskoordinate. Der dynamische Lastanteil

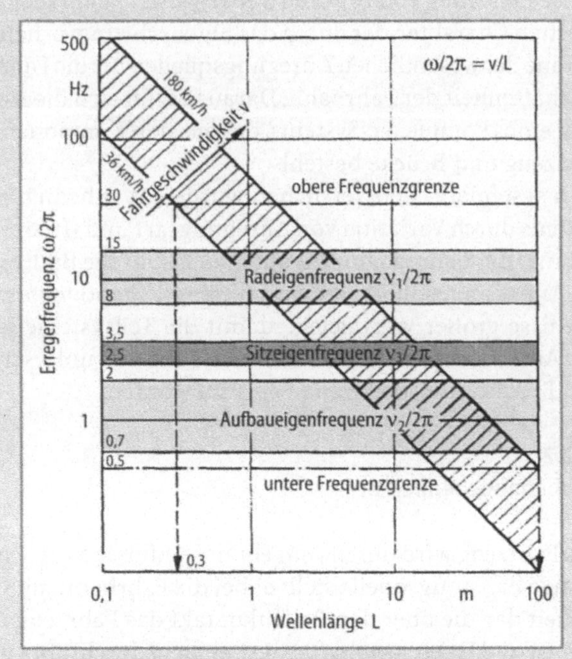

Bild 10. Bereiche für Erregerfrequenzen und Wellenlängen von Fahrbahnunebenheiten [7]

besitzt die gleiche Orts-, jedoch eine zeitabhängige zusätzliche Lastkoordinate und wird durch das dimensionslose dynamische Lastinkrement Φ_L beschrieben. Die Größe des dynamischen Lastinkrements hängt ab von dem Eigenschwingverhalten der Brücke, dem Eigenschwingverhalten des Fahrzeugs, den Fahrbahnunebenheiten, der Fahrgeschwindigkeit und sonstigen Fahrzeuganregungen.

Da sich bei dem System Fahrzeug-Brücke die Teilsysteme über ihre dynamischen Eigenschaften wechselseitig beeinflussen, ist nicht nur die maximale Amplitude von Φ_L von Bedeutung, sondern vor allem ihre Verteilung über das Frequenzspektrum. Mit räumlichen Fahrzeugmodellen können Hubschwingungen, Nickschwingungen, Wankschwingungen und Achsschwingungen erfaßt werden. Der größte Einfluß auf die dynamischen Zusatzlasten der Fahrzeuge geht von der Beschaffenheit der Fahrbahn aus. Einen geringeren Einfluß spielt die Fahrgeschwindigkeit, deren Einfluß nicht immer eindeutig ist. Die Bauart der Fahrzeuge und die Abstimmung der Komponenten haben einen beträchtlichen Einfluß. Die dynamischen Fahrzeugeigenschaften streuen über einen weiten Bereich in Abhängigkeit ihrer anteiligen Aufbau- und Achsmassen, der Eigenschaften der eingesetzten Dämpfer und Federn, der Zahl der Achsen und ihres Beladungszustands.

10.2.4
Beschreibung der Brücke

Die Durchführung der Versuche erfolgte an der Forschungsbrücke Berlin-Marienfelde. Ihre Konstruktionsmerkmale und ihr statisches Verhalten sind für die Auswertung der dynamischen Versuche und für die Modellbildung von Bedeutung. Neben der Geometrie, den Querschnittswerten, der Bewehrung und den Materialeigenschaften gehören dazu insbesondere das Verhalten unter einer statischen Probebelastung, die nicht nur Aufschlüsse über das Tragverhalten inner- und oberhalb der Gebrauchslast erlaubte, sondern den Überbau auch planmäßig in den Zustand II brachte. Erst die Kenntnis der sich daraus ergebenden Steifigkeitsverhältnisse läßt eine sinnvolle dynamische Modellbildung zu.

Die vom Fachgebiet Stahlbetonbau der TU Berlin installierten 360 Meßstellen mit Sensoren für Bügel, Längsbewehrung in der oberen und unteren Lage, Bauwerks- und Lufttemperaturen sowie Rosetten zur Feststellung der Betondehnung waren nach einem Zeitraum von fast drei Jahren noch voll funktionsfähig; ebenso die Sensoren für die Spann- und Auflagerkräfte.

Für die dynamischen Versuche waren insbesondere die Ergebnisse der Durchbiegungsmessungen, der Rißdokumentation und der Dehnungen der Längsbewehrung aus der statischen Probebelastung von Bedeutung. Sie ermöglichten die Bestimmung der aktuellen Biegesteifigkeit und halfen bei der Auswahl der Meßstellen für die dynamischen Versuche.

10.2.5
Dynamische Untersuchungen

Die im Frühling 1991 durchgeführten dynamischen Versuche sollten klären, welchen Einfluß fahrbahnbedingte Anregungen auf die Systeme Fahrzeug und Brücke sowie auf deren Interaktion ausüben und welche Belastungen daraus für die Brückenkonstruktion resultieren. Es wurden periodische und impulsförmige Anregungen gewählt.

Für die periodischen Anregungen wurde ein quasi-stationärer Zustand angestrebt, der den beiden Systemen das Einschwingen gestatten sollte, was zur Erklärung von Frequenzabhängigkeiten sowie von Resonanzeffekten von besonderer Bedeutung ist. Die impulsförmigen Anregungen sollten den Einfluß der Fahrgeschwindigkeit deutlich machen. Bei den Fahrzeugen wurden die Aufbaumassen in drei Schritten verändert und die Fahrgeschwindigkeit variiert.

Als Sensoren an der Brücke wurden vier Meßlager (LN, LS), acht Dehnmeßstreifen (LBU) auf der Längsbewehrung sowie vier Kraftmeßdosen für die Spanngliedkräfte verwendet. Zusätzlich wurden neun Beschleunigungsaufnehmer (BR) auf dem Brückenüberbau eingesetzt.

Als Versuchsfahrzeuge standen zwei LKWs mit je 7,5 t Gesamtgewicht der Firmen MAN und Mercedes Benz (MB) zur Verfügung, die mit 200 l Wasserfässern ballastiert wurden. Jedes Fahrzeug wurde mit vier Beschleunigungsaufnehmern ausgestattet, die an der vorderen und hinteren Achse (ACV, ACH) sowie im vorderen und hinteren Bereich des Aufbaus (AUV, AUH) angeordnet wurden, um Hub- und Nickanteile in den Schwingungsformen unterscheiden zu können. Sie waren durch Schleppkabel mit der Meßanlage verbunden und ermöglichten die zeitgleiche Aufzeichnung von Brücken- und Fahrzeugsignalen.

Da als Anregung für die Fahrzeuge nach Möglichkeit eine harmonische Huberregung angestrebt wurde, sind 5 cm dicke Holzbohlen so ausgelegt worden, daß Vorder- und Hinterachse stets gleichzeitig auf ein Brett trafen. Da zu jeder Versuchsreihe unterschiedliche Fahrgeschwindigkeiten zwischen 10 und 40 km/h zählten, wurden Anregungsfrequenzen zwischen 0,5 Hz und 8 Hz erreicht.

10.2.5.1
Auswertung im Zeitbereich

Die Auswertung im Zeitbereich liefert die Grundlage zur Bestimmung der dynamischen Inkremente sowie der exakten Erregerfrequenzen. Bestimmt wurden
- die durchschnittliche Fahrgeschwindigkeit zwischen den Endauflagern
- die Geschwindigkeit bei der Fahrt über das Hindernis
- der statische Anteil an der gemessenen Amplitude
- die extremale Amplitude des dynamischen Anteils
- die zugehörige Frequenz durch Auszählung und
- die Erregerfrequenz für das Fahrzeug.

Die Auszählung der Frequenzen aus dem Zeitschrieb erwies sich als notwendige zusätzliche Information zu den Frequenzspektren. Wegen der variablen Ortskoordinate der Fahrzeugmasse änderte sich die Eigenfrequenz des gekoppelten Systems. Im Frequenzspektrum erschienen diese Effekte wie eine Nichtlinearität und ließen daher keine eindeutige Interpretation zu. Erst durch die Betrachtung der Ergebnisse im Zeit- und im Frequenzraum war die vollständige Information vorhanden.

Zunächst wurden die Amplituden des dynamischen Anteils in Abhängigkeit von der Erregerfrequenz für die periodischen Anregungen ausgewertet. Um den Resonanzeffekt deutlich zu machen, wurden in Bild 11 für die Reaktion der Brücke auch die Fahrten mit verschiedenen Belastungen in einem Diagramm pro Meßstelle zusammengestellt. Es wird deutlich, daß die Amplituden im Bereich von 1,5 bis 3,5 Hz signifikant höher liegen als in den anderen Frequenzbereichen und somit den Resonanzbereich zwischen dem angeregten Fahrzeug und dem Brückenüberbau darstellen.

Des weiteren fällt auf, daß die gemessenen Amplituden nicht die erwarteten Größenunterschiede für die einzelnen Belastungsstufen wiedergeben. Der absolut größte Wert wird sogar jeweils für das leere Fahrzeug ermittelt. Eine Erklärung bietet der Effekt der reibungsbehinderten Blattfeder, die darauf beruht, daß die Reibung der einzelnen Blattlamellen untereinander auch vom Beladungszustand des Fahrzeugs abhängt. Bei einem schwach beladenen Fahrzeug ist dem-

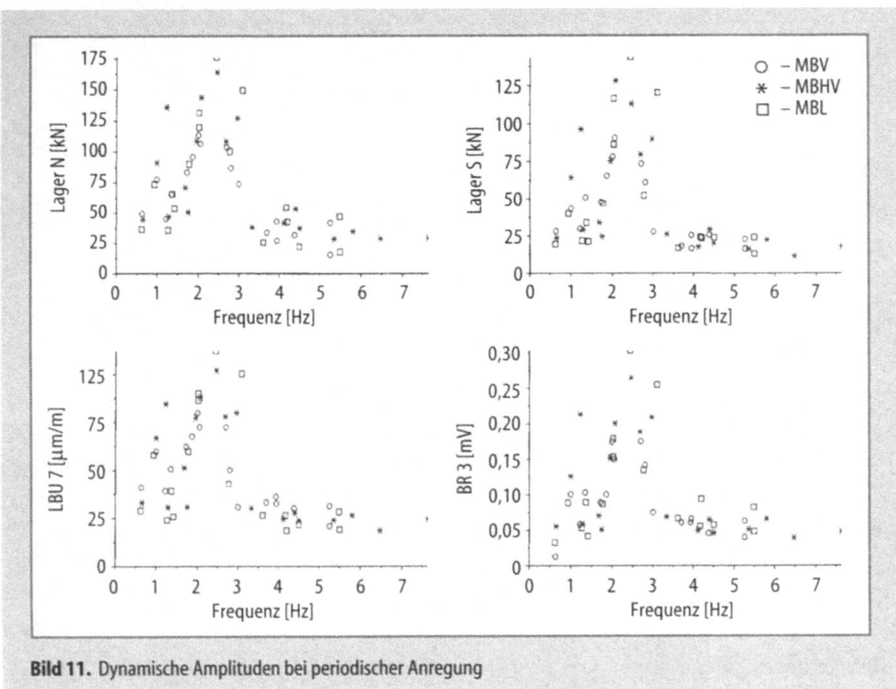

Bild 11. Dynamische Amplituden bei periodischer Anregung

nach die Reibung der Lamellen so stark, daß die Federwirkung verringert wird, was zu härteren Stößen der Achsen und damit zu höheren dynamischen Amplituden führt.

10.2.5.2
Auswertung der dynamischen Inkremente

In Bild 12 sind die dynamischen Inkremente an der Längsbewehrung für das periodisch angeregte Fahrzeug über der Erregerfrequenz sowie für das impulsförmig durch eine Fahrt über ein 2 m breites Brett angeregte Fahrzeug über der Fahrgeschwindigkeit aufgetragen.

Die dynamischen Inkremente sind umso größer, je geringer der Beladungszustand des Fahrzeugs ist. Diese Unterschiede treten bei der periodischen Erregung besonders deutlich in dem Frequenzbereich hervor, in dem sich der Resonanzbuckel ausbildet, also zwischen 1,5 und 3,5 Hz.

Bei den Fahrten mit dem vollen Fahrzeug nahm das dynamische Inkrement von 75 % für die nicht angefachten Frequenzen an der Längsbewehrung auf 150 % für den Resonanzbereich zu. Die zum Vergleich und als ergänzende Information dargestellten dynamischen Inkremente bei der Überfahrt über ein 2 m breites Brett bestätigen diese Beobachtung. Auch hier ist das dynamische Inkrement umso größer, je geringer der Beladungszustand ist. Resonanzeffekte bei bestimm-

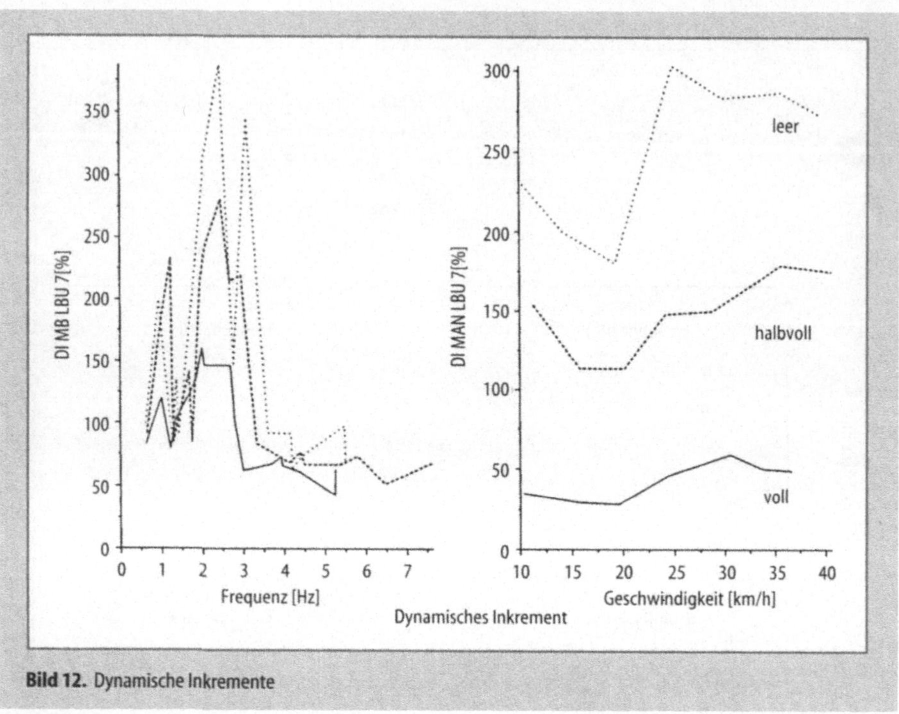

Bild 12. Dynamische Inkremente

ten Geschwindigkeiten lassen sich jedoch nicht nachweisen. Das dynamische Inkrement steigt eher gleichmäßig mit wachsender Geschwindigkeit an.

10.2.5.3
Frequenzspektren der Brücke

Für die Auswertung im Frequenzbereich wurden die vorbehandelten Zeitverläufe mit Hilfe der Fast-Fourier-Transformation im Frequenzraum dargestellt.

Betrachtet man in Bild 13 die Peaks der Frequenzspektren in Abhängigkeit von der Erregerfrequenz für die Fahrten mit periodischer Anregung, so zeigt sich, daß sie immer dann besonders groß werden, wenn die Antwortfrequenz der Brücke und die Erregerfrequenz übereinstimmen, also im Resonanzfall. Es zeigt deutlich, daß sich Frequenzen zwischen 1,5 und 3 Hz besonders gut anregen lassen.

In der Draufsicht zeigen sich Bereiche, die bereits bei der numerischen Auswertung auffielen. Mit einer beachtlichen Genauigkeit liegen alle Werte im gut anregbaren Bereich zwischen 1,5 und 3 Hz oder auf einer der Geraden mit einer Steigung von 1, 2, 3 bzw. dem Kehrwert.

Sucht man diese Bereiche auf der 3D-Darstellung ab, so findet man die großen Amplitudenpeaks im Resonanzbereich, während an den Oberschwingungsgeraden die betragsmäßig kleinen Amplitudenpeaks zu finden sind. Erregerfrequenzen über 3 Hz führen auch im Resonanzbereich zu kleinen Peaks. Faßt man die

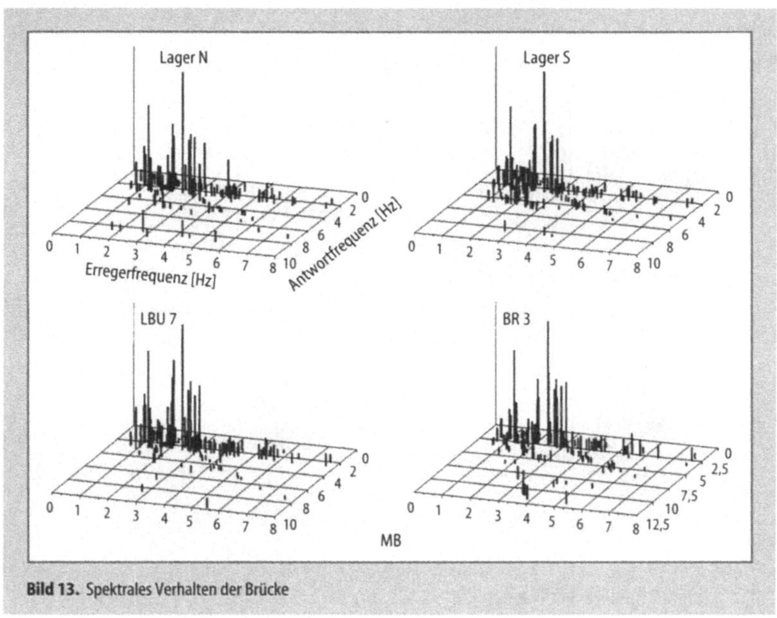

Bild 13. Spektrales Verhalten der Brücke

Beobachtungen zusammen, so findet man ein Resonanzrechteck im Frequenzbereich, das durch Erregerfrequenzen bis zu 3 Hz und Antwortfrequenzen von 1,5 bis 3 Hz beschrieben wird.

10.2.5.4
Frequenzspektren der Fahrzeuge

Die Gesamtdarstellung der Fahrzeugreaktion zeigt Bild 14, das genauso aufgebaut ist wie die entsprechende Darstellung für die Brücke. Die Achsen lassen sich über den gesamten Frequenzbereich gut anregen und antworten mit Frequenzen von 2 bis 15 Hz. Der Aufbau zeigt eine deutliche Konzentration im niedrigen Frequenzbereich bei Erregerfrequenzen unter 2 Hz und Antwortfrequenzen bis 5 Hz, läßt sich jedoch mit geringeren Amplitudenpeaks durchaus bis 6 Hz anregen und antwortet dabei bis 12 Hz.

In der Draufsicht zeigen sich die gut anregbaren Bereiche beim Aufbau zwischen 1 und 5 Hz und bei den Achsen zwischen 9 und 14 Hz. Während beim vollen Fahrzeug eine deutliche Konzentration auf ein Resonanzrechteck mit 2 Hz Erregerfrequenz und 2,5 Hz Antwortfrequenz erkennbar ist, wird die Abgrenzung zu den geringeren Fahrzeugmassen hin immer unschärfer. Das leere Fahrzeug antwortet mit beachtlichen Amplitudenpeaks immerhin bis in einen Bereich von 10 Hz. Dieses Verhalten läßt sich nicht mehr mit den höheren Grundfrequenzen

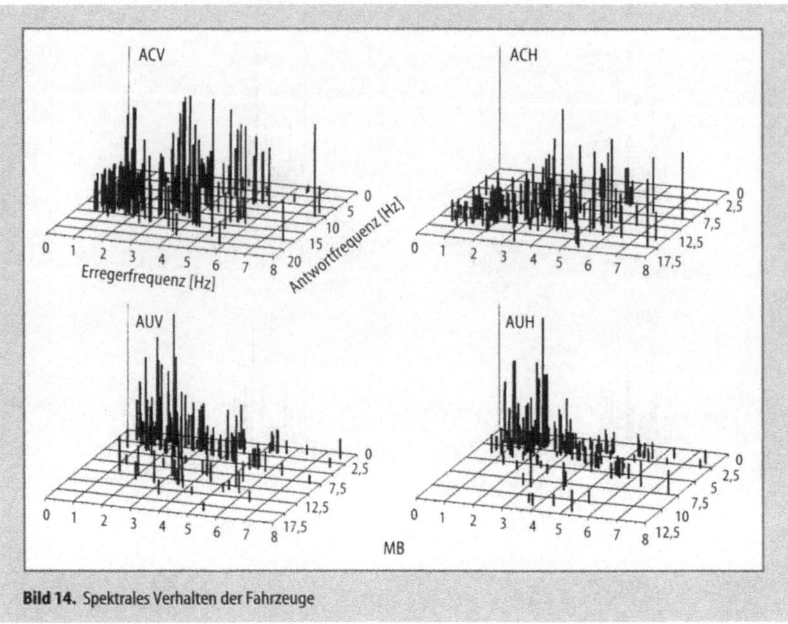

Bild 14. Spektrales Verhalten der Fahrzeuge

des Aufbaus erklären; wahrscheinlich ist die Ursache wieder in dem nichtlinearen Verhalten der Blattfedern oder gar ihrer Blockierung zu suchen.

10.2.5.5
Kreuzleistungsspektren

Zur Betrachtung der Interaktion zwischen Fahrzeug und Brücke unter Beachtung der Fahrbahnbeschaffenheit wurden die Kreuzleistungsdichten zwischen Signalen des Fahrzeugs und der Brücke berechnet. Anschaulich bedeutet das, daß Frequenzanteile, die in beiden betrachteten Spektren vorkommen, verstärkt werden, während der Rest getilgt wird. Es wurden die Kreuzleistungsspektren für die Brückensignale mit dem vorderen Achs- und dem vorderen Aufbausignal gebildet.

Die Gesamtdarstellung in Bild 15 zeigt die deutlichen Unterschiede zwischen den Achs- und den Aufbaukreuzungen. Während die Achsanteile Interaktionsantworten mit hohen Peaks von bis zu 12 Hz bewirken, sind bei den Aufbaukreuzungen nennenswerte Peaks nur bis 2,5 Hz vorhanden. Die Betrachtung der Erregerfrequenzen zeigt, daß die Aufbaukreuzungen sich nur bis 3 Hz anfachen lassen, während bei den Achskreuzungen die Unterschiede zwischen den niedrigen und den hohen Erregerfrequenzen deutlich geringer ausgeprägt sind, was die klare Abgrenzung eines Resonanzfeldes nicht zuläßt. Bei den Aufbaukreuzungen ist der

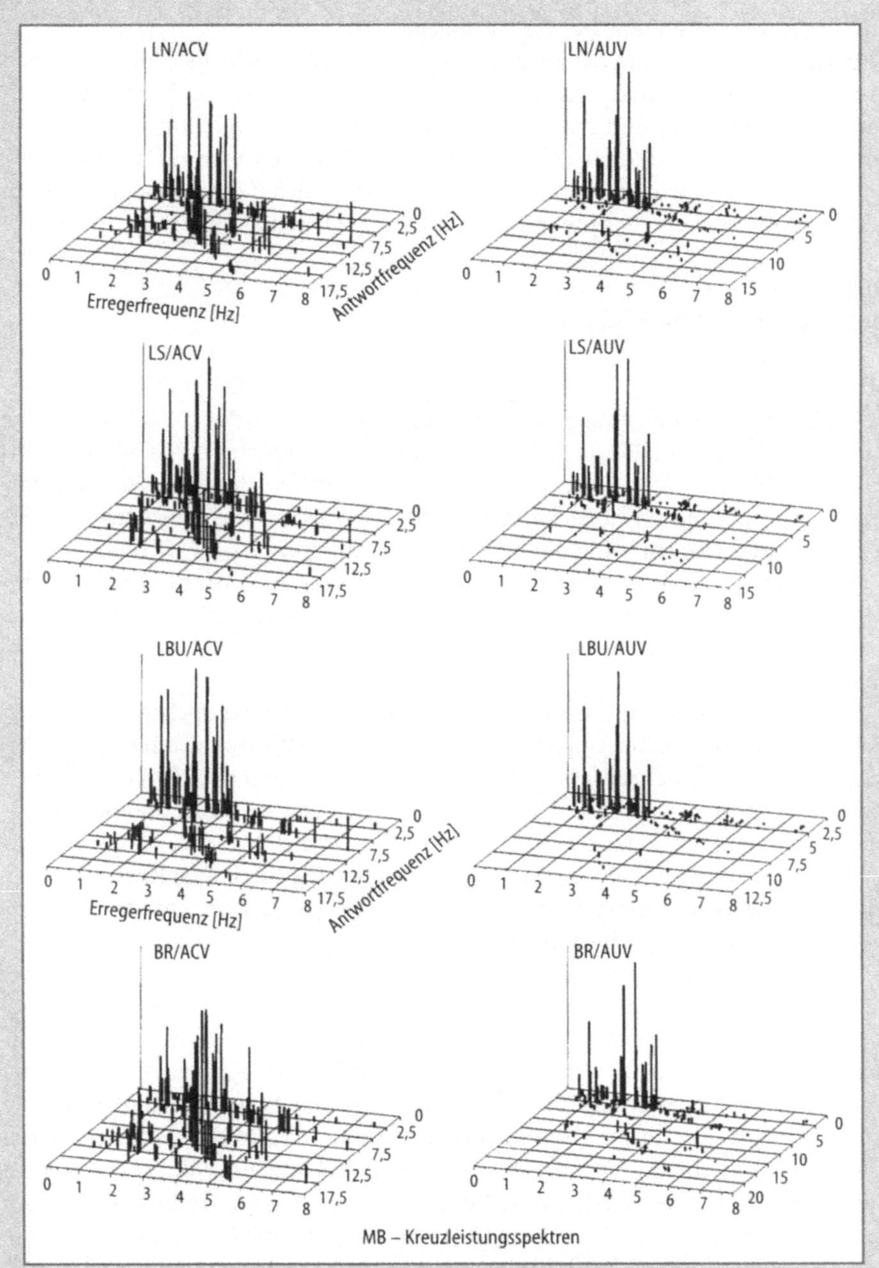

Bild 15. Spektrales Verhalten der Interaktion

Resonanzbereich deutlich ausgeprägt; er wird von der Erregerfrequenz bei 3 Hz und der Antwortfrequenz bei 2,5 Hz abgegrenzt.

In der Draufsicht sind die am stärksten besetzten Verhältniszahlen zwischen Erreger- und Antwortfrequenz bei den Achskreuzungen 1, 2 und 3, bei den Aufbaukreuzungen 1, 0,5 und 2. Betrachtet man Peaks mit Abweichungen von bis zu 10 % noch als zur Geraden gehörig, so liegen 83 % aller Werte auf den Geraden, und von diesen Werten befinden sich wiederum 40 % auf der Resonanzgeraden 1. Dies ist der Beweis für eine frequenzabhängige Brückenbelastung.

10.2.6
Modellbildung und Berechnung

Mit den Erkenntnissen der statischen und dynamischen Untersuchungen wurde die Interaktionsbeziehung in einem Modell abgebildet, das zur rechnerischen Behandlung weiterer Einflußparameter zur Verfügung steht. Besonderer Wert wurde auf Flexibilität in Bezug auf die Anpassung an verschiedene Anregungsarten, Fahrzeugtypen und Brückenkonstruktionen gelegt, was eine getrennte Behandlung und Optimierung der Teilsysteme bedingte.

Das Modell enthält die Massen-, Dämpfungs- und Federkräfte der Systeme Fahrzeug und Brücke. Die Anregungsfunktion ist ortsfest und wurde aus der Oberflächenbeschaffenheit der Versuchsstrecke in Kombination mit der Fahrgeschwindigkeit berechnet.

Für die Formulierung einer Anregungsfunktion sollte das Spektrum der Fahrbahnunebenheiten nach Amplitude und Frequenz bekannt sein, um über die Verknüpfung mit der Fahrgeschwindigkeit eine Zeitfunktion der Unebenheiten ermitteln zu können. Sie wurde als eingeprägte Weggröße auf die Fußpunkte des Systems Fahrzeug angesetzt. Das Fahrzeugmodell antwortet aus der Fußpunktanregung mit entsprechenden Kraftgrößen, von denen die vertikalen Kräfte der Fußelemente die dynamischen Radkräfte wiedergeben, die als eingeprägte Kraftgrößen auf das System Brücke einwirken.

Die direkte Berechnung des Systems unter einer wandernden dynamischen Last kann bei Bedarf durch Bildung dynamischer Einflußlinien angenähert werden. Die Berechnung geschah analog zur Bestimmung von statischen Einflußlinien, indem an Stelle der wandernden statischen Last eine mit einer bestimmten Frequenz schwingende Kraft angesetzt wurde, deren Auswirkungen auf das System an beliebigen Stellen ausgewertet werden kann. In Bild 16 sind für die Durchbiegungen und die Biegemomente in der Mitte des langen Feldes sowie die Auflagerkräfte Nord und Süd die statische und vier dynamische Einflußlinien bei Anregungsfrequenzen von 1, 2, 2,5 und 3 Hz für eine Einheitslast von 100 kN dargestellt. Die dynamischen Einflußlinien unterscheiden sich hauptsächlich durch die Größe ihrer Amplituden in Abhängigkeit von der Nähe der Anregungsfrequenz zur ersten Eigenfrequenz der Brücke. Ihre Struktur jedoch unterscheidet sich sehr von der der statischen Einflußlinie, deren Amplituden wegen der besseren Vergleichbarkeit betragsmäßig bei einer Erregerfrequenz von 0 Hz aufgetragen sind.

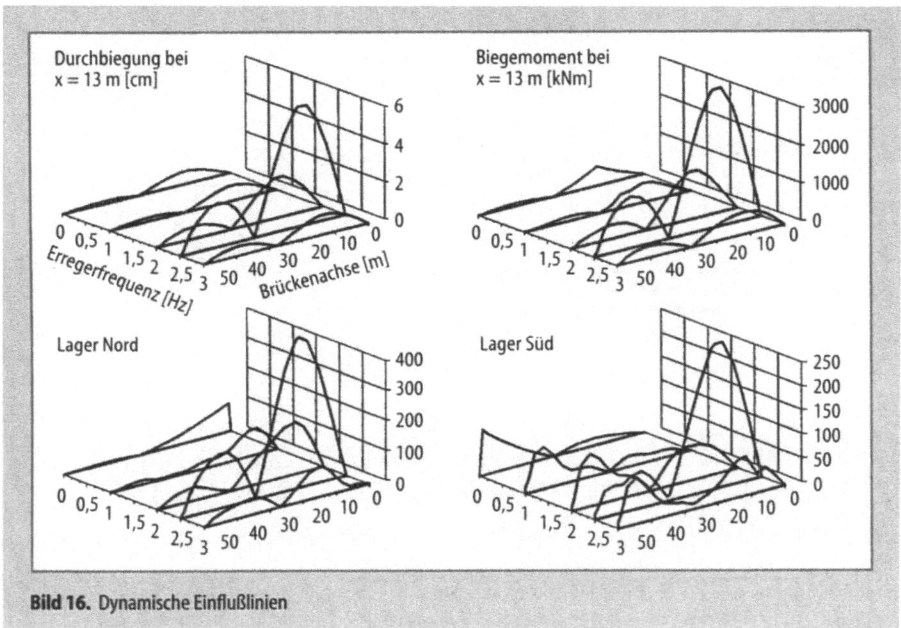

Bild 16. Dynamische Einflußlinien

Für jede Fahrzeuglast ist pro Frequenz ein Rechenlauf erforderlich. Um eine Überfahrt zu simulieren, ist jedesmal eine geänderte Kopplung zwischen Fahrzeug und Brücke notwendig. Da das Gesamtsystem darauf sensibel mit Veränderungen der Eigenfrequenzen reagiert, ist ggf. die Frequenzschrittweite zu verringern. Ein direkter Vergleich der Ergebnisse in Frequenz und Amplitude zwischen der Berechnung und dem Versuch für das gekoppelte Modell ist in Bild 17 dargestellt.

Während beim vollen Fahrzeug die berechneten Werte leicht über den gemessen lagen, erfolgte für das halbvolle Fahrzeug bereits eine Umkehrung; beim leeren Fahrzeug lagen die gemessenen Amplituden zumindest für die beiden Auflager deutlich über den berechneten. Außerhalb der Resonanzbereiche verblieb bei den Meßwerten eine Grundgröße für das dynamische Inkrement, die bei dem idealisierten Rechenmodell grundsätzlich nicht vorhanden war. Insgesamt zeigte die Übereinstimmung der Amplitudenwerte eine gute Qualität.

Im Frequenzbereich konnte ebenfalls eine gute Übereinstimmung der Ergebnisse festgestellt werden. Auch die globale Struktur der Hauptmassen von Fahrzeug und Brücke zeichneten sich sowohl bei den berechneten als auch bei den gemessenen Werten ab.

Mit dem Modell können je nach gewünschter Zielsetzung relativ schnelle und wirklichkeitsnahe Ergebnisse erzielt werden. Es eignet sich zur Berechnung der Auswirkung veränderlicher Fahrbahnbeschaffenheit auf eine Brücke für einen bestimmten Fahrzeugtyp sowie für die Auswirkung von Belastungsänderungen durch andere Fahrzeuge bei definierter Fahrbahnbeschaffenheit.

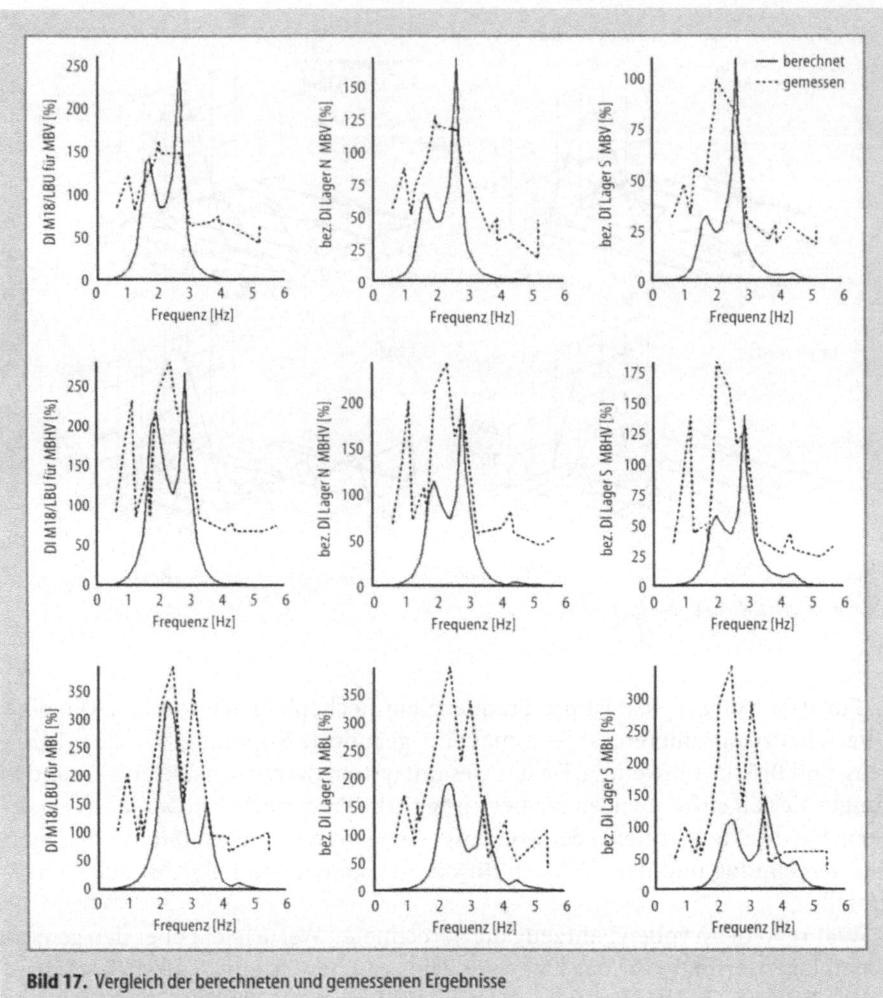

Bild 17. Vergleich der berechneten und gemessenen Ergebnisse

10.2.7
Zusammenfassung und Schlußfolgerung

Es wurde das Interaktionsverhalten zwischen einer Brücke und durch periodische Fahrbahnunebenheiten angeregte Fahrzeuge in systematischen Versuchen betrachtet. Die periodischen Unebenheiten wurden durch Holzbohlen angenähert, die in verschiedenen Abständen quer zur Fahrbahn verlegt waren. Die Fahrzeuge waren zwei 7,5-t-LKWs, die mit unterschiedlicher Beladung und verschiedenen Geschwindigkeiten über die auf der Brücke in einem gut anregbaren Bereich verlegten Unebenheiten fuhren. Bei der für die Versuche ausgewählten Brücke handelt es sich um eine zweifeldrige vorgespannte Stahlbetonbrücke, die aufgrund früherer Versuche umfangreich mit Meßsensoren versehen war.

Die Auswertung der Brückenreaktion zeigte ein deutliches Anwachsen der Antwortamplituden bei Anregungsfrequenzen zwischen 1,5 und 3,0 Hz und bei Antwortfrequenzen, die ein ganzzahliges Verhältnis zur Anregungsfrequenz haben. Damit spielen beim spektralen Verhalten der Brücke Resonanzfelder eine Rolle, deren Bereich von Anregungsfrequenzen bis 3,0 Hz und Antwortfrequenzen von 1,5 bis 3,0 Hz beschrieben werden.

Das Frequenzverhalten des Fahrzeugs war ähnlich wie das der Brücke. Durch die Anteile der Achsfrequenz grenzen sich die Resonanzfelder zwar anders ab, der deutliche Einfluß der Eigenfrequenzen einzelner Systembestandteile bleibt jedoch erhalten.

Zur Verdeutlichung der Interaktion wurden Kreuzleistungsspektren zwischen Brücken- und Fahrzeugsignalen in Abhängigkeit der Anregungsfrequenz berechnet. Auch hier konnten Resonanzfelder nachgewiesen werden, deren Abgrenzungen von den Eigenfrequenzen der beteiligten Systeme abhängig waren.

Es konnte eindeutig nachgewiesen werden, daß in den Belastungsgrad der Brücke frequenzabhängige Parameter des Fahrzeugs und der Brücke eingehen, die überwiegend die Grundfrequenzen der beteiligten Systeme enthalten. Den größten Einfluß hat die Anregungsfrequenz, die durch die Fahrbahnbeschaffenheit und die Fahrgeschwindigkeit gegeben ist.

Es wurde ein Modell entwickelt, dessen Teilsysteme Anregung, Fahrzeug und Brücke getrennt behandelt und erst in der Berechnungsphase zusammengeführt werden, wobei auf die Bestimmung der Steifigkeiten des Brückenüberbaus besondere Sorgfalt verwendet wurde. Es konnten gute Übereinstimmungen mit den Versuchsergebnissen sowohl für die Amplitudengrößen als auch für den Frequenzbereich erzielt werden.

Für die Bemessung von Brücken unter dynamischer Belastung ist daher zu folgern, daß der klassische Schwingbeiwert keine Aussage über die Abhängigkeit der dynamischen Belastung vom Eigenfrequenzverhalten der Brücke und der sie belastenden Fahrzeuge, den Fahrgeschwindigkeiten und dem Unebenheitsprofil der Fahrbahnoberfläche zuläßt. Für die Bemessung von schwingungsanfälligen Brückenkonstruktionen sind daher weitergehende dynamische Berechnungen zu fordern.

Für die Erhaltung bestehender Brücken läßt sich folgern, daß der zeitlichen Entwicklung der Oberflächenbeschaffenheit der Fahrbahn auf der Brücke und den Zufahrten mehr Aufmerksamkeit gewidmet werden muß. Die Unebenheiten der Oberfläche sind in hohem Maß die Auslöser von dynamisch bedingten Brückenschädigungen. Es wird daher empfohlen, einen Katalog von Grenzwerten für die unterschiedlich gearteten Unebenheiten aufzustellen und ihn in der DIN 1076, die die Überwachung und Prüfung von Ingenieurbauwerken im Zuge von Straßen und Wegen regelt, zu verankern und damit eine der Hauptursachen der Schadensentwicklung zu bekämpfen.

Verwendete Abkürzungen in den Bildern

ACH	Achse hinten
ACV	Achse vorn
AUH	Aufbau hinten
AUV	Aufbau vorn
BR 3	Beschleunigung Überbau großes Feld
DI	Dynamisches Inkrement
LBU 7	Längsbewehrung unten großes Feld
LN	Lager Nord
LS	Lager Süd
MBHV	halbvolles Fahrzeug
MBL	leeres Fahrzeug
MBV	volles Fahrzeug

Literatur

[1] Specht, M.: Modellstudie zur Querkrafttragfähigkeit von Stahlbetonbiegegliedern ohne Schubbewehrung im Bruchzustand. Bautechnik (1986) 10

[2] Specht, M.: Ingenieurmodell zur Beschreibung der Querkrafttragfähigkeit von Stahlbetonträgern im Bruchzustand. Bautechnik (1987) 11

[3] Specht, M.: Mindestbügelbewehrung, Abzugswert und Festigkeit des schrägen Druckfeldes eines querkraftbeanspruchten Biegeträgers aus Stahlbeton. Beton- und Stahlbetonbau (1988) 1

[4] Specht, M.; Stauch, M.: Abschlußbericht über die Untersuchung eines Mikrobetonmodells der Forschungsbrücke Berlin. Forschungsbericht 886-A, TU Berlin

[5] Specht, M.; Rösler, M.: Forschungsbrücke Berlin-Marienfelde. Schlußbericht TU Berlin 1990

[6] Specht, M.; Rösler, M.: Forschungsbrücke Berlin-Marienfelde. Beton- und Stahlbetonbau (1989) 12, S. 319-323

[7] Braun, H.: Untersuchungen über Fahrbahnunebenheiten. Deutsche Kraftfahrtforschung und Straßenverkehrstechnik (1966) 186

[8] Cantieni, R.: Beitrag zur Dynamik von Straßenbrücken unter der Überfahrt schwerer Fahrzeuge. ETH Zürich, Diss. 1991

[9] Rösler, M.: Interaktion zwischen einer Massivbrücke und periodisch angeregten Straßenfahrzeugen. TU Berlin, Diss. 1992

[10] Rücker, W.; Rohrmann, R.G.: Bauwerksüberwachung und -inspektion bei Brückenbauwerken auf der Grundlage dynamischer Methoden. In: BAM/ MAN, (1989) 1

11

Der Einfluß von freien Schwingungen auf ausgewählte dynamische Parameter von Stahlbetonbiegeträgern

Michael Kramp

11 Der Einfluß von freien Schwingungen auf ausgewählte dynamische Parameter von Stahlbetonbiegeträgern

MICHAEL KRAMP

11.1
Einleitung

Die Zunahme des Güterverkehrs auf dem Straßen- und Schienenweg führt zu einem stetigen Anstieg der Belastungen von Brückenbauwerken. Es besteht deshalb das Interesse, sichere Aussagen über die Tragfähigkeit bzw. die Restlebensdauer unserer Brückenbauwerke zu erhalten. In der Regel sind es ältere Bauwerke, die beurteilt werden müssen. Zum Untersuchungszeitpunkt eingetretene Schäden haben bereits Veränderungen des Tragsystems gegenüber den Voraussetzungen der statischen Berechnung bewirkt, so daß man sich durch Messungen aktuelle Kenntnisse über den Bauwerkszustand ermitteln muß.

Dem Bruchzustand kann man sich im allgemeinen durch die Extrapolation der Meßergebnisse aus statischen Probebelastungen annähern.

Im Gebrauchszustand unterliegen Brücken oft dynamischen Belastungen, die für die Materialbeanspruchungen und die resultierende Lebensdauer signifikant sein können. Die Wirkung häufiger Lastwechsel im Gebrauchszustand sollte deshalb mittels dynamischer Messungen untersucht werden. Die Interpretation der Resultate dynamischer Messungen ist aber nur mit genaueren Kenntnissen des dynamischen Verhaltens des Verbundwerkstoffs Stahlbeton möglich.

Cantieni [1], Dieterle [2], Rösler [3] und andere haben bei dynamischen Untersuchungen an Brücken einmalige Belastungsversuche mit Schwerlastfahrzeugen zur Ermittlung des Schwingbeiwertes durchgeführt. Wiederholungsmessungen, die auf Zustandsänderungen des Tragwerks zwischen zwei Messungen schließen lassen und durch die kritische Parameter für eine Bauwerksüberwachung bestimmt werden können, wurden bisher nicht systematisch durchgeführt.

Dynamische Belastungsversuche an Brücken durch Überfahrten schwerer Einzelfahrzeuge zeigen häufig ein auffälliges Nachschwingen der Überbauten. Welche Auswirkungen diese freien Schwingungen für das Verbundmaterial Stahlbeton haben und ob daraus ein Einfluß für die Restlebensdauer abgeleitet werden kann, ist am Bauwerk bisher nicht untersucht worden.

Dauerfestigkeitsuntersuchungen werden in der Regel mit sinusförmigen Belastungen durchgeführt. Ob die daraus gewonnenen Kenntnisse für die Beurteilung dynamischer Brückenbelastungen hinsichtlich der Materialbeanspruchungen genügen oder ob die zusätzlich wirkenden freien Schwingungen während der

Ausschwingphasen eine schnellere Schädigung hervorrufen, wurde bisher noch nicht untersucht.

11.2
Untersuchungsschwerpunkte

Im Rahmen des DFG-Schwerpunktprogramms „Bewehrte Betonbauteile unter Betriebsbedingungen" wurden unter der Leitung von Prof. Dr.-Ing. Manfred Specht folgende Fragen untersucht:

1. Werden durch Ausschwingversuche belastete Bauteile stärker geschädigt als solche, die durch sinusförmige Dauerschwingungen beansprucht werden?
2. Für die Zustandsbeschreibung eines Bauteils können die dynamischen Parameter Frequenz und Dämpfung verwendet werden. Wie ändern sich diese Parameter bei einer dynamischen Belastung durch freie Schwingungen und im Vergleich zu einer sinusförmigen Dauerschwingbeanspruchung?
3. Ein wesentliches Tragelement einer Stahlbetonkonstruktion sind die Verbundeigenschaften. Welchen Änderungen unterliegt der Verbund zwischen Beton und Bewehrung unter den dynamischen Belastungen im Ausschwingversuch und im Vergleich zum Dauerschwingversuch?
4. Gibt es einen oder mehrere einfach zu bestimmende Parameter, die bei Änderungen des Tragverhaltens so empfindlich reagieren, daß sie für Bauwerksüberwachungen geeignet sind?

11.3
Versuchsbeschreibung und Versuchsergebnisse

11.3.1
Versuchsträger

Es wurden Versuche an vier Stahlbetonbiegeträgern (Bild 1) durchgeführt. Alle vier Träger besaßen die gleichen Querschnittsabmessungen, die gleiche Stützweite. und die gleiche Bügelbewehrung. Der Längsbewehrungsgrad der Träger 1 und 2 betrug 2,23 % (4 Ø 20 in zwei Lagen) der Längsbewehrungsgrad der Träger 3 und 4 betrug 1,09 % (2 Ø 20). Es wurde ein BSt 500 S verwendet. Die Bewehrung war als durchgehendes Zugband eingebaut.

Die Betondruckfestigkeit der Träger 1 und 2 lag bei $\beta_{WN} = 47,9$ MN/m^2 und die der Träger 3 und 4 bei $\beta_{WN} = 40,9$ bzw. 34 MN/m^2.

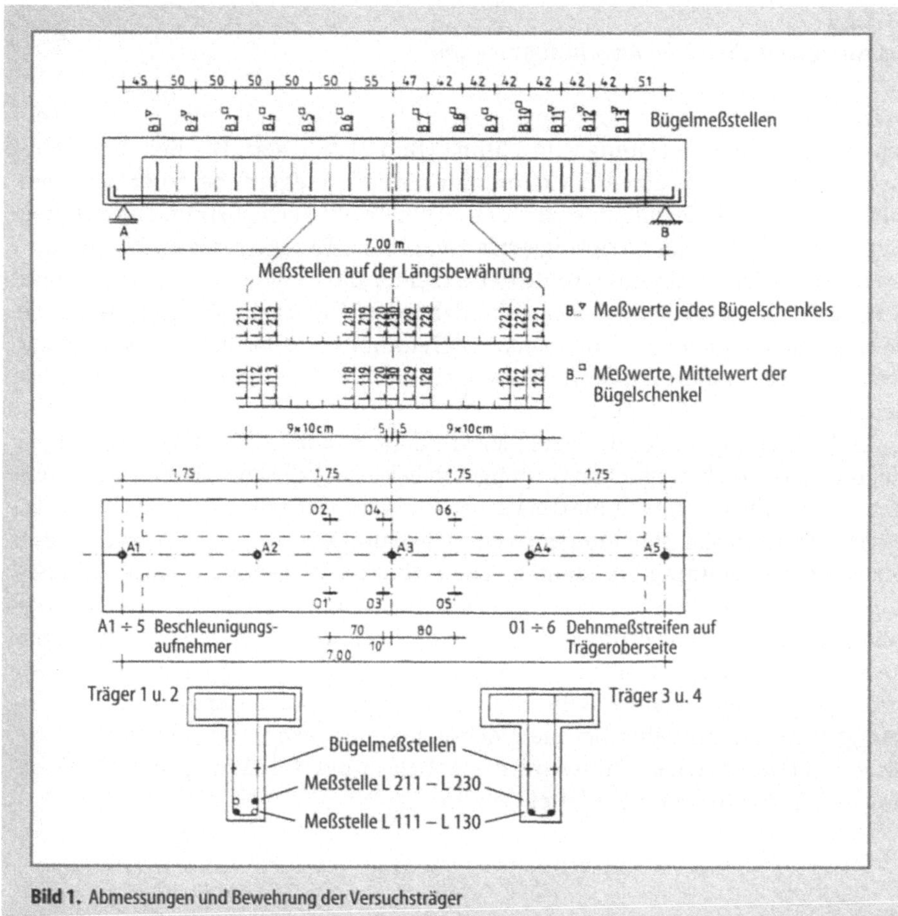

Bild 1. Abmessungen und Bewehrung der Versuchsträger

11.3.2
Versuchsdurchführung

11.3.2.1
Dynamische Einwirkungen

Es wurden zwei dynamische Belastungsarten aufgebracht. Träger 1 und 4 wurden durch freie Schwingungen und Träger 2 und 3 durch sinusförmige Dauerschwingungen belastet. Die Belastung erfolgte weggesteuert als Durchbiegung in Feldmitte der Träger. Die sinusförmige Dauerschwingung wurde durch einen hydraulischen Prüfzylinder mit einer Belastungsfrequenz von 2 Hz aufgebracht.

11.3.2.2
Belastungseinrichtung für Ausschwingversuche

Belastungen durch freie Schwingungen wurden mittels einer eigens entwickelten mechanischen Belastungseinrichtung (Bild 2) realisiert. Die Belastungseinrichtung bestand aus einem Elektromotor mit Stirnradgetriebe, einer Getriebewelle mit darauf befestigtem Exzenter und einem am Versuchsträger montierten Zuggestänge. Über das Stirnradgetriebe wurde der Exzenter mit ca. 3 U/min gedreht. Mit jeder Umdrehung rollte der Exzenter über eine Achse zwischen zwei Schenkeln des Zuggestänges ab und zog dabei den Versuchsträger nach unten. Die so eingeleitete Zugkraft wurde an den mit Dehnungsmeßstreifen ausgestattet und fest am Träger montierten Gewindestangen ermittelt. Alle Achsen waren reibungsarm in Nadellagern gelagert.

In der Stellung, in der der Exzenter mit dem maximalen Radius gerade noch auf die Achse des beweglichen Gestänges drückte, war die über die Gewindestangen eingestellte Durchbiegung des Versuchsträgers gerade erreicht. Der Versuchsträger wurde im nächsten Moment freigegeben und konnte unbehindert eine freie Schwingung ausführen. Das dynamische Verhalten des Prüflings wurde dabei lediglich durch die geringe Masse (ca. 60 kg) des Zuggestänges beeinflußt. Die Aufhängung und der Schwerpunkt der Schenkel sowie die Exzentergeometrie waren so gewählt worden, daß sich Schenkel nach dem Beginn des Ausschwingvorganges entgegen der Exzenterdrehrichtung bewegten, so daß die bis zum Schwingungsbeginn unmittelbar belastete Achse den Ausschwingvorgang nicht behinderte. Im Dauerbetrieb konnten mit dieser Belastungseinrichtung etwa 5000 Lastwechsel in 28 Stunden eingeleitet werden.

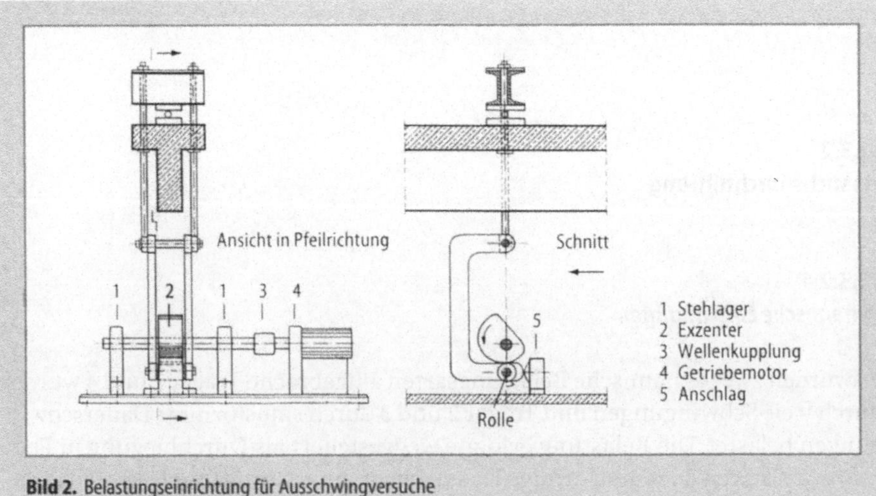

Bild 2. Belastungseinrichtung für Ausschwingversuche

11.3.2.3
Statische und dynamische Messungen

Es wurden fünf Belastungshorizonte, d.h. Durchbiegungen in Trägermitte von 5, 10, 15, 20 und 25 mm untersucht. Je Durchbiegungsstufe wurden 10.000 Lastwechsel aufgebracht. Messungen erfolgten am Anfang einer Durchbiegungsstufe, in der Mitte bei 5 000 Lastwechseln und am Ende einer Durchbiegungsstufe bei 10 000 Lastwechseln. Jede Messung gliederte sich in einen statischen und einen dynamischen Teil. In der statischen Messung wurden die Dehnungen der Bewehrung und des Betons und die zu jeder eingeprägten Durchbiegung gehörende Reaktionskraft des Trägers gemessen. Der dynamische Teil der Messung war unabhängig von der Art der dynamischen Belastung (Ausschwingversuch: Träger 1 und 4 oder Dauerschingversuch: Träger 2 und 3), immer gleich. Die Dehnungen und die Trägerbeschleunigung wurden immer während des Ausschwingvorgangs einer freien Schwingung gemessen. Die Abtastfrequenz betrug dabei 200 Hz. Nach dem Abtasttheorem von Shannon konnten damit Frequenzen bis 100 Hz dargestellt werden.

11.3.2.4
Meßergebnisse

Nach diesem Meßprogramm wurde der Träger 1 statisch bis zum Bruch belastet. Die Bruchlast wurde bei 102,3 kN und 9,7 cm Durchbiegung erreicht. Träger 2 wurde nach 50 000 Lastwechseln im Dauerschwingversuch durch weitere 2 Millionen sinusförmige Lastwechsel mit einer Auslenkung von $w_A = 22$ mm beansprucht. Der untere Grenzwert der Durchbiegung betrug dabei 4 mm. Anschließend wurde auch der Träger 2 statisch bis zum Bruch belastet. Die Bruchlast betrug 100,7 kN bei 10,4 cm Durchbiegung.

Die Bruchlasten der Träger 1 und 2 können als annähernd gleich bezeichnet werden. Die Ausschwingphasen des Trägers 1 und die zusätzlichen 2 Millionen Lastwechsel des Trägers 2 haben demnach die Grenztragfähigkeit nicht beeinflußt. Träger 3 wurde wie Träger 2 durch fünf mal 10 000 sinusförmige Dauerschwingungen in den fünf beschriebenen Laststufen beansprucht. Träger 4 erhielt wie Träger 1 fünf mal 10 000 dynamische Lastwechsel in Form freier Schwingungen. Beide Träger wurden anschließend durch sinusförmige Dauerschwingungen mit einer Auslenkung $w_A = 22$ mm bei einer unteren Durchbiegung von 4 mm weiter belastet. Bei beiden Trägern trat der Bruchzustand durch den Sprödbruch eines Bewehrungsstabes des Zugbandes ein. Der Sprödbruch lag in beiden Fällen in der Trägerhälfte mit größeren Bügelabständen (siehe Bild 1).

Die Grenzspielzahl betrug bei Träger 3 425 000 Lastwechsel und bei Träger 4 445 000 Lastwechsel. Im Rahmen sonst üblicher Streuungen der Ergebnisse bei Dauerfestigkeitsversuchen kann der geringe Unterschied der Grenzspielzahlen vernachlässigt werden. Das Ergebnis zeigt, daß die Ausschwingphasen des Trägers 4 die Dauerfestigkeit im Vergleich zum Träger 3 nicht beeinflußt haben.

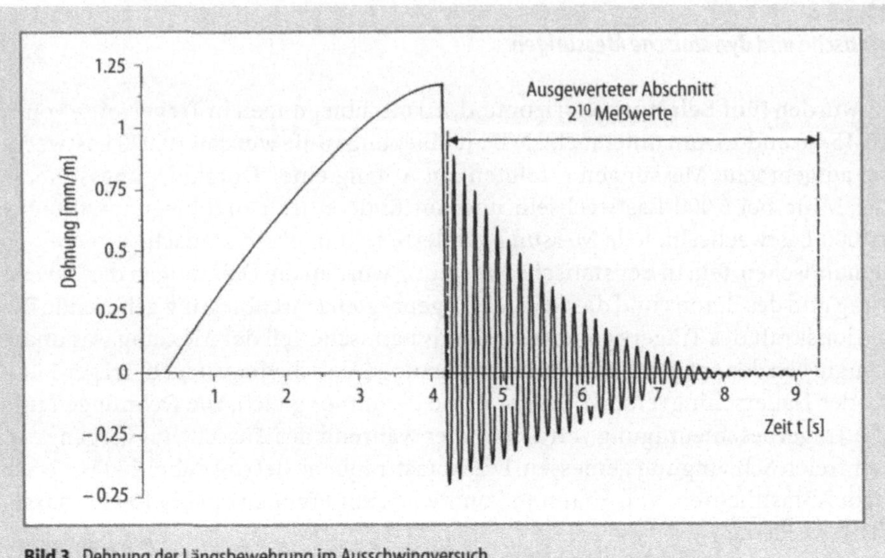

Bild 3. Dehnung der Längsbewehrung im Ausschwingversuch

Eine Meßkurve der dynamischen Messungen hatte die in Bild 3 gezeigte typische Form für eine Meßstelle auf der Längsbewehrung. Aus dem gefilterten Signal mußte der verwertbare Ausschnitt der Messung bestimmt werden. Der Start der Messung lag vor dem Belastungsbeginn, der auswertbare Bereich begann erst nach der plötzlichen Entlastung des Systems durch das Abrollen des Exzenters. Für die Berechnung der Frequenzspektren mittels einer Fast-Fourier-Transformation (FFT) mußte ein geeignetes Fenster gewählt werden. Hier wurde ein Rechteckfenster verwendet dessen Anfang im ersten Nulldurchgang nach der Entlastung des Systems und dessen Endpunkt nach 2^{10} Meßwerten hinter dem Ende der Ausschwingkurve lag. So war sichergestellt, daß die Spektren der Amplituden durch die FFT nicht verzerrt wurden.

11.4
Auswertung

11.4.1
Biegesteifigkeit

Zunächst wurde die Biegesteifigkeit vergleichend aus den statischen und dynamischen Meßergebnissen bestimmt. Aus der Durchbiegung in Feldmitte und der gemessenen Reaktionskraft eines Trägers ist die statische Biegesteifigkeit zu berechnen. Der Verlauf ist im Bild 4a am Beispiel der Träger 1 und 2 gezeigt. Die dynamische Biegesteifigkeit kann aus der dynamischen Federkennzahl bestimmt werden, die aus der Eigenfrequenz und der modalen Masse berechnet wird,

Bild 4b. Man erkennt, daß die dynamische Biegesteifigkeit der Träger 1 und 2 am Ende des Belastungsprogramms von 50 000 Lastwechseln um ca. 1–2 MNm^2 geringer ist als die statische Biegesteifigkeit. Betrachtet man den Kurvenverlauf, so stellt an fest, daß die Kurven der dynamischen Biegesteifigkeit über die Gesamtheit der Messungen als quasi stetig fallend beschrieben werden können. Hingegen ist der Kurvenverlauf der statischen Biegesteifigkeit wegen der sprunghaften Steifigkeitserhöhung bei der ersten Messung in jeder Durchbiegungsstufe eher als unstetig zu bezeichnen.

Für die Träger 3 und 4 (Bild 5a und b) ist festzustellen, daß bei der statischen Biegesteifigkeit zwischen den Endwerten beider Träger eine Differenz existiert, die bei der dynamischen Biegesteifigkeit nicht auftritt. Träger 4 wurde durch freie Schwingungen, Träger 3 durch sinusförmige Dauerschwingungen beansprucht. Ein aus den Kurven der statischen Messungen abzuleitender schädlicher Einfluß freier Schwingungen kann durch die Kurven der dynamischen Messungen jedoch nicht bestätigt werden. Wie kann dieser Unterschied der ermittelten Biegesteifigkeiten erklärt werden?

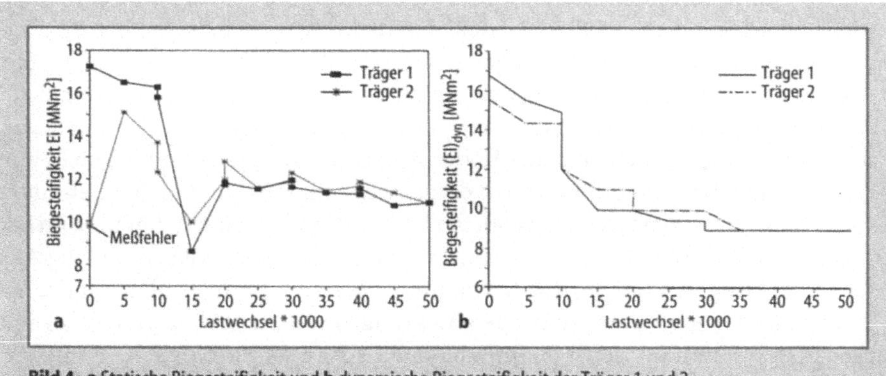

Bild 4. a Statische Biegesteifigkeit und **b** dynamische Biegesteifigkeit der Träger 1 und 2

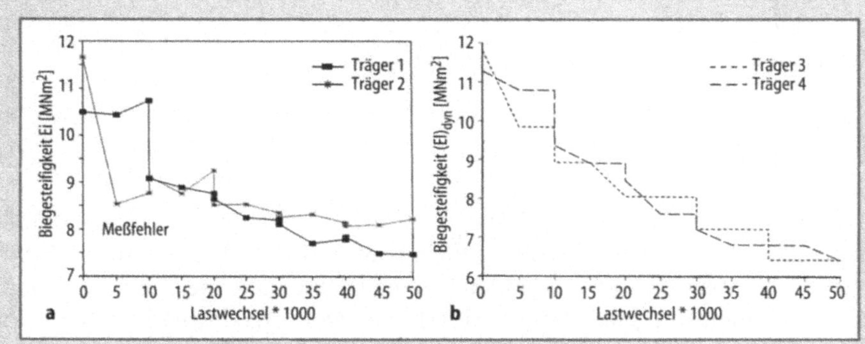

Bild 5. a Statische Biegesteifigkeit und **b** dynamische Biegesteifigkeit der Träger 3 und 4

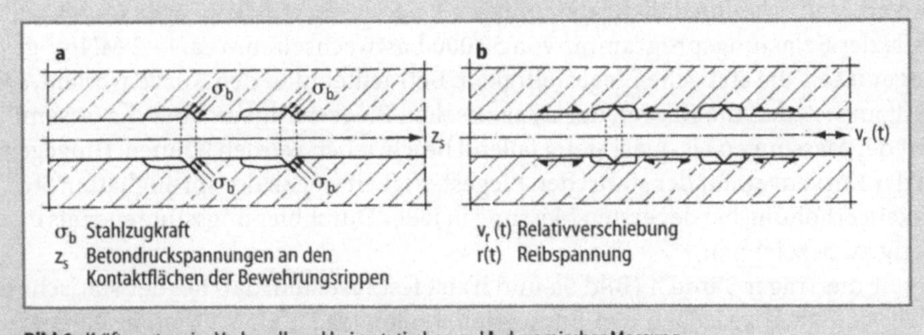

Bild 6. Kräftesystem im Verbundkanal bei **a** statischer und **b** dynamischer Messung

Neben der Querschnittsgestalt und der Festigkeit der Materialien wird die Biegesteifigkeit eines Stahlbetonbiegegliedes wesentlich durch den Verbund zwischen Beton und Bewehrung bestimmt. Während einer statischen Messung ist die Beanspruchung des Verbundes sowie des Betons und der Bewehrung einsinnig und von konstanter Größe. Der Kraftschluß zwischen der Bewehrung und dem Beton wird überwiegend an den Flanken der Bewehrungsrippen bzw. den Betonkonsolen gebildet. Die über Reibung eingeleitete Kraft ist vernachlässigbar gering. Eine dynamische Messung erfaßt hingegen eine Wechselbeanspruchung des Materials. Liegt bereits eine Verbundstörung vor, so treten Relativverschiebungen zwischen Beton und Bewehrung auf. In der Ausschwingphase kommt es nicht zum vollständigen Kraftschluß zwischen den Bewehrungsrippen und den Betonkonsolen, sondern es wirkt nur der Anteil der Verbundkraft, der durch Reibung im Verbundkanal übertragen werden kann. Der innere Widerstand ist somit in der Ausschwingphase, d. h. während des Zeitraums der Messung geringer als unter der maximalen Last während der statischen Messungen. Die im Bild 5a und 5b erkennbaren Differenzen der statischen und dynamischen Biegesteifigkeit erlären sich demnach aus den verschiedenen gemessenen Größen in verschiedenen Zeitabschnitten eines Belastungszyklus.

Die statischen und dynamischen Meßergebnisse stehen nicht im Widerspruch zueinander, sondern sie müssen mit der Kenntnis über das jeweils gültige Kräftesystem des Verbundes beurteilt werden (Bild 6).

11.4.2
Logarithmisches Dekrement

Das logarithmische Dekrement ist ein Maß für die Dämpfung und somit die Steifigkeit des untersuchten Systems. Üblicherweise wird das logarithmische Dekrement als Mittelwert über n Perioden bestimmt. Informationen über eine Amplitudenabhängigkeit gehen damit verloren. Hier wurde das logarithmische Dekrement aus einer Periode bestimmt. Die Auswertung zeigt, daß das logarithmische Dekrement während eines Ausschwingvorgangs verschieden ist. Während der ersten Perioden mit großen Amplituden eines Ausschwingvorgangs ist das logarithmische Dekrement kleiner als bei später auftretenden kleineren Amplituden. Die Auswertung der Meßwerte führt auf eine integrale Dämpfung. Diese setzt sich aus einer geschwindigkeitsproportionalen viskosen Dämpfung und einer konstanten Reibdämpfung zusammen. Mit abnehmender Schwinggeschwindigkeit und Amplitude nimmt der Anteil der Reibdämpfung an der Gesamtdämpfung zu. Das amplitudenabhängige logarithmische Dekrement steigt somit an. Eine Unterscheidung in negative und positive Amplituden ergab keine Unterschiede. (Bild 7)

Zusammenfassend läßt sich feststellen, daß das mittlere logarithmische Dekrement von Trägern im Ausschwingversuch kleiner war als das von Trägern im Dauerschwingversuch. Innerhalb von 10 000 Lastwechseln einer Durchbiegungsstufe zeigte sich im Ausschwingversuch eine stärkere Abnahme des logarithmischen

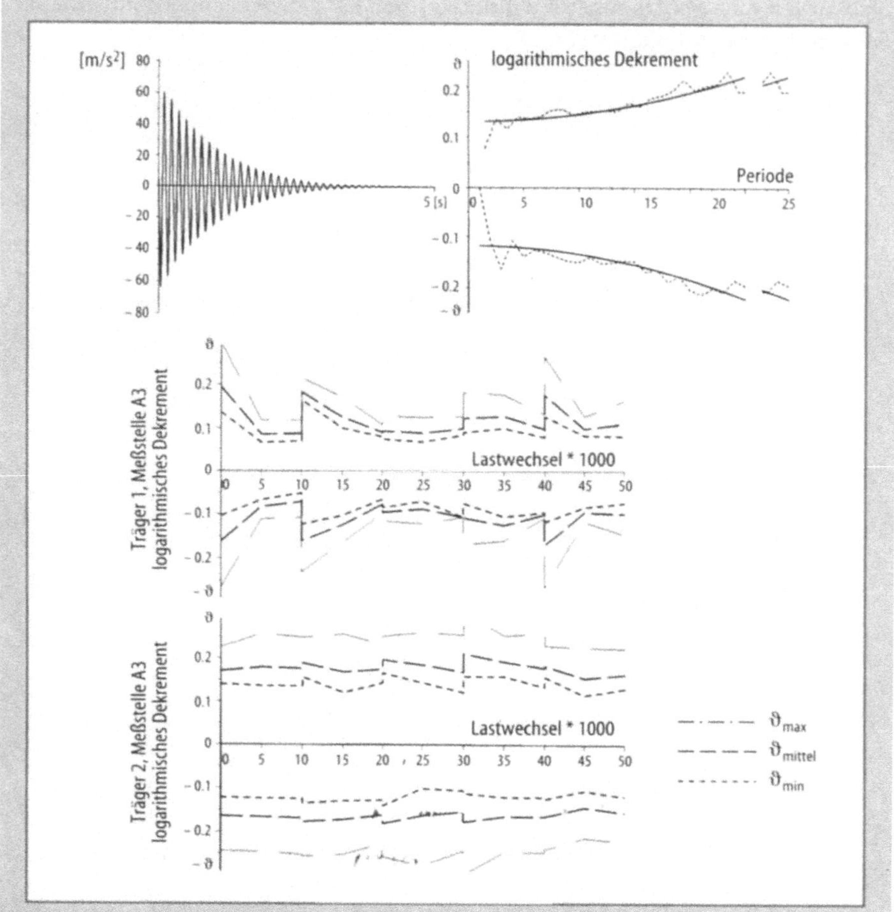

Bild 7. Ausschwingkurve, Logarithmisches Dekrement einer messung und Entwicklung des logaritmischen Dekrements während 50 000 Lastwechsel

Dekrements als im Dauerschwingversuch. Die Ursache dafür ist die bei Ausschwingversuchen schnellere Reduzierung der Reibkraft in den Kontaktflächen zwischen Beton und Bewehrung. Zunehmende Schäden der Träger führten nicht zu einem Anstieg, sondern nach mehrfacher Belastung gleicher Größe zu einer Reduzierung der Dämpfung.

11.4.3
Phasendiagramme und Hysteresekurven

Bisher wurden innere Meßwerte, wie die Stahldehnung und äußere Meßwerte, wie die Trägerbeschleunigung getrennt voneinander betrachtet. Setzt man diese inneren und äußeren Meßwerte in Beziehung zueinander, so entstehen Phasendiagramme aus der Stahldehnung ε und der Schwinggeschwindigkeit v und Hysteresekurven aus der Dehngeschwindigkeit der Längsbewehrung $d\varepsilon/dt$ und der Schwinggeschwindigkeit v (Bild 8).

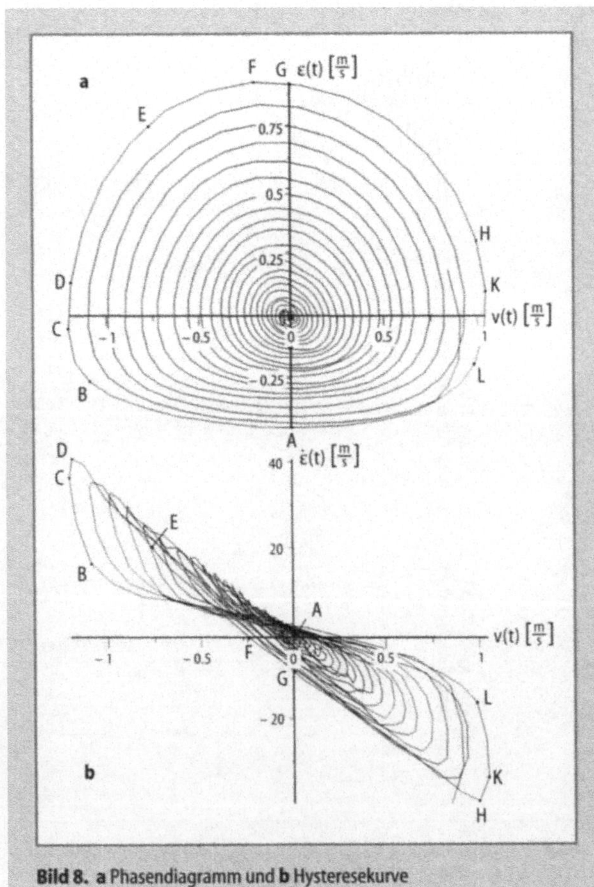

Bild 8. **a** Phasendiagramm und **b** Hysteresekurve

Mit den Zeitfunktionen der Dehnung, der Dehngeschwindigkeit, der Dehnungs-
beschleunigung und der Schwinggeschwindigkeit konnte nachgewiesen werden,
daß kein starrer Verbund zwischen Beton und Bewehrung vorhanden ist. Mit
jeder Periode treten Verschiebungen zwischen dem Beton und der Bewehrung auf,
die in den Diagrammen als Phasenverschiebungen ablesbar sind. Dies bestätigt
die oben getroffene Annahme über das Kräftesystem im Verbundkanal unter statischer und dynamischer Belastung.

Des weiteren zeigt die Auswertung, daß das Phasendiagramm und die Hysteresekurve zunehmende Schäden an den Versuchsträgern in Form ihrer Gestalt-
änderung sehr empfindlich anzeigen. Für den ungeschädigten Zustand jedes Trägers besitzt das Phasendiagramm eine annähernd kreisförmige Gestalt. Mit zunehmender Schädigung der Prüflinge stellte sich eine deutliche Deformation des Phasendiagramms zu einer Eiform ein (Bild 9).

Die Hysteresekurven hatten bei Versuchsbeginn die Form einer flachen Ellip-
se. Mit zunehmender Schädigung der Träger änderte sich die Kurvenform zu sich

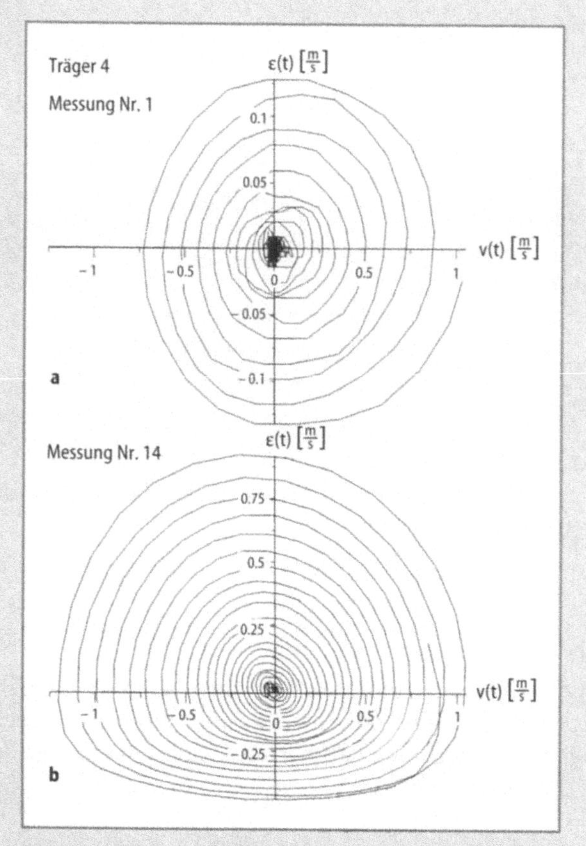

Bild 9. Phasendiagramm für den **a** ungeschädigten und **b** geschädigten
Versuchsträger

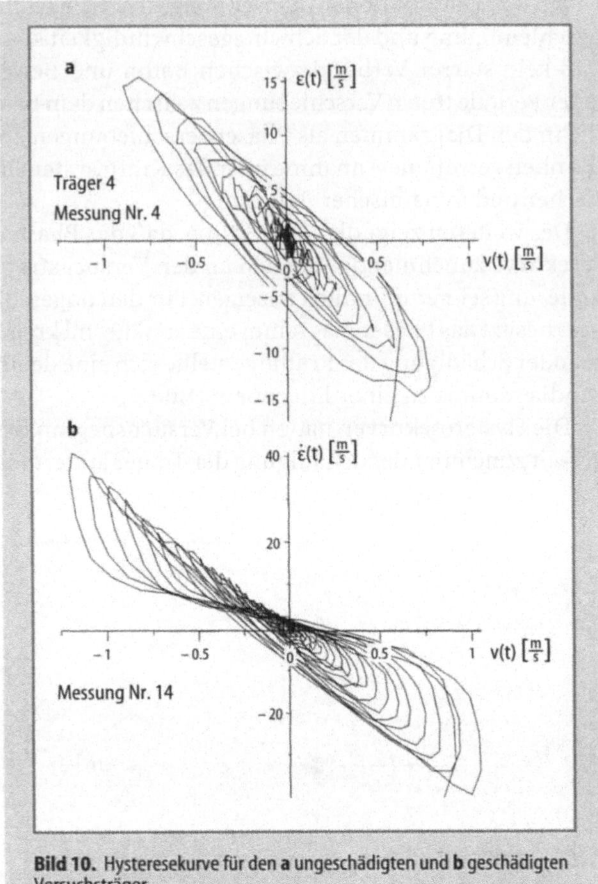

Bild 10. Hysteresekurve für den **a** ungeschädigten und **b** geschädigten Versuchsträger

aufblähenden Achten (Bild 10). Die Art der dynamischen Belastung durch Ausschwingversuch oder Dauerschwingversuch hat nach den vorliegenden Ergebnissen keinen Einfluß auf die Gestalt der Kurven.

11.5
Ergebnisse

Ziel des Forschungsvorhabens war es, geeignete und genügend empfindliche Parameter für die Untersuchungen an Stahlbetonkonstruktionen zu ermitteln. Diese sollten bei Wiederholungsmessungen unter definierten Lasten Änderungen des Tragvermögens anzeigen. Die Auswertung des Versuchsprogramms läßt die folgenden Ergebnisse zu.

Für die im Versuch erreichte Lastwechselzahl von 50 000 freien Schwingungen in Ausschwingversuchen ist gegenüber sinusförmigen Dauerschwingungen kein meßbarer Einfluß auf die Tragfähigkeit festzustellen. Die Art der dynamischen Belastung hat aber einen Einfluß auf die Meßergebnisse im Gebrauchszustand nach dem Eintreten erster geringer Schäden an den Versuchsträgern. Ob freie Schwingungen für die Lebensdauer eines Bauwerks maßgebend sind, muß in weiteren Versuchen möglichst auch mit größeren Lastwechselzahlen beobachtet werden. Dabei ist von Bedeutung, welche Belastungsgeschichte vorliegt und wie sich bereits eingetretene Schäden auf die Meßwerte auswirken können.

Die erste Eigenfrequenz der Versuchsträger ist von der Art der dynamischen Belastung unabhängig. Die Dämpfung hingegen wird nach Größe und Verlauf von der Art der dynamischen Belastung beeinflußt. Belastungen durch freie Schwingungen vermindern die Dämpfung gegenüber Belastungen aus sinusförmigen Dauerschwingungen. Dynamische Beanspruchungen führen, trotz gesteigerter statischer Belastung verbunden mit einer Zunahme der Rißbildung, zu einer Reduzierung der Dämpfung. Messungen der Dämpfung mit sehr kleinen Amplituden und nach ausschließlich statischer Belastungen ergeben bei zunehmender Rißbildung aber einen Anstieg der Dämpfung. Daraus folgt, daß die Dämpfung als eindeutiger Parameter für die Systemidentifikation, z.B. bei Brückenüberwachung, nicht geeignet ist.

Die Ursache hierfür liegt in der Wirkung der dynamische Belastungen auf die Verbundeigenschaften. Die Güte des Verbundes zwischen Beton und Bewehrung hängt stark von der Häufigkeit und der Größe einer Einwirkung und außerdem von den zusätzlich wirkenden Relativverschiebungen im Verbundkanal bei einer freien Schwingung ab. Aus den Versuchsergebnissen kann abgeleitet werden, daß der Reibverbund im Betonkanal zwischen dem Beton und der Bewehrung durch freie Schwingungen gegenüber Dauerschwingungen vermindert wird. Verbundstörungen müssen deshalb bei der Interpretation dynamischer Meßergebnisse berücksichtigt werden.

Durch die Verknüpfung innerer und äußerer Meßwerte in Form eines Phasendiagramms oder einer Hysteresekurve ist ein auf Tragfähigkeitsänderungen empfindlich reagierender Parameter vorhanden. Lokale Änderungen der Verbundeigenschaften im Bereich der Längsstahlmesstellen können auf einfache Art sichtbar gemacht werden. Voraussetzung für die Anwendung bei Bauwerksüberwachungen ist, daß an dem betreffenden Bauteil Messungen in einem Ausgangszustand durchgeführt wurden. Mit jeder weiteren Messung, bei Brücken z.B. bei einer Brückenhauptuntersuchung, kann durch den Vergleich der Kurven und die Größe der Stahldehnungen eine erste Beurteilung des inneren Bauwerkszustands getroffen werden.

Die vorgestellten Ergebnisse sollen einen Beitrag liefern, um Untersuchungen zur Systemidentifikation an Stahlbetonkonstruktionen, insbesondere an Stahlbetonbrücken, mit erweiterten Kenntnissen über deren dynamisches Tragverhalten durchführen zu können. Diese speziellen Ergebnisse aus Laborversuchen müssen durch In-situ-Messungen überprüft und mit Erfahrungen aus Bauwerksuntersuchungen weiterentwickelt werden.

Literatur

[1] Cantieni, R.: Beitrag zur Dynamik von Straßenbrücken unter der Überfahrt schwerer Fahrzeuge. EMPA, Bericht Nr. 220, 1992.

[2] Dieterle, R.; Bachmann, H.: Versuche über den Einfluß der Rißbildung auf die dynamischen Eigenschaften von Leichtbeton- und Betonbalken. ETH Zürich, Institut für Baustatik und Konstruktionen, Bericht Nr. 7501-1, Zürich: Dezember 1979.

[3] Rösler, M.: Interaktion zwischen einer Massivbrücke und periodisch angeregten Straßenfahrzeugen. Bericht aus dem konstruktiven Ingenieurbau, Heft 15 (Hrsg. TU Berlin), Berlin: 1992

[4] Specht, M.; Kramp, M.: Schlußbericht zum Forschungsvorhaben „Der Einfluß von freien Schwingungen infolge dynamischer Belastung auf die Deterioration eines Bauwerks" im Schwerpunktprogramm „Bewehrte Betonbauteile unter Betriebsbedingungen" der DFG. (Hrsg. TU Berlin, Fachgebiet Stahlbetonbau), Berlin: 1995

12 Unebenheiten an den Oberkanten gemauerter Wände

Ralf Avak

12 Unebenheiten an den Oberkanten gemauerter Wände

Ralf Avak

12.1
Ausgangspunkt für die Untersuchungen

Wände aus Mauerwerk werden i.d.R. als am Kopf und Fuß horizontal unverschieblich gehalten berechnet. Durch die unverschiebliche Lagerung der Decke auf der Wand können auf die Wand einwirkende Horizontalkräfte (z.B. aus Wind) in die Deckenscheibe übertragen werden.

Die konstruktive Verbindung von Mauerwerkswand und Decke ist jedoch problematisch bei langsam ablaufenden Deckenverformungen und -längenänderungen. Behinderte Form- und Längenänderungen der Decke werden über das Deckenauflager in die Wand übertragen und bewirken dort (Zwang-) Schnittgrößen. Diese können in der Wand und im Außenputz horizontale Risse verursachen.

Die Form- und Längenänderungen der Decke resultieren aus elastischer Verformung, Kriechverformung, Temperatureinwirkungen und dem Schwinden des Betons. Diese sich i.d.R. langsam einstellenden Veränderungen sollen daher möglichst keine Biegemomente in der Wand verursachen, die zu Rissen führen können.

Aus statischer Sicht ergeben sich somit 2 sich scheinbar widersprechende Anforderungen an das Lager Wand/Decke:

1. Zur Aufnahme der auf die Wand einwirkenden Horizontallasten soll es sich wie ein starres Lager verhalten, damit die Wand ihre Auflagerkräfte in die angrenzenden Geschoßdecken einleiten kann.
2. Zur Verhinderung bzw. Reduzierung der Belastung der Wand infolge von Form- und Längenänderungen der Decke sollte sich das Lager wie ein bewegliches Lager verhalten.

Diesen Forderungen versucht man durch Anordnung von Trennschichten zwischen Wand und Decke gerecht zu werden. In [1] und [2] sind Versuchsergebnisse dokumentiert, die in [3] zusammenfassend bewertet und in Vorschläge für die Ausbildung des Wand/Decken-Knotens zur Realisierung der o.g. Forderungen umgesetzt wurden. Es wurde vorgeschlagen, das Deckenauflager so auszubilden, daß zunächst eine Mörtelabgleichschicht auf die oberste Ziegelreihe aufgebracht und darauf eine Lage Bitumendachbahn mit Rohfilzeinlage R 500 – DIN

52128 [4] gelegt wird. Darauf ist dann die Stahlbetondecke zu betonieren. Bei Verwendung von Planziegeln wurde vorgeschlagen, auf die Mörtelabgleichschicht zu verzichten.

Grundlage dieser Empfehlungen bildeten Versuche an kleinen Probekörpern. Die Versuche in [1] und [2] wurden mit halbierten Ziegeln, Lastfläche 150 mm/ 240 mm, durchgeführt. Damit konnten jedoch Auswirkungen von Unebenheiten der Wandoberkanten nicht ausreichend erfaßt werden. Ein negativer Einfluß der Unebenheiten auf das angestrebte langsame Gleiten in der Fuge ist denkbar; hierauf wurde sowohl in [2] als auch in [3] hingewiesen. Als Voraussetzung für eine experimentelle Klärung der Auswirkungen von Unebenheiten an der Wandoberkante muß eine Quantifizierung derselben durch Messungen erfolgen. Über die hierzu auf Baustellen durchgeführten Messungen und die Auswertungen wird nachfolgend berichtet.

12.2
Zielstellung für die Messungen und Auswahl der Baustellen

Um einen realistischen Überblick über zu erwartende Unebenheiten von Wandoberkanten zu erhalten, sollten auf mehreren Baustellen unterschiedlicher Baubetriebe und in unterschiedlichen Regionen Messungen erfolgen. Hierdurch sollten sowohl mehrere Steinfabrikate als auch evtl. vorhandene unterschiedliche Qualifikationsniveaus des Baustellenpersonals Eingang in die Meßergebnisse finden. Ansonsten wurden die Baustellen nach dem Zufallsprinzip ausgewählt. Die Baustellenmannschaften wurden vorab nicht informiert, welche Wände aus dem gesamten Bauvorhaben gemessen werden sollten, um die übliche Arbeitsqualität nicht zu verändern.

Aufgrund der vorgesehenen Untersuchungen an gemauerten Wänden aus Ziegeln beschränkte sich die Messungen ausschließlich auf dieses Wandmaterial.

Die Messungen wurden jeweils an mehreren Meter langen geschoßhoch (2,50 m oder 2,75 m) aufgemauerten Wänden durchgeführt. Um die Messungen vielseitig auswerten zu können, wurde jede Steinecke höhenmäßig sowohl für Wände aus Normalziegeln in Dickbettmörtel als auch aus Planziegeln mit Dünnbettmörtel bestimmt.

12.3
Auswahl des Meßverfahrens unter dem Gesichtspunkt der Meßunsicherheit

Soll eine Abweichung von einem Sollwert durch Messung festgestellt werden, so darf das Meßverfahren die festgestellte Abweichung nicht zu sehr verfälschen. Akzeptiert wird allgemein ein möglicher Fehler um 10 %. Bei den vorgesehenen Messungen soll in einer anschließenden statistischen Auswertung ein Streufeld (SF) der noch zu definierenden Parameter ermittelt werden. Bei Annahme der Normalverteilung der Meßwerte und der Meßabweichungen (früher Meßfehler genannt) ist die geometrische Addition vertretbar.

Aus der Forderung

$$\sqrt{SF_F^2 + SF_M^2} \le 1,1 \cdot SF_F$$

ergibt sich

$$SF_M \le 0,46 \cdot SF_F$$

mit SF_F = Streufeld der Fertigung < T_F = Fertigungstoleranz
SF_M = Streufeld der Meßabweichungen < T_M = Meßtoleranz

Da die zu erwartenden Fertigungsabweichungen SF_F vor dem Messungsbeginn nicht bekannt waren, mußte ein möglichst genaues Meßverfahren gewählt werden und nach den ersten Messungen eine Überprüfung hinsichtlich der Einhaltung dieser Forderung erfolgen. Ausgewählt wurde das elektrooptische Nivelliergerät NA 2002 der Firma Wild, welches in Verbindung mit einer speziellen Strichcodelatte die gemessene Höhe bis auf 1/10 mm anzeigte und speicherte.

Um für die Nivellierlatte eine definierte Aufstandsfläche auf den Eckpunkten der Steine zu erzeugen, wurde eine Scheibe von 25 mm Durchmesser und 6 mm Dicke untergelegt. Da es bei den Messungen nicht auf die absolute Höhe der Ziegelecken bezogen auf irgendeinen Bezugspunkt ankam, die Zielweiten sehr kurz waren und immer der gleiche Lattenbereich zur Messung benutzt wurde, sind systematische Meßabweichungen bedeutungslos. Die zufälligen Meßabweichungen wurden durch mit dem Gerät mögliche Mehrfachmessung und Mittelwertbildung klein gehalten. Trotzdem wurde durch unabhängige Doppelmessungen bei jeder Baustelle die Standardabweichung der zufälligen Meßabweichungen (Meßfehler) nach [6, S. 62] wie folgt ermittelt:

$$s = \sqrt{\frac{\sum_{i=1}^{n} d_i^2}{2n}}$$

mit n = Anzahl der Doppelmessungen
d_i = Differenz zwischen den Meßwerten einer Doppelmessung

Das Streufeld der zufälligen Meßabweichungen wurde nach [8, S.132] mit $2\,(k \cdot k_1 \cdot s)$ bestimmt, wobei für eine statistische Sicherheit P = 95 % sich k zu 1,96 ergibt; k_1 ist in Abhängigkeit von der Meßwertzahl n einzusetzen. So ist z.B. $k_1 = 1,2$ für $n = 50$ und $k_1 = 1,13$ für $n = 100$.

Auch unter Beachtung eines Zuschlages für durch die Doppelmessungen nicht erfaßte systematische Meßabweichungen wurde nachgewiesen, daß die o. g. Forderung an die Meßgenauigkeit sehr sicher eingehalten wurde.

12.4
Meßergebnisse

Es wurden Baustellen in Berlin, Brandenburg, Sachsen und Baden-Württemberg untersucht. Angaben zu den verwendeten Steinen, zur Anzahl der Meßwerte und der Mörtelart sind in Tabelle 1 zu finden. An den Wandoberkanten wurden jeweils in den Eckpunkten die Höhen gemessen. Die Vorgehensweise der Messungen ist aus Bild 1 zu entnehmen. Hieraus wurden ermittelt:

Spannweite aus allen Meßwerten: $\quad R = \max h_{i,j} - \min h_{k,l}$

Stoßfugenversatz:
$$v_{i,innen} = h_{i,2} - h_{i+1,3}$$
$$v_{i,außen} = h_{i,1} - h_{i+1,4}$$

Längsneigung:
$$n_{Li,innen} = h_{i,2} - h_{i,3}$$
$$n_{Li,außen} = h_{i,1} - h_{i,4}$$

Querneigung:
$$n_{Qi,links} = h_{i,4} - h_{i,3}$$
$$n_{Qi,rechts} = h_{i,1} - h_{i,2}$$

Bild 2 zeigt beispielhaft die Skizze für die gemessenen Wände und die ermittelten Versatzmaße für Baustelle 1. In Tabelle 2 sind die festgestellten Extremwerte für die Baustellen mit Dünnbettmörtel und in Tabelle 3 mit Dickbettmörtel zusammengestellt. Es wurden keine Extremwerte im Sinne von „Ausreißern" eliminiert, da grobe Meßabweichungen (Meßfehler) auszuschließen sind. Gemessen wurden jedoch nur ungekürzte (ungeteilte) Steine. Auch die Meßwerte mit höhenmäßig zurechtgesägten Ziegeln wurden nicht verworfen, da nicht ziegelgerechte Konstruktionsmaße immer wieder anzutreffen sind. Dieser Fall trat bei Baustel-

Tabelle 1. Weitere Angaben zu den Baustellen

Bau-stelle	Ort und Bundesland	Art der Lagerfuge	Steinformat und -art	Meßwertzahl
1	Cottbus (Brandenburg)	Dickbett	Hlz 12 DF	160
2	Cottbus (Brandenburg)	Dickbett	Wände 1+3 [a] Hlz 49,8·17,5·23,8 Wände 2+4, Hlz 5 DF	332
3	Schwarze Pumpe (Brandenburg)	Dünnbett	Poroton SBZ-T 24,0	92
4	Giengen (Baden-Württemberg)	Dickbett	Mz NF	84
5	Giengen (Baden-Württemberg)	Dickbett	Hlz 10 DF	80
6	Giengen (Baden-Württemberg)	Dünnbett	PorotonBlock-T 36,5	64
7	Ehingen (Baden-Württemberg)	Dickbett	Hlz 16 DF	100
8	Bad Schussenried (Baden-Württemberg)	Dünnbett	Poroton Plan-T 24,0	88
9	Werben (Brandenburg)	Dünnbett	Poroton Block-T 36,5	88
10	Berlin-Köpenick (Berlin)	Dickbett	Hlz 3 DF	64
11	Dresden (Sachsen)	Dünnbett	Hochloch-Planziegel Megalith 12/08 12 DF	72
12	Pirna (Sachsen)	Dünnbett	Hochloch-Planziegel Megalith 6/07 12 DF	80

[a] Ziegel in der Höhe gesägt

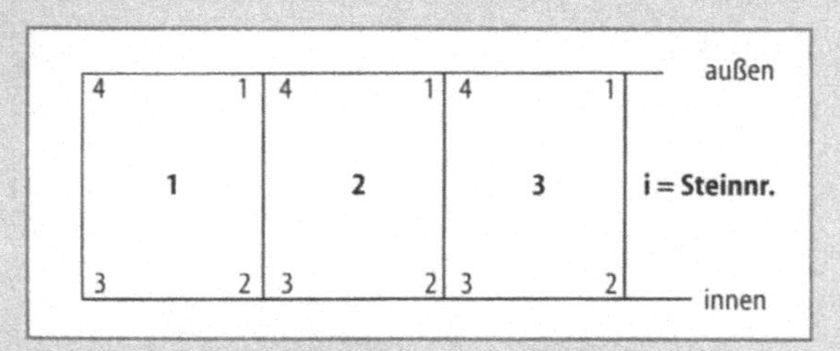

Bild 1. Numerierung der Meßwerte auf den einzelnen Steinen an einer Wand

Tabelle 2. Meßergebnisse von Wänden mit Dünnbettmörtel

Baustelle	R [1/10 mm]	max $\lvert v_i \rvert$ [1/10 mm]	max $\lvert n_{Li} \rvert$ [1/10 mm]	max $\lvert n_{Qi} \rvert$ [1/10 mm]
3	62	12	26	23
6	105	22	27	16
8	53	20	25	22
9	46	36	17	22
11	50	16	15	18
12	94	11	17	20

Tabelle 3. Meßergebnisse von Wänden mit Dickbettmörtel

Baustelle	R [1/10 mm]	max $\lvert v_i \rvert$ [1/10 mm]	max $\lvert n_{Li} \rvert$ [1/10 mm]	max $\lvert n_{Qi} \rvert$ [1/10 mm]
1	63	55	41	57
2	75	59	44	56
4	61	32	39	19
5	76	37	26	44
7	190	41	56	54
10	92	33	23	47

le 2 auf. Die spätere Auswertung zeigte zudem, daß sich die Meßwerte auch nicht deutlich von anderen Baustellen unterscheiden (vgl. Tabelle 3).

Die Meßwerte für die beiden Gruppen für Dünnbett- und Dickbettmörtel wurden für die oben genannten Merkmale jeweils zu einer großen Stichprobe zusammengefaßt und mit dem χ^2-Test die statistische Hypothese überprüft, ob die Stichproben aus einer normalverteilten Grundgesamtheit stammen können. Durch die vorzeichengebundene Ermittlung der betrachteten Merkmale konnte diese Hypothese erwartungsgemäß für die Irrtumswahrscheinlichkeiten $\alpha = 0{,}05$ und $0{,}025$ bei allen Merkmalen angenommen werden. Die Verteilung der Versatzmaße v ist in Bild 3 dargestellt.

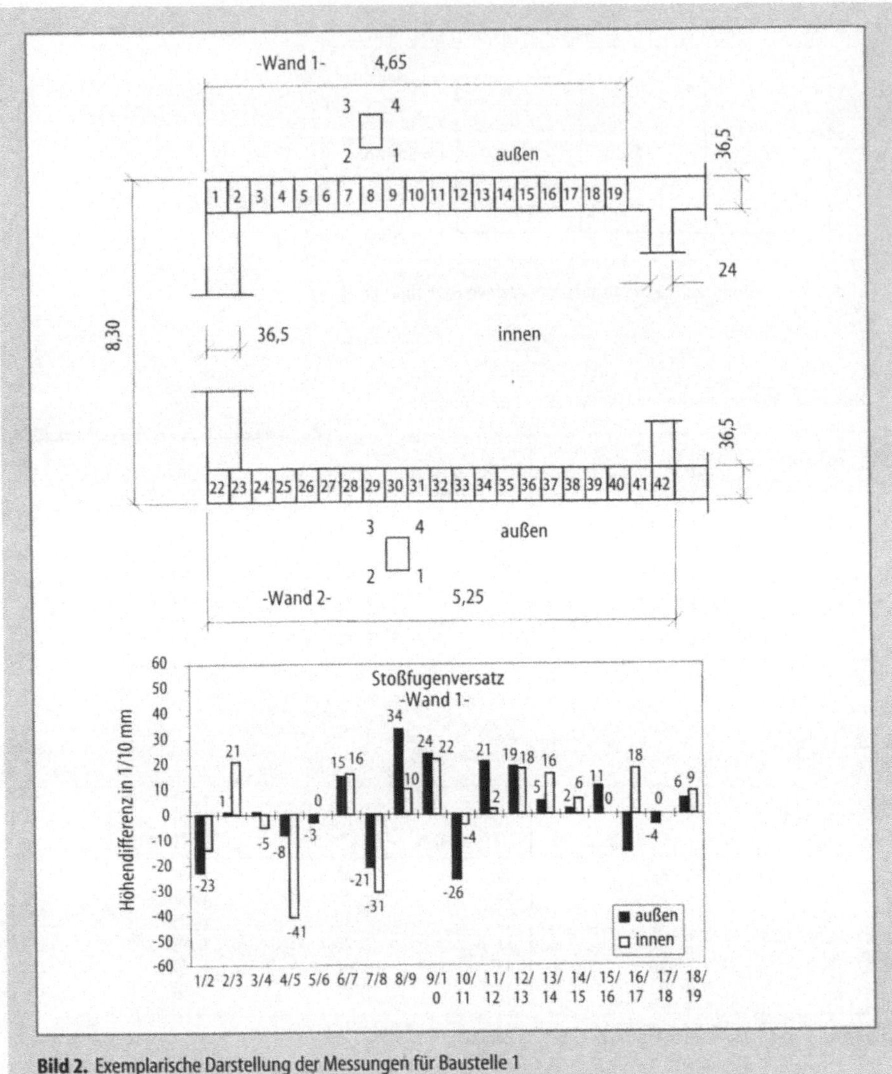

Bild 2. Exemplarische Darstellung der Messungen für Baustelle 1

Damit konnten für die statistische Streufeldschätzung nach [7] (dort mit „Toleranzschätzung" bezeichnet) die in Tabelle 4 zusammengestellten Streufelder berechnet werden. Sie wurden so berechnet, daß sich mit der statistischen Sicherheit $\beta = 95\,\%$ mindestens $\gamma = 95\,\%$ der Werte der Grundgesamtheit innerhalb der Streufeldgrenzen τ_u und τ_0 befinden. Die Erhöhung der statistischen Sicherheit auf 99 % würde die Werte nur unwesentlich (um ca. 1/10 mm) vergrößern.

Die Werte der Tabelle 4 bestätigen die Vermutung, daß mit im Dünnbettmörtel verlegten Planziegeln eine deutlich bessere Ebenheit der Wandoberkanten gegenüber Ziegeln in Dickbettmörtel erreicht wird. Der zu erwartende Höhenver-

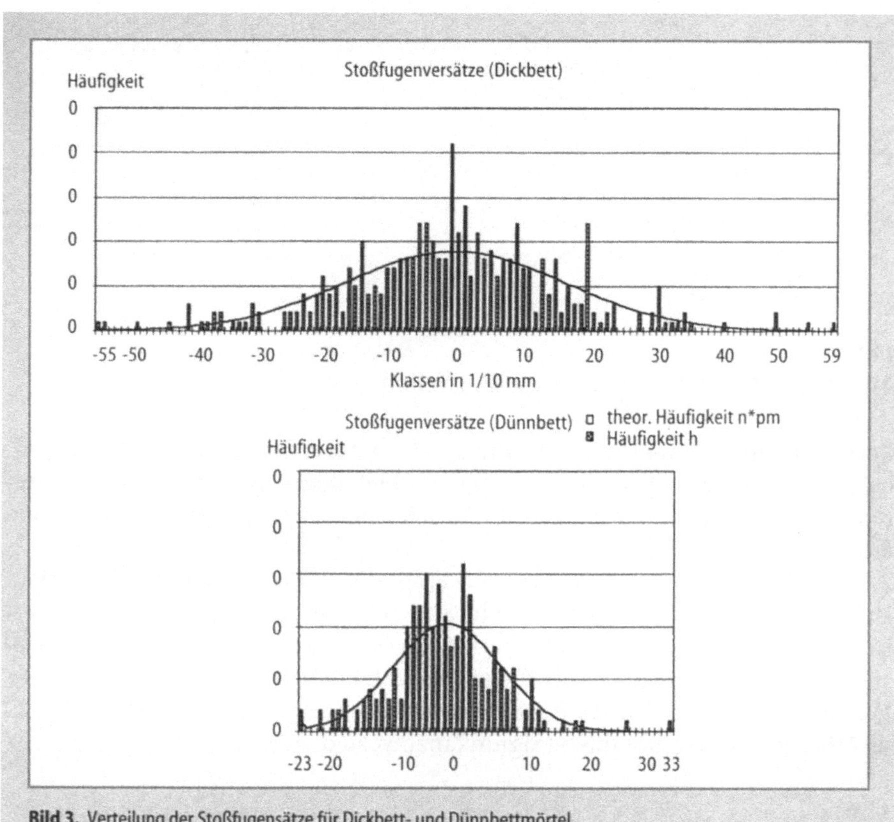

Bild 3. Verteilung der Stoßfugensätze für Dickbett- und Dünnbettmörtel

Tabelle 4. Streufelder für Dünnbett- und Dickbettmörtel

Mörtelart	Merkmal	Kennwerte		
		τ_u [1/10 mm]	τ_0 [1/10 mm]	SF [1/10 mm]
Dünnbettmörtel	Versatz v	−19	18	37
	Neigung n_L	−21	20	41
	Neigung n_Q	−23	18	41
Dickbettmörtel	Versatz v	−36	36	72
	Neigung n_L	−31	31	62
	Neigung n_Q	−32	42	74

satz innerhalb einer Stoßfuge ist bei Planziegeln mit max. 2 mm und bei Normalziegeln mit max. 4 mm zu erwarten. Auch die Abweichungen von der Horizontalen bezogen auf *einen* Ziegel liegen in der gleichen Größenordnung. Bei den Ziegeln in Dickbettmörtel ergab sich für die untersuchten Baustellen bei der Querneigung ein systematische Neigung nach außen (ca. 1 mm).

Tabelle 5. Standardabweichung der Stoßfugenversatzmaße für die jeweils beste und schlechteste Baustelle

Mörtelart	Baustelle	n	s [mm]
Dünnbettmörtel	6	64	2,60
	11	72	1,25
Dickbettmörtel	7	100	4,64
	4	84	1,55

12.5
Arbeitsqualität der untersuchten Baustellen

Bei den untersuchten Baustellen handelt es sich um eine umfangreiche Stichprobe, die jedoch nicht die in der Grundgesamtheit aller Baustellen in der Bundesrepublik Deutschland vorhandenen Abweichungen gegenüber den Sollwerten erfaßt.

Trotz dieser Einschränkung wird die Frage diskutiert, inwieweit sich die Baustellen hinsichtlich der Qualität (hier im Sinne einer möglichst ebenen Wandoberkante) unterscheiden. Ein Vergleich der jeweils besten und schlechtesten Baustellen in Tabelle 5 zeigt hier deutliche Unterschiede in der Standardabweichung. Die Hypothese, daß sich die Baustellen signifikant unterscheiden, wird für beide Mörtelarten angenommen (Signifikanzniveau $\alpha = 5\%$).

12.6
Zusammenfassung

Die ermittelten Meßergebnisse zeigen zwar Maßabweichungen an den Oberkanten gemauerter Wände, insgesamt gesehen bewegen sich diese jedoch in einem kleinen Rahmen. Unter Beachtung, daß eine Lage einer Bitumendachbahn mit Rohfilzeinlage ca. 3 mm dick ist, ist zu erwarten, daß sich geringe Unebenheiten von in Dünnbettmörtel erstellten Wänden hiermit ausgleichen lassen.

Literatur

[1] Sterneck, D.: Voruntersuchung zur Auswahl geeigneter Bitumenbahnen für die Ausbildung der Trennschicht. Abschlußbericht zum Forschungsvorhaben, Institut für Ziegelforschung Essen e.V., Essen: 1991

[2] Avak, R.; Grätz, P.: Voruntersuchungen zur Auswahl geeigneter Bitumenbahnen für die Ausbildung der Trennschicht Wand/Decke. Forschungsbericht Nr. 1, Brandenburgische Technische Universität Cottbus, Cottbus: 1995

[3] Avak, R.; Sterneck, D.: Untersuchungen zur Ausbildung des Auflagers von Massivdecken auf Mauerwerkswänden. Bautechnik, 73 (1996), S. 781-785

[4] DIN 52128 (03.77): Bitumendachbahnen mit Rohfilzeinlage – Begriffe, Bezeichnung, Anforderungen

[5] Eichhorn, A.; Müller, I.: Untersuchungen zu Mauerwerksungenauigkeiten von
Wandoberkanten und deren Auswirkung auf die Funktion einer bituminösen Trennschicht zwischen Wand und Decke, Brandenburgische Technische Universität Cottbus, Diplomarbeit 1997
[6] Grundlagen des Genauigkeitswesens – Sicherung der geometrischen Qualität im Bauwesen. (Hrsg. Kammer der Technik, Bezirksverband Erfurt), Erfurt: 1988
[7] Storm, R.: Wahrscheinlichkeitsrechnung, mathematischen Statistik und statistische Qualitätskontrolle. Fachbuchverlag Leipzig GmbH; Köln, Leipzig: 1995
[8] Götte, K.; Hart, H.; Jeschke, G.: Taschenbuch Betriebsmeßtechnik., VEB Verlag für Technik,
Berlin: 1982

13

Anwendung des Schädigungs-Modells für Beton bei Traglastuntersuchungen von Stahlbeton-Konstruktionen

Desmond O. Aryee-Boi

13 Anwendung des Schädigungs-Modells für Beton bei Traglastuntersuchungen von Stahlbeton-Konstruktionen

DESMOND O. ARYEE-BOI

13.1
Schädigungsmodell

13.1.1
Einleitung

In die Berechnung von Stahlbetonkonstruktionen haben numerische Simulationsverfahren in den letzten Jahren verstärkt Einzug gehalten. Die Abbildung des Materials „Stahlbeton" führt allerdings zu einer Reihe bisher unbefriedigend gelöster Probleme: während hinsichtlich des plastischen Verhaltens bereits einige Arbeiten vorliegen, war die Beschreibung des Nachbruchverhaltens aufgrund der Schädigung infolge der Rißbildung des Betons bisher nicht möglich.

Die Leistungsfähigkeit der FE-Analyse tritt vor allem bei zeitabhängigen Problemen zu Tage. Hierzu gehört u. a. die zeitabhängige Belastung von Tragwerken, die Erfassung der Belastungsgeschwindigkeit ganz allgemein sowie die Problematik des Kriechens und der Relaxation.

Während komplexe Tragwerke in realen Versuchen oft nur schwer und mit erheblichem finanziellen Aufwand untersucht werden können, bietet die Methode der finiten Elemente (FEM) alle Vorzüge des „numerischen" Versuchsstands. Mit numerischen Traglastbestimmungen, Parameterstudien und der Untersuchung von Sonderbauteilen lassen sich weiterhin Konstruktions- und Bemessungsregeln aus Normung und Praxis kritisch beleuchten und gegebenenfalls verbessern.

Die linearen Berechnungen geben nicht das exakte Verhalten von Betonkonstruktionen an, weil das Materialverhalten nicht exakt erfaßt wird, und daher die Verformungen zur Vereinfachung der Berechnung stark approximiert werden. Die realistische Analyse solcher Tragwerke sowohl in der Forschung als auch in der Ingenieurpraxis führt zu komplizierten nichtlinearen Problemstellungen. So beschäftigen sich viele Forschungseinrichtungen mit Problemen zu Untersuchungen des physikalisch und geometrisch nichtlinearen Verhaltens von Stahlbeton.

Bei der Berechnung von Betonbauten spielt die *genaue Erfassung der Materialeigenschaften* zur Untersuchung des Tragverhaltens somit eine bedeutende und zugleich eine herausfordernde Rolle. Dies wird hierfür in den Vordergrund gestellt.

Ziel der wissenschaftlichen Arbeit ist es, das *physikalisch nichtlineare Tragverhalten* von Tragwerken aus Konstruktionsbeton mit Hilfe von Computersimulationen zu untersuchen. Schwerpunkt dabei ist, die Materialeigenschaften vor allem im Nachbruchbereich zu formulieren und rechnerisch wiederzugeben. Hierbei werden zunächst im dreidimensionalen Materialpunkt unter unterschiedlichen Beanspruchungen möglichst viele der meßtechnisch erfaßbaren Effekte untersucht. Hierzu gehört beispielsweise das Sprödverhalten, die Duktilität, die Verfestigung sowie die Entfestigung des Betons, aber auch die volumetrische Kontraktion und Dilatation. Die in Versuchen beobachtete Steifigkeitsabminderung des Betonquerschnitts ist nicht in direkter Abhängigkeit vom Elastizitätsmodul zu sehen; genauer betrachtet sind Schädigungen in Systemquerschnitten infolge Riß- und Hohlraumbildungen die Ursache für solche Steifigkeitsabminderung. Zur Beschreibung dieses Problems wird also die Theorie der Kontinuumsschädigung mit Viskoplastizität angewendet. Die Versuchsergebnisse in [10], [11], [17] und [23] u. a. sind für die genaue Anpassung an numerischen Untersuchungen von großer Bedeutung.

Die Formulierung des Materialmodells für Beton basiert auf der Annahme, daß die plastischen Verformungen bzw. Deformationen und die progressiven Schädigungen infolge Rißbildung u. a. die Ursachen für die Verfestigung und die Entfestigung sind. Diese zwei Materialeigenschaften sind unabhängig voneinander, und entwickeln sich unterschiedlich stark je nach Art und Intensität der Beanspruchungen. Letztgenannte Eigenschaften sind für die Nichtlinearität des Betons verantwortlich. Beton ist außerdem ein viskoser Werkstoff. Dies wird vor allem dann deutlich, wenn der Beton unter Druckbeanspruchungen steht, und ein duktiles Verhalten aufweist. Die Viskosität spielt in Beton unter Zugbeanspruchungen eine untergeordnete Rolle. Hier verhält sich der Beton spröd. Das unterschiedliche Verhalten des Betons in Abhängigkeit von der Beanspruchung verlangt verschiedene Gesetzmäßigkeiten im Modell zur Beschreibung der Reaktion des Materials auf seine Beanspruchung. Die Behandlung der Entwicklung der inelastischen Verzerrungen in Abhängigkeit von der Geschwindigkeit bildet einen Schwerpunkt. Im allgemeinen sind die theoretischen Ansätze und Algorithmen für das dreidimensionale materielle Kontinuum entwickelt [1]. Hierbei wird aber nur die Vorgehensweise für das eindimensionale Kontinuum vorgestellt, und Vergleichsrechnungen mit dem eindimensionalen Finiten-Element, dem Balken aus Stahlbeton vorgeführt.

Es wird angestrebt, den Zustand der Tragfähigkeit und Gebrauchstauglichkeit in der Europäischen Norm – Eurocode 2 – (im folgenden EC 2) unter sicherheitstechnischen Aspekten bezüglich der Tragreserve im Nachbruchbereich neu zu bewerten. Insbesondere bei Traglastuntersuchungen ist nicht nur die Spannungsverteilung über den Systemquerschnitt in der Betondruckzone maßgebend, sondern auch die Schädigungen infolge Riß- und Hohlraumbildungen [7].

13.1.2
Schädigungsvariable

Erst nachdem man sich jahrzehntelang mit dem Spannungs-Dehnungs-Konzept zur Beschreibung des Materialverhaltens beschäftigt hat, ist man zur Untersuchung der Vorgänge übergegangen, die zum Bruch eines Materials führen. Ergebnis dieser Entwicklung ist die Theorie der Kontinuumsschädigung. Der Beginn dieser Theorie ist mit dem Namen Kachanow verbunden, der als erster eine kontinuierliche Schädigungsvariable $(1-D)$ einführte. Dieses Konzept blieb ca. 15 Jahre unbeachtet und wurde in dieser Zeit nur durch ein wesentliches Element, das „Konzept der Nettospannung" von Rabotnow [18] ergänzt. Erst in den siebziger Jahren begann die endgültige Entwicklung der Schädigungstheorie. Man wurde sich bewußt, daß der Bruch kein spontaner Vorgang ist, sondern durch eine kontinuierliche Schädigung des Materials eingeleitet wird.

Schädigung ist demzufolge ein physikalisches Verhalten von Material und ist bis zum heutigen Zeitpunkt ein aktuelles Thema in der Materialforschung. Sie wird in verschiedensten Arten behandelt und wird in der Literatur nach unterschiedlichen Gesichtspunkten betrachtet. Sehr interessant ist die Betrachtung von lokalen Schädigungen infolge lokalen Rißbildungen an schwachen Stellen in Strukturen verursacht durch ungleichmäßige Verteilung der Materialkomponenten. Mit dieser Betrachtungsweise ist es möglich, lokale Fließgelenkbildungen infolge lokaler Rißbildungen in Bauwerken zu analysieren.

Beton, ein Geomaterial, besteht makroskopisch aus zwei Bestandteilen; aus groben Zuschlagsstoffen und aus Zementpaste. Durch die orientierungslose Zusammenmischung dieser Bestandteile kann Beton allgemein als homogen betrachtet werden. Die Oberflächen der Zuschlagstoffe aber sind die Schwachstellen in der Verbundwirkung. Die Mikrorisse im Materialpunkt verlaufen orthogonal zu den maximalen Hauptzugspannungen. Die ständigen Änderungen der maximalen Hauptzugspannungsrichtungen verursachen immer mehr neue Risse, die quer zu den entsprechenden Hauptspannungsrichtungen verlaufen. Unter Steigerung der Beanspruchungen vergrößern sich diese Mikrorisse in Anzahl und Größe, und so entstehen Makrorisse und Hohlräume. Durch diesen Vorgang ist die Schädigung in Geomaterialien vorwiegend charakterisiert.

Die Betrachtung einzelner Risse mit immer veränderlichen Rißrichtungen erschwert die genaue Formulierung bzw. Modellierung dieser Risse in einem materiellen Kontinuum. Ein Versuch mit einer genauen Verfolgung jedes einzelnen Risses in der entsprechenden Richtung führt zu einem immer komplizierteren und immer größeren Rechenaufwand. Die Einführung von Schädigungsvariablen ergibt daher eine vereinfachte Formulierung von Riß- und Hohlraumbildung im Rahmen der Kontinuumsmechanik. Sie repräsentiert die verschmierten Riß- und Hohlraumbildungen im Kontinuum. Diese Variable kann deshalb interpretiert werden als ein Maß der irreversiblen Reduktion der „effektiven Flächen" A im geschädigten Körper durch die Entstehung und Weiterentwicklung von makroskopischen Rissen und Hohlräumen. Die Definitionen von dem Schädigungs-

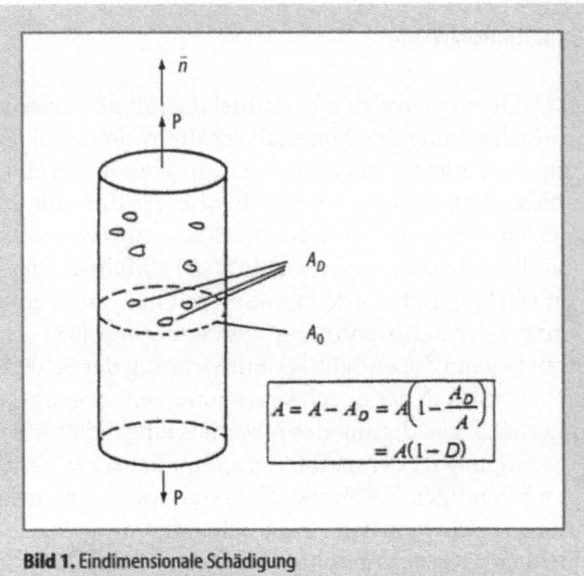

$$A = A - A_D = A\left(1 - \frac{A_D}{A}\right)$$
$$= A(1 - D)$$

Bild 1. Eindimensionale Schädigung

parameter und der „effektiven Flächen" sind an einem eindimensionalen Fall in Bild 1 illustriert. Wenn die gesamten Risse und Hohlräume in einer Fläche A_D zusammengefaßt werden, so stellt der Schädigungsparameter das Verhältnis zwischen der geschädigten und der ursprünglichen Fläche A_0, dar;

$$D = \frac{A_D}{A_0} \ . \tag{1.1}$$

Damit kann man die restlichen ungeschädigten „effektiven Flächen" A bezüglich der ursprünglichen Flächen ausrechnen.

$$A = A_0 - A_D = A_0\left(1 - \frac{A_D}{A_0}\right) = A_0(1 - D) \ . \tag{1.2}$$

Die Schlußfolgerung dieser Definition ist, daß der Wert der skalaren Schädigungsvariable D zwischen 0 und 1 liegt:

$$0 \leq D \leq 1 \tag{1.3}$$

$D = 0 \rightarrow$ ungeschädigtes Material,
$D = 1 \rightarrow$ total-geschädigtes Material.

Der Begriff der Schädigung findet schon seinen Eingang in die rheologischen Betrachtungen von Massivbauwerken. Bei der Vorstellung der neuen europäischen Norm EC 2 Teil 2 wird ein Bemessungswert des „Schadensmerkmals" definiert und angesetzt [5]. Dieses Schadensmerkmal ist identisch mit der Schädigungsvariablen, wird aber weiter nicht behandelt. Diesbezüglich zeigt der EC 2 trotzdem einen Fortschritt in der Entwicklung zur Beschreibung des physikalischen Verhaltens von Beton gegenüber der uns geläufigen Deutschen Norm DIN 1045.

Die möglichen Definitionen der Schädigungsvariablen sind in der Literatur vorgestellt. Auf Grund der Veränderungen von einigen meßbaren physikalischen Zustandsgrößen wie der Spannung oder des Elastizitätsmoduls kann man den Schädigungsgrad des Materials unter Beanspruchung definieren. Einige Beispiele sind hier genannt:

die relative Änderung der Materialdichte (ρ) infolge von Schädigung zwischen $\hat{\rho}$ im geschädigten und ρ im ungeschädigten Zustand:

$$D = \left(1 - \frac{\hat{\rho}}{\rho}\right)^{2/3} \tag{1.4}$$

– die direkte Abhängigkeit zwischen dem Elastizitätsmodul (E) im geschädigten $\hat{E}$ und im ungeschädigten E Zustand:

$$D = 1 - \frac{\hat{E}}{E} \ . \tag{1.5}$$

– als Funktion der Spannungsamplitude $\Delta\sigma$ und des Lastspiels N formuliert:

$$D = \begin{cases} 0 & N \geq N^{\otimes} \\ \left(1 - \dfrac{\Delta\sigma}{\Delta\sigma^{\otimes}}\right)^{n} & N \geq N^{\otimes} \ . \end{cases} \tag{1.6}$$

Dabei ist $\Delta\sigma^{\otimes}$ die stabilisierte Spannungsamplitude nach einem Zyklus, und $N^{\otimes}$ das Lastspiel für einen zyklisch stabilen Zustand. Außerdem kann die Belastungsgeschwindigkeit diese Art der Schädigung stark beeinflussen.

In der Literatur [2], [14], [24] und [8] sind noch mehrere Ansätze über die makroskopische Schädigung erwähnt.

Die Berücksichtigung der Schädigung in Materialmodellen führt zu zahlreichen unterschiedlichen Ansätzen für die Schädigungsvariablen je nach den gestellten Aufgaben und geforderten Anwendungen. Diese variieren von isotropen bis hin zu anisotropen Schädigungsvariablen. Um die Betrachtung der einzelnen mikroskopischen Risse und Hohlräume, die Schädigung im Material hervorrufen, zu vermeiden, ist ein Prinzip für die Behandlung der Schädigung in der makroskopischen Ebene notwendig. Dies ergibt uns den Zugang zur Entwicklung von Schädigungsparametern im Rahmen der Kontinuumsmechanik.

Der Schädigungsparameter kann ein 4-stufiger, 2-stufiger Tensor aber auch ein Skalar sein.

Wenn alle Risse und Hohlräume nicht mehr an der Kraftübertragung teilnehmen, ist es möglich, eine neue „effektive Spannung" $\hat{\sigma}$ einzuführen, die in Verbindung mit der effektiven Fläche A für die Lastübertragung steht. Die Anwendung des Prinzips der lokalen Wirkung bei den konstitutiven Formulierungen von Materialien bedeutet die Einbeziehung der ungeschädigten Flächenbereiche A, also die Verwendung der „effektiven Spannung" $\hat{\sigma}$. In Anbetracht der Entwicklung der Schädigung kommt damit im Rahmen der Kachanow-Rabotnowschen Schädigungstheorie das allgemeine Prinzip der Schädigung in der kontinuumsmechanischen Theorie zur Geltung.

Das Prinzip der Dehnungsäquivalenz lautet:

Any strain constitutive equation for a damaged material ($D \neq 0$) may be derived in the same way as for a virgin material ($D = 0$) except that the usual Cauchy-stress σ is replaced by the „equivalente effective stress" $\hat{\sigma}$, vgl. [13]

$$\hat{\sigma} = \frac{\sigma}{(1-D)}$$

Lemáitre [12] setzt die eindimensionale Schädigungsvariable in der weiteren Analyse der Schädigungstheorie. Murakami [16] definiert im Rahmen der kontinuumsmechanischen Theorie einen symmetrischen 2-stufigen Schädigungstensor. Aufgrund der Zusammensetzung des Betons und dessen unterschiedlichen Verhaltens unter Zugbeanpruchung gegenüber dem unter Druckbeanpruchung ist für die Entwicklung einer Schädigungstheorie die Zerlegung des Spannungstensors in einen positiven bzw. negativen Bestandteil unerläßlich. Für das Sprödverhalten des Betons unter Zugbeanpruchung kann einerseits eine quasi-spröde Schädigung D^Z dem positiven Spannungskomponenten σ^Z zugeordnet werden. Andererseits wird für die duktile Materialeigenschaft des Betons unter Druckspannungen die Kriechschädigungsvariable D^D der negativen Spannungskomponenten σ^I zugeteilt:

$$\hat{\sigma} = \hat{\sigma}^Z + \hat{\sigma}^D = \frac{\sigma^Z}{1-D^Z} + \frac{\sigma^D}{1-D^D} \ . \tag{1.7}$$

In diesem Fall ist also eine *doppeltskalare Schädigungsvariable* $D \cong [D^D, D^Z]$ definiert, die dann verantwortlich ist für die positiven bzw. negativen Anteile der komplementären Energie. Dabei sind beim Übergang eines druckgeschädigten Materialpunktes im Druckbereich in den Zugbereich für Beton Besonderheiten zu beachten.

Als Grundlage für die Beschreibung des von der *Belastungsgeschwindigkeit* abhängigen Betonverhaltens dienen die Versuche von Dilger, vgl. Steberl [20]. Dort hat man festgestellt, daß sich mit zunehmender Belastungsgeschwindigkeit im wesentlichen die Bruchspannungen σ^{br} erhöhen. Für die Abhängigkeit der Bruchspannung von der Dehnungsgeschwindigkeit $\dot{\sigma}$ wird folgende Beziehung nach Bazant/Ohn angegeben [20]:

$$\sigma^{br}\left(\dot{\varepsilon}\right)=\sigma^{br}\left(\dot{\varepsilon}_1\right)\left(1,4+\frac{1,50185\left(\dot{\varepsilon}^{\frac{1}{8}}-1\right)}{1,84+3,2\,\dot{\varepsilon}^{\frac{1}{8}}}\right) . \tag{1.8}$$

Die Schädigung verursacht also eine irreversible Verringerung des effektiven, an der Spannungsübertragung im Materialpunkt beteiligten Querschnitts. Für den isotropen Fall, bei dem die Schädigung in allen Richtungen gleich groß angenommen ist, kann diese Querschnittsverringerung im Hookschen Gesetz durch Einführung einer allgemeinen Schädigungsvariable D beschrieben werden. Dann lautet das einachsige Hooksche Gesetz:

$$\frac{\sigma}{\left(1-D\right)}=E\,\varepsilon^{el} , \tag{1.9}$$

wobei $D = 0$ den ungeschädigten und $D = 1$ den vollständig geschädigten Zustand darstellt.

Die Beziehung für die Gesamtdehnung im einachsigen Fall bei einem elastisch-plastischen Materialverhalten mit Schädigung lautet im allgemeinen wie folgt:

$$\varepsilon = \varepsilon^{el}+ \varepsilon^{pl} , \tag{1.10}$$

oder unter der Verwendung des Prinzips der Dehnungsäquivalenz

$$\varepsilon = \frac{\sigma}{E\left(1-D\right)}+\varepsilon^{pl} . \tag{1.11}$$

Durch die angesetzte Schädigungsvariable läßt sich die allgemeine elastische Verzerrung in eine ungeschädigt-elastische Verzerrung und in eine infolge der Schädigung irreversible Dehnung aufteilen. Nach Umformung kann deshalb die obige Gleichung (1.1) in drei Anteile zerlegt dargestellt werden

$$\varepsilon = \frac{\sigma}{E}+\frac{\sigma\,D}{E\left(1-D\right)}+\varepsilon^{pl} , \tag{1.12}$$

und das kann interpretiert werden als

$$\varepsilon = \varepsilon^{el} + \varepsilon^{sch} + \varepsilon^{pl} . \tag{1.13}$$

Bildet man zur Anwendung auf viskose Materialien die Zeitableitung von Gleichung 1.2, so ergibt sich:

$$\dot{\varepsilon} = \underbrace{\frac{\sigma}{E\left(1-D\right)}}_{\dot{\varepsilon}^{el}}+\underbrace{\frac{D\sigma}{E\left(1-D\right)^2}}_{\dot{\varepsilon}^{sch}}+\dot{\varepsilon}^{pl} . \tag{1.14}$$

Damit ist die Möglichkeit gegeben, D direkt als unbekannte Materialpunktgröße einzuführen. Zur Bestimmung der gesamten Verzerrungsgeschwindigkeiten werden für plastische Dehnungen die Viskoplastitätstheorie-Überspannungstypen verwendet, vgl. [6]. Für die inelastischen Dehnungen infolge der Schädigung werden zeitabhängige Entwicklungsgleichungen ermittelt.

13.2
Beispielberechnungen

13.2.1
Beton unter Dehngeschwindigkeiten: Dilger-Versuch

Der Dilger-Versuch wird numerisch mit den FE-Simulationen nachgerechnet. Hierfür wird hauptsächlich der Einfluß der Geschwindigkeit der Belastungen auf das Spannungs-Dehnungs-Verhalten von Beton gezeigt.

Dazu wird die Dehnung von 0,8 % auf einen Dehnstab mit einem im Raum liegenden finiten Balkenelement aufgebracht. Das statische System mit den Querschnittsabmesssungen von Beton und Betonstahl ist in Bild 2 dargestellt.

Der Querschnitt aus Beton und Betonstahl wurde so diskretisiert, daß die Betonpunkte aus [nsp2xnsp3] =1 x 4 und die Stahlpunkte aus nsp^{st} = 1 bestehen, da die Integration über die Querschnittshöhe numerisch nach der „Simpsonschen Regel" erfolgt. Die gesamte Lastaufbringung erfolgt in verschiedenen Zeitspannen, um verschiedene Belastungsgeschwindigkeiten zu simulieren. Die FE-Rechnungen mit den Geschwindigkeiten aus dem Dilger-Versuch und den entsprechenden Zeiten sind nachfolgend tabelliert. Der geometrische Bewehrungsgrad μ beträgt 1,0%. (Tabelle 1)

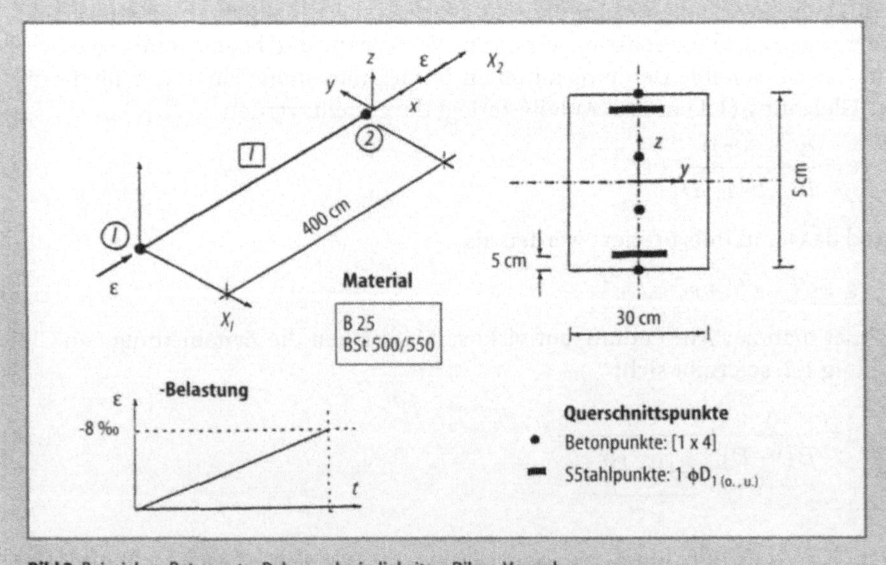

Bild 2. Beispiel am Beton unter Dehngeschwindigkeiten: Dilger-Versuch

Tabelle 1. Geschwindigkeiten für den Dilger-Versuch

FE-Rechnung	Max. Dehnung [%]	Geschwindigkeit [sec⁻¹]	Zugehörige Zeit [sec]
1	0,8	0,000033	24242,42
2	0,8	0,003	242,42
3	0,8	0,2	4,00

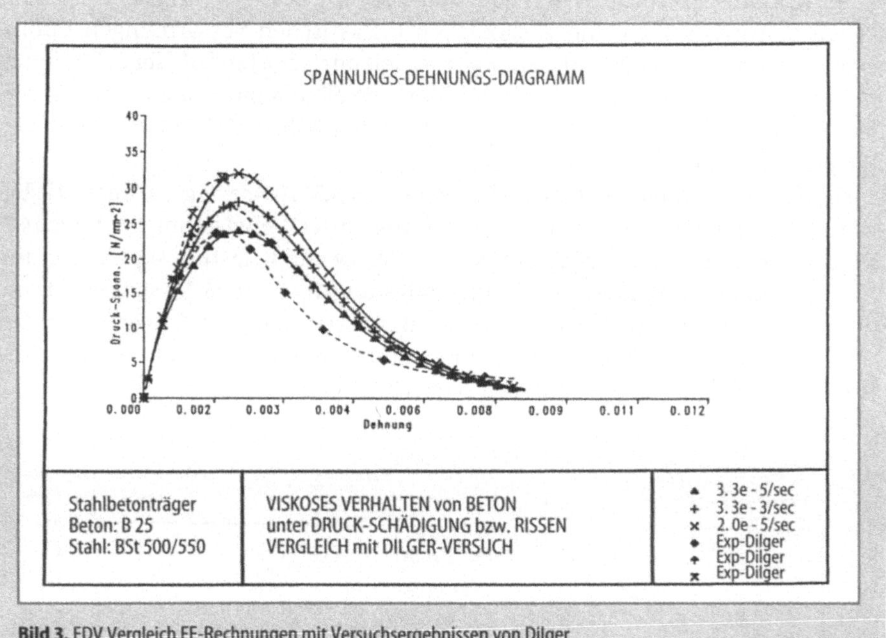

Bild 3. EDV Vergleich FE-Rechnungen mit Versuchsergebnissen von Dilger

In Bild 3 sind die Spannungs-Dehnungs-Verläufe aus den FE-Simulationen den Dilger-Versuchswerten gegenübergestellt.

Die geringfügigen qualitativen Abweichungen in den Kurvenverläufen in Abhängigkeit von den Geschwindigkeiten sind auf die Auswahl der inelastischen Materialparameter zurückzuführen. Mit entsprechendem Mehraufwand bei einer Optimierung der Parameterauswahl kann diese geringfügige Abweichung aufgehoben werden. Sonst sind im Nahbruchbereich Abweichungen etwas deutlicher zu erkennen. Die gewählte Funktion, die die Gesamtheit der Spannungs-Dehnungs-Verhältnisse vor dem Betonbruch als auch im Nachbruchbereich gleich gut abbilden sollte, könnte noch verbessert werden.

Eine interessante und neue Erkenntnis aus diesem Beispiel ist die Feststellung der Geschwindigkeitsabhängigkeit der Schädigung in Beton. Analyse mit Kurven stellt die Entwicklung der nichtlinearen Kontinuumsschädigung nicht nur in Abhängigkeit von den gesamten Dehnungen sondern auch von den gesamten Dehnungsgeschwindigkeiten dar; je schneller die Belastung auf das Bauteil aufgebracht wird, desto rascher entwickeln sich die Rißbildungen und damit die Schädigung.

13.2.2
Be-, Ent-, und Wiederbelastung: Sinha-Versuch

Im vorigen Abschnitt wurde von der Abminderung der Tragfähigkeit in Abhängigkeit von plastischen und zusätzlichen inelastischen Verformungen infolge Schädigung diskutiert. Mit diesem Beispiel soll noch der Einfluß der Schädigung in Beton auf den Abfall der Systemsteifigkeit im allgemeinen demonstriert werden. Dazu wird der Druckstab mit einem finiten Balkenelement wie im ersten Beispiel verwendet.

Hierfür wurde mit einer Geschwindigkeit von $3,3*10^{-5}$ sec^{-1} gerechnet. Die Belastung erfolgte durch eingeprägte Stauchung; die erste Belastung lief bis 0,14 % gefolgt durch eine Entlastung um 0,05 %. Der zweite Belastungszyklus lief mit 0,3 % Belastung, und gefolgt durch eine Entlastung um 0,136 %. Danach wurde mit einer Stauchung von 0,44 % wiederbelastet und dann um 0,212 % entlastet. Der letzte Zyklus wurde mit einer Belastung auf 0,06 %, einer Entlastung um 0,28 % und einer Wiederbelastung auf 0,88 % durchgeführt.

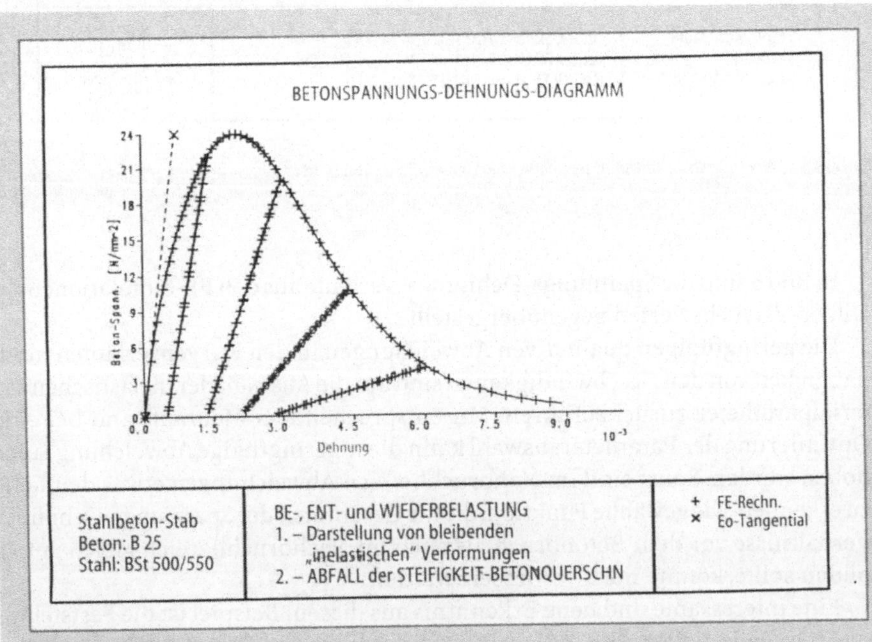

Bild 4. EDV Vergleich FE-Rechnungen mit Sinha-Versuch

Das numerische Ergebnis des Spannungs-Dehnungs-Verhaltens in Bild 4 zeigt für den eindimensionalen Fall die Gesamtheit des nichtlinearen Materialverhaltens von Beton, die in dieser Arbeit bei der Formulierung berücksichtigt ist. Bei Belastung bis zum Erreichen der Betondruckfestigkeit (Bruch) bestimmt vorwiegend die Plastizität den nichtlinearen Charakter. Die nichtlineare Schädigung, die zwar von Anfang an vorhanden ist, wird erst im Bruchbereich erheblich wirksam, und ist für den nichtlinearen Abfall der maximalen aufnehmbaren Spannungen wesentlich verantwortlich.

Bei den Ent- und Wiederbelastungspfaden bleiben die Schädigungen konstant. Durch den bei der Belastung erreichten und bleibenden Schädigungsgrad des Materials verlaufen die Ent- und Wiederbelastungen dennoch mit entschieden geringeren Systemsteifigkeiten. Für den eindimensionalen Fall ist der Abbau der Systemsteifigkeiten durch deren stets flachere Neigungen ersichtlich. In Bild 4 können die FE-Rechnungen mit den Versuchsergebnissen von Sinha verglichen werden, siehe [3].

Die Vorgehensweise bei der Formulierung zur Beschreibung des inelastischen Materialverhaltens ist in erster Linie die Berücksichtigung der isotropen Verfestigung. Außerdem ist es einer der Schwerpunkte der vorliegenden Arbeit, den Abbau der Systemsteifigkeit durch die Schädigung exakt zu erfassen. Eine gute Übereinstimmung der FE-Rechnungen mit den Versuchsergebnissen diesbezüglich bestätigt die hier verwendeten Theorien.

13.2.3
Mitwirkung des Betons zwischen den Rissen: Leonhardt-Modell

Als Anwendungsbeispiel wird ein Stahlbetonträger unter zentrischen Zugbeanspruchungen rechnerisch mit dem Schädigungs-Modell untersucht.

Anhand von Versuchsergebnissen in der Literatur sind zahlreiche nichtlineare Berechnungsmethoden aufgestellt, die solche Probleme numerisch nachrechnen, z. B das Leonardt-Modell.

In den bisherigen nichtlinearen Rechenmodellen wurden die Berechnungen von zugbeanspruchten Stahlbetonbauteilen in drei Abschnitten, je nach definiertem Zustand, durchgeführt. Die Übergänge wurden durch definierte Zustandgrößen wie die Betonzugfestigkeit, die Streckgrenze des Betonstahls u. a. festgelegt, und stellten somit eine Unstetigkeit in den Normalkraft-Dehnungs-Verläufen dar.

Zur Berechnung dieses Beispiels wird wieder das System aus dem ersten Beispiel verwendet. Die FE-Rechnung wird mit einem finiten Balkenelement durchgeführt, dessen Querschnitt aus Beton und Stahl zusammengesetzt ist. Die dehngesteuerte Belastung von 0,6 % erfolgt mit einer Geschwindigkeit von $3{,}3 * 10^{-5}$ sec^{-1}, jedoch in 800 Laststufen. Der geometrische Bewehrungsgrad μ beträgt 2,0 %. Die Ergebnisse der FE-Simulationen sind Bild 5 zu entnehmen. Dort sind die Normalkraft-Dehnungs-Diagramme für den bewehrten Zugstab dargestellt. Dazu kann man auch die Zugspannungs-Dehnungs-Verlauf im Beton verfolgend ver-

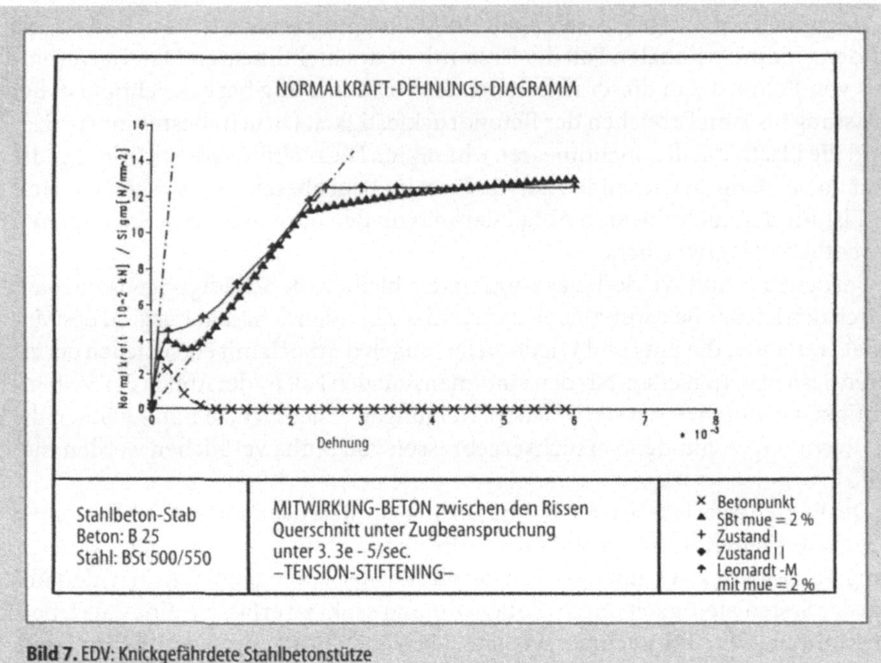

Bild 7. EDV: Knickgefährdete Stahlbetonstütze

gleichen. Dem Leonhardt-Modell als einem nichtlinearen Rechenmodell, wird das Schädigungs-Modell gegenübergestellt, vgl. [15].

Nach dem Leonhardt-Modell treten die Erst-Rißbildungen bei einer Bruchdehnung von ca. $\varepsilon_{R1} \cong 0{,}1\,\%$ auf. Davor verhält sich der Stahlbeton-Zugstab quasistatisch. Über den Erst-Riß hinaus wird der Normalkraft-Dehnungs-Verlauf nichtlinear. Leonardt [15] schlägt einen parabolischen Verlauf zwischen dem Zustand I und den „nackten" Zustand II vor. Damit wird die Mitwirkung des Betons zwischen den Rissen unter Zugbeanspruchung rechnerisch an die Querschnittsteifigkeit herangezogen. Im „nackten" Zustand II, wo der Betonquerschnitt durch die fortgeschrittenen Schädigungen als Folge der Risse und Hohlraumbildungen total abgebaut ist, wird der Stahlbeton-Zugstab nur noch von den Stahleinlagen rechnerisch getragen.

Wenn die Steifigkeit des Betons zwischen den verschmierten Rissen infolge der Zug-Schädigung bei einer Dehnung von ca. 0,8 % total abgebaut ist, steht dem System nur noch die Steifigkeit des Stahls zur Verfügung. Mit Einsatz einer elastischen ideal-plastischen Arbeitslinie für Betonstahl nach DIN 1045 erreicht das Leonardt-Modell die maximale Normalkraft bei einer Gesamtdehnung von $\varepsilon_S \cong$ 0,238 % Die erreichte Traglast beträgt hierbei 12,5 kN.

In Bild 5 sieht man deutlich das nichtlineare Leonhardt-Modell für das zentrisch zugbeanspruchte Stahlbetonbauteil mit den drei diskreten Zustandsbereichen. Im Gegenteil zeigt die nichtlineare FE- Berechnung eines bewehrten Beton-Zugstabes nach dem Schädigungs-Modell kontinuierliche und stetige Übergänge;- vom elastischen Zustand über den „Tension-Stiffening"-Zustand bis zum „nackten" Zustand II.

Dies ist durch die aufintegrierten Schädigungen in den jeweils definierten Querschnittsteilen als Folge der Risse möglich. Damit wird die Steifigkeit des Betons zwischen den Rissen rechnerisch besser erfaßt. Durch die exakte Erfassung der Querschnittsteifigkeit des Betons zwischen den Rissen kann deswegen die Mitwirkung des Betons im Bereich zwischen den Zuständen I und II rechnerisch besser beurteilt werden. Zum Vergleich der Verhältnisse sind im Bild die Zugspannungen im Beton gegen die entsprechenden Dehnungen grafisch auch dargestellt. Dennoch ist es ersichtlich, daß die Steifigkeit des Betons bei ca. 0,08 % Dehnung gegen Null strebt. An dieser Stelle geht der N-ε-Verlauf in den „nackten"-Zustand II über, bis die Stahleinlagen die Fließgrenze erreichen. Es ist wiederum in Bild 5 festzustellen, daß der Betonstahl erst danach bei einer Gesamtdehnung von ca. 0,2 % zu fließen beginnt. Mit der verfestigenden Eigenschaft von Betonstahl erfährt das Schädigungs-Modell eine kleine Laststeigerung gegenüber dem Leonhardt-Modell. Die maximale Normalkraft bei einer Gesamtdehnung von 0,6 % beträgt ca. 12,92 kN.

In der Literatur gibt es zur Mitwirkung des Betons zwischen den Rissen zahlreiche Ansätze. Einige lassen sich zum Teil überschlägig bzw. unkompliziert vereinfachen. Beispielsweise zeigt das Schießl-Modell [19] einen idealisierten N-ε-Verlauf, bis die Streckgrenze der Bewehrung erreicht ist. Dem Leonhardt-Modell entsprechend, sind im Eurocode EC (DIN V ENV 1992 Teil 1-1, Ausgabe 06.92) [7] sowie in der Mustervorschrift CEB-FIP-Modell Code 1990 vereinfachte Momenten-Krümmungs-Beziehungen angegeben, die es auch erlauben, die Verformungen etwas wirklichkeitsnaher zu bestimmen, vgl. [4].

Im Allgemeinen kann man behaupten, daß das hier aufgestellte Schädigungs-Modell eine gute Übereinstimmung mit den bisher konventionellen nichtlinearen Berechnungsverfahren von Bauteilen aus Stahlbeton unter Zugbeanspruchungen zeigt. Hinzu wird weiterhin der Vorteil erzielt, iterative Bestimmungen von Schnittgrößen durch die empirisch gewonnenen Rißgrößen unter Erhaltung des Gleichgewichtes zu umgehen. Die Verträglichkeit ist in den meisten Fällen unbeachtet verletzt. Die quasi-statische physikalisch nichtlineare FE-Berechnungsmethode mit der Schädigungs-Viskoplastizitätstheorie gewährleistet die Erhaltung der Gleichgewichts- sowie der Verträglichkeitsbedingungen.

13.2.4
Traglast einer knickgefährdeten Stahlbetonstütze: Kordina-Versuch

Die Stahlbetonstütze in Bild 6 hat nach DIN 1045 Abs. 17.4.4 eine Schlankheit von ca. 70, und gilt als ein Druckglied mit einer großen Schlankheit. Sie stellt damit ein Stabilitätsproblem dar. Nach DIN ist ein solches Bauteil als ausreichend knicksicher nachgewiesen, wenn unter den in ungünstigster Anordnung einwirkenden γ-fachen Gebrauchslasten ein stabiler Gleichgewichtszustand unter Berück-

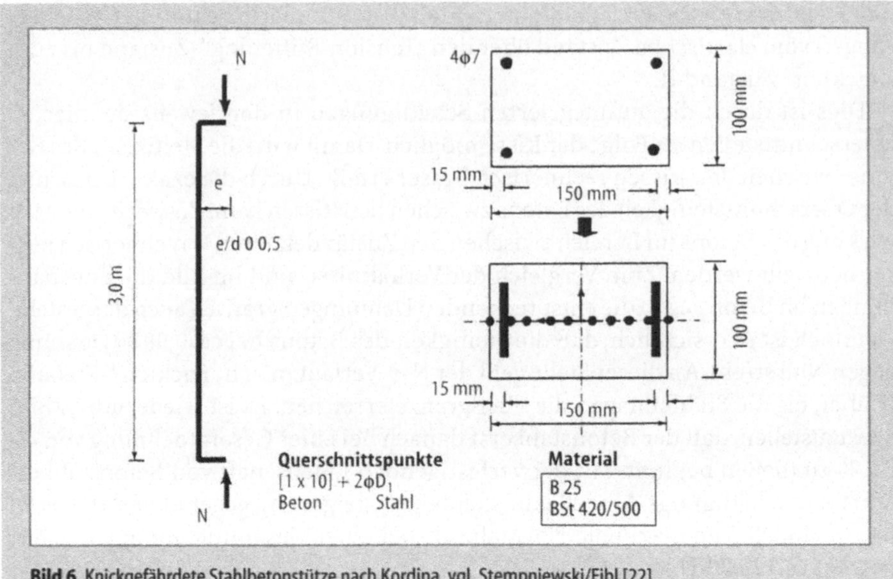

Bild 6. Knickgefährdete Stahlbetonstütze nach Kordina, vgl. Stempniewski/Eibl [22]

sichtigung der Stabauslenkungen im verformten Zustand (Theorie II. Ordnung) möglich ist. Dabei ist wegen der vorhandenen geringeren bezogenen-Ausmitte (e/d = 0,5) nicht nur die ungewollte Ausmitte zu berücksichtigen, sondern dürfen auch die Verformungen infolge Kriechen des Betons betrachtet werden. Die Grundlage für diese Berechnung nach den Normen liegt in den vorhandenen Versuchsergebnissen.

Um die Leistungsfähigkeit des hier aufgestellten physikalisch nichtlinearen Schädigungs-Modells zu überprüfen, wird weiterhin die knickgefährdete Stahlbetonstütze in Bild 6 nachgerechnet und Versuchsergebnissen gegenüber gestellt.

Die Durchführung der Versuche zu den Traglastuntersuchungen einer Stahlbetonstütze stammt von Kordina [7], und Stempniewski [20] führte numerische Berechnungen mit einem nichtlinearen Berechnungsverfahren nach der Plastizitätstheorie unter γ-fachen Gebrauchslasten nach DIN 1045 durch. Zur Kurvenanpassung seiner numerischen Ergebnisse an die Versuchskurve von Kordina, variierte Stempniewski die Betonzugfestigkeit f'_{ct}. Dafür wurden 10 %, 5 % und 0,1 % der Betondruckfestigkeit f'_c in verschiedenen Berechnungsgängen angenommen, und die daraus gewonnen Ergebnisse wurden in [20] gegenüber dem Kordina-Versuch veröffentlicht.

In Bild 7 neben der Spannungs-Auslenkungs-Kurve vom Kordina-Versuch ist die Vergleichskurve des Stempniewski/Eibl-Rechenmodells mit den angesetzten 10% der Betondruckfestigkeit für die Betonzugfestigekeit ($f'_{ct} = f'_c$) grafisch aufgezeichnet.

Beim Schädigungs-Modell wird die Betonstauchung nicht nur bis auf 0,35 % begrenzt, wie nach den Normen. Ohne Begrenzung wie bei den Versuchen, kann auch das Modell theoretisch bis zum Grenzzustand seiner „wirklichen" Tragfähigkeit bei maximaler Stauchung von 0,8 % nachgerechnet werden.

Anhand des Stempniewski/Eibl-Modells neben dem Kordina-Versuch wird das hier aufgestellte physikalisch nichtlineare Berechnungsverfahren – das Schädigungs-Modell – überprüft. Im Rechenmodell wird die Stahlbetonstütze mit 16 finiten Balkenelementen innerhalb von 89,12 Stunden kraftgesteuert exzentrisch aufgedrückt. Dabei wird die Systemsymmetrie ausgenutzt. Die gesamte Belastung wurde in 600 Laststufen aufgebracht. Die Querschnittpunkte für den Beton sind in diesem Fall mit [nsp2 x nsp3] = [1 x 4] ausreichend. Um aber eine verbesserte Spannungsverteilung über die Querschnittshöhe zu erzielen wurde die Berechnung mit integrierten Betonpunkten von [1 x 10] durchgeführt. Der Betonstahl im Querschnitt wurde in den jeweiligen Ecken konzentriert als ein Querschnittpunkt angeordnet, wie Bild 6 zu entnehmen ist. Die Zugfestigkeit des Betons ist beim Schädigungs-Modell mit dem festen Wert von $f'_{ct} = f'_c$ angenommen.

Das numerische Ergebnis aus dem Schädigungs-Modell ist in Bild 7 dem Stempniewski/Eibl-Modell neben dem Kordina-Versuch gegenübergestellt. Die in der Grafik eingetragenen Spannungen $\sigma = N/A$ sind mit der ungeschädigten Betonquerschnittsfläche A gebildet und stellen somit für das Schädigungs-Modell fiktive Werte dar.

Bei den klassischen nichtlinearen Berechnungsverfahren nach der Plastizitätstheorie wird in den meisten Fällen davon ausgegangen, daß die Risse in Stahlbetonkonstruktionen nur Steifigkeitsabminderungen in den Querschnitten verursachen. Nach der rechnerischen Erst-Rißbildung werden Rißgrößen empirisch berechnet, die dann zur iterativen Bestimmung von zugehörigen nichtlinearen Schnittgrößen verwendet werden.

Dabei wird nach DIN 1045 im Bruchzustand eine Parabel-Rechteck-Spannungsverteilung in der Biegedruckzone des Betonquerschnittes angenommen. Die Betonstauchung darf den maximalen Wert von 0,35 % nicht überschreiten. Ähnlich wird für Betonstahl eine elastische ideal-plastische Arbeitslinie angesetzt. Eine 0,238-Dehnung und die entsprechende Stahlspannung stellen den Grenzzustand zwischen den elastischen und plastischen Bereich dar. Die Stähle dürfen nach den Normen die 0,5 %-Dehnung nicht überschreiten. Das Gleichgewicht ist dabei stets zu erfüllen. Diese Angaben liegen der Plastizitätstheorie zugrunde. So resultieren die gesamten Verformungen aus einem elastischen Anteil und aus einem irreversiblen plastischen Anteil. Allerdings werden hierbei die zusätzlichen inelastischen Verformungen als Folge der Rißöffnungen nicht berücksichtigt.

Im Gegenteil zu den o.g. nichtlinearen Berechnungsverfahren, ist bei dem Schädigungs-Modell nicht nur die Betrachtung der Steifigkeitsabminderung in den Querschnitten durch die Rißbildung notwendig. Vielmehr werden dazu die zusätzlichen inelastischen Verformungen als Folge der Schädigungen exakt aufgefaßt. Somit bestehen die gesamten Verformungen nicht nur aus dem elastischen und plastischen Anteil, sondern auch aus dem Schädigungsanteil, wie zuvor erläutert, s. die Gleichungen 1.1 bis 1.4. Hierfür sollen die Berechnungen theoretisch nicht durch festgelegte Grenzdefinitionen beeinflußt werden. So beansprucht das Schädigungs-Modell, wie im Versuch, den Betonquerschnitt bis maximaler 0,8 %-Dehnung. Die Stahldehnung ist unbegrenzt. Bei der quasi-statischen Berechnung sind die Gleichgewichtsbedingung als auch die Verträglichkeitsbedingung stets erfüllt.

Theoretisch müssen aufgrund der Berechnungsansätze die nichtlinearen Berechnungsverfahren nach der Plastizitätstheorie ein etwas steiferes Verhalten im unteren plastischen Bereich gegenüber der Wirklichkeit aufweisen. Dies wird auch in den meisten Fällen beobachtet. Als Beispiel verläuft das rechnerische Stempniewski/Eibl-Modell in Bild 7 deutlich über dem Kordina-Versuch. Im Gegenteil aber zeigt das Schädigungs-Modell, durch die exakte Anwendung des versuchsmäßig belegten Spannungs-Dehungs-Verhaltens von Beton mit der entsprechenden Steifigkeitsabminderung sowie der Auffassung zusätzlicher Verformungen infolge der Schädigung, mit dem Kordina-Versuch eine sehr gute Übereinstimmung. Ein Rückblick auf das Bild 5 zeigt auch das steifere Leonhardt- gegenüber dem Schädigungs-Modell.

Bei einer genaueren Beobachtung in Bild 7, zeigt die Kurve aus dem Schädigungs-Modell im ganz unteren Beanspruchungsbereich, wie im Kordina-Versuch, einen annähernd linearen Verlauf. Unmittelbar nach dem kurzen angenähert elastischen Bereich entwickeln sich in der Zugzone ganz schnell Risse. Dadurch wird die Schädigung schon im frühen Beanspruchungsbereich aktiviert, was das eindeutige Resultat für die sehr gute Übereinstimmung der Rechenwerte mit den Versuchswerten in diesem Bereich ist. Es ist in Bild 7 abzulesen, daß die Rechenwer-

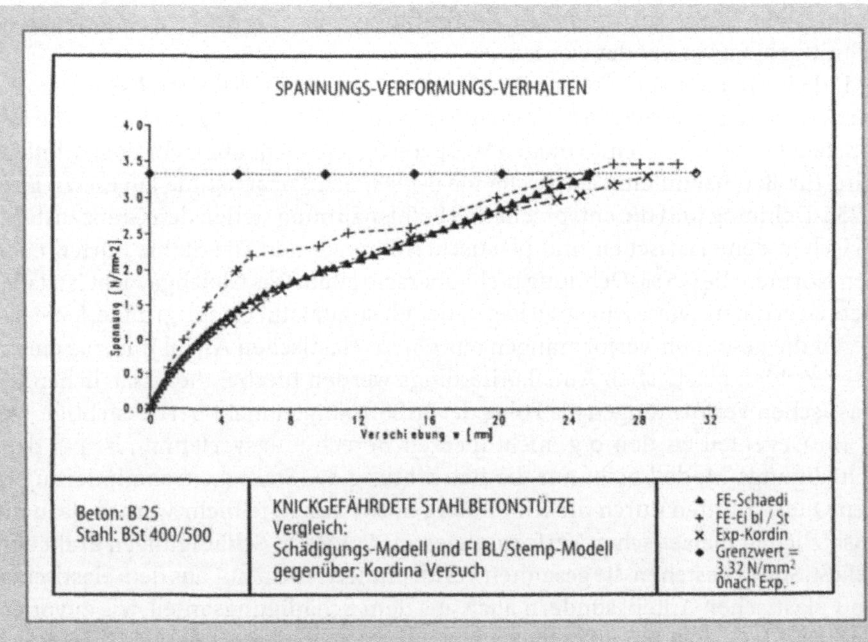

Bild 7. EDV: Knickgefährdete Stahlbetonstütze

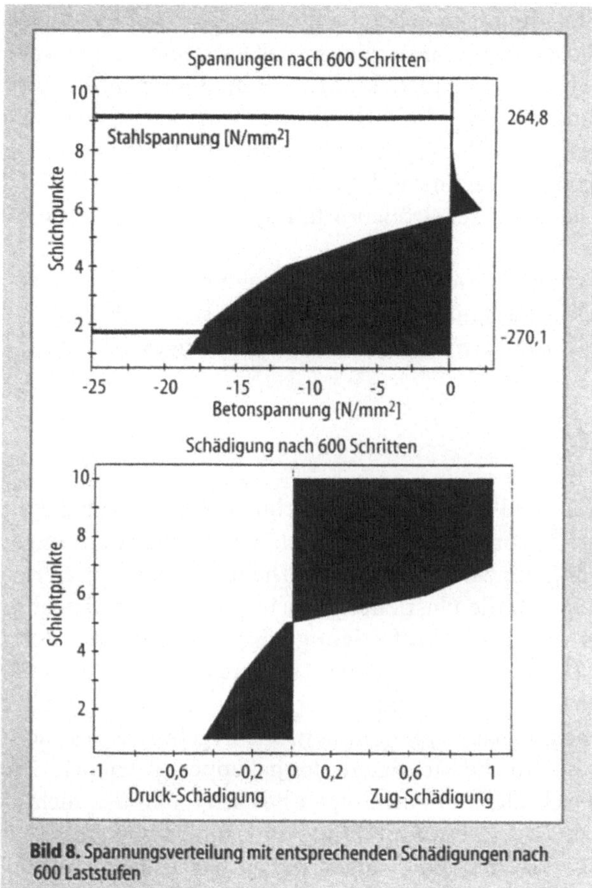

Bild 8. Spannungsverteilung mit entsprechenden Schädigungen nach 600 Laststufen

te vom Stempniewski/Eibl-Modell in diesem Bereich höher gegenüber der Wirklichkeit liegen; dies ist die allgemeine Erscheinung bei den nichtlinearen Rechenmodellen nach der Plastizitätstheorie, und die Ursachen sind bereits genannt.

Mit einer linear-elastischen und ideal-plastischen Beschreibung des Betonstahls, wie im Stempniewski/Eibl-Modell vorgenommen, kann die Tragreserve nicht mehr erschöpft werden, nachdem der Beton zwischen den Rissen durch die Schädigung total abgebaut und die Fließgrenze des Stahls erreicht ist. Mit verfestigendem Ansatz für Betonstahl beim Schädigungs-Modell kann noch eine Traglasterhöhung rechnerisch erzielt werden, indem der Betonstahl im plastischen Bereich im Gleichgewicht mit dem geschädigten, aber noch tragfähigen Betondruckkörper steht. Die Betondruckfestigkeit von 23,0 N/mm² im Biegedruckkörper wird zum Teil erreicht. Die maximale auftretende Stahlspannung beträgt ca. 272,7 N/mm².

Ein weiterer Vorteil des Schädigungs-Modells besteht darin, neben der Berechnung der über die Querschnittshöhe aufgeteilten Integrationspunkte nichtlinearverteilten Spannungen, die Schädigungen in den Integrationspunkten zu bestimmen und zu beurteilen. In Bild 8 (s. Seite 265) sind nach 600 Laststufen u. a. sowohl die Spannungsumlagerung als auch die Entwicklung der Schädigung infolge von Rißbildungen über die Betonquerschnittshöhe dargestellt. Beim Versagen durch Knikken sind die Spannungen in der Zugzone praktisch abgebaut; die Zug-Schädigun- gen betragen den gegebenen rechnerischen Grenzwert von 0,998 ($D \cong 1,0$) und die Druckspannungen liegen in der Größenordnung der Betondruckfestigkeit f'_c.

Bei der Traglast-Untersuchung kann die FE-Rechnung den Versuchen angepaßt werden, wenn die Druck-Schädigung definitiv begrenzt ist, und als Parameter für die Bestimmung von Zuständen beim Knickversagen eingesetzt wird.

13.2.5
Schlußwort

Mit dem vorliegenden Modell wird grundsätzlich gezeigt, daß die oft für metallische Werkstoffe verwendete Theorie der Viskoplastizität vom Überspannungstyp auch für die Formulierung des zeitabhängigen Verhaltens von Geomaterialien wie Beton möglich ist. Durch die Plastizitätstheorie allein lassen sich aber die Verfestigung im Beton sowie die Entfestigung nicht beschreiben, denn Berechnungen nach dieser Theorie liefern ein etwas steiferes Materialverhalten als die Wirklichkeit. Deshalb wurde die Kopplung der Plastizitätstheorie mit der kontinuierlichen Schädigungstheorie vorgenommen. Die Ergebnisse in Anlehnung an Versuche sind Beweis für die Richtigkeit der gekoppelten Theorie. Die Vermutung ist vor allem durch die Untersuchungen bestätigt, daß das nichtlineare Verhalten von Beton auf Grund von Rißbildung und Hohlräumen mit physikalischen nichtlinearen Werkstoffformulierungen besser beschrieben werden kann. Die Nachrechnungen zur Untersuchung der volumetrischen Dilatationen zeigen, daß letztere im Nahbruchbereich (Bruchzustand) zufriedenstellend wiedergegeben werden können [1].

Der Eurocode EC 2 Teil 1 stellt einen bedeutenden Fortschritt gegenüber der bisher gültigen Deutschen Norm DIN 1045 für die Berechnung und Bemessung von Stahlbetonkonstruktionen dar, er erlaubt neben der einfachen Berechnung nach der linear elastischen Theorie eine weitgehende Betrachtung des nichtlinearen Materialverhaltens von Beton und Betonstahl sowohl bei der Berechnung als auch bei der Bemessung. Dadurch ermöglicht das nichtlineare Verfahren nach EC 2 eine Konsistenz im Bemessungskonzept, die nach derzeit gültiger Norm DIN 1045 nicht vorhanden ist. Das Schädigungskonzept bietet weitgehende und zufriedenstellende Lösungen im Vergleich mit Versuchsergebnissen an, öffnet somit neue Wege zur Verbesserung der derzeit gültigen Normen. Hinsichtlich besonderer Probleme – beispielsweise die Festlegung von Grenzdehnungen in Verbindung mit der durch Riß- und Hohlraumbildungen verursachten Schädigung oder der Rißbreitenbeschränkung mittels der Schädigungsvariable für den Grenzzustand der Gebrauchstauglichkeit- können mit dem vorliegenden nichtlinearen Berechnungsverfahren weitergehende Untersuchungen angestellt werden.

Das hier vorgestellte nichtlineare Berechnungsverfahren zeigt jedoch eine erhebliche Verbesserung bei der Formulierung der inelastischen Verträglichkeitsbedingungen, wobei Querschnitte aus Verbundwerkstoffen wie Stahlbeton wirklichkeitsnah betrachtet werden können. Mit dem Querschnittspunktmodell werden bei der Integration der elastischen und inelastischen Dehnungen über den inhomogenen Querschnitt die genauen Verhältnisse der Verzerrungen aus dem Beton und dem Betonstahl exakt erfaßt. Dies liefert ohne jegliche Umrechnungen das Verhalten der Mitwirkung des Betons zwischen den Rissen – „Tension-Stiffening". Dies ist besonders bei hohen Beanspruchungen von Bedeutung.

Genaue Beschreibung des geschädigten Betondruckkörpers im Querschnitt ist sehr bedeutend beim Tragverhalten bis zum Grenzzustand der Tragfähigkeit. Die Annahme der zunehmenden Spannungen bis zu konstant bleibender Betondruckfestigkeit [Parabel-Rechteck-Diagramm] trifft, wie in Wirklichkeit, nicht mehr zu. Im Grenzzustand der Tragfähigkeit entfestigt sich der Betonkörper durch Auflockerungen als Folge der Risse und Rißöffnungen, und die im Körper verteilten maximal aufnehmbaren Spannungen werden erheblich abgemindert. So wird die Tragfähigkeit des Querschnittes drastisch abgemindert, was größere Verformungen hervorruft. Bei Erhaltung der Verträglichkeitsbedingung wird die als Folge der Schädigung resultierende inelastische Verformung einbezogen.

Man kann feststellen, daß eine genauere Beschreibung der Betoneigenschaften im Ergebnis eine Steifigkeitsabminderung sowie zusätzlich lastinduzierte inelastische Verformungen liefert, und dadurch die Rißbreiten durch die erfaßten Schädigungen wesentlich wirklichkeitsnäher beurteilt werden können. Die Tragfähigkeit und das Urteil der Rißentwicklung können wirklichkeitsnah festgestellt werden, eine erhöhte Traglast läßt sich rechnerisch bestimmen. Zusammenfassend wird festgestellt, daß die Ergebnisse hier als Anregung für *mögliche Verbesserungen* der derzeit gültigen Normen benutzt werden können.

Literatur

[1] Aryee-Boi, D. O.: Zeitabhängiges Schädigungs-Plastizitätsmodell für Stahlbeton in einer gemischt-hybriden FE-Formulierung bei quasistatischer Beanspruchung. Zur Promotion eingereicht TU Berlin 1996

[2] Bázant, Z. P.: Mechanics of geomaterials: rocks, concrete, soils. Hersg. Bázant Z. P. John Wiley & Sons Ltd. Chichester, New York: 1985

[3] Chen, W.F.; Han, D.J.: Plasticity for structural ingenieurs. Springer-Verlag, Berlin: 1988

[4] Favre, R.: Einfluß der Betoneigenschaften auf die Biegeverformungen. Schweizer Ingenieur und Architekt (1994) 21

[5] Grasser, E.; Kupfer, H.: Bemessung von Stahlbeton- und Spannbetonbauteilen nach EC 2 für Biegung, Längskraft, Querkraft und Torsion. Betonkalender T 1, S.313-458, Ernst & Sohn, Berlin: 1993

[6] Knippers, J; Harbord, R.: A mixed hybrid FE-formulation for solution of elasto-viscoplastic problems. Part II: Dynamic loading condition and bending problem. Computational Mechanics (1994) 13, S.231-240

[7] Kordina, K.: Bemessungshilfsmittel zu Eurocode 2, Teil 1: Planung von Stahlbeton- und Spannbetontragwerken. Deutscher Ausschuß für Stahlbeton (1992) Heft 425

[8] Krajcinovic, D.: Constitutive equations for damaging materials. Journal of Applied Mechanics (1983) 50, S. 355-360

[9] Kupfer, H.: Das Verhalten von Beton unter mehrachsiger Kurzzeitbelastung unter besonderer Berücksichtigung der zweiachsigen Beanspruchung. Deutscher Ausschuß für Stahlbeton (1973) Heft 229

[10] Kupfer, H.; Hilsdorf, H.K.; Rusch, H.: Behavior of concrete under biaxial stresses. Journal of American Concrete Institute (1969) 66, S.656-666

[11] Launey, P.; Gachon; H.: Strain and ultimate strength of concrete under triaxial stresses. Special Publication ACI (1972), SP-34, S. 269-282

[12] Lemáitre, J.: A course on damage mechanics. Springer-Verlag, Berlin: 1992

[13] Lemáitre, J.; Chaboche, J.L.: Mechanics of solid materials. Cambridge University Press 1985

[14] Lemáitre, J.; Chaboche, J.-L.: Mechanics of solid materials. Cambridge University Press 1990

[15] Leonhardt, F.; M^nnig; E.: Vorlesung über Massivbau. Teil 4: Nachweis der Gebrauchsfähigkeit: Rissebeschränkung, Formänderungen, Momentenumlagerung und Bruchlinientheorie im Stahlbeton, 2. Auflage. Springer-Verlag, Berlin: 1978

[16] Murakami, S.: Anisotropic damage theory and its application to creep crack growth analysis.(Hrsg. Desai, C.S.; Krempl, E.) Held 5./8. Jan. 1987 Tucson, Arizona,U.S.A., S.187-206

[17] Ottosen, N.S.: A failure criterion for concrete. Journal of Engineering Mechanics Division (1977) ASCE 103(EM4), S.527-535

[18] Rabotnow, J.N.: Das Kriechen von Konstruktionselementen. Verlag Wissenschaft Moskau, Moskau: 1966

[19] Schießl, P.: Grundlage der Neuregelung zur Rißbreitenbeschränkung. Deutscher Ausschuß für Stahlbeton (1989) Heft 400

[20] Steberl, R.: Berechnung stoßartig Beanspruchter Stahlbetonbauteile mit Endochronen Werkstoffgesetzen. Werner-Verlag GmbH, Düsseldorf: 1986

[21] Stempniewski, L.: Flussigkeitsgefüllte Stahlbetonbehälter unter Erdbebeneinwirkung. Schriftenreihe des Inst. für Massivbau und Baustofftechnologie Universität Karlsruhe, Diss. 1990

[22] Stempniewski, L.; Eibl J.: Finite Elemente in Stahlbeton. In: Beton-Kalender T 1, S. 249-312, Ernst & Sohn, Berlin: 1993

[23] Wischers, G.: Application of effects of compressive loads on concrete. Betontechnologie (1978) 2und 3

14

Dauerhaftigkeit als Wechselbeziehung zwischen Betondeckung, Wasser-Zement-Wert und Nachbehandlungsdauer

THOMAS STORCH

14 Dauerhaftigkeit als Wechselbeziehung zwischen Betondeckung, Wasser-Zement-Wert und Nachbehandlungsdauer

Thomas Storch

14.1
Allgemeines

Seine vielseitige und häufige Verwendung verdankt der Baustoff Beton einer Reihe von günstigen Eigenschaften wie Wirtschaftlichkeit, leichte Verarbeitbarkeit, gute gestalterische Möglichkeiten, große Druckfestigkeit, hohe Beständigkeit, Verbundfähigkeit mit Stahl und sein Vermögen, den Bewehrungsstahl vor Korrosion zu schützen. Beton ist heute der am meisten verwendete Baustoff. Ohne ihn wäre modernes Bauen nicht denkbar.

Die Häufung von Bauschäden an Stahlbetonbauteilen ließen den „Jahrhundertbaustoff" ins Gerede kommen. Die Ursachen sind weniger beim Baustoff Beton selbst, sondern überwiegend in der Art und Weise seiner Verwendung und Verarbeitung zu suchen. Mängel in der Planung und in der Bauausführung, aber auch eine gleichgerichtete Addition von üblichen Toleranzen, führten dann zum Teil zu erheblichen Unterschreitungen des erforderlichen Mindestmaßes der Betondeckung. Im allgemeinen wird unter Dauerhaftigkeit eine aufgrund von Umwelteinflüssen unbeschadete Gebrauchstauglichkeit von Bauteilen über eine Zeitspanne von 60 bis 80 Jahren hinweg verstanden. Eine klare Definition für diesen Begriff ist jedoch im deutschen Regelwerk bisher nicht enthalten.

Stahl im Beton wird durch die Alkalität des Betons gegenüber Korrosion geschützt. Dichte und Dicke der Betondeckschicht sind die wesentlichen Steuerungsgrößen.

Verliert der Beton seine alkalische Schutzwirkung in der unmittelbaren Umgebung des eingebetteten Betonstahls, ist die Dauerhaftigkeit einer Stahlbetonkonstruktion gefährdet. Die Betondeckung ist schon in der Bauplanungsphase so festzulegen, daß die Karbonatisierungsfront die Bewehrung während des Nutzungszeitraums nicht erreichen kann und das Bauwerk somit beständig bleibt.

Der Karbonatisierungsfortschritt ist von verschiedenen Einflußgrößen abhängig, insbesondere von
- der Sieblinie der Zuschläge,
- dem Wasser-Zement-Wert,
- dem Hydratationsgrad, beeinflußbar durch die Nachbehandlungsdauer und
- der Zementart.

Das besondere Ziel der nachfolgend beschriebenen Untersuchung ist es, eine Beziehung zwischen den drei wesentlichen Einflüssen
- w/z-Wert (Steuerungsgröße der Betontechnik)
- Betondeckung (Steuerungsgröße der Konstruktion)
- Nachbehandlungsdauer (Steuerungsgröße der Ausführung)

abzuleiten, um bei Veränderung eines Parameters mit Hilfe der anderen gegensteuern zu können.

Materialgerecht konstruieren und bauen heißt also nicht nur das richtige Tragsystem entwerfen, sondern auch den natürlichen Alterungsprozeß so weit zu verlangsamen, daß die Bauwerke nach menschlichen Zeitvorstellungen als dauerhaft gelten können. Diese wichtige Anforderung ist verhältnismäßig preiswert zu verwirklichen, verlangt aber materialspezifische Grundkenntnisse über die wichtigsten Korrosionsvorgänge und über die verfügbaren Abwehrmechanismen.

14.2
Korrosion

Unter Korrosion versteht man eine von der Oberfläche ausgehende, schädigende und zerstörende Einwirkung auf Werkstoffe durch chemische oder elektrochemische Reaktionen. Auslöser sind die den Werkstoff umgebenden oder in seiner Struktur eingelagerten oder eingebauten Bestandteile, die als Korrosionsmittel wirken.

Ein Werkstoff neigt grundsätzlich dazu, in einen energieärmeren, d.h. thermodynamisch stabileren Zustand überzugehen. Fast alle in der Natur vorkommenden Stoffe befinden sich in einem relativ stabilen Zustand und verändern sich über Jahre hinweg nur sehr wenig. Künstliche oder künstlich veränderte Stoffe dagegen versuchen, diesen natürlichen Zustand durch Korrosion wieder zu erreichen.

Jeder poröse Baustoff, jedes Metall (außer Edelmetall) korrodiert. Die Korrosionsgeschwindigkeit hängt wesentlich vom Energieunterschied zwischen dem künstlichen und dem natürlichen Zustand und von der Reaktionswilligkeit der beteiligten Stoffe ab.

Der im Beton eingebettete Stahl korrodiert überlicherweise nicht, da beim Erhärtungsprozeß von Portlandzementen lösliches Calziumhydroxid $Ca(OH)_2$ entsteht, wodurch eine stark alkalische Porenwasserlösung mit einem pH-Wert zwischen 12 und 13 (> als 9,5) gebildet wird. In dieser Umgebung entwickelt sich auf der Stahloberfläche spontan eine stabile dünne passivierende Eisenoxidschicht (ein sogenannter Passivfilm), die den Stahl vor Korrosion schützt. Eine Bewehrungskorrosion kann nur entstehen, wenn zwei Voraussetzungen erfüllt sind:
a) Eine Zerstörung des Passivfilms. Sie führt zum Verlust des Rostschutzes. Dies kann auf verschiedene Arten geschehen:
- Verlust der Betondeckung durch mechanische Verletzungen oder
- Karbonatisierung des Betons (Absinken des pH-Wertes unter 9,5) oder

– Angriff von Substanzen, die die Passivschicht direkt durchdringen und zerstören.

b) Das Vorhandensein von Sauerstoff und Feuchtigkeit für den eigentlichen Korrosionsvorgang.

14.3
Beton als Korrosionsschutz

14.3.1
Alkalisches Schutzmedium

Verschiedene Metalle, wie Aluminium und Kupfer, korrodieren an atmosphärischer Luft nur anfänglich, bis sich eine eine dünne Oxidschicht an ihrer Oberfläche gebildet hat. Diese Oxidschicht stoppt den weiteren Korrosionsprozeß und schützt als sog. Passivschicht, sie ist jedoch unter normalen atmosphärischen Bedingungen nicht stabil. In stark alkalischer Umgebung dagegen bleibt die Passivschicht des Eisens wie bereits erwähnt stabil, der flächenabtragende Korrosionsprozeß kommt nicht in Gang.

14.3.2
Hydratation des Zements

Die Reaktion von Portlandzement mit Wasser ist vereinfachend in Bild 1 dargestellt.

Etwa 60 % des Zementsteines werden von der CSH-Phase gebildet, die einen wesentlichen Träger der Festigkeit darstellt. Für den Korrosionsschutz des Eisens ist jedoch das Calciumhydroxid von Bedeutung. Ein Teil dieses Calciumhydroxids ist im Porenwasser gelöst und bildet somit eine gesättigte Kalkmilch, deren pH-Wert bei etwa 12,6 liegt. Der Bewehrungsstahl ist durch dieses hochalkalische Medium vor Korrosion geschützt.

Freier Kalk (CaO) reagiert mit Wasser direkt zu Calciumhydroxid und reichert somit das alkalische Depot im Zementstein an.

Eine weitere Steigerung der Alkalität erfolgt durch entstehende Kali- (KOH) und Natronlaugen (NaOH).

$$2(3CaO \cdot SiO_2) + 6H_2O \rightarrow 3CaO \cdot 2SiO_2 \cdot 3H_2O + 3Ca(OH)_2$$

$$CaO + H_2O \rightarrow Ca(OH)_2$$

$$\text{alkalihaltige Klinkerphase} + H_2O \rightarrow KOH, NaOH \text{ u.a.}$$

Bild 1. Vereinfachte Reaktiondarstellung von Portlandzement mit Wasser

Diese hochalkalischen Verbindungen sind allesamt in Wasser löslich. Sie bilden den Elektrolyten und geben ihm einen pH-Wert zwischen 12 und 13.

Von Interesse ist ferner die Tatsache, daß sehr viel mehr Calciumhydroxid entsteht als das Porenwasser bis zur Sättigung aufnehmen kann. Schon etwa 0,015 % des Zementgewichts eines vollständig hydratisierten Normalbetons an $Ca(OH)_2$ führen zu einer gesättigten Porenwasserlösung. Dieser Vergleich zeigt, daß das Calciumhydroxid nahezu ungelöst als Bodenkörper vorliegt. Wird ein Teil des Calciumhydroxids aus der Lösung entfernt, rückt neues aus dem Bodenkörper nach, weshalb die Porenwasserlösung im Beton auch dann noch längere Zeit den Stahl schützen kann, wenn ein stetiger, aber mäßiger Entzug auftritt.

14.4
Karbonatisierung

Aufgrund der Porosität des Zementsteines können in der Atmosphäre enthaltene säurebildende Gase in den Beton eindiffundieren. Dies ist besonders das in der Industrieatmosphäre dominierende CO_2-Gas. Im Beton reagiert es mit dem im Porenwasser des Betons gelösten Calciumhydroxid zu Calciumkarbonat. Wie in Kap. 14.3.2 bereits geschildert, ist das Calciumhydroxid als Bodenkörper verfügbar, nur ein kleiner Teil seiner Anfangsmenge ist im Porenwasser gelöst.

Die Karbonatisierung dringt erst weiter ins Betoninnere vor, wenn kein $Ca(OH)_2$ aus dem Bodenkörper mehr nachgelöst werden kann. Je länger durch nachrückendes $Ca(OH)_2$ die Porenlösung alkalisch gehalten wird, desto langsamer kommt die Karbonatisierungsfront voran. Da zur Sättigung der Porenlösung bedeutend weniger $Ca(OH)_2$ benötigt wird als im Zementstein vorhanden ist, sinkt der pH-Wert erst bei stofflicher Erschöpfung, dann aber sehr schnell.

Mit Hilfe von chemischen Indikatoren zeichnet sich die Karbonatisierungsfront gut ab und liefert eindeutig meßbare Ergebnisse. Die Passivschicht der Stahloberfläche wird im karbonatisierten Beton instabil, da der pH-Wert unter 9,5 absinkt; der Korrosionsschutz des Betons geht verloren. Eine Schädigung des Betons selbst tritt nicht ein.

Alle $CaCO_3$-Modifikationen sind stabil und nur schwer löslich, besitzen aber ein etwas vergrößertes Volumen. Dadurch verengt sich das Porensystem (der Diffusionswiderstand des Betons nimmt mit fortschreitender Karbonatisierung zu) und die Karbonatisierungstiefe eines Betons wird auf einen praktischen Grenzwert beschränkt. Bestimmend für diesen Prozeß sind:
- die Größe der Kapillarporen,
- eine hohe Luftfeuchtigkeit (mit mehr oder weniger Verunreinigungen),
  zur Befeuchtung der Kapillarporenoberfläche und
- das stoffliche Angebot an reaktionsfähigem Calciumhydroxid.

Der Reaktionsablauf benötigt einen Wasserfilm auf der Kapillarporenoberfläche und einen gleichzeitigen Zustrom von CO_2-Gas. Fehlt eine dieser beiden Komponenten, so kommt die Karbonatisierung zum Stillstand. Das erklärt die Tatsache, daß bei großer Trockenheit (relative Luftfeuchtigkeit < 30 %) und in einem wassergesättigten Beton (CO_2-Gas kann nur durch nicht wassergesättigte Poren eindringen) ein Beton nicht karbonatisiert. Der schnellste Karbonatisierungsfortschritt tritt bei relativen Luftfeuchtigkeiten um 50 % auf.

14.5
Theoretische Vorüberlegungen zur erforderlichen Betondeckung

Für die Dicke einer Betondeckung ist zu fordern, daß die Karbonatisierungsspitzen während der beabsichtigten Nutzungsdauer des Bauwerkes die Bewehrung nicht erreichen dürfen. Eine solche Nutzungsdauer kann nach dem heutigen Stand mit 60 bis 100 Jahren veranschlagt werden. Untersuchungen an Betonproben haben gezeigt, daß die Karbonatisierungstiefe nach 30 Jahren schon über 80 % ihres Endwertes erreicht hat. Zur Beschreibung der Tiefe der gemittelten Karbonatisierungsspitzen x_{max} zum Zeitpunkt $t = \infty$ kann folgende Geradengleichung verwendet werden:

$$x_{max}(t = \infty) = x_{mittel}(t = \infty) + a. \qquad (5.1)$$

Es bedeuten:

$x_{max}(t = \infty)$ Kartonatisierungstiefe der Spitzen $(t = \infty)$,
$x_{mittel}(t = \infty)$ Karbonatisierungstiefe des gemittelten Profils $(t = \infty)$,
a   Korrekturbeiwert.

Bild 2 zeigt die Ergebnisse von 240 Probekörpern mit jeweils 10 Meßstellen, die seit 4 Jahren den normalen Umwelteinflüssen ausgesetzt sind. Es handelt sich dabei um Messungen an ausgelagerten Betonprobekörpern im Rahmen eines For-

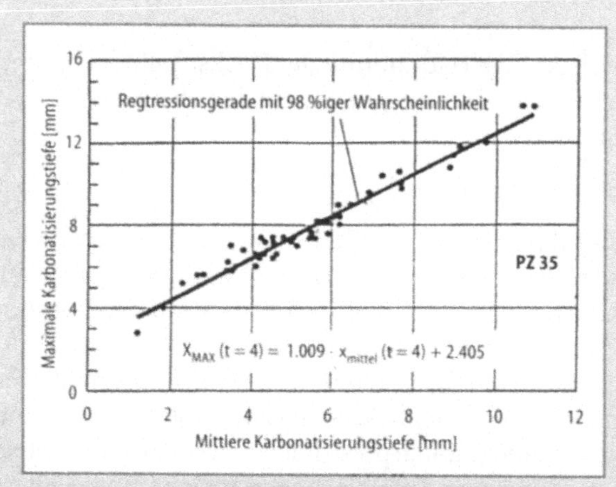

Bild 2. Zusammenhang zwischen maximaler un mittlerer Karbonatisierungstiefe

schungsvorhabens des Instituts für Baukonstruktionen und Festigkeit der TU Berlin.

Zu einem ähnlichen Ergebnis führt die Auswertung der in [4], [5] und [6] enthaltenen Meßwerte an bis zu 54 Jahre alten Betonbauteilen.

$$x_{max} (t = \infty) = x_{mittel} (t = \infty) + 1{,}2 \ [cm].$$ (5.2)

Eine genauere Analyse der in [6] veröffentlichten Meßergebnisse zeigt eine Korrelation zwischen der Dicke der karbonatisierten Schicht und dem Wasser-Zement-Wert. Eindeutig ist die Tendenz: Je höher der w/z-Wert ist, desto größer ist die Karbonatisierungstiefe (alle übrigen Bedingungen seien gleich).

Mit Hilfe der Gl. (5.2) und den Angaben aus [6] kann eine Beziehung zwischen maximaler Karbonatisierungstiefe x_{max} und w/z-Wert formuliert werden.

Mittels einer Ausgleichsgeraden ist die maximale Karbonatisierungstiefe in Abhängigkeit des Wasser-Zement-Wertes bestimmbar:

$$x_{max} = 4{,}0 \ w/z - 0{,}3 \ [cm].$$ (5.3)

Einen entscheidenden Einfluß auf die Karbontisierungstiefe besitzt – wie schon unter Punkt 14.4 erwähnt – die Diffusionsdichte der Betondeckung. Diese ist im besonderen Maße abhängig von der Verdichtung der Zementmenge und der Zementart, der Sieblinie des Betonzuschlags, des Wasser-Zement-Wertes und der Nachbehandlungsdauer. Ausgehend von einem ausgewogenen Betonrezept mit einer Mindestzementmenge nach [7] verbleiben als Haupteinflußgrößen der w/z-Wert, die Zementart und die Nachbehandlungsdauer in Form der Hydratationsdauer bzw. des Hydratationsgrades.

Sowohl der Wasser-Zement-Wert als auch die Nachbehandlungsdauer beeinflussen die Kapillarporosität und damit die Diffusionsdichte des Betons entscheidend.

Nach Romberg lassen sich diese Parameter wie im rechten Teil des Bildes 3 darstellen.

Um eine eventuell nicht vollständige Hydratation der Deckschicht zu berücksichtigen, wird die Gl. (5.3) mit einem Faktor η_H [%], der den Hydratationsgrad des Betons beschreibt, erweitert.

$$x^{max} = (4{,}0 \ w/z - 0{,}3) \cdot 1/0{,}13 \ \eta_H \ [cm]$$ (5.4)

Mit Hilfe der Angaben zur Kapillarporosität des Zementsteines in Abhängigkeit von Hydratationsdauer und Wasser-Zement-Wert (Bild 3) und dem Diagramm nach Powers [8], linker Teil des Bildes 3, läßt sich der Hydratationsgrad bestimmen.

Die Beziehungen der Gl. (5.4) sind in Tabelle 1 für übliche Wasser-Zement-Werte ausgewertet. Bei steigendem Wasser-Zement-Wert und konstanter Nachbehandlungsdauer ist durch eine ansteigende Kapillarporosität eine verstärkte Karbonatisierungstiefe zu verzeichnen. Eine vermehrte Nachbehandlungsdauer läßt die Kapillarporosität sinken und den Hydratationsgrad ansteigen. Dies führt wiederum zu einer Verringerung der Karbonatisierungstiefe. Der Vergleich zwischen

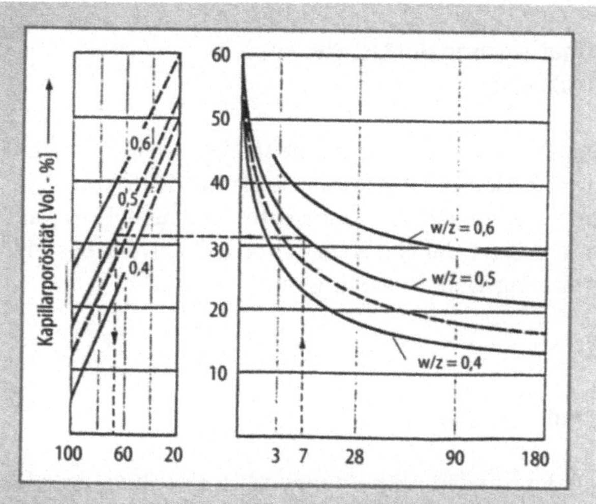

Bild 3. Zusammenhang zwischen Hydratationsgrad und Kapillarporosität von Zementstein in Abhängigkeit vom Wasser-Zement-Wert

Tabelle 1. Einfluß des w/z-Wertes und der Nachbehandlungsdauer auf die maximale Karbonatisierungstiefe nach Gl. (5.4)

Dauer der Nach-behandlung (Tage)	Kapillarporosität nach Bild 5.3 (Vol.-%)	Hydratationsgrad η_H nach Bild 5.3 (%)	Karbonatisierungs-tiefe nach Gl. (5.4) (mm)
w/z = 0,45			
2	37	47	25,1
3	32	57	22,8
7	28	65	18,7
28	24	77	13,4
w/z = 0,5			
2	40	47	29,8
3	36	55	26,2
7	32	65	22,7
28	26	77	19,5
w/z = 0,6			
2	50	40	42,0
3	44	55	32,3
7	39	65	28,0
28	34	80	23,3

Nachbehandlungsdauer und relativer Karbonatisierungstiefenabnahme zeigt bei längeren Nachbehandlungszeiten eine abnehmende Tendenz, was die Schlußfolgerung zuläßt, daß eine Nachbehandlung nur oberflächennahe Schichten beeinflussen kann. Mit einer zeitlich verlängerten Nachbehandlung ist zwar die Karbonatisierungstiefe steuerbar, der dominierende Einfluß des w/z-Wertes überwiegt jedoch deutlich.

14.6
Untersuchungen zum Karbonatisierungsfortschritt an ausgelagerten Betonprobekörpern

Das im folgenden beschriebene Versuchsprogramm diente dem Ziel, die theoretischen Vorüberlegungen zur erforderlichen Betondeckung mit Hilfe von experimentell ermittelten Meßwerten abzusichern. Beabsichtigt war, eine Korrelation zwischen dem Wasser-Zement-Wert, der Nachbehandlungsdauer, der Zementfestigkeit und der Karbonatisierungstiefe zu gewinnen.

14.6.1
Versuchskörper – Herstellung und Lagerung

Die Versuchskörper, Betonquader mit den Abmessungen 30 x 30 x 10 cm, wurden im Frühjahr 1984 hergestellt und liegen seitdem auf einem Auslagerungsfeld in Berlin-Mariendorf, wo sie den Einflüssen der natürlichen Großstadtatmosphäre ausgesetzt sind.

Als Zuschlagstoffe wurden Kies und Sand gewählt, wie sie in Berlin für die Herstellung von Normalbeton üblich sind. Die Mischung bestand aus drei Korngruppen: 0/2, 2/8 und 8/16. Ihre Mengenanteile blieben in jeder Mischung, abgesehen vom Zementanteil, für alle Wasser-Zement-Werte konstant. Die Sieblinie lag zwischen den Linien A und B, und somit im günstigen Bereich.

Jeweils 240 Probekörper wurden mit Zement der Klassen Z 35 und Z 45 hergestellt. Damit stand eine Anzahl von 480 Probekörpern für die experimentelle Untersuchung zur Verfügung. Beide Zemente waren handelsübliche Portlandzemente nach DIN 1164 mit hoher Anfangsfestigkeit.

Acht verschiedene Wasser-Zement-Werte im Bereich $0{,}35 \leq w/z \leq 0{,}7$ fanden Berücksichtigung. $240/8 = 30$ Quader konnten also mit einer identischen Mischung aus Zuschlag, Zement und Wasser hergestellt werden. Jede Gruppe aus 30 Probekörpern ist sechs verschiedenen Nachbehandlungszeiten unterworfen worden: 1, 2, 3, 7, 14 und 28 Tage. Somit standen für jede Variante fünf Probekörper zur Auswertung zur Verfügung.

Die Probekörper wurden morgens betoniert und blieben bis zum nächsten Tag in der Schalung. Nach dem Ausschalen konnten schon die ersten 5 Körper (Nachbehandlungszeit 1 Tag) in ihre endgültige Position ausgelagert werden. Die anderen 25 Körper verblieben für die Dauer ihrer vorgesehenen Nachbehandlung auf wasserdichtem Untergrund. Ihre offenen Seiten wurden mit feuchten, wassergetränkten Stoffen abgedeckt und mit Kunststoffolie umwickelt. Ein frühzeitiges Austrocknen war somit ausgeschlossen.

Auf dem eigens dafür vorbereiteten Gelände in Berlin-Mariendorf wurde eine Holzkonstruktion in der Form eines liegenden Regals zur Aufnahme aller Probekörper installiert. Die hergestellten Betonkörper sollten unter möglichst gleichen Bedingungen mehrere Jahre den Umwelteinflüssen ausgesetzt werden.

Für die Ober- bzw. Unterseite der Quader ergaben sich aus ihrer Lagerungsposition im Holzgestell völlig unterschiedliche äußere Einflüsse. Die Unterseite lag geschützt, so daß weder Schnee noch Regen noch direkte Sonneneinstrahlung einen maßgeblichen Einfluß gewannen. Die entscheidenden Einflußgrößen waren hier Lufttemperatur, Luftfeuchtigkeit und Luftzusammensetzung (CO_2-Gehalt). Die Oberseite war demgegenüber allen Witterungseinflüssen ausgesetzt. Durch eine leichte Schräglage konnte das Regenwasser abfließen. Eine Pfützenbildung war damit ausgeschlossen. Der Beton konnte bei jedem Regen nur seine Kapillaren füllen und stehendes Oberflächenwasser ungehindert abtrocknen.

14.6.2
Messungen der Karbonatisierungstiefe

Die Karbonatisierungstiefe x_k wird als der Abstand der Farbumschlaggrenze zur jeweiligen Betonoberfläche bestimmt. Da der Feuchtigkeitsgehalt des Betons das Meßergebnis beeinflussen kann, lagerten die Probekörper vor der Versuchsdurchführung einheitlich einen Tag geschützt und trocken in einem klimatisierten Raum.

14.6.3
Versuchsplanung und Durchführung

Der Versuchsplan sieht vor, daß insgesamt vier Meßreihen mit den Versuchskörpern in wachsenden Jahresabständen jeweils in den Sommermonaten durchgeführt werden. In jedem folgenden Untersuchungszeitraum wird ein ca. 5 cm breiter Streifen abgeschert. Das Karbonatisierungsprofil wird mittels Indikatorlösung an der frischen Bruchstelle sichtbar gemacht. Nach der Untersuchung gelangt der Restquader zurück auf das Auslagerungsfeld und steht für den nächsten Untersuchungszeitraum zur Verfügung. Dieser Bericht basiert auf der Auswertung von zwei Untersuchungsreihen:

Mai 1984 Herstellung und Auslagerung der Probekörper,
Sommer 1987 erster Untersuchungszeitpunkt,
Sommer 1988 zweiter Untersuchungszeitpunkt.

14.6.4
Karbonatiserungstiefe und ihre Abhängigkeiten

Von den Parametern, die die Eigenschaften des Zementsteins beeinflussen, wurden folgende fünf berücksichtigt:
- Einfluß der Lagerung
- Zementfestigkeit
- Wasser-Zement-Wert
- Dauer der Nachbehandlung
- Hydratationsgrad.

Schon bei erster Betrachtung der mit Indikatorlösung besprühten Bruchflächen zeigte sich sehr deutlich die erwartete Tendenz, daß die der Witterung ausgesetzte Oberseite der Platten erheblich weniger tief karbonatisiert war als die nur belüfteten, regengeschützten Unterseiten.

Je niedriger der w/z-Wert ist, desto ausgeprägter stellt sich der Unterschied zwischen diesen beiden Seiten ein, da das Wasser in den porösen Beton tiefer eindringt und länger die Kapillaren ausfüllt. Arbeiten von Klopfer, Schießl, Rehm und Moll [9, 10] zeigten, daß ständig unter Wasser gelagerte Betonproben von der Karbonatisierung überhaupt nicht mehr betroffen sind.

Die Diffusion in einer flüssigen Phase ist um ein Vielfaches geringer als in einer gasförmigen Phase, wodurch der Karbonatisierungsfortschritt stark verzögert wird. Die weiteren Betrachtungen konzentrieren sich auf die Meßergebnisse der Unterseite, da die Karbonatisierungstiefen der Unterseite ein Vielfaches von denen der Oberseite ausmachten.

Eine Prognosegleichung zur Bestimmung der Karbonatisierungstiefe sollte sich stets auf die höheren Werte der Unterseite stützen, wenn der Befeuchtungsgrad nur sehr schwer abzuschätzen ist.

Wirksame Befeuchtungen könnten mittels eines bremsenden Korrekturwertes berücksichtigt werden. Vermutlich ist dieser Lagenunterschied auch von der Standzeit und vom Anfangshydratationsgrad abhängig, was eine Korrekturfunktion bedingen würde. Versuchswerte zur Aufklärung dieser Zusammenhänge sind bisher nicht bekannt geworden. Die hier behandelte Versuchsreihe ist für verläßliche Daten dieser Fragestellung nicht konzipiert worden.

Der Einfluß der Zementfestigkeit auf die Karbonatisierungtiefen zeigte sich bei den untersuchten Probekörpern als vernachlässigbar gering. Es handelt sich hier um zwei frühfeste Zemente, PZ 35 bzw. PZ 45, die in der Festigkeitsentwicklung dicht beieinander liegen.

Zur qualitativen Abschätzung des Einflusses der wichtigsten Parameter (Wasser-Zement-Wert und Nachbehandlungsdauer) auf die Karbonatisierungstiefe dient Bild 4.

Die schon bei der Betrachtung der Gl. (5.4) beschriebenen Zusammenhänge zwischen Karbonatisierungstiefe, Wasser-Zement-Wert, Kapillarporosität und Nachbehandlungsdauer sind ebenfalls in den Bildern 4 und 5 tendentiell erkennbar. Eine verlängerte Nachbehandlungsdauer hemmt zwar die Entwicklung der Karbonatisierungstiefen; der dominierende Einfluß des w/z-Wertes überwiegt jedoch deutlich.

Über den Einfluß von Art und Dauer der Nachbehandlung auf die Karbonatisierungstiefe gibt es nur wenige systematische Untersuchungen, obwohl schon in [12] auf die große Bedeutung der Nachbehandlung für den Karbonatisierungsfortschritt hingewiesen wurde. Versuche an Mörtelprismen zeigten, daß sich der Widerstand gegen Karbonatisierung durch eine Verlängerung der Nachbehandlung von 3 auf 28 Tage um den Faktor 1,5 erhöhte.

Grundsätzlich gilt:

Je länger der Beton nachbehandelt wird, desto dichter wird sein Gefüge und umso langsamer karbonatisiert er.

Bild 4 zeigt deutlich, daß sich die Unterschiede bei Betonen mit Portlandzement hauptsächlich zwischen einem und sieben Tagen Nachbehandlung einstellen. Die Abweichung zwischen einer siebentägigen und einer achtundzwanzigtägigen Nachbehandlung ist verhältnismäßig gering.
Die experimentellen Ergebnisse belegen genauso wie die Auswertung der Gl. (5.4) in Tabelle 1, daß eine Nachbehandlungsdauer über den 7. Tag hinaus für die hier untersuchten Zemente nur noch einen sehr geringen Einfluß auf die Karbonatisierungstiefe besitzt. Es werden nur oberflächennahe Schichten beeinflußt, eine Tiefenwirkung ist nicht vorhanden.

14.6.5
Rechnerische Erfassung der Karbonatisierungsgeschwindigkeit

Die Karbonatisierungsgeschwindigkeit des Betons hängt einerseits von der Konzentration des Kohlendioxides in der Luft und andererseits von der Durchlässigkeit und der stofflichen Reserve des Betons ab. Da der Kohlendioxidgehalt der Luft im allgemeinen gleichbleibend ist, braucht diese Einflußgröße nicht gesondert differenziert zu werden. Sie wird als konstant angenommen.

Neben der Konzentration von Kohlendioxid in der Luft spielt der Feuchtigkeitsgehalt des Betons eine wichtige Rolle.

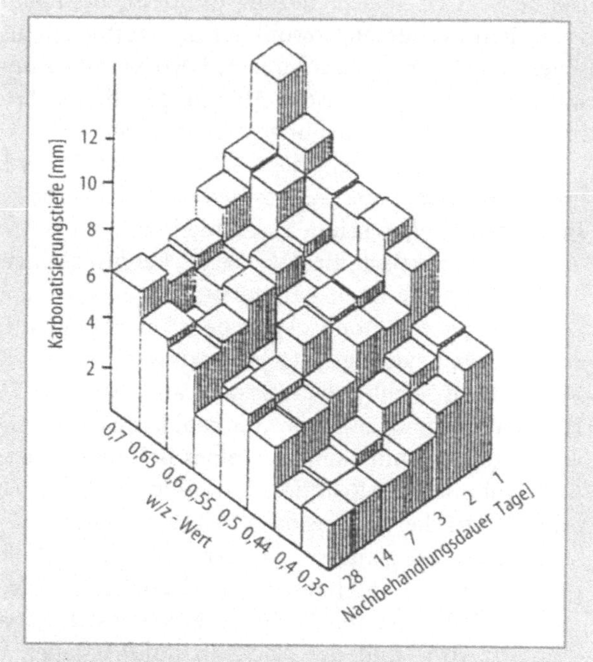

Bild 4. Mittlere Karbonatisierungstiefen der Probekörperunterseiten nach 3 jähriger Auslagerung

Die Karbonatisierungsgeschwindigkeit wurde von zahlreichen Forschern in theoretischer Hinsicht untersucht, um eine Prognose über die Lebensdauer von Betonbauteilen zu formulieren. Eine Untermauerung dieser Aussagen erfolgte in der Regel mit Hilfe experimenteller Untersuchungen.

Das oftmals in der Literatur vorgeschlagene $\sqrt{t}$-Gesetz zur Beschreibung des zeitlichen Verlaufes der Karbonatisierung beruht in erster Linie auf zwei vereinfachenden Annahmen:

1) Der Diffusionsvorgang des Kohlendioxids durch den Beton geschieht unter der Annahme einer stationärer Diffusion, es gilt das 1. Fick'sche Gesetz.

2) Das gesamte einströmende Kohlendioxid dringt bis zur Karbonatisierungsfront vor und reagiert dort mit dem feuchten Zementstein.

Klopfer setzt in [9] einen Diffusionsvorgang voraus, bei dem der Beton in homogener als auch in isotroper Hinsicht optimale Eigenschaften aufweist, welche rein theoretischer Natur sind, um einen ersten Schätzwert zu erhalten.

In allgemeiner Form lautet das 1. Fick'sche Gesetz:

$$x_K = a\sqrt{t} \tag{6.1}$$

x_K Karbonatisierungstiefe von der Oberfläche aus gemessen in [mm],

t Zeit in Jahren.

Der Beiwert a ist eine Steuerungsgröße, um der Realität nahezukommen. Bei den vielfachen Einflüssen, sowohl auf der stofflichen als auch auf der atmosphärischen Seite ist leicht zu erkennen, daß die Größe a nur näherungsweise bestimmt werden kann. Theoretische Ableitungen dieser Art müssen daher durch kalibrierende Felduntersuchungen ergänzt werden.

Trotz dieser Schwäche des $\sqrt{t}$-Gesetzes, das in der Literatur in Zusammenhang mit der Karbonatisierung des Betons stellenweise kritisch bewertet wird, hat es sich gerade wegen seiner Einfachheit als sehr hilfreiches Instrument erwiesen und zu baupraktisch umsetzbaren Erkenntnissen verholfen.

Umfangreiche Langzeituntersuchungen sowohl an im Freien als auch unter Dach gelagerten Betonprobekörpern haben eindeutig ergeben, daß der tatsächliche Karbonatisierungsfortschritt mit wachsendem Betonalter immer mehr vom $\sqrt{t}$-Gesetz abweicht und etwas langsamer verläuft. Der nach innen zunehmende Hydratationsgrad des Betons, die kapillaren Diffusions- und chemischen Lösungsvorgänge, die stoffliche Reserve des Betonkörpers an $Ca(OH)_2$ und das vergrößerte Volumen der Reaktionsprodukte der Karbonatisierung bremsen ihr Fortschreiten stärker als dies das $\sqrt{t}$-Gesetz abbildet.

Mit Hilfe der gemessenen Karbonatisierungstiefen läßt sich die Steuerungsgröße a nach Gl. (6.1) bestimmen. Dabei zeigt sich, daß der Faktor a kein konstanter Wert sein kann. Vielmehr ergeben sich Abhängigkeiten vom Betonalter, dem w/z-Wert und der Nachbehandlungsdauer. Eine Abhängigkeit von der Zementart konnte mit der beschriebenen Versuchsserie nicht ermittelt werden. Da jedoch nur zwei verschiedene Portlandzemente untersucht wurden, ist diese

Aussage nur für diese Zementart zulässig. Weitere Untersuchungen dieser Art mit anderen Zementsorten sollen folgen.

14.6.6
Karbonatisierungstiefe als Funktion von Nachbehandlungsdauer und w/z-Wert

Wie schon bei der Meßwertaufnahme deutlich wurde, besitzen Nachbehandlungsdauer und Wasser-Zement-Wert einen beträchtlichen Einfluß auf die Karbonatisierungstiefe. Um diese Abhängigkeit mathematisch formulieren zu können, wurden für die experimentell ermittelten Meßwerte mittels eines automatischen Kurvenanpassungsprogramms für jeden untersuchten Wasser-Zement-Wert der Funktionsverlauf in der Ebene Nachbehandlungsdauer und Karbonatisierungsspitzen bestimmt.
Die so durchgeführte Auswertung der Meßwerte für die Probekörperunterseiten läßt erkennen, daß die Kurvenverläufe am besten einer Potenzfunktion entsprechen. Allgemein lautete die Funktion

$$y = a\,x^b. \tag{6.2}$$

Nachbehandlungsdauer $= a \cdot (\text{Karbonatisierungsspitze})^b$.

Exemplarisch für die Vielzahl der so bestimmten Kurvenverläufe sind in Bild 5 drei von ihnen mit den zugehörigen Meßwerten dargestellt. Wie den Kurven entnommen werden kann, wirken sich gerade die ersten Nachbehandlungstage sehr bestimmend auf die Karbonatisierungstiefe aus, während die Auswirkung einer verlängerten Nachbehandlungszeit mit zunehmender Dauer immer mehr abnimmt.

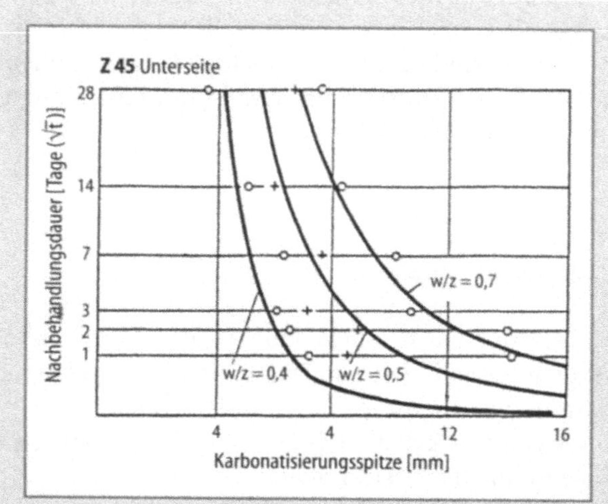

Bild 5. Karbonatisierungstiefe in Abhängigkeit von w/z-Wert und Nachbehandlungsdauer des 4 Jahre alten Betons

14.7
Extrapolation der Meßergebnisse auf einen 30 Jahre alten Beton

Bei dem üblichen CO_2-Anteil der Luft kann davon ausgegangen werden, daß die Karbonatisierungstiefe innerhalb von 30 Jahren ihren Endwert zu 80 bis 90 % erreicht hat.

Eine Extrapolation der gemessenen Karbonatisierungstiefen ist nur sinnvoll, wenn deren Durchschnittswert in Kombination mit einem kalibrierten Diffusionskoeffizienten in Zusammenhang gebracht wird. Andere Annahmen lägen sehr auf der sicheren Seite, da sich die Spitzenwerte im Beton mit der Zeit ausgleichen; das Karbonatisierungsprofil verflacht. Die Porosität wird durch die Karbonatisierung verringert, der Diffusionsweg verlängert, so daß nach 30 Jahren nur sehr breite Risse einen deutlichen Unterschied zum durchschnittlichen Karbonatisierungswert aufzeigen. Im Rahmen dieser Arbeit soll jedoch ausschließlich die Karbonatisierung des ungerissenen Betons betrachtet werden.

Um den Einfluß des Diffusionskoeffizienten auf die Karbonatisierungstiefe eines theoretisch 30 Jahre alten Betons abzuschätzen, wird eine besondere Auswertung vorgenommen.

Mit Hilfe der Untersuchungsergebnisse der drei- bzw. vierjährigen Betonproben lassen sich die Steuerungsgrößen des $\sqrt{t}$-Gesetzes gesondert für jeden untersuchten Wasser-Zement-Wert und jede zugehörige Nachbehandlungsdauer bestimmen. Da die entsprechenden Karbonatisierungstiefen der beiden untersuchten Zementfestigkeitsklassen keine signifikanten Unterschiede zeigen, basieren die folgenden Ableitungen auf aus beiden Zementklassen gemittelten Karbonatisierungstiefen.

Untersuchungen der zeitlichen Entwicklung der Karbonatisierungstiefe zeigen, daß die Entwicklung der Karbonatisierungstiefe im frühen Betonalter (weniger als ein Jahr) dem reinen $\sqrt{t}$-Gesetz entspricht, d.h. die Steuerungsgröße a besitzt hier den Wert a = 1,0. Damit sind für die untersuchten Wasser-Zement-Werte mit den zugehörigen Nachbehandlungsdauern jeweils drei zeitabhängige Steuerungsgrößen a bekannt. Es sind die Zeitpunkte:

$$t_1 = 0 \text{ Jahre} \qquad a_1 = 1$$
$$t_2 = 3 \text{ Jahre} \qquad a_2 = f \,(w/z, \text{Nachbehandlung})$$
$$t_3 = 4 \text{ Jahre} \qquad a_3 = f \,(w/z, \text{Nachbehandlung}).$$

Ausgehend von den Steuerungsgrößen a_1 ist ein zeitabhängiger Funktionsverlauf für die einzelnen a-Werte aufgestellt worden. Damit sind alle a-Werte als Funktion von Zeit, Nachbehandlungsdauer und w/z-Wert darstellbar.

Mit Hilfe dieser Funktionsverläufe und dem $\sqrt{t}$-Gesetz sind die Karbonatisierungstiefen für jedes beliebige Betonalter bestimmbar.

Bild 6 zeigt für ausgewählte Wasser-Zement-Werte die Berechnungsergebnisse eines theoretisch 30 Jahre alten Betons. Deutlich ist auch bei diesem Alter der Einfluß der Parameter w/z-Wert und Nachbehandlungsdauer erkennbar.

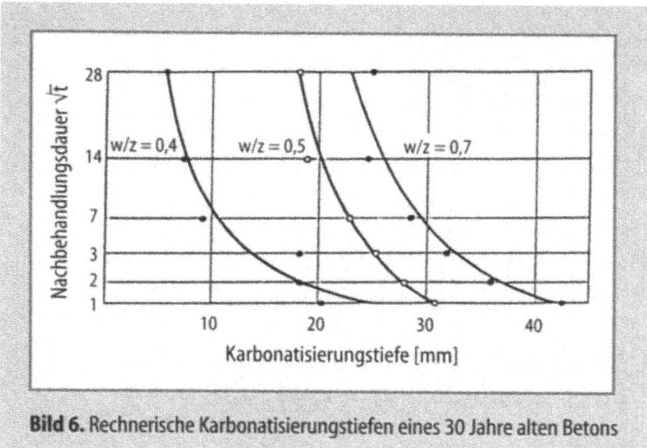

Bild 6. Rechnerische Karbonatisierungstiefen eines 30 Jahre alten Betons

14.8
Zusammenhang zwischen w/z-Wert, Nachbehandlungsdauer und Betondeckung

Das Maß der Betondeckung ist so zu wählen, daß während der gesamten Nutzungsdauer die Karbonatisierungsspitzen den Betonstahl nicht erreichen.

DIN 1045 [7] gibt in der Tabelle 1 Betondeckung in Abhängigkeit von Umweltbedingungen und Stabdurchmessern an. Unterschiedliche Wasser-Zement-Werte, Nachbehandlungszeiten oder unterschiedliche Zementsorten finden keine Berücksichtigung. Die Abhängigkeit vom Stabdurchmesser ist für die statische Aufgabe der Betondeckung (Verbundspannungen) von Bedeutung und kann in diesem Zusammenhang unbeachtet bleiben.

Bild 7 zeigt den Zusammenhang zwischen Wasser-Zement-Wert und Nachbehandlungsdauer.

Zusätzlich kann eine erforderliche Betondeckung (Nennwert) dem Diagramm entnommen werden, die gewährleistet, daß die Karbonatisierungsfront den Betonstahl innerhalb von 30 Jahren nicht erreicht.

Der so ermittelte Nennwert ist maßgebend für einen mit Portlandzement hergestellten Beton.

Das für einen ungerissenen Beton abgeleitete Bild 7 zeigt, daß die erforderlichen Betondeckungen nach DIN 1045 bei heute noch üblichen Wasser-Zement-Werten und kurzen Nachbehandlungszeiten noch immer nicht ausreichen.

14.9
Zusammenfassung

Es wurden Zusammenhänge zwischen Betondeckung, dem Wasser-Zement-Wert, der Kapillarporosität, dem Hydratationsgrad, der Dauer der Nachbehandlung und der Zementart aufgezeigt. Die Grundlage dazu bildeten experimentelle Untersu-

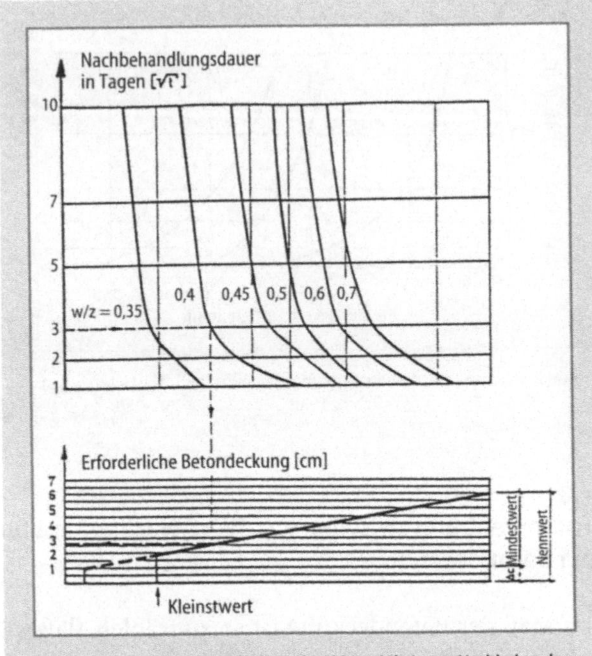

Bild 7. Erforderliche Betondeckung in Abhängigkeit von Nachbehandlungsdauer und w/z-Wert für einen reinen Portlandzement

chungen an ausgelagerten Betonprobekörpern, die von der Technischen Universität Berlin durchgeführt wurden. Das Bild 7 erlaubt die Wechselbeziehung zwischen einer erforderlichen Betondeckung und der Dauer der Nachbehandlung direkt in Relation zum w/z-Wert des Betons abzulesen.

Unter Nachbehandlung ist vorwiegend eine ununterbrochene Feuchthaltung zu verstehen. Maßnahmen wie das Aufsprühen eines Schutzfilmes oder eine Folienabdeckung können als gleichwertig gelten.

Ein ausgewogenes Betonrezept, eine gute Verdichtung sowie zweckdienliche konstruktive und technologische Maßnahmen, die die Dauerhaftigkeit fördern, werden vorausgesetzt.

Die Eingangswerte zur Ermittlung der Karbonatisierungstiefe eines theoretisch 30 Jahre alten Betons basieren auf experimentellen Untersuchungen an 3 bzw. 4 Jahre alten Proben. Weitere Untersuchungen an den unter Punkt 14.3 beschriebenen Probekörpern wären wünschenswert, besonders im Hinblick auf die zeitliche Entwicklung der Steuerungsgröße a des √t-Gesetzes, damit der funktionale Zusammenhang zwischen Betonalter, Wasser-Zement-Wert und Nachbehandlungsdauer auf einer größeren Anzahl von Meßpunkten basiert.

Durch Aufklärung der Wechselbeziehung zwischen den wichtigsten drei Einflußgrößen

- Betondeckung (Steuerungsgröße der Konstruktion),
- w/z-Wert (Steuerungsgröße der Betontechnik) und
- Nachbehandlungsdauer (Steuerungsgröße der Ausführung)

ist es möglich, Stahlbetonkonstruktionen von hoher Dauerhaftigkeit zu planen und zu verwirklichen.

Die Zusammenhänge in Bild 7 zeigen sehr deutlich, daß die Mindestwerte der Betondeckung nach DIN 1045 (1988) nur dann ausreichen, wenn Nachbehandlungsdauer und w/z-Wert aufeinander abgestimmt sind. So fällt die normierte Betondeckung dann zu gering aus, wenn ein hoher, aber noch zulässiger w/z-Wert mit einer eingeschränkten Nachbehandlung zusammentrifft. Der Nachbehandlung ist also im Rahmen der Qualitätssicherung besondere Beachtung zu schenken.

Literatur

[1] Merkblatt zur Betondeckung. (Hrsg. Deutscher Betonverein e.V. Wiesbaden), Wiesbaden: 1982

[2] Wischers, G.; Kollmann, E.: Zur Wirksamkeit von Betondichtmitteln. In: Betontechnische Berichte, Düsseldorf: Beton-Verlag 1975

[3] Specht, M.: Zur Frage der notwendigen Mindestbetondeckung von Außenbauteilen und ihre Wechselbeziehung zur Nachbehandlung des Betons. Bautechnik (1983) 5

[4] Rehm, G.; Moll, H.L.: Beobachtungen an alten Stahlbetonbauteilen hinsichtlich der Karbonatisierung des Betons und der Rostbildung der Bewehrung. In: DAfStb Heft 170

[6] Tiefe der karbonatisierten Schicht alter Betonbauten, Untersuchungen an Betonproben. (Hrsg. Forschungsinstitut für Hochofenschlacke, Rheinhausen) In: DAfStb Heft 170

[7] DIN 1045, Beton und Stahlbeton, Ausgabe 7/88

[8] Wischers, G.; Krumm, E.: Zur Wirksamkeit von Betondichtungsmitteln. In: Betontechnische Berichte, Düsseldorf: Beton-Verlag 1975

[9] Klopfer, H.: Die Karbonatisierung von Sichtbeton und ihre Bekämpfung. Bautenschutz und Sanierung (1987) 3

[10] Schießl, P.: Zur Frage der zulässigen Rißbreite und erforderlichen Betondeckung im Stahlbetonbau unter besonderer Berücksichtigung der Karbonatisierungstiefe des Betons. In: DAfStb Heft 255

[11] Specht, M.: Die Korrosion der Bewehrung des Stahlbetons und seine Sanierung. (Hrsg. Vereinigung der Prüfingenieure in Berlin e.V.), 1985

[12] Karbonatisierung der Betone – Einfluß und Auswirkung auf den Korrosionsschutz der Bewehrung – Betontechnische Berichte. Beton (1972) 7

[13] Meyer, A.; Wierig, H.-J.; Husmann, K.: Karbonatisierung von Schwerbeton. In: DAfStb Heft 182

[13a] Schröder, F. u.a.: Einfluß der Luftkohlensäure und Feuchtigkeit auf die Beschaffenheit des Betons als Korrosionsschutz der Stahleinlagen. In: DAfStb Heft 182

[14] Menn, Ch.; Käser, M.: Dauerhaftigkeit von Stahlbetontragwerken, Auswirkungen der Rißbildung. (Hrsg. Institut für Baustatik und Baukonstruktionen der ETH Zürich) April 1988

[15] Richtlinie zur Nachbehandlung von Beton 2/84. (Hrsg. Deutscher Ausschuß für Stahlbeton) Berlin: Beuth-Verlag 1984

[16] Schriften der AG Wasserundurchlässigkeit und Karbonatisierung zur Neubearbeitung der DIN 1048. (Hrsg. Verein Deutscher Zementwerke Düsseldorf)

[17] Moll, H.L.: Über die Korrosion von Stahl in Beton. In: DAfStb Heft 169

[18] Krell, J.; Wischers, G.: Einfluß der Feinststoffe im Beton auf Konsistenz, Festigkeit und Dauerhaftigkeit. Beton (1988) 9 und 10

[19] Gille, F.: Über die Tiefe der karbonatisierten Schicht von alten Betonproben. Beton (1960), S. 328-330

[20] Knöfel, D.; Böttger, K.G.; Ginsberg F.: Untersuchungen zur Wirksamkeit von Beschichtungen auf labormäßig hergestellten Betonproben. In: Forschungsbericht des Laboratoriums für Bau- und Werkstoffchemie, Universität Siegen 1988

15 Verstärken von Stahlbetonbauteilen mit geklebten Kohlefaserlamellen

Johannes Vielhaber

15 Verstärken von Stahlbetonbauteilen mit geklebten Kohlefaserlamellen

Johannes Vielhaber

15.1
Einleitung

Vor genau 30 Jahren haben l'Hermite und Bresson erstmals international ihre Idee von der Verstärkung unterbewehrter Stahlbetonbauteile mit Hilfe geklebter Stahllamellen und erste systematische Untersuchungen vorgestellt. Erste Anwendungen erfolgten wenig später zunächst im benachbarten Ausland und 1980 schließlich auch in Deutschland. Die Firma R. Laumer, Massing, erhielt 1985 die erste bauaufsichtliche Zulassung durch das Deutsche Institut für Bautechnik (DIBt) in Berlin für die „Schubfeste Klebeverbindung zwischen Stahlplatten und Stahlbetonbauteilen oder Spannbetonbauteilen".

Grundlage der darin enthaltenen Vorgaben für den statischen Nachweis sind insbesondere die Untersuchungen von Ranisch [1]. Diese sind inzwischen weiterentwickelt worden, und in [2] ist der derzeitige Kenntnisstand dargestellt.

Auch wenn sich die Klebearmierung in Deutschland im Gegensatz zu anderen Ländern nie richtig durchsetzen konnte und eher eine Lösung für wenige Spezialanwendungen blieb, zählt sie heute zu den etablierten und durchaus bewährten Verstärkungstechniken. Sie hat jedoch zwei gravierende Nachteile, die es sinnvoll erscheinen lassen, nach Werkstoff-Alternativen für die Stahllamellen zu suchen:

1. Langzeituntersuchungen der EMPA an ausgelagerten, freibewitterten Balken zeigten nach 15 Jahre Korrosionsfehlstellen in der Grenzschicht zwischen Kleber und Lamelle von bis zu 15 mm Durchmesser, so daß auch ohne Tausalzeinwirkung mit einer Unterrostung gerechnet werden muß und
2. erschweren das hohe Gewicht und die Steifigkeit der Lamellen bei beengten räumlichen Verhältnissen die Montagearbeiten erheblich.

Kohlefaserverstärkte Kunststoff-(CFK-)Lamellen erwiesen sich als die geeignete Alternative; derzeit laufen weltweit zahlreiche Forschungs- und Entwicklungsprogramme, deren Ziel es ist, diesem zunächst primär für die Luft- und Raumfahrt entwickelten Faserverbundwerkstoff auch im Bauwesen verstärkt zum Durchbruch zu verhelfen.

Tabelle 1. Vergleichende Wertung verschiedener Faserwerkstoffe

Kriterium (Gewichtung)	Faserverbundwerkstoff-Lamellen aus:		
	Kohlenstoff-Fasern	Aramid-Fasern	E-Glas-Fasern
Zugfestigkeit (3)	sehr gut (9)	sehr gut (9)	sehr gut (9)
Druckfestigkeit (2)	sehr gut (6)	ungenügend (0)	gut (4)
E-Modul (3)	sehr gut (9)	gut (6)	genügend (3)
Zeitstandverhalten (2)	sehr gut (9)	gut (6)	genügend (3)
Ermüdungsverhalten (2)	ausgezeichnet (6)	gut (4)	genügend (2)
Rohdichte (2)	gut (4)	ausgezeichnet (6)	genügend (2)
Alkalibeständigkeit (2)	sehr gut (6)	gut (4)	ungenügend (0)
Preis (3)	gut (6)	gut (6)	sehr gut (9)
Gesamtpunktzahl	55	41	32

15.2
Werkstoffauswahl

Schon vor 15 Jahren begann die Eidgenössische Materialprüfungs- und Forschungsanstalt (EMPA) in Dübendorf (CH) unter Leitung von Professor Urs Meier mit der Evaluation von Ersatzwerkstoffen. Tabelle 1 zeigt den Vergleich der untersuchten Alternativen nach [3].

Es ist zu erkennen, daß die Kohlenstoff-Fasern deutliche Vorteile haben; auch wenn weitere Faktoren berücksichtigt werden, bleibt dieser Vorsprung erhalten.

15.3
Werkstoff-Kennwerte der Kohlefaser

Die Faser selbst wird durch thermischen Abbau entweder aus Polyacrylnitril- oder aus Pechfasern gewonnen. Nach Abschluß der ersten Bearbeitungsstufe erreicht die Kohlenstoff-Faser eine Zugfestigkeit von ca. 4 000 N/mm^2 und einen E-Modul von 230 000 N/mm^2. Durch weitere Bearbeitungsschritte sind derzeit eine Verdoppelung der Zugfestigkeit und Vervierfachung des E-Moduls möglich, wobei in der Regel eine hohe Festigkeit mit einem geringen E-Modul einhergeht und umgekehrt. Die folgende Zusammenstellung gibt einen Überblick über einige wesentliche Kennwerte.

Zugfestigkeit	$3.500 \ldots 8.000 \ \text{N/mm}^2$
Faserdurchmesser	$200.000 \ldots 900.000 \ \text{N/mm}^2$
E-Modul	$5 \ \text{bis} \ 9 \ \mu\text{m}$
Wärmeausdehnung	ca. 0
Rohdichte	$1{,}8 \ \text{kg/dm}^3$
Kosten	$40{,}\text{- DM/kg} \ldots 500{,}\text{- DM/kg}$

Zu beachten ist, daß es sich um Kennwerte der Fasern selbst handelt und nicht um diejenigen der Lamellen. Diese bestehen aus den Fasern und aus einer Epoxidharzmatrix. Die Fasern sind streng unidirektional ausgerichtet. Das Materialverhalten der CFK-Lamellen wird von beiden Werkstoffpartnern bestimmt, ist nahezu linear elastisch bis zum Bruch und ausgeprägt anisotrop.

15.4
Lamellen-Varianten

Grundsätzlich sind zwei Typen zu unterscheiden. Es gibt
– ausgehärtete Lamellen und
– flexible, vorimprägnierte Klebefolien.

Auf die Besonderheiten sei kurz eingegangen.

15.4.1
Ausgehärtete Lamellen

Bei diesen handelt es sich um im Pultrusionsverfahren hergestellte, endlos lange Lamellen, die derzeit für Anwendungen im Bauwesen 1,0 bis 1,4 mm dick angeboten werden. Aus Gründen der Applikation wird sich die Obergrenze wohl bei einer Breite von 15 cm einpegeln. Der Fasergehalt schwankt je nach Hersteller zwischen 60 % und 70 %. Da die Festigkeit und Steifigkeit der Matrix im Vergleich zu denjenigen der Faser vernachlässigbar klein sind, lassen sich die Zugfestigkeit der Lamelle und ihr Elastizitätsmodul bei Kenntnis des Fasergehalts und der Fasereigenschaften leicht angeben. Für die häufig verwendete T 700-Faser[1] (Toray Industries, Japan) mit einer Zugfestigkeit von 4900 N/mm² ergibt sich bei einem Fasergehalt von 65 % eine Lamellenfestigkeit von ca. 3 000 N/mm² und ein Elastizitätsmodul von 170 000 N/mm². In Querrichtung sind dagegen die Festigkeits- und Verformungseigenschaften der Matrix von ausschlaggebender Bedeutung.

Die Verklebung erfolgt ähnlich einer Stahllamellen-Verklebungen. Aufgrund des geringen Eigengewichts ist eine Unterstützung der Lamellen jedoch nicht erforderlich. Vielmehr wird die gereinigte und epoxidharzbeaufschlagte Fläche mit einer einfachen Gummirolle angedrückt.

---

[1] Bislang werden alle in Europa verwendeten Fasern aus Japan importiert und hier weiterverarbeitet. In naher Zukunft sollen auch hier Produktionsstätten errichtet werden.

15.4.2
Flexible Folien

Diese sogenannten Prepregs (pre-impregnated) sind dünne, tapetenartige Faser-
folien (Bild 1) mit 0,1 bis 0,2 mm Faserdicke, die, um nicht vor der Verklebung aus-
einanderzufallen, mit ein wenig Harz auf einem dünnen Glasfasergewebe „befe-
stigt" werden. Die ggf. reprofilierte und mit einem Epoxidharzspachtel abgegli-
chene Betonfläche wird mit einem Epoxy-Kleber geringer Viskosität eingestri-
chen, in den anschließend die Folie eingebettet wird. Es folgt ein zweiter Kleber-
auftrag, damit dieser von beiden Seiten in die Lamelle eindringen kann. Ja nach
Erfordernis müssen ein oder mehrere Lagen geklebt werden, um eine ausreichende Querschnittsfläche zu erzielen.

Die Dicke der endgültig ausgehärteten Lamelle ist kaum exakt definierbar, da
es sich im Unterschied zum Herstellungsprozeß des zuvor beschriebenen Typs
um reine Handarbeit handelt. Daher kann hier auch nur auf die Kennwerte der
Faser zurückgegriffen werden. Vor kurzem wurde ferner von erfolgreichen Versuchen berichtet, mit Hilfe von Unterdruck und Temperaturerhöhung den Aus-
härtungsprozeß zu beschleunigen und die vollständige Lamellendurchdringung
mit Kleber bei minimaler Lamellendicke sicherzustellen.

Nachteilig ist der hohe Arbeitsaufwand vor Ort, wenn mehrere Lagen geklebt
werden müssen. Ferner ist unbedingt auf die richtige Lagerung der Folien zu achten, da die „Vorimprägnierung" durch das Harz bei höheren Temperaturen zu

Bild 1. Verklebung eines Prepregs

einer leichten Voraushärtung führen kann, was die vollständige Durchdringung mit Kleber behindert. Die Folge sind örtliche Fehlstellen und Delaminierungen. Vorteilhaft dagegen ist die geringe Steifigkeit insbesondere, wenn gekrümmte Strukturen – z.B. bei der Umschnürung von Stützen oder bei der Verwendung als um die Stegkanten herumgeführte Bügelbewehrung – zu verstärken sind. Der Krümmungsradius sollte dabei 30 mm nicht unterschreiten.

15.5
Wirkungsweise der Klebeverstärkung (Biegung)

Die Wirkungsweise entspricht bei der CFK-Verstärkung derjenigen der bekannten Stahllamellen-Verstärkung. Würde aber die dort geltende Begrenzung der Lamellendehnung auf 2‰ aufrechterhalten, so wäre diese Bauart wirtschaftlich kaum konkurrenzfähig. Könnte dagegen die volle Zugfestigkeit zugrunde gelegt werden, so wäre Materialkosten-Neutralität möglich, und die einfachere Handhabung und Korrosionsfreiheit führten nahezu zwangsläufig zu einer Entscheidung zugunsten der Faserlamelle, wie folgender Vergleich zeigt:

η_1 = Kosten von 1 kg CFK-Lamelle : Kosten von 1 kg Stahllamelle = 50 : 1
η_2 = Zugfestigkeit CFK : Zugfestigkeit St 37 = 10 : 1
η_3 = Rohdichte Stahl : Rohdichte Lamelle = 7,85 : 1,8
$\eta_1 \approx \eta_2 \cdot \eta_3$.

Die Kosten pro MN Zugkraft sind somit ungefähr gleich groß, wenn die volle Zugfestigkeit ausgenutzt werden kann und die Grenztragfähigkeit unmittelbar vor dem Reißen der Lamelle erreicht wird (Bild 2). Dies ist jedoch nicht in jedem Fall sichergestellt.

Ein Versagen vor Erreichen der Zugfestigkeit der Lamellen kann u.a. verursacht werden durch folgende vier Effekte:

1. Bei hochbewehrten und hochbeanspruchten Bauteilen kann die Biegedruckzone vorzeitig versagen.
2. Ist die Verankerungslänge der Lamelle zu kurz, kann die volle Zugkraft nicht aufgebaut werden.
3. Querkraftbedingte Vertikalverschiebungen der Rißufer können ein vorzeitiges Ablösen bewirken.
4. Umlenkkräfte infolge nicht-gerader Lamellenführung reduzieren die Verbundwirkung.

Zu 2:

Bislang gibt es nahezu keine Rechenansätze für die Verwendung von CFK als Lamellenwerkstoff. Vielmehr werden die Rechenmodelle der Stahllamellenverklebung auch auf CFK angewendet. Die neue „Richtlinie für das Verstärken von Betonbauteilen durch Ankleben von unidirektionalen kohlenstoffaserverstärkten Kunststofflamellen (CFK-Lamellen)…", Stand 7/97, des DIBt geht dabei von den

Bild 2. Versuchsträger mit gerissener CFK-Lamelle

in [9, 10] dargestellten Grundlagen aus und nimmt nicht mehr Bezug auf [1], was zu deutlich veränderten erforderlichen Verankerungslängen und übertragbaren Maximalschubkräfte führt.

Die übertragbare Schubkraft berechnet sich danach zu:

$$T_{k,max} = 0,50 \cdot b_L \cdot k_b \cdot \sqrt{f_{ctm} \cdot E_L \cdot t_L}$$

mit b_L ... Lamellenbreite in mm

$$k_b = 1,06 \cdot \sqrt{\frac{2 - b_L/b}{1 + b_L/400}}$$

b ... Stegbreite; Lamellenabstand in mm
f_{ctm} ... mittlere Betonoberflächenzugfestigkeit in N/mm2 $\leq 3,0\,\text{N/mm}^2$
t_L ... Lamellendicke in mm
E_L ... E-Modul der Lamelle in mm

und die maximale Verankerungslänge zu:

$$l_{t,max} = 0,7 \cdot \sqrt{\frac{E_L \cdot t_L}{f_{ctm}}} \ .$$

Wird die volle Schubkraft nicht ausgenutzt, so reduziert sich die erforderliche Verbundlänge auf

$$l_t = l_{t,max} \cdot \left(1 - \sqrt{\frac{T_k}{T_{k,max}}} \right) .$$

Sind – wie bei Vollplatten – keine die Lamellen umfassenden Bügel vorhanden, muß mit einem Bruch ohne Vorankündigung gerechnet werden. Diesen berücksichtigt die Richtlinie durch eine Vergrößerung der abzudeckenden Verbundkraft um 20 %. Mit diesen Angaben läßt sich in Anlehnung an DIN 1045 alt oder neu der Nachweis ausreichender Zugkraftdeckung relativ problemlos führen.

Zu 3:
Die Rißufer eines querkraftbeanspruchten Biegerisses verschieben sich gegeneinander. So wie im einbetonierten Betonstahl eine Verdübelungswirkung aktiviert wird, entstehen auch in der Lamelle Umlenkkräfte, die ein vorzeitiges Ablösen hervorrufen können. Genauere Untersuchungen existieren zu dieser Fragestellung bislang noch nicht. Hilfreich ist aber die Arbeit von Deuring [4], in der – abgeleitet von wenigen Versuchen – ein Anhaltswert gegeben wird. Danach muß mit einem Abscheren gerechnet werden, wenn die vorhandene Querkraft den Wert V_A überschreitet.

$$V_A = \tau_{cA} \cdot b \cdot (x + (h - x) \cdot (1 - \Delta\varepsilon_L/\xi)) + \chi \cdot \Sigma(E \cdot A)$$

mit τ_{cA} ... $2{,}2\ N/mm^2$ für B 25
     $\Delta\varepsilon_L$ ...   Dehnungszuwachs in der Lamelle
     ξ ... $6{,}06 \cdot 10^{-3}$
     χ ... $1{,}03 \cdot 10^{-3}$
     $\Sigma\ E \cdot A$ ... $E_S \cdot A_S + E_L \cdot A_L$ in N
     x ...   Druckzonenhöhe in mm
     b ...   Stegbreite in mm.

Zugrunde gelegt sind eine kritische Rißbreite von 0,4 mm und eine Rißuferverschiebung von 0,05 mm.

Weitere Untersuchungen zu diesem Punkt sind dringend erforderlich, da beim Zusammenwirken großer Biegemomente und großer Querkräfte die volle Lamellenzugkraft nur bei hochmoduligen Fasern erreicht wird. Auch die eigenen Versuche wiesen in derartigen Fällen nur Lamellendehnungen im Moment des Ablösens von ca. 5 bis 6 ‰ auf. Eine pauschale Festlegung der Grenzdehnung der Lamellen auf 8 mm/m, wie derzeit in den anstehenden Zulassungen vorgesehen, kann die tatsächlichen Verhältnisse sowohl über- wie unterschätzen und sollte daher mit Augenmaß betrachtet werden.

Zu 4:

So wie ein Anpressen der Lamellen zu einer Steigerung der übertragbaren Schubkraft führt, reduziert eine Zugspannung die übertragbaren Schubkräfte. Schon beim Anrollen lassen sich Unebenheiten in Lamellenlängsrichtung nicht vermeiden. Die derzeitigen Verarbeitungsrichtlinien einzelner Hersteller begrenzen die zulässigen Unebenheiten auf 5 mm bezogen auf 2 m Länge und 1 mm bezogen auf 30 cm Prüflänge.

Auch bei der Verwendung hochflexibler Prepregs sind wohl keine höheren Anforderungen erforderlich. Zwar passen sie sich aufgrund ihrer geringen Steifigkeit rein theoretisch an jede Unebenheit an; praktisch bewirkt aber die niedrige Viskosität des Klebers, daß schon die beim Anrollen und Kleberauftragen entstehenden Zugkräfte eine Streckung und Begradigung zur Folge haben, so daß die ausgehärtete Lamelle wieder weitgehend geradlinig ausgerichtete Faserschichten aufweist.

15.6
Zur Wahl der Lamellen

Aufgrund des relativ niedrigen Materialpreises wird man i.d.R. normalmodulige Faserlamellen einsetzen wollen. Andererseits ist insbesondere bei größeren Schubbeanspruchungen eine Querschnittsvergrößerung erforderlich, da die volle Zugkraft nicht erreicht werden kann. Wird eine solche Lamelle aber nur zu 50 % ausgenutzt und berücksichtigt man, daß die Materialkosten nur ca. 20 % der Gesamtverstärkungskosten betragen, so dürfte eine hochmodulige, voll ausgenutzte Lamelle gleicher Zugfestigkeit mit entsprechend niedriger Bruchdehnung bis zu 10fach teurer sein. Auch ist die maximal übertragbare Schubkraft einer hochmoduligen dünnen, dafür aber breiten CFK-Prepreg-Lamelle bis zu viermal größer als diejenige einer schmalen, festen Lamelle, so daß ggf. ein Einschneiden in die Zugkraftlinie vermieden werden kann. Generelle Empfehlungen lassen sich nicht geben. Die Entscheidung hängt vielmehr immer vom Einzelfall ab.

Als Neuentwicklungen werden inzwischen auch sogenannte Mischfaser- oder Hybrid-Lamellen angeboten. Bei der Lamellenherstellung werden die hochfesten, tiefmoduligen Fasern vorgespannt, die hochmoduligen Fasern ähnlich einer Spannbettvorspannung vorgedrückt. Damit entsteht ein neues Zugelement, welches schon bei einer reduzierten Bruchdehnung die volle Zugfestigkeit erreicht. Dabei ist die Vorspannung so abzustimmen, daß die unterschiedlichen Fasertypen möglichst gleichzeitig reißen, und daß die Lamelle nicht schon vor der Applikation zusammenknickt.

15.7
Experimentelle Untersuchungen

Es gibt inzwischen zahlreiche Untersuchungen und Veröffentlichungen insbesondere zur Problematik der Biegeverstärkung sowohl unter Verwendung von vorgespannten wie nicht-vorgespannten Lamellen. Einen guten Einblick geben ins-

Tabelle 2. Werkstoffkennwerte der verwendeten UD-Lamellen

	HS High-Strength	HM High Modulus
Dicke (Faser) [mm]	0,097 und 0,167	0,095
E-Modul [N/mm^2]	240000	650000
Zugfestigkeit [N/mm^2]	>2500	2000
Bruchdehnung %	10...14	3...4

besondere die Arbeiten [3, 4] und in [5] werden aktuelle Forschungsergebnisse aus vielen Ländern vorgestellt. Hier soll kurz über einige Untersuchungen berichtet werden, die der Autor mit den Mitarbeitern seines Laboratoriums in der Bundesanstalt für Materialforschung und -prüfung in Berlin durchgeführt hat. Es wurden flexible UD-Prepreg-Kohlefaserelemente der Mitsubishi Chemical Corporation, Tokio eingesetzt. In Tabelle 2 sind die wesentlichen technischen Daten enthalten.

15.7.1
Verstärkung der Querkrafttragfähigkeit von Stahlbetonkonstruktionen

Viele Gebäude der 50er und 60er Jahre haben eine verglichen mit dem heutigen Kenntnisstand zu geringe Schubbewehrung. Besondere Probleme treten auf, wenn z. B. Einfeldträger Teileinspannungen in Wände, Stützen oder Querträger haben. In diesen Fällen kann man nicht von vornherein davon ausgehen, daß sich die sehr flache Schubrißbildung eines nicht-eingespannten Einfeldträgers einstellt.

Vielmehr ist es sehr wohl möglich, daß auch auflagernahe, steile Biegerisse entstehen. Ist das Versagen entlang eines solchen Risses möglich, wird die Querkrafttragfähigkeit deutlich herabgesetzt.

Im Rahmen eines ERP-geförderten Forschungsprojektes [6, 7] wurden solche Konstruktionen an großmaßstäblichen Versuchsträgern experimentell und numerisch untersucht. Die Abmessungen der Probekörper sind in Bild 3 gegeben. Abmessung und Bewehrungsführung orientierten sich dabei an im Rahmen von Gutachten untersuchten Konstruktionen, bei denen auflagernahe Risse mit Breiten von bis zu 0,8 mm gefunden worden sind. In derartigen Rissen können Querkräfte nur noch durch Rißverzahnung, durch Verdübelungswirkung oder in der verbleibenden Druckzone übertragen werden.

Mit Hilfe des nicht-linearen FEM-Programms SEGNID (GH Kassel, Prof. Mehlhorn) ließ sich zeigen, daß auch rechnerisch sowohl die flache, wie die steile Rißneigung im Bruchzustand bestimmend sein können. Die Berechnungen reagieren sehr empfindlich auf leichte Veränderungen der Eingangsparameter für das Mitwirken des Betons zwischen den Rissen auf Zug.

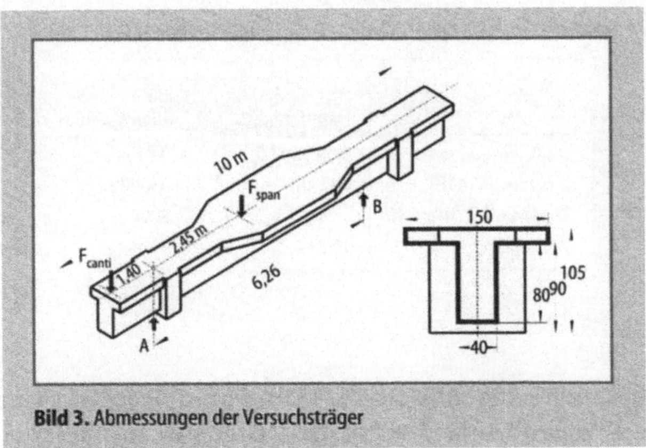

Bild 3. Abmessungen der Versuchsträger

Bild 4. Versuchsträger nach Entfernen der Verstärkung

Um Maßstabseffekte und Unsicherheiten bei der ansetzbaren Zugfestigkeit ausschließen zu können, wurden großmaßstäbliche Tests durchgeführt, deren Ziel es war, die tatsächliche Tragfähigkeit der unverstärkten sowie diejenige der verstärkten Konstruktion zu bestimmen. Verwendet wurde ein Leichtbeton, dessen Werkstoffverhalten sich weitgehend an den in Berlin nach dem 2. Weltkrieg nahezu ausschließlich verwendeten Ziegelsplittbetone orientieren mußte. Um den auflagenahen Bereich zu verstärken, wurden nach erzwungener Rißbildung beidseitig CFK-Lamellen aufgeklebt, die den Riß vertikal, horizontal und unter 45° überdeckten. Bild 4 zeigt den aufgeklebt Bereich eines verstärkten Balkens nach Versuchsende. Die CFK-Lamellen sind entfernt worden. Ohne CFK-Verstärkung trat im Vorversuch der Schubbruch im auflagernahen Biegeriß auf. Die Prepregs haben den Riß trotz eines großen Einspannmoments zusammengehalten, bis sich der flache Diagonalriß öffnete, der schlußendlich versagensbestimmend war.

Die Ergebnisse dieser Untersuchung können wie folgt zusammengefaßt werden:

1. Es ist möglich, den auflagernahen Bereich so zu verstärken, daß die steilen Biegerisse nicht mehr bruchbestimmend werden können.
2. Die CFK-Lamellen verhindern die Rißentstehung nicht; sie reduzieren aber die Rißbreiten und ermöglichen so eine Kraftübertragung durch Rißverzahnung. Da die Rißverzahnung bei Leichtbeton deutlich schlechter ist als bei Normalbeton, muß die Rißbreite reduziert werden, um noch signifikante Effekte zu erreichen.
3. Im vorliegenden Fall reichten 1200 g CFK-Material um eine Verstärkung der Konstruktion von 600 kN (Schubversagen) auf 1200 kN (Biegeversagen in Feldmitte) zu erzwingen.

Wichtig ist eine gute konstruktive Durchbildung der Verstärkung. So sind die Lamellen um die Stegunterseite herumzuführen und am Steg oder in den Gurten zu verankern.

15.7.2
Verstärkung von Stützen durch Umschnürung

Seitlicher Querdruck vergrößert ist die einachsige Betondruckfestigkeit deutlich. Hierzu sind u.a. an der TU München und in der BAM über viele Jahre zahlreiche Versuche durchgeführt worden. Umwickelt man Stützen mit einem steifen Material und beansprucht diese in axialer Richtung, so ruft die Querdehnung der Stütze Zugkräfte in der Umschnürung hervor. Die Umlenkkräfte wirken als Querdruck auf den Beton. Im Rahmen einiger Vorversuche sollte dieser Effekt untersucht werden.

In einaxialen Druckversuchen wurden an 90 cm langen Zylindern mit einem Durchmesser von 30 cm Umschnürungen in den unmittelbaren Lasteinleitungsbereichen durchgeführt. Belastet wurde jeweils nur eine Teilfläche, deren Durchmesser variiert wurde. Wie man in Bild 5 erkennt, führt die Verstärkung zu einer deutlichen Traglaststeigerung sowie zu einem erheblich verbesserten Verformungsvermögen des Zylinders. Es ist relativ problemlos möglich, den eigentlich kritischen Lasteinleitungsbereich so zu verstärken, daß maßgebend für den Bruch der nicht verstärkte freie Bereich in Zylindermitte ist.

Überträgt man die Ergebnisse auf reale Konstruktionen, so ist es möglich Stützen beispielsweise durch zusätzliche Bewehrung und Spritzbeton zu verstärken und den kritischen Krafteinleitungsbereich durch Umschnürung so aufzubessern, daß die Bruchstelle in einen Bereich verschoben wird, in dem der Spritzbeton und die zusätzliche Bewehrung voll wirksam sind. Die Ergebnisse können wie folgt zusammengefaßt werden:

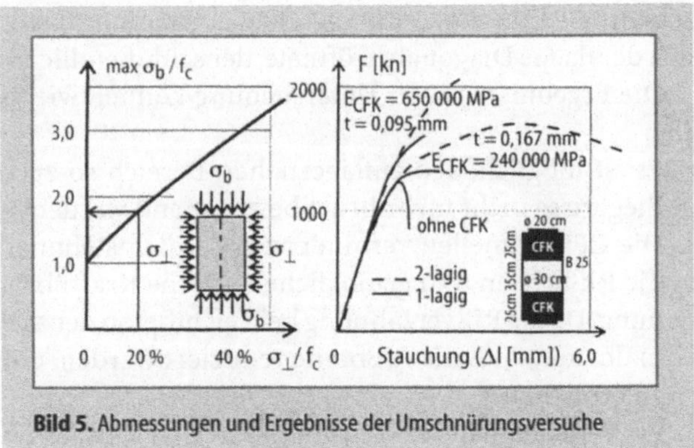

Bild 5. Abmessungen und Ergebnisse der Umschnürungsversuche

1. Ausreichende Verstärkung in Lasteinleitungsbereich führt zu einem Versagen im unverstärkten Mittelbereich.
2. Die Verwendung normalmoduligen CFK-Materials verbessert die Duktilität und vergrößert die Maximallast.
3. Die Verwendung hochmoduliger Fasern führt zu einem deutlichen Anstieg der Grenztragfähigkeit; das Verformungsvermögen verbessert sich nur mäßig.

15.7.3
Zerstörungsfreie Prüfverfahren zur Qualitätskontrolle

Die gewonnenen Erfahrungen zeigen, daß es unbedingt erforderlich ist, zerstörungsfreie Prüfmethoden zu entwickeln, um die Qualität der Applikation vor Ort zu untersuchen. Dies betrifft insbesondere Verstärkungsmaßnahmen mit mehrlagigen Prepregs, die mit erheblichem manuellem Aufwand und der damit verbundenen Gefahr des Auftretens möglicher Fehlstellen verbunden sind. Im folgenden Bild 6 sind die Bruchflächen von Haftzugversuchen an einer Prepregverstärkten Platte zu erkennen. Es wird deutlich, daß in einigen Fällen offensichtlich keine vollständige Durchdringung der Lamellen mit Kleber vorhanden war und als Folge davon die Bruchfläche im Laminat und nicht im Beton verläuft.

Auf dem NDT-Symposion 1990 wurde der Stand der zerstörungfreien Prüfungsmethoden umfassend dargestellt. Bezogen auf die CFK-Lamellen wurde dabei auf die Möglichkeit der Untersuchung mit der Impulsthermographie [8] hingewiesen. Diese Methode ist effizient, wenn es darum geht, Hohlstellen und Defekte in der Klebung der festen Lamellen festzustellen. Es ist möglich, wie auch Untersuchungen in der BAM zeigten, nicht perfekt geklebte Stellen oder lokale Delaminationen zwischen einzelnen Schichten festzustellen.

Röntgenrefraktion kann eingesetzt werden, um auch kleine örtliche Delaminierungen oder nicht ausreichend verklebte Stellen festzustellen. Allerdings eig-

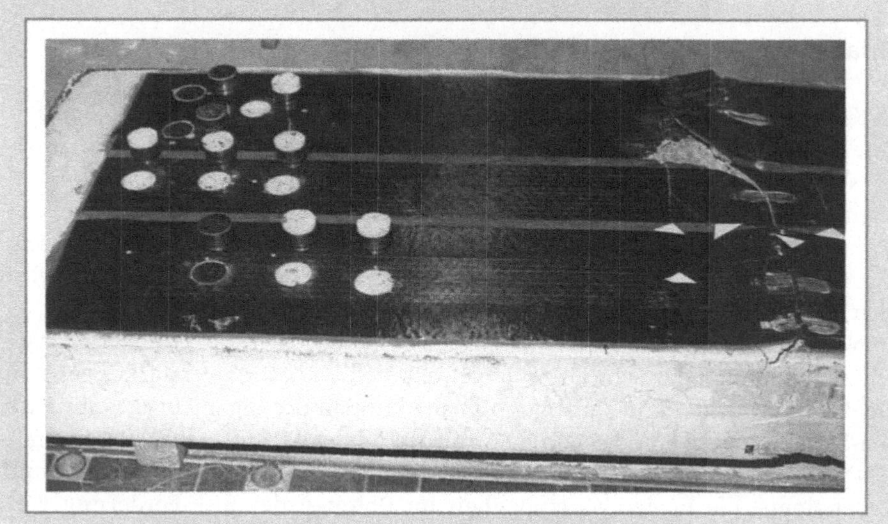

Bild 6. Bruchflächen nach Haftzugversuchen an einer CFK-verstärkten Platte

net sich diese Methode nicht für den Einsatz vor Ort. Vielmehr ermöglicht sie im Vorfeld eine Optimierung des Klebe- und Applikationsprozesses im Labor.

Ultraschall wird häufig für die Kontrolle von CFK-Strukturen in der Raumfahrt eingesetzt. Dies erscheint auch sinnvoll bei Elementen von einer Dicke von mehreren Millimetern und bei großer Gleichmäßigkeit der zu beklebenden Oberfläche. Als Qualitätskontrolle für die hier eingesetzten Prepreg-Kohlefasern scheint dieses Verfahren wenig geeignet zu sein, da alleine die rauhe Betonoberfläche schon unter Laborbedingungen erhebliche Interpretationsprobleme bereitet.

Shearographie ist eine lasergestützte Interferenzmethode, die gerade in den letzten Jahren weiterentwickelt worden ist. Mit ihrer Hilfe können Delaminationen auch vor Ort gefunden werden. Dazu muß die Oberfläche der Verklebung belastet werden (entweder durch einen leichten Unterdruck oder auch durch thermische Lasteinwirkung), um Verformungen aus der Ebene heraus zu erreichen. Für Vor-Ort-Anwendungen sind jedoch noch eine Reihe von Entwicklungsschritten erforderlich.

Festzuhalten bleibt, daß es derzeit noch kein geeignetes und wirtschaftlich vertretbares Prüfverfahren für Untersuchungen vor Ort gibt, welches vollflächige, möglichst tiefenaufgelöste Aussagen zur Qualität der Verklebung geben kann. Insbesondere die neueren Entwicklungen im Thermografiebereich könnten hier jedoch in naher Zukunft einsetzbar sein.

15.8
Zusammenfassung und Ausblick

CFK-Lamellen sind eine interessante und in vielen Fällen wirtschaftliche Variante zu herkömmlichen Verstärkungstechniken. Gegenüber geklebten Stahllamellen sind insbesondere die Korrosionsfreiheit, das geringe Gewicht und die einfachen Applikationstechniken von Bedeutung. Kreuzweise Verstärkungen sind viel einfacher realisierbar, ebenso Arbeiten unter räumlich beengten Verhältnissen. Mit dem Erteilen der ersten bauaufsichtlichen Zulassung durch das DIBt wird sich die Zahl der Anwendungen auch hierzulande rasch vervielfachen.

Noch ist eine Reihe von Problempunkten zu klären. Es ist aber zu erwarten, daß, wie schon jetzt in der Schweiz, in Japan und den USA, CFK-Verstärkungen von Gebäuden, Brücken und sonstigen Konstruktionen des Ingenieurbaus ihr Exoten-Dasein verlieren und schon bald zum Stand der Technik gehören werden.

Der Verfasser dankt insbesondere der Senatsverwaltung für Wirtschaft und Technologie, die in der Vergangenheit im Rahmen der ERP-Förderung Forschungsmittel bereitgestellt hat und freut sich auf unmittelbar bevorstehende CFK-Verstärkungsaufgaben im Raum Berlin-Brandenburg.

Literatur

[1] Ranisch, E.-H.: Zur Tragfähigkeit von Verklebungen zwischen Baustahl und Beton – Geklebte Bewehrung. TU Braunschweig, Diss. 1982

[2] Rostásy, F.S.; Holzenkämpfer, P.; Hankers, Ch.: Geklebte Bewehrung für die Verstärkung von Betonbauteilen. In: Betonkalender 1996 T 2, Verlag Ernst & Sohn, Berlin: 1996

[3] EMPA-Dokumentation D0128: Nachträgliche Verstärkung von Bauwerken mit CFK-Lamellen. EMPA/SIA Tagung Zürich: 1995

[4] Deuring, M.: Verstärken von Stahlbeton mit gespannten Faserverbundwerkstoffen. EMPA-Bericht Nr. 224, Dübendorf: 1993

[5] Advanced Composite Materials in Bridges and Structures. (Hrsg. El-Badry, M.M.) Symposium 8í96, Tagungsband, MontrÈal: 1996

[6] Vielhaber, J.; Limberger, E.; Thalmann, B.; Mazerant, J.: Schubtragfähigkeit teileingespannter Stahlbetonträger im Stützenbereich. ERP 2637, Schlußbericht, BAM, Berlin: 1994

[7] Vielhaber, J.; Limberger, E.: Verstärken mit CFK-Lamellen. Tagungsband zum Forschungskolloquium des DAfStb 1996, BAM, Berlin: 1996

[8] Lüthi, T.; Meier, H.; Primas, R.; Zogmal, O.: Infrared inspection of external bonded CFRP-sheets. NDT-CE Symposium: Non-Destructive testing in civil engineering, pp. 689-696, Berlin: 1995

[9] Holzenkämpfer, P.: Ingenieurmodelle des Verbundes geklebter Bewehrung für Betonbauteile. In: DAfStb (1997) Heft 473

[10] Hankers, Ch.: Verbundtragverhalten laschenverstärkter Betonbauteile unter nicht vorwiegend ruhender Beanspruchung. In DafStb (1997) Heft 473

16

Wasserundurchlässige Betonbauwerke – Betontechnologische Erfahrungen bei Berliner Projekten

T. Fielitz, M. Friedmann, B. Knittel, M. Mangold

16 Wasserundurchlässige Betonbauwerke – Betontechnologische Erfahrungen bei Berliner Projekten

T. Fieltitz, M. Friedmann, B. Knittel, M. Mangold

16.1 Einleitung

Die Errichtung von wasserundurchlässigen Bauwerken aus Beton wird auch in Berlin seit mehr als zwei Jahrzehnten praktiziert und ist heute Stand der Technik. Entsprechend dem Hauptanwendungsgebiet konzentriert sich der vorliegende Beitrag auf das Einsatzgebiet im Grundwasser („weiße Wannen"). Dabei übernimmt der Stahlbeton neben seiner tragenden auch die abdichtende Funktion. Der Bau von weißen Wannen ist nicht in einer speziellen DIN-Norm geregelt. Planung, Berechnung, Konstruktion und Ausführung richten sich nach den anerkannten Regeln der Technik, wie z. B. der DIN 1045. Sinngemäß gelten diese auch für verwandte wasserundurchlässige Betonbauwerke wie Kläranlagen, Behälter, Flachdächer, Auffangwannen usw. [1]

Weiße Wannen (Bauwerkssohle und aufgehende Kellerwände) werden mit wasserundurchlässigem Beton hergestellt. Sie benötigen demzufolge keine weitere Oberflächenabdichtung (z. B. auf bituminöser oder Kunststoffbasis) und können somit sehr wirtschaftlich ausgeführt werden. Um aber gebrauchstauglich zu sein, müssen alle Merkmale einer wasserundurchlässigen *Konstruktion* erfüllt sein, d. h. nicht nur der Werkstoff Beton muß dicht sein, sondern auch das Bauteil. Neben einer sachgerechten Ausführung erfordert dies die fachgerechte Planung, statische Berechnung und konstruktive Ausbildung. Wird zum Beispiel für Zwangbeanspruchung die Mindestbewehrung gemäß Heft 400 des Deutschen Ausschusses für Stahlbeton ermittelt, so müssen die der Bemessung zugrunde liegenden Annahmen (z. B. Art und Festigkeitsentwicklung des Zementes, Betonzugfestigkeit) nochmals überprüft werden, wenn im Zuge der Bauausführung die zu verwendende Betonsorte festgelegt wird. Anderenfalls kann der Fall eintreten, daß zwar im Vorfeld alle Nachweise rechnerisch richtig geführt wurden, aber dennoch am fachgerecht betonierten Bauteil systematisch unplanmäßig breite, wasserführende Risse entstehen. Die erfolgreiche Ausführung einer weißen Wanne erfordert also in hohem Maße die in Bild 1 dargestellte enge Zusammenarbeit aller am Bau Beteiligter.

Nachfolgende Ausführungen sollen im besonderen auf die betontechnologischen Erfahrungen eingehen, die bei der Herstellung von weißen Wannen im Berliner Raum gewonnen wurden.

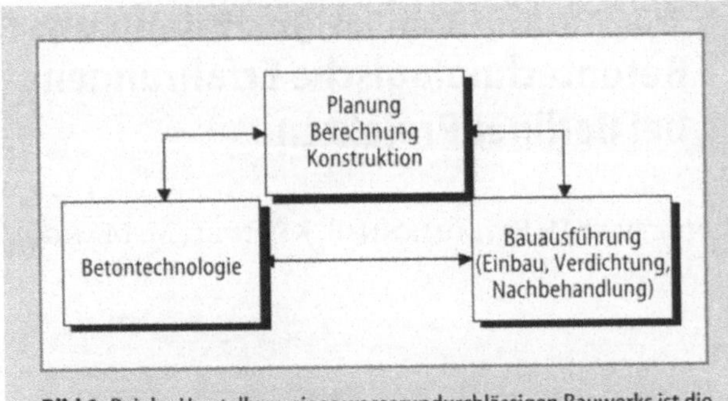

Bild 1. Bei der Herstellung eines wasserundurchlässigen Bauwerks ist die interdisziplinäre Zusammenarbeit aller Fachgebiete gefordert

16.2
Betonausgangsstoffe

16.2.1
Zuschläge

Dichte Zuschläge und ein gut abgestimmter Kornaufbau sind Grundvoraussetzungen für einen wasserundurchlässigen Beton (WU-Beton). Bedingt durch die begrenzte Verfügbarkeit von Grobzuschlägen im Berliner Raum (der Anteil an Kies in den umliegenden Lagerstätten beträgt nur ca. 10 – 20 %) werden die Betonrezepturen möglichst sandreich konzipiert. B-C-Sieblinien nach DIN 1045 sind keine Seltenheit. Bedingt durch den großen Wasseranspruch sandreicher Zuschlaggemische sollte der Sandanteil am Gesamtzuschlag jedoch nicht über 45 Masse-% hinausgehen. Der höhere Wasseranspruch der sandreichen Zuschlaggemische wird in der überwiegenden Zahl der Fälle durch den Einsatz von Betonzusatzmitteln z. B. Betonverflüssiger (BV) oder Fließmittel (FM) kompensiert.

Im Regelfall werden Grobzuschläge mit dichtem Gefüge und einer geringen Wasseraufnahme verwendet. In letzter Zeit gelangen jedoch auch saugende Zuschläge z. B. aus dem Harzvorland zum Einsatz. Hierbei ist darauf zu achten, daß bei der Justierung der Feuchtesonden in den Zuschlagsilos anhand von Darrversuchen nur die Oberflächenfeuchte und nicht die Kernfeuchte der Zuschläge erfaßt wird. Anderenfalls lassen sich die Wasserzugabe und der w/z-Wert bei der Herstellung von Betonen mit saugenden Zuschlägen trotz modernster Meßtechnik nur schwer steuern.

Bei der späteren Bestimmung von w/z-Werten im Frischbeton müssen die Kernfeuchten der Zuschläge berücksichtigt werden, da ansonsten die Messergebnisse zu hohe w/z-Werte vortäuschen würden. Hinsichtlich der Betonqualität haben saugende Zuschläge schon oft ihre Fähigkeit zu einer langfristigen „inneren Nachbehandlung" (langsame Wasserabgabe an den umgebenden Zementstein) gezeigt. Als eine sehr zeitsparende und praxistaugliche Methode zur genauen Bestimmung der Oberflächenfeuchte der Zuschläge und somit zur exakten Einstellung der Feuchtesonden hat sich die Abflammethode nach TP BF – StB erwiesen. [2]

Für die Herstellung von WU-Betonen wird im Berliner Raum überwiegend Rundkorn verwendet. Der Anteil gebrochener Zuschläge ist dem gegenüber geringer, er nimmt jedoch zu. Gebrochenes Korn kann bei mangelhafter Aufbereitung einen hohen Anteil an abschlämmbaren Bestandteilen aufweisen. Diese mehlfeinen Soffe, die das Sieb 0,063 mm passieren, sind betonschädlich, da sie den festen und dichten Verbund zwischen Zementstein und Zuschlag unterbrechen. Unter ungünstigen Umständen kann das Wasser durch die gestörte Kontaktzone Zuschlag/ Zementstein „kriechen", der Beton wird undicht.

Die Abbaugebiete der in Berlin verwendeten Zuschläge liegen nicht selten in alkaligefährdeten Bereichen. Die Transportbetonunternehmen in Berlin und Brandenburg verwenden jedoch aus technischen wie aus „verkaufspsychologischen" Gründen fast ausnahmslos Zuschläge, welche nach der Richtlinie „Alkalireaktion im Beton" des Deutschen Ausschuß für Stahlbeton [17] als unbedenklich (E I) eingestuft werden.

Ein zunehmendes Problem stellt die Gruppe der frostempfindlichen Bestandteile in den Zuschlägen dar. Hierbei handelt es sich vor allem um Kreide und poröse Kalksteine. Die Zuschläge erfüllen fast immer die Anforderungen hinsichtlich der Frostbeständigkeit im Sinne der DIN 4226. Die genannten frostempfindlichen Bestandteile entwickeln ihre zerstörende Wirkung im Beton erst, wenn sie im wassergesättigten Zustand gefrieren und der Gefrierdruck dann den überdeckenden Zementstein absprengt. Typisch für diese Schäden sind unregelmäßig verteilte, anfangs ca. 0,5 bis 2 cm im Durchmesser und bis ca. 0,5 cm Tiefe messende, trichterförmige Abplatzungen der Betonoberfläche. Im fortschreitenden Stadium des Schadens können der Durchmesser und die Tiefe der Abplatzungen mehrere Zentimeter betragen und großflächig auftreten. (Bild 2)

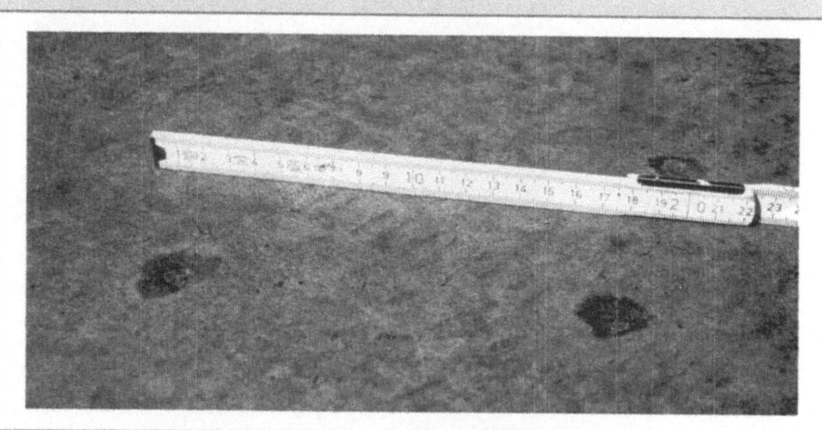

Bild 2. Frostausbrüche auf der Oberfläche eines der Witterung ausgesetzten Parkdecks

Oberflächenfertig hergestellte Tiefgaragenböden und Parkdecks sowie Brükkenbauwerke sind hier zur Zeit das Thema umfangreicher Sanierungsmaßnahmen.

Würde eine Frost-Tauprüfung nicht allein am Zuschlag sondern vor allem auch an Betonprobekörpern durchgeführt werden, wäre eine genauere Einschätzung der Frostempfindlichkeit dieser Zuschläge möglich.

Wasserlösliche eisen- und/oder manganhaltige Zuschlagbestandteile können ebenfalls zu Abplatzungen und rostfarbenen Flecken auf den Betonoberflächen führen. (Bild3)

Vermutlich bedingt durch die sich verschärfenden Rahmenbedingungen beim Abbau, bei der Aufbereitung und bei der Lieferung von Zuschlägen mußten in jüngerer Zeit vermehrt entprechende Mängel und Schäden festgestellt werden. Da in den einschlägigen deutschen Normen hierfür bisher keine konkreten Anforderungen und Prüfverfahren festgelegt sind, mußten solche Zuschläge juristisch oft als normkonform akzeptiert werden, obwohl von ihnen maßgebliche Beeinträchtigungen für das Bauteil ausgehen können. In der europäischen Norm pr EN 1744-1 wurden nunmehr Prüfverfahren zur Bestimmung von Bestandteilen vorgegeben, die die Oberflächen des Betons beeinflussen, wie z.B. reaktionsfähige

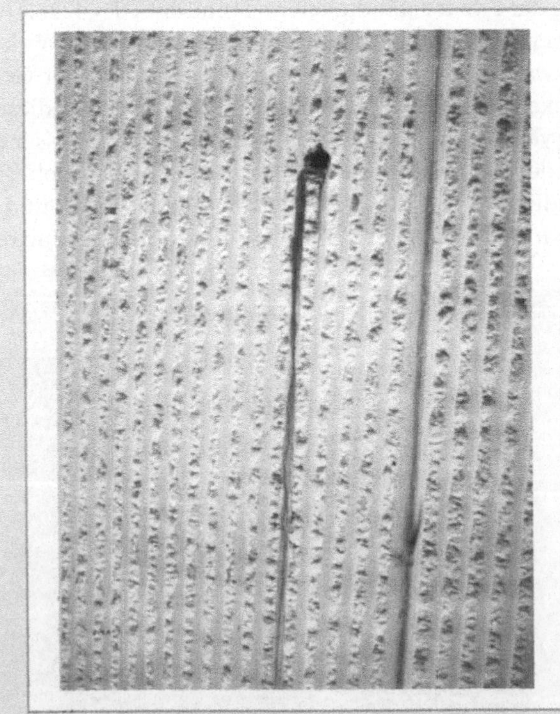

Bild 3. Rostfarbige Verunreinigungen an einer Fassade

Eisensulfidteilchen. Damit dürfte auch eine technologisch bessere Handhabe gegeben sein.

16.2.2
Zemente

Für wasserundurchlässige Betonbauwerke im Berliner Raum werden überwiegend folgende Zemente verwendet:
- CEM I 32,5 R,
- CEM III/A 32,5,
- CEM III/B 32,5 NW/HS/NA.

Bei bis zu einem Meter dicken Sohlen wurde erfolgreich CEM I 32,5 R unter gleichzeitiger Verwendung von Flugasche eingesetzt. Dickere Sohlen werden im Regelfall aus Betonen unter Verwendung von Hochofenzementen hergestellt.

Kriterien für die Zementauswahl sind vor allem:
- Ausschalfristen und Nachbehandlungsdauer,
- Hydratationswärme und Reißneigung,
- Wirtschaftlichkeit,
- Verfügbarkeit.

Zemente mit hoher Normdruckfestigkeit lassen Rezepturen mit niedrigen Zementgehalten zu, wodurch die Rißgefahr deutlich reduziert werden kann.

Gerade für die Errichtung wasserundurchlässiger Bauwerke müssen die Zemente eine hohe Gleichmäßigkeit in ihren Eigenschaften aufweisen. Schwankungen z. B. in der Normdruckfestigkeit, im Erstarrungsverhalten und im Wasseranspruch können bei wirtschaftlich und technologisch optimierten Betonsorten (d. h. auf das zielsichere Erreichen der Betondruckfestigkeit bemessener Zementgehalt) zu erheblichen Schwierigkeiten auf den Baustellen führen.

Wegen der regionalen Nähe werden polnische Zemente in Berlin/Brandenburg in einem nennenswerten Umfang eingesetzt. Bedingt durch umfangreiche Modernisierungen der polnischen Zementwerke sind Vorbehalte bezüglich der Qualität dieser Zemente im allgemeinen nicht mehr gerechtfertigt.

16.2.3
Betonzusatzstoffe

Als Betonzusatzstoff kommen überwiegend Steinkohlenflugaschen (SFA) zur Anwendung. Die im Berliner Raum verwendeten Flugaschen stammen sowohl aus deutschen als auch aus polnischen Kraftwerken.

Die Flugaschen wirken in folgender Weise auf den Frischbeton:
- bessere Verarbeitbarkeit, vor allem auch Pumpbarkeit des Betons,
- Wasserersparnis durch „Kugellagereffekt" der Flugaschepartikel ,
- Zementersparnis bei Anrechnung der SFA auf den Zementgehalt.

Die Wirkungen auf den Festbeton zeigen sich wie folgt:
- Nacherhärtung durch puzzolanische Reaktion
- Abdichtung der Zementsteinmatrix und somit geringere Wassereindringtiefen
- Verbesserung der chemischen Beständigkeit des Betons, z. B. des Sulfatwiderstandes

Die Besorgnis, Flugaschebetone würden mehr schädliche Bestandteile (insbesondere Schwermetalle) im Boden und Grundwasser freisetzen als Betone ohne Flugasche, ist heute widerlegt. Untersuchungen zeigten, daß Flugaschebetone dichter als herkömmliche Betone sind und deshalb unter Umständen sogar weniger schädliche Bestandteile freisetzen. [3]

Vielfach wird von wasserundurchlässigen Betonen zusätzlich ein hoher Widerstand gegen Sulfatangriff gefordert. Gemäß der demnächst zu erwartenden bauaufsichtlichen Einführung der Richtlinie des Deutschen Ausschusses für Stahlbeton „Verwendung von Flugasche nach DIN EN 450" [8], darf zur Herstellung von sulfatwiderstandsfähigem Beton nach DIN 1045 anstelle von HS-Zement eine Mischung aus Zement und Flugasche verwendet werden. Dies gilt für einen Sulfatgehalt des angreifenden Wassers bis zu 1500 mg/l, wobei der Flugaschegehalt bezogen auf den Gehalt an Zement und Flugasche ($z+f$) je nach verwendeter Zementart mindestens 10 bzw. 20 M.-% betragen muß. Diese Regelung wird der Verwendung von SFA weiteren Auftrieb geben.

Bild 4. Unterwasserbeton am Potsdamer Platz in Berlin

Als Betonzusatzstoff für wasserundurchlässige Bauteile wurden für die Unterwasserbetonsohle eines Großbauvorhabens am Potsdamer Platz erfolgreich Stahlfasern verwendet. Ziel war hier, durch die Stahlfasern das Trag-, Verformungs- und Rißverhalten des ansonsten unbewehrten Betons zu verbessern. Dies war in Hinblick auf die unregelmäßige Geometrie und die Höhenversprünge in der 1,20 m dicken Sohle vorteilhaft. Für die Verwendung des Stahlfaserbetons war eine Zustimmung im Einzelfall erforderlich. Der Stahlfaseranteil diente in diesem Fall als zusätzliche Sicherheit und durfte für die Bemessung nicht herangezogen werden [18]. (Bild 4)

16.2.4
Anmachwasser

Zu einem großen Teil wird für die Betonherstellung Trinkwasser verwendet. Aus Kostengründen greifen jedoch viele Betonwerke auf eigene Tiefbrunnen zurück oder verwenden Flußwasser. Eine Prüfung des Wassers anhand des Merkblattes „Zugabewasser für Beton" des Deutschen Betonvereins e.V. ist in diesen Fällen regelmäßig durchzuführen. Negative Auswirkungen auf die Betoneigenschaften durch ungeeignetes Zugabewasser wurden bisher nicht bekannt.

16.2.5
Betonzusatzmittel

Betonverflüssiger (BV), Verzögerer (VZ) und Fließmittel (FM) bzw. Kombinationen dieser Betonzusatzmittel haben sich sowohl technisch als auch wirtschaftlich vielfach als vorteilhaft erwiesen.

Der Einsatz von Verzögerern nimmt in letzter Zeit besonders zu, da man folgende Vorteile gezielt nutzt:
– Spreizung des Zeitraumes der Freisetzung der Hydratationswärme,
– langsameres Ansteifen des Betons, dadurch längere Verarbeitbarkeitszeiten,
– späteres Nachverdichten des Betons möglich.

Zu beachten ist, daß verzögerter Beton gegenüber unverzögertem Beton länger und intensiver nachbehandelt werden muß. Verzögerter Beton muß länger vor dem Austrocknen, vor Frost und niedrigen Temperaturen geschützt werden. Bei stark saugender Schalung und langen Verzögerungszeiten kann es erforderlich werden, die Schalung ausgiebig vorzunässen. Anderenfalls besteht die Gefahr, daß der Beton an den Schalflächen „verdurstet" und die Betonoberflächen absanden.

Vereinzelt (z.B. bei Tiefgaragen) wird die frost- und tausalzbeständige Ausführung einer oberflächenfertigen Sohle gefordert. Hier erweist es sich als wirtschaftlich, nur die oberen ca. 20 cm der Sohle mit einem Luftporenbeton frisch in frisch auf den massigen unteren Teil der Sohle aufzubetonieren und den nicht tausalzbeanspruchten unteren Teil mit frostbeständigem Beton herzustellen.

16.3
Rezepturen

Bei den Rezepturen für wasserundurchlässige Betone lassen sich zwei grundlegende Richtungen erkennen. Diese Richtungen resultieren aus unterschiedlichen technologischen Randbedingungen.

Wenn es sich um kleinere bis mittlere Betonagen handelt (bis ca. 1000 m^3) kommen im Transportbetonwerk auf die Konsistenz KR fertiggemischte Rezepturen zum Einsatz. In Tabelle 1 sind Beispiele für derartige Rezepturen angegeben.

Die Vorteile der angegebenen Rezepturen liegen darin, daß eine sofortige Entladung der Fahrmischer auf der Baustelle erfolgen kann. Das Mitführen im Fahrmischer bzw. Vorhalten von Fließmitteln auf der Baustelle entfällt. Der Platzbedarf auf der Baustelle ist geringer. Die verflüssigende Wirkung eines BV ist i.a. länger anhaltend als bei einem FM.

Zu beachten ist, daß die im Vergleich zu FM-Rezepturen (vgl. Tabelle 2) etwas höheren Zementgehalte der BV-Rezepturen (vgl. Tabelle 1) zu einer stärkeren Erwärmung der Bauteile durch die Hydratationswärme des Zements und zu einem stärkeren Schwinden führen. Bei Verformungsbehinderung der Bauteile nimmt dadurch auch die Rißgefahr entsprechend zu.

Bei größeren und vor allem platzmäßig besser ausgestatteten Baustellen, wird das Fließmittel oft nachträglich eingemischt. Tabelle 2 zeigt Rezepturen, die bei einer nachträglichen Fließmittelzugabe auf der Baustelle Verwendung finden.

Rezepturen mit nachträglicher Fließmittelzugabe neigen vor allem im Sommer zum schnellen Verlust der Wirkung des Fließmittels und damit zum Rücksteifen in die Ausgangskonsistenz. Eine Verzögerzugabe werkseitig wirkt dem entgegen. Seitens der Bauausführung ist auf kurze Lieferwege, kurze Standzeiten auf der Baustelle und eine zügige Entladung der Transportbetonfahrzeuge zu

Tabelle 1. Beispiele für WU-Betonrezepturen ohne nachträgliche FM-Zugabe auf der Baustelle

Festigkeitsklasse	Zementart	Zementgehalt [kg/m^3]	Flugaschegehalt [kg/m^3]	Einbaukonsistenz	Sieblinienbereich/ Korngröße	Zusatzmittel
B 25	CEM I 32,5 R oder CEM III/A 32,5	270	60	KR oberer Bereich	AB 32 oder B 32	BV (VZ)
B 25	CEM I 32,5 R oder CEM III/A 32,5	280	60	KR oberer Bereich	AB 16 oder B 16	BV (VZ)
B 35	CEM I 32,5 R oder CEM III/A 32,5	290	70	KR oberer Bereich	AB 32 oder B 32	BV (VZ)
B 35	CEM I 32,5 R oder CEM III/A 32,5	310	70	KR oberer Bereich	AB 16 oder B 16	BV (VZ)

Tabelle 2. Beispiele für WU-Betonrezepturen mit nachträglicher Fließmittelzugabe auf der Baustelle

Festig-keits-klasse	Zement-art	Zement-gehalt [kg/m³]	Flug-aschegehalt [kg/m³]	Einbau-konsistenz	Sieblinien-bereich/ Korngröße	Zusatz-mittel
B 25	CEM I 32,5 R oder CEM III/A 32,5	240	50 – 60	KR/KR oder KF	AB 32	FM BV (VZ)
B 25	CEM I 32,5 R oder CEM III/A 32,5	250	50 – 60	KR/KR oder KF	AB 16	FM BV (VZ)
B 35	CEM III/A 32,5	240	60 – 80	KR/KR oder KF	AB 32	FM BV (VZ)
B 35	CEM III/A 32,5	260	60 – 80	KR/KR oder KF	AB 16	FM BV (VZ)

achten. Eine sorgfältige Vorbereitung der Betonagen in Absprache der Bauleitung mit den Betontechnologen sollte Selbstverständlichkeit sein. Qualitätssicherungspläne, in denen u. a. die Einbautechnologie, Havariekonzepte und Verantwortlichkeiten klar definiert sind, sind bei Großbauvorhaben heute unumgänglich. Dazu gehört häufig auch die baubegleitende Messung der Betontemperaturen im Bauteil.

Für die in Tabelle 2 dargestellte Rezeptur B 35 mit 240 kg/m³ CEM III/A 32,5 und Sieblinienbereich AB 32 sind in Bild 6 beispielsweise die Ergebnisse von Temperaturmessungen in einer 4,50 m dicken Bodenplatte (Bild 5) eines Kohlekraftwerkes (Bunkerschwerbau) dargestellt .

Trotz der annähernd adiabatischen Erwärmung des Betons im Inneren der Platte und dem erheblichen Temperaturgradienten über den Plattenquerschnitt (d. h. Temperaturunterschiede zwischen Plattenoberseite und -unterseite bzw. zwischen Rand und Kern bis zu 30 K) trat keine nennenswerte Rißbildung auf. Dies ist darauf zurückzuführen, daß der Beton bereits in den ersten 36 Stunden bei einem Temperaturgradienten von rd. 10 K über den Plattenquerschnitt erhärtete (praktisch spannungsfreier Nullzustand), so daß nur ein Temperaturunterschied von maximal 20 K spannungswirksam (Eigenspannungen, Biegezwang) war.[19] (Bild 6)

Häufig werden die in der Statik zugrunde gelegten hohen Festigkeiten des Betons während der Zeit der Bauausführung nicht benötigt. Die Nennfestigkeit des Betons ist unter Umständen erst nach mehreren Monaten erforderlich. Die Frühfestigkeit des Betons sollte dementsprechend auf das notwendige Maß beschränkt werden. Bei einer guten Abstimmung der Betontechnologie auf die Bauausführung und die konstruktiven Belange ist es sinnvoll, Prüftermine von 56 oder 90 Tagen zu vereinbaren. Somit ist es möglich, Betone einzubauen, die langsamer erhärten, d. h. eine geringere und langsamere Hydratationswärmeentwicklung auf-

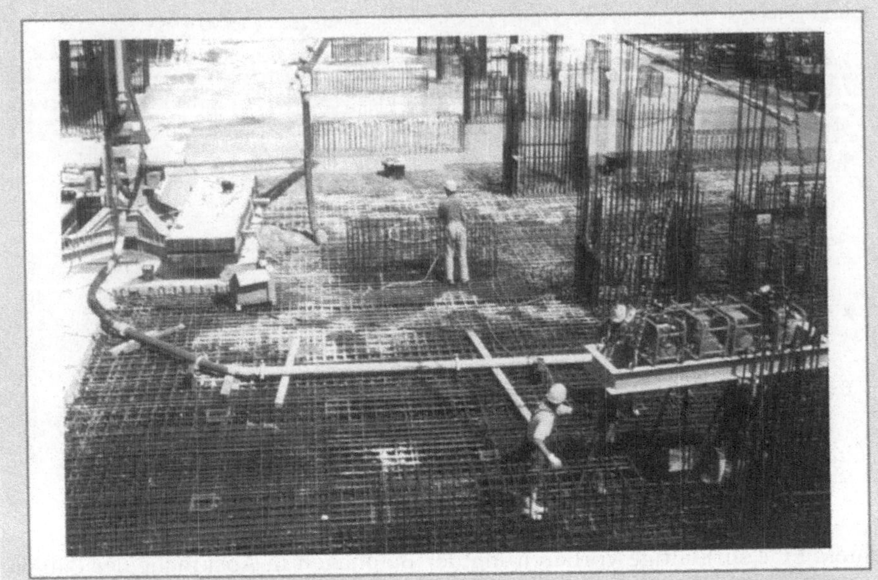

Bild 5. Bodenplatte eines Kohlekraftwerks

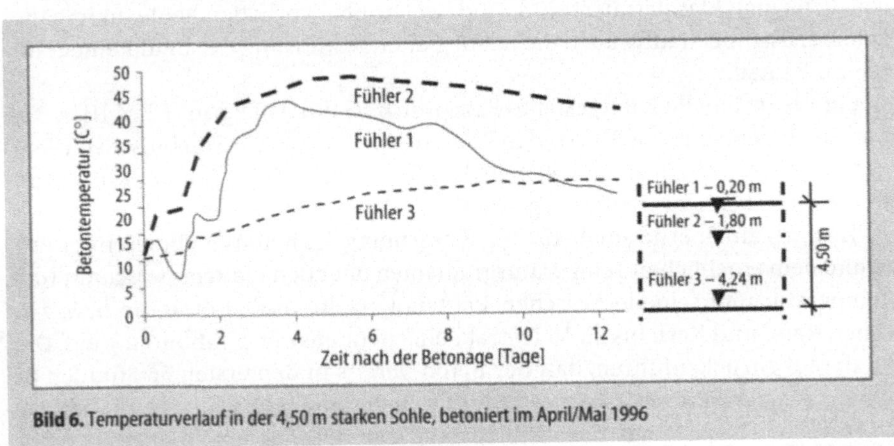

Bild 6. Temperaturverlauf in der 4,50 m starken Sohle, betoniert im April/Mai 1996

weisen. Dadurch kann die Rißgefahr deutlich vermindert werden, d.h. die Gefahr der Bildung von Spalt- und/oder Schalenrissen ist geringer.

16.4
Betonherstellung und Transport

Der Beton wird im Regelfall als werksgemischter Transportbeton ausgeliefert. Bedingt durch die hohe Verkehrsdichte in Berlin sind Fahrzeiten von den Transportbetonwerken zu den Baustellen von 1,5 Stunden keine Seltenheit. Tagesleistungen eines Transportbetonwerkes von oft über 1000 m³, die Vielzahl von Kunden und Kundenwünschen, ein großer Fuhrpark sowie sich ständig ändernde Verkehrswege (Baumaßnahmen) sind eine Spezifik von Berlin und verlangen von dem mit der Herstellung und dem Transport von Beton betrauten Personal vollen Einsatz. Regelmäßige Schulung und Weiterbildung des Fachpersonals sind unabdingbar, um den hohen Anforderungen des Marktes gerecht zu werden.

16.5
Verarbeiten des Betons

Bei großen Betonagen und hohen Stundenleistungen liefern oft mehrere Lieferwerke. Dabei kommt es immer wieder vor, daß die einzelnen Lieferwerke Zemente verschiedener Hersteller verwenden. Durch Voruntersuchungen der Zemente, vor allem der Ermittlung des Ansteifverhaltens, des zeitlichen Verlaufes der Hydratationswärmeentwicklung und der Festigkeitsentwicklung sind mögliche „Unverträglichkeiten" der Zemente im Vorfeld auszuschließen.

Überwiegend wird der Beton in das Bauteil gepumpt und lagenweise eingebaut (vgl. Bild 7). Schüttrohre kommen selten zum Einsatz. Die Einbaukonsistenzen liegen im Bereich KR bis KF.

Neben dem Betonieren in horizontalen Lagen, das bei Bodenplatten überwiegend zur Anwendung kommt, kann der Beton auch mit einer Konsistenz von ca. 420 bis 440 mm von unten nach oben aufsteigend in schrägen Lagen eingebracht werden (Bild 7).

Der Vorteil des Betonierens in schrägen Lagen liegt darin, daß man mit kleineren Transportbetonanlagen, d.h. mit einer geringeren Stundenleistung auskommt und mit weniger Personal und ohne Langzeitverzögerung des Betons über einen langen Zeitraum betoniert werden kann.

Nachteilig ist hingegen der größere Verdichtungsaufwand und die entsprechend erforderliche intensive Bauleitung/Aufsicht.

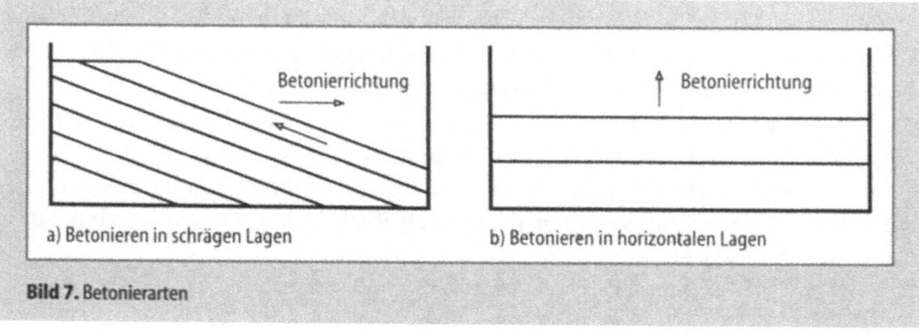

Bild 7. Betonierarten

16.6
Nachbehandlung

Die Bedeutung der Nachbehandlung wird auf den Baustellen oft immer noch unterschätzt. Eine mangelhafte oder ganz unterlassene Nachbehandlung führt zu Schäden an den Betonbauwerken. Gängigste Nachbehandlungsmethode ist das Abdecken mit Folie, im Winter teilweise mit Wärmedämmatten. Das Wässern einer ganzen Sohle wird ebenfalls gelegentlich praktiziert. In besonderen Fällen wird der Erhärtungsverlauf des Betons mit einer in das Bauteil einbetonierten Rohrinnenkühlung gesteuert. Hier zeigt aber die Erfahrung, daß eine große Fachkompetenz erforderlich ist, damit der angestrebte Erfolg nicht ins Gegenteil umschlägt.

16.7
Ausblick

Die weitere Erhöhung der Dichtheit des Betongefüges durch neue Betonzusatzstoffe ist Gegenstand umfangreicher Forschungsarbeiten. Die entscheidenden Parameter für die Dichtheit sind:
- das Porengefüge,
- das dreidimensional vernetzte Calciumhydroxidgefüge,
- der Verbund zwischen Zuschlag und Zementstein.

Das Porengefüge wird primär von der Korngrößenverteilung aller verwendeter Betonausgangsstoffe vor allem im Feinstbereich sowie vom w/z-Wert bestimmt. Dementspechend ist es notwendig, die Granulometrie der Ausgangsstoffe und die zugegebene Wassermenge zu optimieren.[20]

Das dreidimensional vernetzte Calciumhydroxidgefüge und der Verbund zwischen Zuschlag und Zementsteinmatrix werden im wesentlichen durch die Reaktion der Zusatzstoffe und deren Wirkung auf die Zementhydratation beeinfußt.

Der positive Einfluß von Steinkohlenflugasche auf die Gefügedichtheit wird derzeit vielfach ausgenutzt. In näherer Zukunft ist ebenfalls mit dem Einsatz von Mikrosilica in nennenswertem Umfang zu rechnen.

Mikrosilica ist ein sehr reaktives Puzzolan welches als Füller wirkt und die Kontaktzone zwischen Zuschlag und Zementstein verbessert.

Bei einem Einsatz von Mikrosilica als Betonzusatzstoff muß jedoch auch bestimmten betontechnologischen Problemen Rechnung getragen werden. Diese Probleme sind vor allem:
- erhöhter Wasserbedarf,
- längere Mischzeiten,
- Nachbehandlungsempfindlichkeit,
- hohe Sprödigkeit des Betons,
- Abbau des Alkalitätspotentials des Betons.

Tabelle 2. Einfluß des Mikrosilikagehalts auf den pH-Wert [21]

Anteil an Mikrosilica	0%	10%	20%	30%
pH-Wert	13,9	13,4	12,9	12,0

Die sehr große Feinheit und die daraus resultierende hohe spezifische Oberfläche dieses Puzzolans führt zu einem erhöhten Wasseranspruch, der einen Fließmitteleinsatz unumgänglich macht.

Um die Homogenität von Mischungen mit Mikrosilica sicherzustellen, ist aufgrund der erhöhten inneren Kohäsion ein längeres und intensiveres Mischen notwendig.

Bei der puzzolanischen Reaktion von Mikrosilica wird $Ca(OH)_2$ verbraucht (etwa 100 – 500 mg je Gramm Mikrosilica) und somit der pH-Wert gesenkt. Dieser Zusammenhang ist in Tabelle 3 dargestellt. (Tabelle 3)

Wird nicht mehr als 10 M.-% des Portlandzementgehalts an Mikrosilica zugegeben, so konnte in zahlreichen Studien nachgewiesen werden, daß die Alkalitätsreserven des Betons nicht aufgebraucht werden und der Stahl somit ausreichend geschützt ist [21].

16.8
Zusammenfassung

Zusammenfassend kann festgestellt werden, daß sich wasserundurchlässige Bauwerke aus Beton wegen der hohen Wirtschaftlichkeit gegenüber anderen Abdichtungsformen immer mehr durchsetzen. Die Bauweise weißer Wannen ist nicht genormt, sie wird auf Grundlage der anerkannten Regeln der Technik angewendet. Die Ergebnisse neuer Forschungsarbeiten eröffnen die Möglichkeit, immer dichtere Betone zu projektieren. Die Praxis zeigt jedoch, daß selten der Beton allein ursächlich für Undichtigkeiten verantwortlich ist.

Um zielsicher ein gebrauchstaugliches dauerhaftes Bauwerk in der geforderten Qualität herzustellen, ist eine enge Zusammenarbeit und eine frühzeitige Abstimmung aller am Bau Beteiligter (Statik/Konstruktion, Betontechnologie und Bauausführung) zwingend erforderlich.

Moderne Betontechnologie hat dabei nicht nur die Aufgabe, geeignete Betonausgangsstoffe und Rezepturen zur Verfügung zu stellen. Sie muß auch die besonderen Randbedingungen bei der Herstellung, dem Transport und der Verarbeitung des Betons berücksichtigen und praktikable, fehlerunempfindliche technische Lösungen anbieten.

Literatur

[1] Weber; Weiße Wannen verlangen sehr große Sorgfalt; Deutsches Ingenieurblatt; 06.1996
[2] Technische Prüfvorschriften für Boden und Fels im Straßenbau TP BStB Teil B 1.5, Ausgabe 1983

[3]   Hygiene-Institut des Ruhrgebiets, Gelsenkirchen, Untersuchung von Beton/Flugaschemischungen; Bericht 03.1995

[4]   Knoblauch H., Schneider U.: „Bauchemie" Wernerverlag, 3. Auflage 1992

[5]   Scholz W.: „Baustoffkenntnis" Wernerverlag, 13. Auflage 1995

[6]   Henning O.: „Naturwissenschaftliches Grundwissen für Ingenieure des Bauwesens" Band 1 Chemie im Bauwesen, 5. Auflage 1988

[7]   Wischers G., Sprung S.: „Verbesserung des Sulfatwiderstands von Beton durch Zusatz von SteinkohlenflugascheìBeton 1/90, S 17-20

[8]   DAfStb-Richtlinie: „Verwendung von Flugasche nach DIN EN 450 im Betonbau" 09.1996

[9]   Härdtl R.: „Veränderung des Betongefüges durch die Wirkung von Steinkohlenflugasche und ihr Einfluß auf die Betoneigenschaften" Heft 448 DAfStb, 1995

[10] Sybertz F.: „Beurteilung der Wirksamkeit von Steinkohlenflugaschen als Betonzusatzstoff" Heft 434 DAfStb, 1993

[11] Breitenbücher R.: „Hochfeste Betone mit Mikrosilica – Verbesserung des Verbundes zwischen Matrix und Zuschlag" Bauingenieur 65, S 426, 1990

[12] Bechthold R., Wagner J.: „Verwendung von Silikazusätzen im BetonìBeton 4/96, S 216-221

[13] Herfurt E.: „Microsilica, Ein hochwertiges Puzzolan: Ursprung, Eigenschaften, Anwendungsgebiete" Elkem Materials UK

[14] Torii K., Kawamura M.: „Effects of fly ash and silica fume on the resistance of mortar to sulfuric acid and sulfate attack" Cement and Concrete Research, Vol. 24, No. 2, pp. 361-370, 1994

[15] Verein Deutscher Zementwerke: „Zement Taschenbuch" Bauverlag GmbH, 48. Ausgabe 1984

[16] Weigler, Karl: „Beton, Arten-Herstellung-Eigenschaften" Verlag Ernst & Sohn, Berlin 1989

[17] Richtlinie Alkalireaktion im Beton, Vorbeugende Maßnahmen gegen schädigende Alkalireaktion im Beton, Deutscher Ausschuß für Stahlbeton, Beuth Verlag GmbH Berlin und Köln, 1992

[18] Hildebrand, H.; Stapel, J.; Wooge, M.: „Unterwasserbeton mit Stahlfasern." Beton 11/96, S. 661 – 666, 1996

[19] Mangold M.: „Die Entwicklung von Zwang- und Eigenspannungen in Betonbauteilen während der Hydratation." Dissertation, TU München 1994

[20] Fielitz, T.: „Der Einfluß von Flugasche und Mikrosilica auf die chemische Beständigkeit von Zementmörteln", Diplomarbeit TU Berlin 1997

[21] Wiesner, B.: „Der Einfluß von Condensed Silica Fume auf die Frisch- und Festbetoneigenschaften hinsichtlich der Entwicklung eines hochdichten, chemisch beständigen Massenbetons für Kraftwerks-kühltürme in Gleitschalbauweise", Vertieferarbeit TU Berlin 1996

17

Dynamische Beanspruchung im Hochbau – Ein Beispiel aus der Praxis

ECKHARD KALLIN

17 Dynamische Beanspruchung im Hochbau –
Ein Beispiel aus der Praxis

ECKHARD KALLIN

17.1
Einleitung

Im Jahr 1993 wurde vom Bezirksamt Berlin-Neukölln der Erweiterungsbau der
Regenbogenschule in der Morusstraße für die Planung in Auftrag gegeben. Der
4-geschossige Neubau wurde exakt zwischen dem bestehenden Schulgebäude
(Baujahr um 1900) und der vorhandenen Turnhalle (20er Jahre) auf einem Teil
des Schulhofgeländes geplant. Wegen der großflächig freitragenden und aufge-
lösten Struktur als Vorgabe durch den Architekten wurde das Gebäude in Stahlbetonbauweise konzipiert, wobei zur Aussteifung zwei aufgelöste Treppenhaus-
kerne sowie nur wenige Wände herangezogen werden konnten.

Wegen der in einigen bereits bestehenden Berliner Turnhallen aufgetretenen
Schwingungsprobleme, wurden vom Bauherrn folgende Zusatzmaßnahmen eingeleitet:
- Beauftragung eines Ingenieurbüros für Schallschutztechnik zur Beurteilung
  des vom Architekten vorgeschlagenen Turnhallenfußbodenaufbaus (s. Bild 8);
- die Untersuchung der dem dynamischen Verhalten unmittelbar ausgesetzten
  Stahlbetonbauteile (Decke über der Turnhalle [Schulhof] und Decke über dem
  Erdgeschoß [Turnhallenfußbodendecke]);
- sowie die Untersuchung der möglichen Auswirkungen von Schwingungen auf
  die Nutzer des Gebäudes.

Als Randbedingung wurde vorgegeben, daß keine Kosten für aufwendige Messungen entstehen sollten, sondern, daß rein theoretisch mit höchstmöglicher Aus-
sagekraft das Schwingverhalten oben genannter Bauteile für die vorgenannte Auf-
gabenstellung erfasst werden sollte. Am Beispiel der Regenbogen-Schule wird
nachfolgend die Vorgehensweise für den praktisch tätigen Ingenieur aufgezeigt.

17.2
Dynamische Einflüsse auf das Bauwerk und mögliche Maßnahmen

17.2.1
Allgemeines

Auswirkungen auf das Schwingverhalten eines Bauwerks bilden die schwingungs-
erregenden dynamischen Lasten, das angenommene dynamisch-statische System,
die dynamische Biegesteifigkeit sowie die tatsächlich vorhandene Dämpfung.

17.2.1.1
Dynamische Kräfte

Bislang wurden die dynamischen Kräfte aus rhythmischen Körperbewegungen,
insbesondere bei Fußgängerbrücken und Turnhallen, oft unterschätzt. Die Bemessung derartiger Tragwerke, allein auf statischer Grundlage, kann zu erheblichen Schwingungsproblemen führen. Die zeitlichen Verläufe der von Menschen
erzeugten dynamischen Kräfte werden üblicherweise durch folgende Größen
beschrieben [1]:
- Grundfrequenz der Einwirkung,
- Fourier-Amplitudenkoeffizienten der einzelnen Harmonischen,
- Verhältnis der Kontaktdauer zur Periodendauer (beim Hüpfen und Laufen),
- Stoßfaktor (beim Hüpfen und Laufen).

Diese Größen lassen sich relativ leicht aus gemessenen Zeitverläufen ermitteln
und können dann auch zur dynamischen Bemessung von Tragwerken herangezogen werden.

17.2.1.1.1
Grundfrequenz der Einwirkung

In letzter Zeit werden in Sporthallen immer öfter Veranstaltungen durchgeführt,
bei denen rhythmische Musik als Vorgabe für die Tanz–und Sportübungen ge-
spielt wird. Bei Messungen in der Schweiz [2] wurden Hüpffrequenzen im Bereich von 2,0 bis 3,2 Hz festgestellt. Untersuchungen in Hamburg [5] ergaben Werte im Bereich von 1,0 bis 2,8 Hz. Für praktische Rechenzwecke empfiehlt Bachmann [1] daher den Frequenzbereich von 1,8 bis 3,4 Hz. Eine Erregerfrequenz
von $f_h = 3{,}4$ Hz entspricht dabei aber dem absoluten Ausnahmefall. Aus den Erfahrungen bei in Deutschland durchgeführten Messungen kann in den meisten
Fällen von einer maximalen Erregerfrequenz von $f_h \approx 2{,}5$ Hz ausgegangen werden (praxisrelevant).

17.2.1.2
Dynamisches System

Die meist bei statischen Systembetrachtungen getroffenen Vereinfachungen führen oft zu großen Abweichungen in Bezug auf das tatsächliche Schwingungsverhalten von Bauteilen. Daher ist es ratsam, zumindest die unmittelbar an das zu untersuchende Bauteil angrenzenden Tragglieder hinsichtlich ihrer Biegesteifigkeiten und Abmessungen zu berücksichtigen.

17.2.1.3
Dynamische Biegesteifigkeit

Die dynamische Biegesteifigkeit ist bei Stahlbetonkonstruktionen besonders schwierig abzuschätzen. Hier spielen der dynamische E-Modul des Betons und die Rißbildung eine erhebliche Rolle. Oft läßt sich nur schwer beurteilen, welche Querschnittsbereiche sich bereits im Zustand II befinden. Hinzu kommt dann noch das Mitwirken des Betons zwischen den Rissen, so daß für die praktische Berechnung Grenzwertbetrachtungen für den gerissenen und ungerissenen Zustand möglich sind. Ansätze dazu finden sich in [1].

17.2.1.4
Dämpfung

Auch das Dämpfungsmaß unterliegt zahlreichen Einflüssen (viskose Dämpfung, Reibungsdämpfung, Hysteresisdämpfung usw.). Hinzu kommen die Einflüsse nichttragender Elemente (Bodenbeläge, abgehängte Decken, Zwischenwände usw.). Weitere Einflüsse bilden die Rißbildung und die Beanspruchungshöhe. In den meisten Fällen, werden diese Einzelparameter nicht bekannt sein und man kann in erster Näherung für das Dämpfungsmaß bei Stahlbetonkonstruktionen (Sporthallen) $\xi = 1{,}4\,\%$ annehmen [1].

17.2.2
Die Frequenzabstimmung

Auf die Bauwerksantwort kann mit folgenden Maßnahmen reagiert werden: Frequenzabstimmung, Berechnung einer erzwungenen Schwingung und Vergleich mit Anhaltswerten oder mit Sondermaßnahmen.

Die erste Möglichkeit (Frequenzabstimmung) soll hier für die weitere Betrachtung herangezogen werden, da sie am leichtesten zu handhaben ist. Führt dieser Weg jedoch zu keinem befriedigenden Ergebnis, so ist nicht auszuschließen, daß genauere Berechnungen oder gar Sondermaßnahmen (z.B. Schwingungstilger) erforderlich werden. Bei der Frequenzabstimmung wird die Grundfrequenz des Bauteils auf die maßgebende Frequenz der dynamischen Last abgestimmt. Bachmann von der ETH Zürich empfiehlt bei Turn–und Sporthallen eine Hochabstimmung auf die Frequenz der 2.Harmonischen des zeitlichen Verlaufs der dyna-

mischen Last, wobei die Einwirkung an der Bewegungsform „Hüpfen am Ort"
als maßgebend betrachtet werden kann. Die bei Messungen in der Schweiz festgestellten Maximalerregerfrequenzen für diesen Belastungsfall betragen $f_h = 3{,}4$
Hz. Daraus ergibt sich eine erforderliche Bauteilgrundfrequenz von $f_1 \geq 6{,}8$ Hz.
Bachmann geht sogar noch weiter und schlägt $f_1 \geq 7{,}5$ Hz als Grenzwert vor, um
in jedem Fall auf der sicheren Seite zu liegen [1]. In den meisten Fällen reicht
aber eine Bauteilgrundfrequenz von $f_1 \geq 5{,}0$ Hz aus.

In Deutschland existieren keine Vorschriften, die ein definiertes Eigenschwingverhalten von Turnhallendecken in standsicherheitstechnischer Hinsicht vor-
schreiben. Anders in den Niederlanden und in Kanada (NBCC), wo jeweils eine
Bauteilgrundfrequenz von $f_1 \geq 5$ Hz vorgeschrieben ist.
Unabhängig davon wurde am vorliegenden Fall der Regenbogen-Schule die Einhaltung der Bachmann'schen Empfehlung von $2^*f_h = 6{,}8$ Hz für die unmittelbar
durch Schwingungen angeregten Bauteile angestrebt.

17.3
Beispiel Regenbogen-Schule

17.3.1
Decke über der Turnhalle (Schulhof)

Das tragende Hauptsystem bilden 6 parallel, im Abstand von $a = 4{,}77$ m, liegende Stahlbetonunterzüge (s. Bild 1), die mit einer 24 cm dicken Stahlbetondecke
einen Plattenbalkenquerschnitt bilden ($d = 130$ cm, $b_0 = 30$ cm). Die Träger besitzen eine Stützweite von $L = 15{,}60$ m.

Die dynamische Analyse umfaßt die Eigenwertermittlung (λ_{0i}) der homoge-
nen Bewegungsgleichung ohne Dämpfungsterm:

$$M \cdot u''(t) + K \cdot u(t) = 0 \tag{1}$$

mit M : Gesamtmassenmatrix,
$\quad K$: Gesamtsteifigkeitsmatrix und
$\quad u(t)$: Schwingung abhängig von der Zeit.

Die Lösung erhält man bekanntlich aus dem Matrizeneigenwertproblem:

$$\left(K - \lambda_{0i} \cdot M\right) \cdot u\left(t\right) = 0 \tag{2}$$

Die Eigenfrequenz $f_{0i} = \omega_{0i}/2\pi$ ist ein Maß für die Häufigkeit der Eigenschwin-
gung [Maßeinheit Hertz (Hz)]. Sie wird, wie auch hier, in der Praxis auch als *Bauteilgrundfrequenz* bezeichnet. Die dynamischen Analysen wurden mit dem FEM-
Programmsystem *RSTAB* durchgeführt.
Für das Einfeldträgersystem ergab sich eine Bauteilgrundfrequenz von $f_1 = 5{,}6$

Hz, ein Wert, der die ausländischen Normen erfüllte; im Vergleich zum Grenzwert von Bachmann aber immer noch deutlich unterhalb $f_1 = 6{,}8$ Hz liegt.

In einem zweiten Schritt wurden nun die randeinspannenden Bauteile für das statische System mit herangezogen, was wegen der großen Stützenhöhen erwartungsgemäß nur zu einer relativ geringen Verbesserung führte. (Bild 1)

Die Bauteilgrundfrequenz betrug danach $f_1 = 6{,}0$ Hz (s. Bild 2). Weitere Erhöhungen der Steifigkeit waren mittels der Querschnittsgeometrie leider nicht möglich. Eine wirtschaftliche Alternative zu einer Steifigkeitssteigerung bestand in der Verwendung von Beton der Güte B35, was widerum zu einer Verbesserung der Bauteilgrundfrequenz auf einen Wert von $f_1 = 6{,}4$ Hz beitrug, aber nicht dazu führte, daß das Bauvorhaben in eine BII-Baustelle umgewidmet werden mußte.

Damit wurde der in den meisten Fällen weit auf der sicheren Seite liegende Grenzwert nach Bachmann mit $f_1 = 6{,}8$ Hz ($\eta = 6{,}4/3{,}4 = 1{,}88 < 2$) nur knapp nicht erreicht; hingegen der für in Deutschland bekannte praxisrelevante Fälle mit $\eta = 6{,}4 \ / \ 2{,}5 = 2{,}56 > 2{,}00$ deutlich eingehalten. Die möglichen auftretenden Schwingbelastungen können daher in erster Näherung als unbedenklich beurteilt werden.

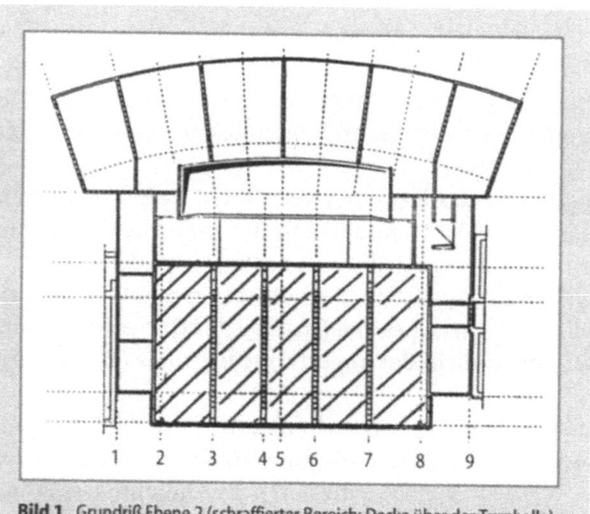

Bild 1. Grundriß Ebene 2 (schraffierter Bereich: Decke über der Turnhalle)

Tabelle 1. Übersicht Turnhallendecke [Schulhof]

Statisches System	Betongüte	Bauteilgrundfrequenz [Hz]
Einfeldträger	B25	5,6
Rahmensystem	B25	6,0
Rahmensystem	B35	6,4

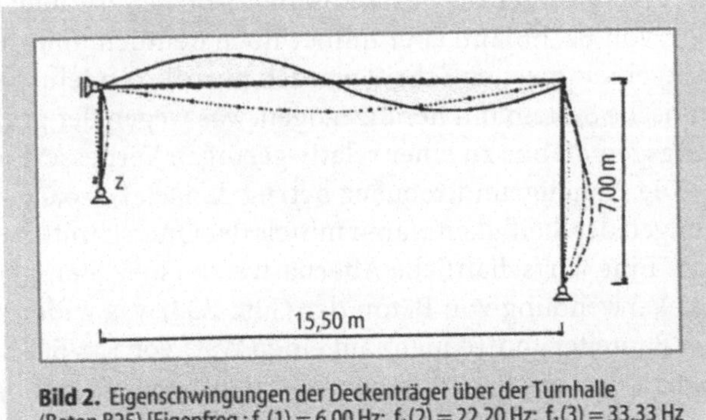

Bild 2. Eigenschwingungen der Deckenträger über der Turnhalle
(Beton B25) [Eigenfreq.: $f_1(1) = 6{,}00$ Hz; $f_1(2) = 22{,}20$ Hz; $f_1(3) = 33{,}33$ Hz

17.3.2
Decke über dem Erdgeschoß [Turnhallenfußboden]

Als weitaus aufwendiger erwiesen sich die dynamischen Untersuchungen für die
Decke des Turnhallenfußbodens. Die 40 cm dicke Stahlbetondecke konnte lediglich auf Randunterzügen bzw. Randwänden aufgelagert werden (s.Bild 3). Die
Anordnung von Zwischenunterzügen war aus architektonischen Gründen nicht
möglich.

In einer ersten Näherung wurde das Deckensystem in ein Zweifeld–und ein
Dreifelddeckenstreifensystem aufgelöst (s. Bild 5). Für das Zweifeldsystem wurden die randeinspannenden Bauteile von Beginn an berücksichtigt.

Während das Dreifeldsystem mit $f_1 = 9{,}97$ Hz einen sehr guten Wert lieferte
(s.Bild 4), zeigte das Zweifeldsystem, welches den Großteil der Deckenfläche ein-
nimmt mit $f_1 = 5{,}90$ Hz (B35) noch nicht das angestrebte Ergebnis (s. Bild 6 mit
Beton B25).

In einer zweiten, wirklichkeitsnäheren Untersuchung wurde das Deckensystem
in einen engmaschigen Trägerrost aufgelöst (Balkenabstand $a = 1{,}0$ m, kreuzweise) Bild 7. Die Deckenmasse wurde in den Systemknoten als Knotenmasse einge-
tragen. Die dämpfenden Eigenschaften der randeinspannenden Wandscheibe
am Lichthof wurde auf der sicheren Seite liegend nicht berücksichtigt.

Auf dieser Grundlage konnte für einen Beton B25 eine Bauteilgrundfrequenz
von $f_1 = 9{,}46$ Hz nachgewiesen werden, womit sogar der Extremgrenzwert nach
Bachmann von $f_1 = 7{,}50$ Hz deutlich eingehalten werden konnte. Die Decke des
Turnhallenfußbodens ist somit nicht schwingungsanfällig. (Tabelle 2)

Als Faustformel für den praktisch tätigen Ingenieur zur Vermeidung von
Schwingungsproblemen gilt:

Eine nicht schwingungsanfällige Konstruktion sollte eine hohe
Steifigkeit mit gleichzeitig relativ geringer Masse besitzen.

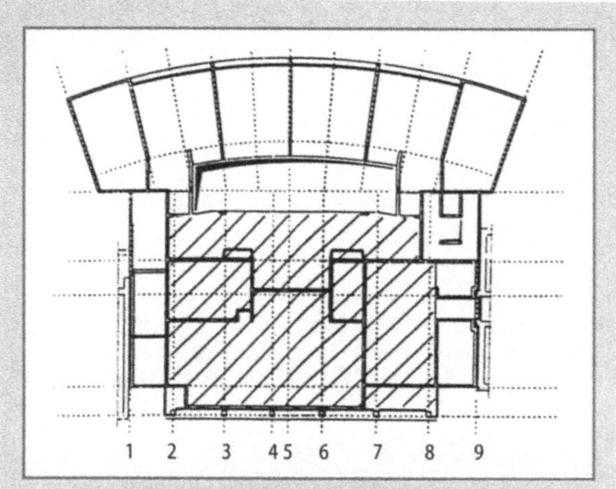

Bild 3. Grundriß Ebene 0 (schraffierter Bereich: Decke über dem Erdgeschoß)

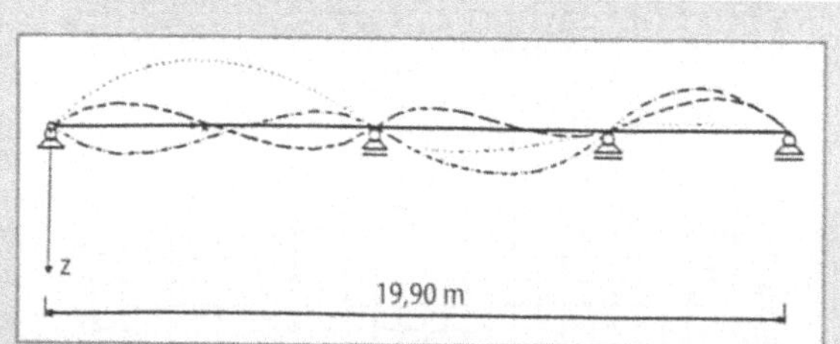

Bild 4. Eigenschwingungen des Dreifeldsystems der Decke über dem EG (Beton B25) [Eigenfreq.: $f_1(1) = 9{,}97$ Hz; $f_1(2) = 23{,}32$ Hz; $f_1(3) = 37{,}19$ Hz

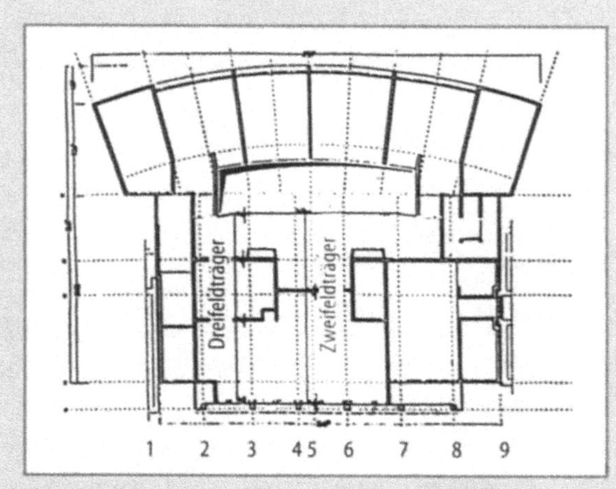

Bild 5. Grundriß Ebene 0 (Zwei- und Dreifeld-Ersatzsysteme)

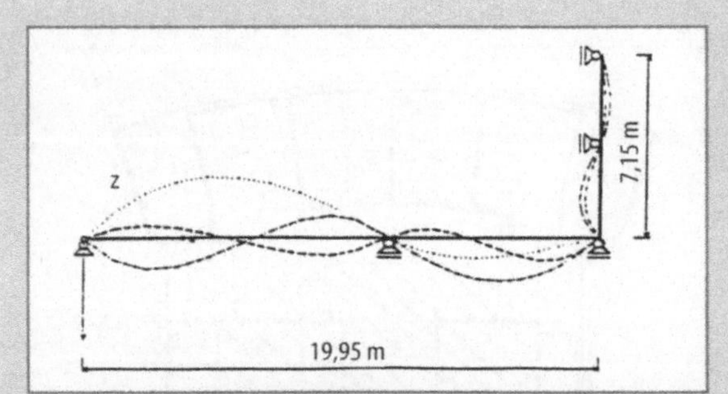

Bild 6. Eigenschwingungen des Zweifeldsystems der Decke über dem Erdgeschoß [Eigenfreq.: $f_1(1) = 5,53$ Hz; $f_1(2) = 14,94$ Hz; $f_1(3) = 30,41$ Hz

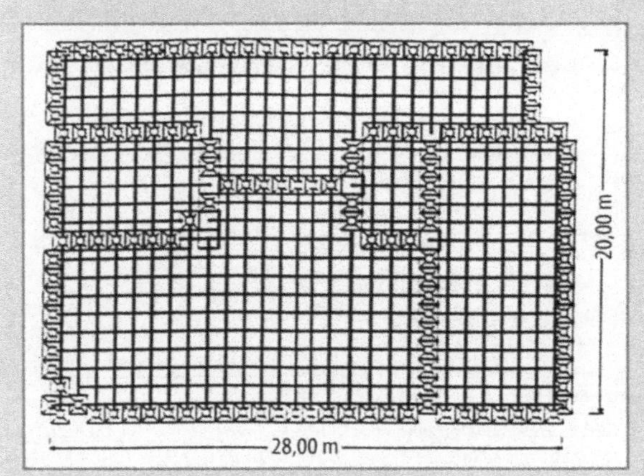

Bild 7. Trägerrostsystem für die Decke über dem Erdgeschoß

Tabelle 2. Übersicht Turnhallenfußbodendecke

Statisches System	Betongüte	Bauteilgrundfrequenz [Hz]
Deckenstreifen (Zweifeldsystem)	B25	5,53
Deckenstreifen (Zweifeldsystem)	B35	5,90
Deckenstreifen (Dreifeldsystem)	B25	9,97
Trägerrost	B25	9,46

17.3.3
Anmerkungen zum Schwingboden in der Turnhalle

Unbedingt zu beachten ist, daß der mit Längsdämmbügeln ausgestattete „Schwingboden" der Turnhalle (s. Bild 8) keine dynamisch günstigen Auswirkungen auf die Stahlbetonkonstruktion besitzt. Oft wird die Frage gestellt, ob die Längsdämmbügel zur Erhöhung der Bauteilgrundfrequenz herangezogen werden können. Die Antwort lautet eindeutig: nein. Erst bei einer Frequenz von 200 Hz findet eine Entkopplung von den umliegenden Bauteilen statt. Ein Schwingboden dient allein der Reduzierung der Trittschallemissionen.

17.4
Von Menschen empfundene Bauwerksschwingungen

Neben der Betrachtung des dynamischen Schwingverhaltens einer Konstruktion geht man in jüngster Zeit immer mehr dazu über auch den „Schwingeinfluß" auf das subjektive Empfinden des Menschen als Nutzer zu berücksichtigen. Dabei können die Merkmale der Schwingbeanspruchung nur auf allgemein statistisch belegte Erfahrungen zurückgeführt werden.

Dafür gilt in Deutschland zur Zeit die *Bewertete Schwingstärke Kz* als das geeignete Maß um das Schwingverhalten von Bauteilen (mechanische Schwingbelastung) in Bezug auf die Wahrnehmung des Nutzers (Beanspruchung) zu beschreiben. Ein hoher Kz-Wert steht für eine hohe Spürbarkeit. Der Kz-Wert ist in der VDI-Richtlinie 2057 [7,8] definiert: (Bild 8)

Definition: Die Bewertete Schwingstärke ist der Effektivwert des frequenzbewerteten, bandbegrenzten und normierten Schwingungssignals K (t). Die Normierung berücksichtigt die unterschiedliche Bewertung

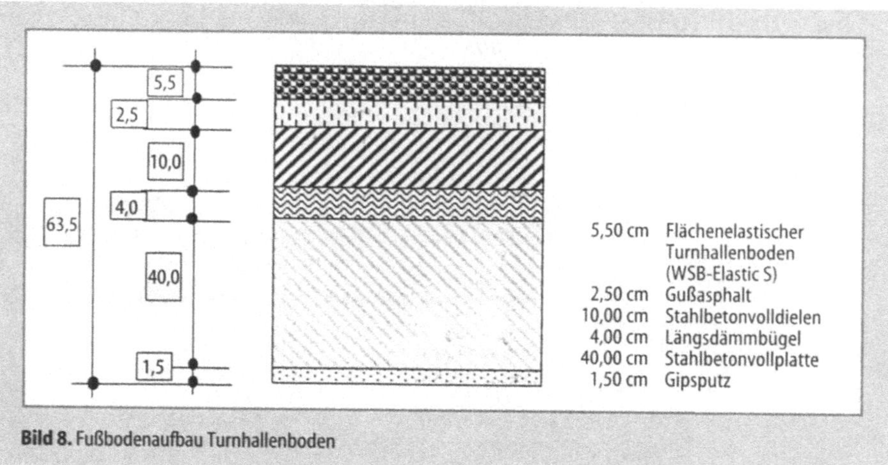

Bild 8. Fußbodenaufbau Turnhallenboden

für verschiedene Schwingungsrichtungen, Einleitungsstellen und Körperhaltungen. Sie bringt die Beurteilungsgrößen auf ein beanspruchungsäquivalentes Niveau.

Der Index „z" in „Kz" steht für die Beanspruchung in z-Richtung, der vertikalen Längsachse des Menschen.

Diese Richtlinie besitzt allerdings keinen Normencharakter. Auch gibt die Richtlinie keine für die Nutzung festgelegten Grenzwerte vor, denn diese müssen vom Betreiber (Bauherrn) angesagt werden. Der Betreiber muß Art und Maß der Nutzung vorgeben und nach Beratung durch einen Fachingenieur den geforderten Kz-Wert festlegen. Der vom Hochbauamt bestellte Schallschutztechniker nannte als Vorgabe einen anzustrebenden Kz-Wert von Kz ≤ 2,3 bis 3,0; letztendlich wurde Kz ≤ 2,5 festgelegt.

Die in der VDI-Richtlinie 2057 angegebene Ermittlung des Kz-Wertes beruht in erster Linie auf Schwingungsmessungen am Ort; deren Ergebnisse mit frequenzabhängigen Funktionen zur K-Wertbildung zu bewerten bzw. zu normieren sind. Diese Messungen sind aufwendig und kostenintensiv. Mit Hilfe vergleichbarer Terzpegeldiagramme kann der Kz-Wert auch direkt berechnet werden, wobei es sich dabei aber nur um eine Näherung handeln kann.

Wir wurden vom Bauherrn aufgefordert, eine derartige Abschätzung für den Kz-Wert zu ermitteln. Für die Stahlbetonunterzüge der Decke über der Turnhalle wurde uns ein vergleichbares Terzpegeldiagramm zur Verfügung gestellt (s.Bild 9).

Für die Auswertung beschränkt die Richtlinie den Frequenzbereich zwischen 1 bis 80 Hz und gibt für die Bewertung folgende Formeln für die rechnerische Ermittlung an:

$$\text{für } 1 \text{ Hz} \le f \le 4 \text{ Hz}: \quad Kz = 10\,\frac{a_z}{m/s^2}\sqrt{\frac{f}{Hz}} \tag{3a}$$

$$\text{für } 4 \text{ Hz} \le f \le 8 \text{ Hz}: \quad Kz = 20\,\frac{a_z}{m/s^2} \tag{3b}$$

$$\text{für } 8 \text{ Hz} \le f \le 80 \text{ Hz}: \quad Kz = 160\,\frac{a_z}{m/s^2}\frac{Hz}{f} \tag{3c}$$

Tabelle 3. Anhaltswerte für die Bewertete Schwingstärke Kz [1]

Bewertete Schwingstärke Kz	Grad der Spürbarkeit
< 0,1	nicht spürbar
0,1 – 0,4	gerade spürbar
0,4 – 1,6	gut spürbar
1,6 – 6,3	stark spürbar
6,3 – > 100	sehr stark spürbar

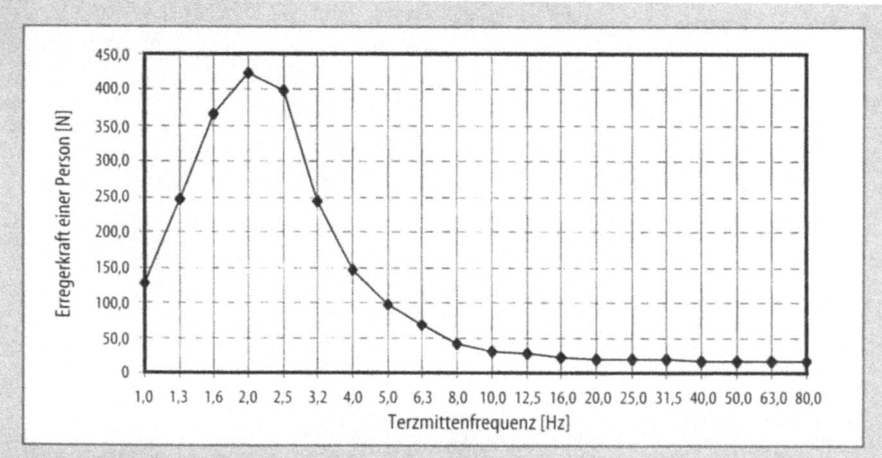

Bild 9. Mittlere Terzpegel der Erregerkraft einer Person für den Lastfall „rhythmisches Hüpfen auf einer vergleichbaren Hallendecke"

In den Formeln 3a, 3b und 3c sind folgende Werte einzusetzen:

a_z [m/s^2] der dem Frequenzintervall zugehörige Beschleunigungsanteil (Spalte 7, Tab. 4) und die Frequenz

f [Hz] des zugehörigen Frequenzintervalls (Spalte 2 in Tab. 4)

Die Berechnungsschritte für die Tabelle 4:

Spalte 1: Laufende Nummer der Terzintervalle (i),

Spalte 2: Angabe der Vergleichsterzmittenfrequenzen entsprechend Bild 9 [Hz],

Spalte 3: Angabe der den Terzmittenfrequenzen zugehörigen Erregerkraft einer Person (80 kg) auf dem Vergleichsdeckenfeld entsprechend Bild 9 in [N],

Spalte 4: Partielle Terzmittenfrequenzdifferenzen entsprechend Terzintervall in [Hz],

Spalte 5: Mittlere spektrale Leistungsdichte ϕi dividiert durch die Bandbreite des Frequenzintervalls Δfi in [m^2 / s^4],

Spalte 6: Anteilige Beschleunigung in [m / s^2],

Spalte 7: Partielle K-Wertbildung (Berücksichtigung der Bewertung bzw. Normierung) entsprechend den Formeln 3a, 3b und 3c.

Der energieäquvalente Mittelwert Kz,eq, und damit der das Bauteil beschreibende Kz-Wert ergibt sich dann mit Formel (4):

$$Kz,eq = \sqrt{\sum_i K_i^2} \;.$$
(4)

Tabelle 4. Ermittlung des energieäquivalenten Mittelwertes Kz,eq

Rechnerische Kz-Ermittlung nach VDI-Richtlinie 2057, Teil 2						
Trägermasse (kg) = 53300			Personen pro 5m-Deckenfeld: 10			
Lfd.-Nr.: [Intervall i]	f_{Terz} [Hz]	$F_E(1)$ [N]	$\Delta f(i)$ [Hz]	$(F_E(10)/M)^2$ [m²/s⁴]	$a(i)$ [m/s²]	$Kz(i)$
1	2	3	4	5	6	7
1	1,00	128,1	0,25	0,000578	0,024	0,24
2	1,25	246,4	0,35	0,002137	0,046	0,52
3	1,60	364,7	0,40	0,004681	0,068	0,87
4	2,00	422,8	0,50	0,006292	0,079	1,12
5	2,50	399,6	0,65	0,005620	0,075	1,19
6	3,15	245,1	0,85	0,002114	0,046	0,82
7	4,00	147,5	1,00	0,000766	0,028	0,55
8	5,00	97,7	1,30	0,000336	0,018	0,37
9	6,30	66,7	1,70	0,000157	0,013	0,25
10	8,00	41,0	2,00	0,000059	128,1	0,25
11	10,00	30,0	2,50	0,000032	246,4	0,35
12	12,50	26,0	3,50	0,000024	364,7	0,40
13	16,00	23,0	4,00	0,000019	0,004	0,04
14	20,00	20,0	5,00	0,000014	0,004	0,03
15	25,00	19,0	6,50	0,000013	0,004	0,02
16	31,50	18,0	8,50	0,000011	0,003	0,02
17	40,00	17,0	10,00	0,000010	0,003	0,01
18	50,00	16,0	13,00	0,000009	0,003	0,01
19	63,00	15,0	17,00	0,000008	0,003	0,01
20	80,00	15,0				
					Kz,eq =	2,22

Die Auswertung für die Decke über der Turnhalle ergibt einen Kz-Wert von Kz = 2.22 < 2.5 (s. Tab. 4), was für den vorliegenden Fall einem guten Ergebnis entspricht, wenn auch nur als Näherung.

Für die Turnhallenbodendecke konnte keine Abschätzung durchgeführt werden, da für diese Grundriß-Konfiguration kein vergleichbares Terzpegeldiagramm vorliegt; hier hätte man unbedingt Messungen durchführen müssen. Wegen der damit verbundenen Kosten und der sehr günstigen Bauteilgrundfrequenz hat der Bauherr letztlich darauf verzichtet.

17.5
Zusammenfassung

Dem praktisch tätigen Ingenieur wird am Beispiel einer Berliner Turnhalle eine mögliche Vorgehensweise zur näherungsweisen Beurteilung des dynamischen Verhaltens der unmittelbar den dynamischen Lasten ausgesetzten Betonbauteile sowie der Einschätzung der zu erwartenden Schwingungsempfindungen durch den Menschen als Nutzer aufgezeigt.

Hintergrund dieser Methode ist, daß der Tragwerksplaner in einer ersten Abschätzung, also ohne kostenintensive Messungen zu einer Aussage bezüglich des

Schwingverhaltens einer Konstruktion kommen kann. Dabei werden zur Einschätzung des Bauteilverhaltens die rechnerisch zu ermittelnde Bauteilgrundfrequenz mit der 2. Harmonischen des zeitlichen Verlaufs der dynamischen Last in Abstimmung gebracht (Frequenzabstimmung). Für das wahrscheinlich zu erwartende Nutzerempfinden wird auf der Grundlage eines Beispiel-Terzspektrums, das für Stahlbetonhallen mit rhythmischer Personenbeanspruchung einen hohen Repräsentationswert besitzt, eine Kz-Wertermittlung nach VDI-Richtlinie 2057 rein rechnerisch durchgeführt.

Im vorliegenden Fall wurde näherungsweise nachgewiesen, daß der Schulerweiterungsbau nicht schwingungsanfällig ist und ein mögliches Mißempfinden der Nutzer infolge möglicher Schwingungswirkungen nahezu ausgeschlossen ist. Das generelle Auftreten von Schwingungen ist selbstverständlich nach wie vor möglich. Ein völliges Ausschließen von Schwingungen kann und sollte nicht Ziel der konstruktiven Planung sein, denn dies führt zu sehr unwirtschaftlichen Ausführungen. Vielmehr sollte die Begrenzung von Schwingungen lediglich der Standsicherheit, der Dauerhaftigkeit der Konstruktion sowie dem „wahrscheinlich subjektiven Empfinden" des Menschen als Nutzer dienen.

Für eine genaue Erfassung des Schwingverhaltens einer Konstruktion sind Messungen jedoch immer dann erforderlich, wenn die vorgenannten Grenzwerte eindeutig überschritten werden. Führt die vorgenannte Näherungsmethode hingegen zu befriedigenden Ergebnissen, so kann sie Teil einer wirtschaftlichen Tragwerksplanung sein.

Literatur

[1] Bachmann, H.; Ammann, W.: Schwingungsprobleme bei Bauwerken. IVBH; Structural Engineering Documents; Nr. 30; 1987
[2] Bachmann, H: Dynamische Bemessung von Turn- und Sporthallen. Bautechnik (1987) 11
[3] Bachmann, H: Praktische Bauwerksdynamik am Beispiel der menschenerregten Schwingungen. Beton- und Stahlbetonbau 83 (1988), 9
[4] Bachmann, H: Dynamische Einwirkungen und Schwingungsverhalten teilweise vorgespannter Fußgängerbrückenträger und Turnhallenträger. Beton- und Stahlbetonbau 86 (1991),4
[5] Kramer, H.; Kebe, H.-W.: Durch Menschen erzwungene Bauwerksschwingungen. Bauingenieur 54 (1979), S. 195-199
[6] Krentel und Partner: Dynamische Untersuchung der schwingungsanfälligen Bauteile, 9. Grundschule, Berlin-Neukölln. 9302, Januar 1996
[7] VDI-Richtline 2057, Blatt 1: Einwirkung mechanischer Schwingungen auf den Menschen (Mai 1987) Grundlagen, Gliederung, Begriffe
[8] VDI-Richtline 2057, Blatt 2: Einwirkung mechanischer Schwingungen auf den Menschen (Mai 1987) Bewertung
[9] VDI-Richtline 2057, Blatt 3: Einwirkung mechanischer Schwingungen auf den Menschen (Mai 1987) Beurteilung
[10] DIN 4150, Teil 2, 12/1992: Erschütterungen im Bauwesen; Einwirkungen auf Menschen in Gebäuden

Bauvorhaben: 9. Grundschule Berlin-Neukölln (Regenbogen-Schule)
Bauherr: Bezirksamt Neukölln von Berlin

Architekt:	Dietmar Kloster, Berlin
Tragwerksplanung:	Krentel und Partner, Berlin
Bauausführung:	Koch & Mayer, Heilbronn

18

Übersicht einiger interessanter Projekte von Manfred Specht

Wolfram Steinke, Günther Kunath

18 Übersicht einiger interessanter Projekte von Manfred Specht

Wolfram Steinke, Günther Kunath

18.1
Einleitung

Im Jahre 1979 erhielt Dr. Ing. Manfred Specht den Ruf auf den Lehrstuhl für Stahlbetonbau an der Technischen Universität Berlin. Herr Prof. Dr.-Ing. Specht wurde im Jahre 1980 zum Prüfingenieur ernannt. Seitdem ist Herr Professor Specht an der Erstellung vieler interessanter Bauvorhaben in Berlin maßgeblich beteiligt gewesen.

18.2
Instandsetzung zweier Schornsteine des Heizkraftwerks „Reuter" in Berlin aus Tonerdezementbeton (1981)

Im Sommer 1981 beauftragte die Berliner Kraft und Licht AG (Bewag) Herrn Prof. Dr.-Ing. Manfred Specht mit der Erstellung eines Gutachtens über die Beurteilung der Bausubstanz zweier Stahlbetonschornsteine des Heizkraftwerkes Reuter. Die beiden 110 m hohen Schornsteine wurden im Jahre 1930 errichtet und sollten saniert werden. Bei den ersten Arbeiten für die Sanierung wurde schnell die unerwartet schlechte Qualität des Betons deutlich. Bei dem Studium der noch vorhandenen alten Unterlagen stieß man darauf, daß für die Herstellung der Schornsteine ein Tonerdezement verwendet wurde, was durch außerordentlich geringe Festigkeiten von abgedrückten Bohrkernen bestätigt wurde. Mit den ermittelten Festigkeiten zeigte eine überschlägige Nachrechnung, daß für hohe Windgeschwindigkeiten das erforderliche Sicherheitsniveau für die Stabilität der Schornsteine nicht mehr gegeben war.

Die Hauptursache für die geringe Betonfestigkeit ist in der Verwendung von Tonerdezement zu suchen. Die Abnahme der Betonfestigkeiten bei der Verwendung von Tonerdezement ist in der besonderen chemischen Reaktion bei hohen Temperaturen und entsprechender Feuchtigkeit begründet.

Bei den beiden untersuchten Schornsteinen wurden Bohrkerne mit Ø 100 mm und l = 50 cm entnommen. Alle Bohrkerne zerbrachen in mindestens zwei Teile und zeigten eine Außenzone mit einem deutlich besseren, dichteren Gefüge als der Restbereich des Betonkerns, der teilweise mit der Hand zerrieben werden konnte.

Für die Außenzone der Baukörper wurde mit dem Schmidt'schen Rückprall-
hammer eine mittlere Betonfestigkeit von

$$ß_w \approx 27,5 \text{ N/mm}^2$$

ermittelt. Die mittleren Betondruckfestigkeiten der Innenbereiche konnten nur
zu

$$ß_w \approx 9,21 \text{ N/mm}^2 \text{ (Schornstein Nord) bzw. zu}$$

$$ß_w \approx 13,72 \text{ N/mm}^2 \text{ (Schornstein Mitte)}$$

bestimmt werden. Daraus ergeben sich die zur Beurteilung der Standsicherheit
erforderlichen 5 %-Fratilwerte zu:

$$ß_{wN} \approx 5,45 \text{ N/mm}^2 \text{ für den Schornstein Nord,}$$

$$ß_{wN} \approx 7,06 \text{ N/mm}^2 \text{ für den Schornstein Mitte.}$$

Für die Beurteilung einer sicheren Verstärkungsmaßnahme war es erforderlich
zu bewerten, welche zusätzlichen Verformungen dem Material noch zugemutet
werden konnten, um eine Lastumlagerung auf eine neue, unterstützende Konstruktion zu erhalten.

Die bestehende Konstruktion der beiden Schornsteine wurde aufgrund des als
abgeschlossen zu betrachtenden Festigkeitsabfalls des Betons und aufgrund des
Vermögens zur Lastumlagerung als verstärkungs- und sanierungsfähig eingeschätzt und mußte somit nicht vollständig ersetzt werden.

Die Sicherheitsbeiwerte für ständige Lasten bei den Stützen betrug $\gamma \geq 2,1$ und
war somit ausreichend. Unter Einbeziehung der Windlasten konnten aber nur Si-
cherheiten von $\gamma = 1,45$ bis $1,74$ für die Stützen erreicht werden, bei den auf Biegung beanspruchten Riegeln sogar nur min $\gamma = 1,15$.

Es wurde ein Sanierungskonzept entwickelt, nach dem jedes Feld des Schornsteinschaftes (Innendurchmesser 6,35 m) durch einen Stahlbetonrahmen ausgefacht wurde. Dieser Rahmen erhielten betont steife Ecken und wurden mit Zug-
gliedern durch die Altkonstruktion hindurch miteinander verbunden.

Die Schornsteinschemel aus je zwei rechtwinklig angeordneten Rahmenpaa-
ren, die den Übergang von einem quadratischen Grundriß der Unterkonstruk-
tion in ein regelmäßiges Achteck des Schaftes bilden, mußten in jeder Ebene durch
eine Stahlbetonscheibe verstärkt werden, die jeweils ihre Lasten an die vorhandene Stahlkonstruktion des Kesselhauses abgibt. Zusätzlich wurde wegen der erhöhten Druckspannungen eine 1 m hohe Stahlummantelung der Schemelfüße angeordnet, um die mehraxiale Betondruckfestigkeit zu aktivieren.

Prinzipiell bedarf nur der gedrückte Altbeton einer Verstärkung, die Stahlquer-
schnitte sind überall ausreichend. Die Lasten aus Eigengewicht verbleiben gänzlich im Altbeton, die Zusatzlasten aus Wind erzeugen auf der Luvseite der Schornsteine Zugkräfte in der Konstruktion, die zusätzlichen verbundlosen Zugankern
aus Spannstahl zugewiesen wurden. Als ergänzende Maßnahme wurde die Aus-

bildung einer tragfähigen Schubfuge zur Entlastung der Druckübertragung auf der Leeseite angeordnet.

Die geplanten Stahlbetonrahmen aus Fertigteilen in den Feldern des Schornsteinschaftes wurden zugunsten einer einfacheren Herstellung, einer günstigen Verbundwirkung zwischen Alt- und Neubeton, eines besseren Korrosionsschutzes der Zugglieder und nicht zuletzt aufgrund eines günstig angebotenen Preises in Absprache mit der ausführenden Firma durch eine Ausführung in Spritzbeton ersetzt.

Nach einer ca. 18 monatigen Pause konnte das Heizkraftwerk „Reuter" den Betrieb mit den sanierten, verstärkten Schornsteinen wieder in Betrieb nehmen.

18.3
Instandsetzung und Verstärkung der historischen Frohnauer Brücke in Berlin-Reinickendorf (1985/86)

Die historische Frohnauer Brücke wurde bei der Gründung der Gartenstadt Frohnau im Jahre 1908 im Rahmen eines städtebaulichen Wettbewerbs geplant. Die Brücke wurde mit Rücksicht auf die architektonische Wirkung nicht in „Flußstahl" sondern in „Eisenbeton" erbaut. Das Bauwerk besteht aus einem durchlaufenden, mehrstegigen Plattenbalken über drei Felder und verbindet den östlichen mit dem westlichen Teil der Gartenstadt. Die Feldlängen betragen zwischen 9,00 m und 10,56 m. Die Widerlager wurden ebenfalls aus „Eisenbeton" hergestellt und die Mittelunterstützungen bestehen aus Stampfbeton. In der ursprünglichen Statischen Berechnung aus dem Jahre 1908 wurde als Verkehrslast ein 20 t-Lastwagen und 400 kg/m² für Menschengedränge oder eine 23 t-Dampfwalze ohne Menschengedränge angenommen. Die Brücke wurde in den Jahren 1909 und 1910 erbaut und wurde laut Brückenakte am 3. August 1910 in Betrieb genommen.

Die Frohnauer Brücke gehört zu jenen Bauwerken, die im Rahmen der S-Bahn-Vereinbarung zwischen Berlin-West und der DDR am 9. Januar 1984 in die Zuständigkeit des Senats überging. Davor zeichnete die Deutsche Reichsbahn verantwortlich für die Wartung und Unterhaltung der Brücke. Instandsetzungsarbeiten waren seit dem Mauerbau im Jahre 1961 nach Inaugenscheinnahme drastisch vernachlässigt worden. Die Prüfung der Brücke nach DIN 1076 offenbarte einige, teilweise erhebliche Schäden:

- Die gesamte Unterseite der Brückenüberbaus war stark verwittert.
- Großflächige Durchfeuchtungen mit Tropfstellen waren zu erkennen, was auf eine schadhafte Abdichtung hinwies.
- Großflächige Betonabplatzungen an der Fahrbahnplatte mit stellenweise stark korrodierter Bewehrung wurden festgestellt.
- Die Betondeckung an den Plattenbalken klang stellenweise hohl und die darunterliegende Bewehrung war ebenfalls stark korrodiert.
- Teile der Bügelbewehrung der Längsbalken waren an der Unterseite vollständig durchgerostet.

– Rußablagerungen an der Unterseite der Brücke im Durchfahrtsbereich und
starker Pflanzenbewuchs waren weitere erkennbare Schäden.

Bereits in den Jahren 1927 und 1929 wurden Nachrechnungen zur Standsicherheit der Brücke angefertigt. In diesen wird dargelegt, daß zwar die Feld- und die
Stützbewehrung reichlich gewählt wurde, jedoch grobe Konstruktionsmängel begangen worden waren; so wurde zum Beispiel die untere Feldbewehrung nicht
über die Auflager geführt. Diesem Mangel wurde bereits im Jahre 1929 durch die
Forderung, die Balkenbereiche an den Widerlagern genau zu beobachten, Rechnung getragen.

Eine Instandsetzung des Tragsystems bei dem allgemein schlechten baulichen
Gesamtzustand kann selbst bei Ersatz der ausgefallenen Bügel keinesfalls über
die der Brückenklasse 24 nach DIN 1072 angehoben werden.

Es mußten also Verstärkungsmaßnahmen ergriffen werden, mit denen das Bauwerk ausreichend und der heutigen Verkehrssituation entsprechend ertüchtigt
werden konnte.

Im Rahmen eines von Prof. Dr.-Ing. Manfred Specht erstellten Gutachtens wurden die Instandsetzungsfähigkeit und mögliche Verstärkungskonzepte unter Forderung nach Erhaltung der Brücke und Steigerung der Tragfähigkeit auf diejenige der Brückenklasse 30/30 erarbeitet.

Für dieses angestrebte Ziel waren als Voraussetzung die Materialkennwerte der
verwendeten Baustoffe zu ermitteln.

Die Betongüte des Oberbaus konnte leicht durch das Entnehmen und Abdrücken
von Bohrkernen mit einem Durchmesser von 50 mm ermittelt werden. Die Untersuchungen ergaben einen Kleinstwert von $13{,}0\,\text{N/mm}^2$, einen Mittelwert von
$27{,}9\,\text{N/mm}^2$ und einen Mittelwert ohne Kleinstwert von $29{,}1\,\text{N/mm}^2$ für die untersuchten Bohrkerne. Unter Berücksichtigung eines Formfaktors von 0,85, eines
Dauerfestigkeitsbeiwertes von 0,85 und eines Faktors für die nicht mehr vorhandenen Unsicherheiten der Bauausführung von 1,20 wurde für die rechnerische Würfelnennfestigkeit als 5%-Fraktile

$$\text{ß}_{\text{WN}} = 15{,}3\ \text{N/mm}^2$$

festgelegt.

Der in DIN 1048 geforderte Kleinstwert einer Stichprobe war mit

$$\min \text{ß} = 0{,}85 \cdot 15{,}3\ \text{N/mm}^2 = 13{,}0\ \text{N/mm}^2$$

eingehalten. Der Beton des Brückenüberbaus ließ sich somit für die weitere konstruktive und rechnerische Bearbeitung als Betongüte B 15 einstufen.

Dem stehen allerdings die Forderungen der DIN 1072 (Brückenbau) und der
DIN 1045 (Außenbauteile im Stahlbetonbau) entgegen, die darlegen, daß aus Gründen der Dauerhaftigkeit mit einer Mindestbetongüte von B 25 zu konstruieren
ist. Diese Forderungen sollen zu einem dichten Betongefüge mit ausreichend hohem Zementgehalt führen, was bei der vorliegenden alten Konstruktion als erreicht gelten kann.

Neben der errechneten Unterdeckung bei der Längsbewehrung (glatte Rundstähle Ø 40 mm, BSt 240), der negativen Feldbewehrung und fehlender Bewehrung an der Stegunterseite an den Zwischen- und Endauflagern erwiesen sich jedoch die vollständig korrodierten Schubbügel als der größte Mangel. Die verbliebenen sichtbaren Reste der Bügel zeigten einen Abstand von 30 cm untereinander auf. Der Höchstabstand der Bügel nach DIN 1075 beträgt 20 cm. Die Mindestbügelbewehrung nach ZTV-K-80 muß aus geripptem Betonstahl, nicht wie vorgefunden aus glatten Stäben bestehen, die zudem oben nicht geschlossen waren. Aufgebogene Schrägstäbe als Schubzulagen waren zum Teil nicht ausreichend verankert.

Die Mindestbügelbewehrung wurde rechnerisch – bezogen auf die angestrebte Brückenklasse 30/30 – bis zu 28 % unterschritten. Die Unterdeckung der gesamten Schubbewehrung, selbst unter Anrechnung der Schrägstäbe, betrug bis zu 63 %.

Auch die Bewehrung in der Fahrbahnplatte war rechnerisch nicht in der Lage die Radlasten eines SLW 30 mit dem geforderten Sicherheitsniveau aufzunehmen.

Der alte Fahrbahnaufbau wurde komplett abgebaut und durch einen neuen Aufbau mit erheblichen Verstärkungswirkungen ersetzt. So war es leicht möglich, die Einleitung der Radlasten eines SLW 30 und deren Querverteilung, sowie die Deckung der negativen Feldmomente zu ermöglichen.

Zum Erreichen einer dauerhaften Schubverbindung zwischen der alten und der neuen Konstruktion und für die Sanierung der unzureichenden Schubtragfähigkeit, wurden in dem von Prof. Specht erstellten Gutachten insgesamt drei Möglichkeiten aufgezeigt. Die dritte erarbeitete Möglichkeit bildet das Optimum aus den Alternativen eins und zwei und wurde an der Brücke praktisch umgesetzt: Zwischen den vorhandenen Trägerstegen werden über die 60 cm Höhe der Feldquerträger Schubverstärkungen betoniert. Diese Verstärkungsteile werden mit Schub- und Längseisen bewehrt und schubfest mit der neuen Fahrbahnplatte und den alten Stegen verdübelt.

Mit diesen Maßnahmen wurde erreicht, daß
- alle Unterdeckungen der Tragsicherheit statisch und konstruktiv beseitigt werden (Bügel, obere und untere Längsbewehrung).
- eine vergrößerte statische Höhe und die Verstärkung der Überbaus zur Aufnahme der Stützmomente gegeben ist.
- die Arbeiten in überschaubarem Maße und mit geringem Materialeinsatz zu bewältigen sind.

Die Feldquerschnitte werden zwar durch diese Maßnahmen nicht verstärkt, werden aber durch die Momentenumlagerung und die größere statische Höhe entlastet. Als nachteilig bei dieser Instandsetzungsalternative bleibt zu bemerken, daß die Mindestbügelbewehrung weiterhin nur im Bereich der Schubverstärkungen vorhanden ist.

Während der gesamten Instandsetzungs- und Verstärkungsarbeiten mußte der öffentliche Verkehr aufrechterhalten bleiben. Daher war ein Bauablauf in zwei Bau-

phasen erforderlich. Zuerst wurde die Bewehrung an der Unterseite des Brük-
kenüberbaus von den karbonatisierten Bereichen freigelegt und die freigelegte
Bewehrung gesandstrahlt. Dann wurden die durchgerosteten Bügel durch neue
ersetzt und mit Verbundankern an die Längsbalken angeschlossen. Die ergänzen-
den Schubverstärkungen wurden durch Betonierfenster in der alten Fahrbahnplatte hergestellt. Die Stegverstärkungen und die neue Fahrbahnplatte konnten
so in einem Zug bis zur Brückenhälfte betoniert werden.

Nach Abschluß aller Instandsetzungsarbeiten konnte durch das gelungene In-
genieurkonzept für die Frohnauer Brücke sogar die Brückenklasse 45/30 erreicht
werden.

18.4
Instandsetzung und Verstärkung der Westend Brücke
in Berlin-Charlottenburg (1989/90/93)

Die im Jahre 1962 erbaute Autobahnbrücke des Stadtrings in Berlin, die Westend
Brücke, wurde im Sinne der damals gültigen Spannbetonnorm (DIN 4227, Oktober 1953) als voll vorgespannt ausgeführt.

Wegen des äußerst geringen Schlaffstahlanteils wurden bereits im Jahre 1969
im Zuge einer Brückenprüfung Risse im Beton entdeckt und mit Kunstharz verpreßt. Diese Risse traten hauptsächlich in den Arbeits- und Abschnittsfugen des
Betons auf. Zusätzlich wurde die Querkrafttragfähigkeit der Brücke durch den
nachträglichen Einbau von vorgespannten Schubnadeln erhöht.

Im Prüfungsbefund vom Dezember 1978 wird dargestellt, daß sich die alten
Risse bereits wieder geöffnet haben und außerdem neue hinzugekommen sind.
In einem Gutachten des Büros Specht + Partner aus dem Jahre 1989 wird aufgezeigt, daß die Rißbreiten im Bereich der Bodenplatte des Hohlkastenquerschnitts
der Brücke eine Zunahme bis zu 0,2 mm erfahren haben. Aus diesem Gutachten
geht weiter hervor, daß eine sofortige Konservierung der Brücke notwendig ist,
um den Gebrauchszustand vollständig zu erhalten. Da aber an einigen Spanngliedern bereits Rißnarben mit Tiefen bis zu 1 mm festgestellt wurden, erschien eine
Verstärkung der Längsbewehrung zur Gewährleistung des rechnerischen Bruch-
zustandes ebenfalls erforderlich.

Es wurde eine Sanierungsmaßnahme erarbeitet, die die uneingeschränkte
Bruchsicherheit gemäß DIN 1072, 6.52, wieder herstellen soll. Zu diesem Zweck
wurden Flacheisenlaschen an der Unterseite des Brückenquerschnitts angeordnet, die schubfest mit dem Überbau verbunden werden mußten, um die bereits
ausgefallenen bzw. nicht mehr vollständig vorhandenen Längsspannglieder zu
ersetzen. Die Verstärkungslaschen haben einen jeweiligen Querschnitt von 12 mm/
225 mm und bestehen aus Baustahl St 52. Die Verdübelung der Laschen mit der
Brücke erfolgt über aufgeschweißte Stahlrohrhülsen, die in Stegnähe in vorgefertigten Bohrlöchern verankert werden. An jedem der beiden Stege des Hohl-
kastens werden zwei Laschen mit jeweils 16 Topfverankerungen angeordnet. Die
Stahlrohrhülsen haben untereinander einen Abstand von 1,80 m, besitzen eine

Wanddicke von 6,3 mm und bestehen ebenfalls aus St 52.

Die rechnerische Herleitung für die aufnehmbare Kraft im Bruchzustand jeder einzelnen Topfverankerung ergibt:

$$F \le 1{,}4 \cdot ß_R \cdot h \le \cdot \emptyset \,/\, (h + e_F \cdot 4).$$

Mit den vorhanden Bedingungen bei der Westend Brücke

$$ß_R = 23 \text{ N/mm}^2; h = 100 \text{ mm}; \emptyset = 122 \text{ mm}; e_F = 50 + 6 = 56 \text{ mm}$$

ergibt sich daraus:

$$\max F = 1{,}4 \cdot 23 \cdot 100^2 \cdot 122 \,/\, (100 + 56 \cdot 4) = 121.247 \text{ N} = 121{,}25 \text{ kN}.$$

Das bedeutet, daß an jeder Topfverankerung im rechnerischen Bruchzustand 121,25 kN Laschenkraft über Formverbund in den Längsträger übertragen werden können. Bei einer Fließkraft der Lasche von

$$F = A_N \cdot ß_S = 2.567 \text{ mm}^2 \cdot 360 \text{ N/mm}^2 = 924.000 \text{ N} = 924 \text{ kN}$$

ergibt sich die erforderliche Anzahl der Rohrhülsen zur Verankerung zu:

$$n = 924 \text{ kN} \,/\, 121 \text{ kN} = 7{,}64 \text{ Stück} \rightarrow 8 \text{ Stück}$$

nach beiden Seiten aus der Feldmitte heraus.

Die Rohrhülsen werden in den dafür vorgesehenen Bohrlöchern mit einem harten Verguß verfüllt um einen sicheren Kraftschluß ohne Totwege zu erhalten. Die Stahllaschen wurden zur einfacheren Montage in Stücken mit jeweils 3 m Länge eingebaut und nicht direkt aneinander gestoßen. Der Stoß erfolgte über ein Paßstück des gleichen Querschnitts, das vor Ort angepaßt und über Kopf an die bereits befestigten Laschen angeschweißt um eine durchgehende Zugverbindung innerhalb eines Brückenfeldes zu erhalten. Die Laschen wurden nach der Montage mit Beton ummantelt um einen sicheren Korrosionsschutz zu gewährleisten. Mit dieser Maßnahme konnte trotz bereits ausgefallener bzw. stark beschädigter Spannglieder bei der Westend Brücke die volle Tragfähigkeit mit dem erforderlichen Sicherheitsabstand zum Bruchzustand wieder hergestellt werden. (Bild 1)

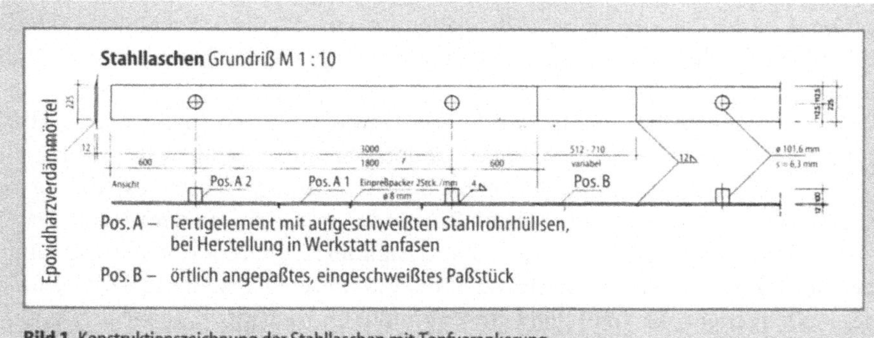

Bild 1. Konstruktionszeichnung der Stahllaschen mit Topfverankerung

18.5
Bestandsaufnahme und Bewertung der industriell gefertigten Plattenbauten in Berlin (Ost) (1992)

Es gibt wohl kaum eine Hinterlassenschaft der ehemaligen DDR nach der Wende, die in der öffentlichen Diskussion größere Kontroversen ausgelöst hat, als die Großsiedlungen die in Plattenbauweise in Ostdeutschland errichtet wurden. Da es aber unmöglich ist, z.B. in Berlin einen Wohnungsbestand von ca. 273 000 Wohneinheiten in einem vertretbaren Zeitrahmen durch Neubauten zu ersetzen, wurde versucht durch analytische Vorgehensweisen eine Untersuchung aller in der DDR produzierten Plattenbauserien (Bausysteme) mit allen ihren Eigenheiten und Mängeln zu erbringen.

Es wurden die zehn in Berlin wichtigsten Typen der in Montagebauweise errichteten Wohnhäuser untersucht. Diese Untersuchung ermöglicht recht exakt die bereits vorhandenen Schäden und die zukünftig zu erwartenden Schäden zu bilanzieren. Es ist weiterhin möglich auf der Grundlage der Untersuchungsergebnisse die jeweils nach Serientyp dringendsten und effektivsten Instandsetzungs- bzw. Erhaltungsmaßnahmen kostenmäßig zu beziffern. Darüber hinaus werden verläßliche Hinweise zu den möglichen Modernisierungsmaßnahmen und -preisen gegeben, um ein Minimum der heute notwendigen technischen Ausstattung des sozialen Wohnungsbaus zu erreichen.

Die Schwerpunkte der Untersuchungen bildeten die nachfolgend aufgeführten fünf Bereiche:
1. Bewertung des Allgemeinzustandes, Umhüllungskonstruktion, Materialien,
2. Bauphysikalischer Soll-Ist-Vergleich (Wärmeschutz, Schallschutz, Brandschutz),
3. Technische Gebäudeausrüstung (Heizungs-, Lüftungs-, Sanitär- und Elektroinstallationen),
4. Ausarbeitung von Sanierungsvarianten, Möglichkeiten der Wohnwertverbesserung,
5. Kostenschätzung.

Die Auswertung der bautechnischen und bauphysikalischen Untersuchungsergebnisse bildet, in Anlehnung an die geltenden Vorschriften und Regelwerke, die Grundlage für die vorgeschlagenen Instandsetzungs- und Modernisierungsmaßnahmen.

Die zehn in Berlin wichtigsten Serien werden mit den maßgebenden bzw. typischen Mängeln jeder Serie im folgenden zusammengefaßt. (Tabelle 1)

Die Instandsetzung umfaßt dabei die Schadens- und Gefahrenbeseitigung, sowie das Erreichen eines wohnwerten Zustandes, gemessen an dem Stand des sozialen Wohnungsbaus in den alten Bundesländern. Die Modernisierung hingegen berücksichtigt Wärmedämmverbundsysteme, die Umstellung der Heizanlagen entsprechend der heutigen Umweltschutzanforderungen, sowie den Umbau der Küchen und Bäder auf den Standard des sozialen Wohnungsbaus. Unter dem

Tabelle 1. Typische Mängel in Berliner Großsiedlungen

Serientyp	Kurzbeschreibung der Schäden oder Schwachstellen
Q3A	Mängel an den Betonbalkonen infolge Karbonatisierung und Schäden an der Dachkonstruktion
QX	Mangelhafte Wärmedämmung, Fenster, Loggiadeckenplatten und Schäden an der Dachkonstruktion
QP	Starke Rißbildungen in den Längsfassadenelementen, Treppenhauselementen, zwischen Querwand- und Außenwandelementen und an den Balkonen. Weiterhin sind zahlreiche Betonabsprengungen infolge unzureichender Betondeckung auffällig. Die Fugen sind allgemein in einem schlechten Zustand
P2	Verstärkte Rißbildung in den Fassadenelementen und in den Kelleraußenwänden. Allgemein ist eine schlechte Betonqualität festzustellen. Weitere Schäden zeigen sich an den Balkonen, Loggien, Stahlbauteilen und Fenstern. An den Längs- und Giebelseiten ist nur eine schwache Wärmedämmung vorhanden.
WBS 70	Insbesondere die älteren Bauten dieser Serie (Typ 5/6/B/11) zeigen bedenkliche Risse in den Außenwänden. Risse und Betonabplatzungen zeigen sich auch an den Loggiakonstruktionen. Besonders die Auflagerkonsolen der Loggiabrüstungen befinden sich in einem schlechten Zustand. Die Kreuzungsbereiche der Vertikal- und Horizontalfugen bilden ausgeprägte Wärmebrücken.
WHH SK	Die Loggiaaußenwände zeigen zahlreiche Plattenverwölbungen und Trennrisse. Die Fugen sind in mangelhaftem Zustand. Deutliche Betonabsprengungen sind in den Vorhangfassaden vorhanden (2. Geschoß). Sämtliche Loggiabauteile zeigen starke Schäden. Die Dachaufbauten befinden sich in einem schlechten Zustand.
WHH GT	Schwachpunkte sind die Loggiaplatten, Fugen, Fenster und die mangelhafte Dacheindeckung.
WHH GT 85	Insbesondere die Treppenhausloggien, der Zustand der Fugen und der Dachkonstruktion sind hier zu bemängeln.
SK Scheibe	Rißbildungen und Verwölbungen an den Außenwandelementen der Querwandscheiben und der Längswand (Mittelteil). Weitere Schwachpunkte bilden die Balkone, die Elementfugen, die Wärmedämmung und die Dachkonstruktion.

Begriff der Wohnwertverbesserung werden zu den einzelnen Serien Vorschläge gemacht, die sowohl den Wohnkomfort in den Wohnungen verbessern (großzügigere Wohnungsgrundrisse, bessere Raumaufteilungen, Dachgeschoßausbauten, Wintergärten und Loggienverglasungen), als auch die äußere Gestaltung der Wohnbauten aufwerten (Dachgestaltungen, Veränderung der Gebäudegeometrie, Fassadenverglasungen und Umgestaltung der Hauseingangsbereiche).

Die aus den Untersuchungen resultierenden Gesamtkosten für die *Instandsetzung* belaufen sich auf 4.551 Mio DM. Das ergibt bei einer Verteilung dieser Gesamtkosten auf den Gesamtwohnungsbestand in Berlin (Ost) einen Kostenanteil von *DM 16 672,00 pro Wohneinheit.*

Die ermittelten Gesamtkosten für die *Modernisierung* ergaben sich zu 22.948 Mio DM. Umgelegt auf den Gesamtwohnungsbestand in Berlin (Ost) entstehen Kosten in Höhe von *DM 84 100,00 pro Wohneinheit.*

18.6
Neubau der Untergeschosse im 2. Bauabschnitt des
Ludwig-Erhard-Hauses in Berlin-Charlottenburg (1995/96)

Der Neubau der Industrie und Handelskammer auf dem Grundstück Fasanen-straße 83-84 in Berlin-Charlottenburg soll nach seiner Fertigstellung die Indu-strie- und Handelskammer zu Berlin, den Verein Berliner Kaufleute und Indu-strieller e.V. (VBKI) sowie die Berliner Börse beherbergen. Weiterhin werden in dem Neubau Ausstellungsräume, Restaurants und Parkmöglichkeiten eingerich-tet.

Das Tragsystem des von dem englischen Architekten Nicholas Grimshaw ent-worfenen Gebäudes besteht im wesentlichen aus insgesamt 15 Stahlbögen, an de-nen die Obergeschosse abgehängt werden und dadurch ein stützenfreier Raum im Erdgeschoß für den Börsenbereich und das geplante Konferenzzentrum ent-steht. Die Gebäudelasten aus den Obergeschossen werden in den Stahlbögen nach unten geleitet und an den Stützenfüßen im Erdgeschoß in die Außenwände der Kellergeschosse eingeleitet. Die beiden Kellergeschosse wurden als „Weiße Wan-ne" aus Stahlbetonwänden und einer Stahlbetonfundamentplatte in herkömm-licher Bauweise ausgebildet. Zur Beschränkung der Rißbreite aus zentrischem Zwang, auch im Hinblick auf die fugenlose Bauweise, wurde eine rechnerische Beschränkung dieser Rißbreite von mindestens 0,15 mm angesetzt.

Die gesamte Baumaßnahme wurde in zwei Bauabschnitte unterteilt, da die Ge-schäftstätigkeit der Berliner Börse deren „altes" Börsenhaus sich auf dem Bau-grundstück des geplanten Neubaus befand zu keiner Zeit unterbrochen werden durfte. Das bedeutete, daß der erste Bauabschnitt mit den neuen Räumen der Ber-liner Börse zur Nutzungsübernahme fertiggestellt sein mußte, bevor das alte Bör-senhaus abgerissen und damit das Baufeld für den zweiten Bauabschnitt freige-macht werden konnte.

Die Gründung der beiden Tiefgeschosse im zweiten Bauabschnitt erfolgte mit einer Sohlplatte von 0,75 m bzw. 1,0 m Dicke. Zur Erstellung der wasserundurch-lässigen Sohlplatte im Schutz der Baugrubenumschließung wurde im Bereich der Baugrube das Grundwasser zeitlich begrenzt abgesenkt. Da auch unter Berück-sichtigung normaler Grundwasserstände das 2. Untergeschoß nahezu vollstän-dig im Bereich des Grundwassers steht, mußte die Sohlplatte mit temporären Zu-gankern in einem Raster von 4,50 m in den Baugrund verankert werden, um eine ausreichende Sicherung gegen das Aufschwimmen der Tiefgeschosse während der Bauphase zu erhalten.

Der Lastabtrag innerhalb der Untergeschosse erfolgt konventionell über die Decken und Unterzüge auf Stützen und tragende Wände. In einigen Bereichen wurden auch Flachdecken mit Stützenkopfverstärkungen ausgeführt. Im Be-reich des Konferenzsaales wird die auskragende Decke über dem 1. UG, auf der die Dolmetscherkabinen untergebracht sind, durch Stahlzugglieder am auskra-genden Ende punktuell in die Decke über dem Konferenzsaal hochgehängt. Der Konferenzsaal geht über zwei Ebenen, 1. UG und EG. Die Decke über dem Konferenzsaal (Decke über EG) besteht aus vorgespannten Betonfertigteilbalken (Plattenbalken), mit einem nachträglich eingebrachten Aufbeton. Die 40 cm dicken Außenwände wurden ebenso wie die Sohlplatte aus Stahlbeton unter Verwendung von WU-Beton und rissebeschränkender Bewehrung hergestellt.

Größte Sorgfalt wurde der Ein- und Weiterleitung der Horizontalkräfte aus dem Bogenschub an den Bogenfußpunkten beigemessen. Die Vertikal- und die Horizontallasten der Obergeschosse müssen von den Bauteilen der Untergeschosse aufgenommen und sicher in den Baugrund abgeleitet werden. Die Vertikallasten aus den Stahlbögen werden durch eine entsprechend dimensionierte Betonkonstruktion direkt in Bohrpfähle unterhalb der Gründungssohle eingeleitet, so daß rechnerisch die Sohlplatte keine vertikale Beanspruchung durch diese Lasten erfährt. Für die Aufnahme der Horizontallasten wurden zwei Alternativen erarbeitet:

– Der horizontale Bogenschub an den Fußpunkten der Stahlbögen wird durch eine Kopplung der gegenüberliegenden Bogenfußpunkte aufgenommen. Eine nahezu geradlinige Kopplung der Fußpunkte mittels eines Zugbandes ist wegen der vorhandenen Öffnungen im Bereich des Konferenzsaales, des Foyers und des Wasserbeckens nicht möglich. Die Aufnahme des Bogenschubs erfolgt über eine Verteilung der Horizontalkräfte nach Steifigkeiten auf beide Geschoßdecken des 1. und des 2. Untergeschosses. Die durch die Öffnungen verursachte Nachgiebigkeit (geringe Steifigkeit) der Decke über dem 1. UG in Bogenlängsrichtung (Gebäudequerrichtung) führt zur Aktivierung der Decke über dem 2. UG am Horizontallastabtrag. Die Stützen unter den Stahlbögen werden für die vertikale Weiterleitung der Horizontallasten in die Decke über dem 2. UG und in die Sohle berechnet und bemessen. Es wird ein Stahlverbundsystem gewählt, ein gewalzter Stahlträger der in die Betonstütze eingestellt wird.
– Die Aufnahme und Kopplung der horizontalen Fußpunktlasten erfolgt in der Ebene über dem 1. UG über die schlaff bewehrte Decke als Scheibensystem, das die Horizontallasten um die um die Deckenaussparungen herumführt. In der Decke über dem 2. UG werden die Reaktionen aus dem Horizontalschub der Bögen über schlaff bewehrte Zugbänder in der Geschoßdecke aufgenommen.
– Der Einbau von horizontalen Spanngliedern in der Decke über dem 2. UG, nimmt den größten Teil (Lastverteilung nach Deckensteifigkeiten) des horizontalen Bogenschubs zwischen zwei gegenüberliegenden Fußpunkten auf. Wegen der vorhandenen ellipsenförmigen Öffnung in der Decke über dem 1. UG im Bereich des geplanten Konferenzsaales kann die dort erforderliche schlaffe Bewehrung nicht geradlinig verlegt werden. Die Bewehrung muß um diesen Durchbruch herum verlegt werden und die dabei auftretenden Umlenkkräfte müssen durch zusätzliche schlaffe Bewehrung aufgenommen werden. Die Stützen unter den Stahlbögen und die Decke über dem 2. UG werden für den Lastabtrag des horizontalen Bogenschubs genauso mit herangezogen wie in der 1. Alternative dargestellt.

In Abstimmungsgesprächen mit dem ausführenden Unternehmen fand diese zweite Alternative trotz der komplizierten Detaillösungen bei der Spanngliedführung und -verankerung den Vorzug gegenüber der Alternative mit schlaffer Bewehrung.

Zusätzliche Überlegungen mußten für die Anschlußfuge zwischen der Sohlplatte, den Außenwänden und den Decken über den Tiefgeschossen an den bereits bestehenden 1. Bauabschnitt hinsichtlich unterschiedlicher Setzungen und der damit direkt in Zusammenhang stehenden Wasserdichtigkeit gemacht werden. Die Anschlüsse erfolgten über Schraubmuffen die bereits im 1. Bauabschnitt vorgesehen und genutzt werden konnten. Es wurde eine erhöhte Mindestbewehrung im Anschlußbereich der beiden Bauabschnitte vorgesehen, sowie zusätzliche Fugenbänder und Verpreßschläuche.

Alle Stahlbetonbauteile wurden in der Betongüte B 35 hergestellt. Die Stahlverbundstützen bestehen aus Stahl St 52 und die Vorspannung wurde mit SUSPA Litzenspanngliedern, je Spannglied 7 Litzen Ø 0,6″, St 1570/1770, hergestellt. (Bild 2)

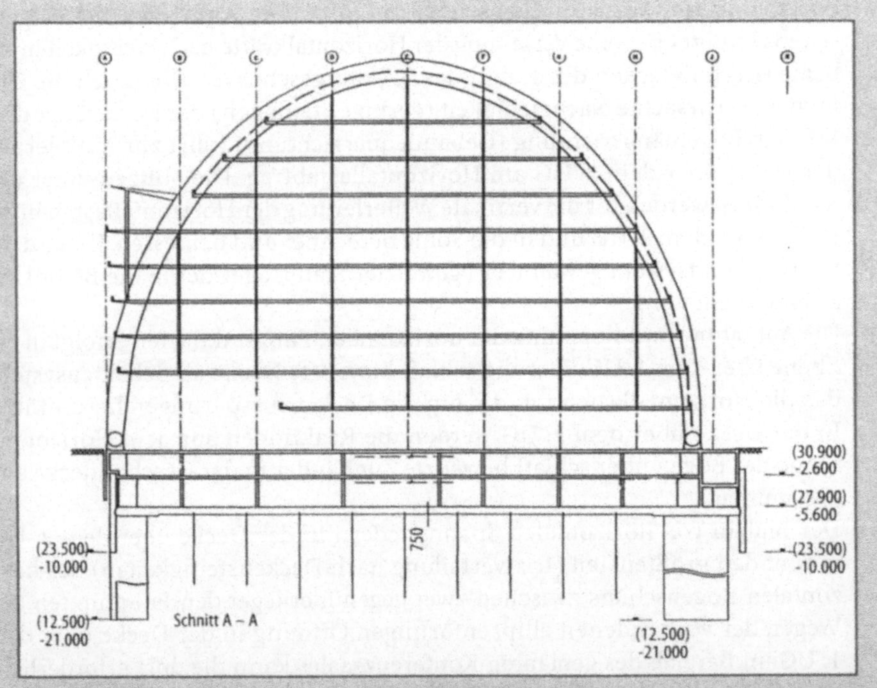

Bild 2. Prinzipschnitt durch die Stahlbögen mit den abgehängten Geschoßdecken und den zwei Untergeschossen mit der Fundamentplatte

18.7
Prüfung der Hochhäuser A1 und B1 am Potsdamer Platz in Berlin (1996/97)

Der Potsdamer Platz war bereits im vergangenen Jahrhundert ein Verkehrsknotenpunkt wie kaum ein anderer Platz. Die repräsentativen Bahnhofshallen des Potsdamer Bahnhofs und des Anhalter Bahnhofs entstanden an diesem Platz mitten in der Stadt. In den zwanziger Jahren des laufenden Jahrhunderts aber entwickelte sich dieser Platz zum Symbol der modernen Großstadt mit seinem gewaltigen Verkehrsaufkommen und den leuchtenden Neonreklamen.

Nach dem Bau der Mauer im Jahre 1961 wurden auf der östlichen Seite die wenigen noch bestehenden Kriegsruinen der Gebäude am Potsdamer Platz abgerissen und ein extrem breiter „Mauerstreifen" geschaffen.

Erst nach dem Fall der Mauer 1989 begann die geographische Mitte Berlins wieder zu neuem Leben zu erwachen. Bedeutende Investoren erwarben hier Bauland, um auf diesem historischen Boden ein eigenständiges Zentrum, eine Dienstleistungsstadt entstehen zu lassen.

Einer dieser Investoren, Daimler Benz/Stuttgart, ließ sich durch die Architekten Renzo Piano und Hans Kollhof eine besondere Eingangssituation zu seinem Areal und gleichzeitig dem Anfang der Alten Potsdamer Straße schaffen. Dieses Eingangstor zum Daimler Benz Bereich besteht aus zwei Hochhäusern mit annähernd dreieckigen Grundrissen.

Der Gebäudeentwurf von Renzo Piano – das Gebäude B1 – sieht 19 Obergeschosse und vier Untergeschosse vor. Die Grundrißabmessungen betragen bis zum vierten Obergeschoß ca. 80 m in der Länge und ca. 50 m in der Breite und verjüngen sich nach oben. Die Spitze des Gebäudes ruht auf der Decke des gleichzeitig entstehenden Regionalbahnhofs. Die Fundamentplatte wurde direkt auf eine vorher im Tauchverfahren erstellte Unterwasserbetonsohle aus Faserbeton aufgebracht.

Der Entwurf von Hans Kollhof – das Gebäude A1 – wirkt nicht zuletzt durch die fünf zusätzlichen Obergeschosse noch mächtiger und kraftvoller als das Gebäude B1. Auch bei diesem Entwurf verjüngen sich die Grundrißabmessungen von ca. 50 m in der Breite und ca. 90 m in der Länge in den oberen Geschossen. Die Anzahl der Geschosse stuft sich bis zur angrenzenden Bebauung mehrgeschossig ab.

Bereits 1998 soll das Daimler Benz Areal mit diesen beiden architektonisch und ingenieurmäßig anspruchsvollen Gebäuden als Eingangstor fertiggestellt sein.

19

Asbestbeseitigung im Palast der Republik – eine interdisziplinäre Herausforderung

RAINER TEPASSE

19 Asbestbeseitigung im Palast der Republik – eine interdisziplinäre Herausforderung

RAINER TEPASSE

19.1
Das Mineral Asbest

19.1.1
Vom Mineral der tausend Möglichkeiten zum krebserzeugenden Gefahrstoff

Asbest ist ein natürlicher, mineralischer Rohstoff mit feinfaseriger Struktur. Die Bezeichnung „Asbest" stammt aus dem Griechischen und bedeutet unvergänglich, unauslöschlich" [1].

Asbest wurde aufgrund seiner herausragenden Eigenschaften bereits vor 4000 Jahren, z.B. für feuerfeste Lampendochte, Totenhemden und bruchsichere Keramiken, verwendet. Marco Polo berichtet z.B., daß Gewebe aus Asbest zum Reinigen und Bleichen ins Feuer gelegt wurden [2].
Eine breite industrielle Anwendung begann jedoch erst Anfang des 19. Jahrhunderts, als feuerfeste und chemisch beständige Materialien benötigt wurden. 1900 meldete der Österreicher Ludwig Hatschek das Patent zur Herstellung von Asbestzement an. Diese Erfindung ermöglichte die massenhafte Anwendung von Asbestprodukten. Weitere Anwendungen kamen rasch hinzu, z.B. Asbest für Filter, Asbest für Hitzeschutzkleidung, oder die gesundheitlich sehr gefährliche, als Spritzasbest für den Brandschutz.

19.1.2
Mineralogisch-physikalische Eigenschaften

Asbest ist eine Gruppenbezeichnung für mehrere verfilzte, faserartige, silikatische Mineralien. Aus mineralogischer Sicht sind unter der Handelsbezeichnung Asbest sechs verschiedene faserige Formvarianten von Mineralien zusammengefaßt:
Chrysotil („Weißasbest"), Aktinolith, Tremolit, Amosit („Braunasbest"), Krokydolith („Blauasbest") und Amthophylit. Technisch werden jedoch nur Chrysotil (94 %), Krokydolith (4 %) und Amosit (2 %) genutzt [2].
Aus mineralogischer und bautechnischer Sicht zeichnen sich Asbestfasern durch eine Reihe charakteristischer Eigenschaften aus [3]:
– geringe Wärmeleitfähigkeit, daher hohe Temperaturbeständigkeit,
– Beständigkeit gegen Säuren,

- gute akustische Eigenschaften,
- gute Zerfaserung, daher gut verspinnbar,
- geringe Dichte,
- hohe Flexibilität.

19.1.3
Die Wirkung von Asbest auf den Menschen

Die beim Menschen durch eingeatmete Asbestfasern hervorgerufenen gesund-
heitlichen Schäden – Narbengewebsbildung (sog. Fibrosen, Berufskrankheits-
Nummer (BK-Nr.) 4103) sowie tumorerzeugende Wirkungen (Mesotheliome,
BK-Nr. 4105 und Asbestlungenkrebs, BK-Nr. 4104) – werden in erster Linie auf
die geometrische Struktur der Asbestfaser zurückgeführt.

Als kritisch in Hinblick auf die Lungengängigkeit und die dort verursachten
Wirkungen werden Fasern mit einer Länge größer als $5 * 10^{-3}$ m, einem Durchmesser kleiner als $3 * 10^{-3}$ m und einem Verhältnis Länge zu Durchmesser von 3:1
angesehen [4]. (Bild 1)

Durch ihre physikalisch-chemischen Eigenschaften können sich Asbestfasern
der Länge nach in immer dünnere Fasern aufspalten. Aufgrund der Sprödheit
von Asbestfasern können diese aber auch brechen und damit kürzer werden. Die
für diesen Vorgang notwendigen Zug-, Druck- und Scherkräfte können schon
durch einfache Luft- und Wärmezirkulation unter asbesthaltigen Platten abge-
hängter Decken oder mit Asbest ausgekleideten Klimakanälen auftreten [4].

Gelangen Asbestfasern ins Lungengewebe, so können sie je nach Abmessung
in immer tiefere Lungenabschnitte eindringen, sich dort ablagern (sog. Asbesto-
se) oder sogar bis in das Rippenfell wandern. Dort kann es dann zur Narbenbil-
dung (sog. Fibrose) und zur Bildung von Tumoren kommen. Im fortgeschrittenen Stadium kommt es zu Kurzatmigkeit, trockenem Husten und im Spätstadi-
um zu Atemnot und Erstickungsängsten. Die Krankheit ist außerordentlich bös-

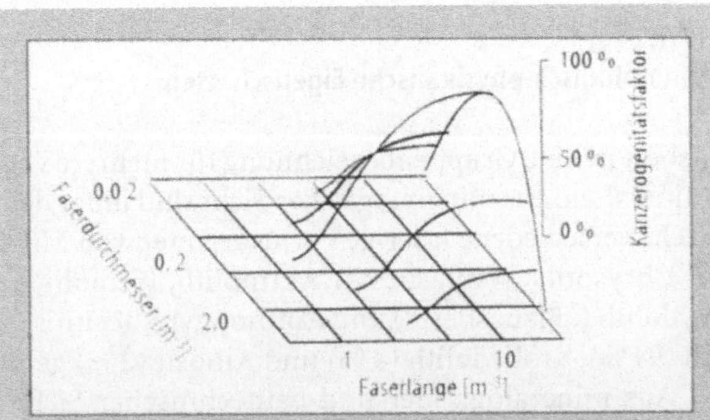

Bild 1. Modell Vorstellung von F. Pott, 1984, zur tumorerzeugenden Wirkung von Asbestfasern in Abhängigkeit vom jeweiligen Durchmesser
und der Länge [5]

artig und verläuft in der Regel tödlich, es gibt keine Heilungschancen. Neun Monate nach Beschwerdebeginn ist die Hälfte der Patienten verstorben [2].

Kennzeichnend für die Krankheit ist die lange Latenzzeit von 10 bis 40 Jahren von der Asbestexposition bis zum Ausbruch.

19.1.4
Gesetzliche Vorschriften

Im Zusammenhang mit dem Gefahrstoff Asbest stehen eine ganze Reihe von Gesetzen, Verordnungen und Richtlinien. Es seien hier die wichtigsten aufgeführt, die z. B. bei der Asbestsanierung des Palastes der Republik angewendet werden [2]:

- **Bauordnung (BauO)**
  Die Bauordnung des Landes Berlin ist Grundlage zur Asbestbeseitigung im Palast der Republik. „Bauliche Anlagen sind so zu ändern und zu unterhalten, daß die öffentliche Sicherheit und Ordnung, insbesondere Leben und Gesundheit, nicht gefährdet werden" (§3 Bauordnung des Landes Berlin).
- **Chemikalien Gesetz (ChemG)**
  Die gesetzliche Grundlage im Bereich gefährlicher Stoffe stellt das Chemikalien Gesetz dar. Ziel des Chemikalien Gesetzes ist es, Menschen und Umwelt vor schädlichen Einwirkungen gefährlicher Stoffe und Zubereitungen zu schützen.
- **Gefahrstoff Verordnung (GefStoffV)**
  Die Gefahrstoff Verordnung ist eine Verordnung, die zu dem Chemikaliengesetz erlassen worden ist. Sie enthält Regelungen zur Einstufung, Herstellung, Verpackung, Lagerung und Umgangsvorschriften für erbgutverändernde und krebserzeugende Stoffe (wie z. B. Asbest).
- **Technische Regeln für Gefahrstoffe (TRGS)**
  Die Technischen Regeln für Gefahrstoffe werden in Zusammenarbeit mit staatlichen Aufsichtsstellen und der Industrie erstellt. Der Zweck ist, arbeitsmedizinische, sicherheitstechnische und hygienische Anforderungen an Gefahrstoffe hinsichtlich Inverkehrbringung und Umgang zu definieren.
- **TRGS 519**
  Die Technische Regel für Gefahrstoffe 519 regelt Arbeiten mit asbesthaltigen Stoffen.
- **Vorschriften der Berufsgenossenschaften (VBG)**
  Die berufsgenossenschaftlichen Vorschriften regeln den Schutz der Arbeitnehmer. Insbesondere sind hier die arbeitsmedizinischen Vorsorgeuntersuchungen (VBG 100) bei allen Arbeiten mit Asbestexposition, die „Richtlinien für Arbeiten in kontaminierten Bereichen" sowie die Unfall-Verhütungsvorschriften der Berufsgenossenschaften zu erwähnen.

Die Dualität des deutschen Arbeitsschutzsystems zwischen staatlichen und berufsgenossenschaftlichen Normengeflecht findet sich auf allen Ebenen des Gefahrstoffrechts und bei der Festlegung von Grenzwerten sowohl für den privaten Bereich, als auch für Arbeitsstätten wieder. (Bild 2 + 3)

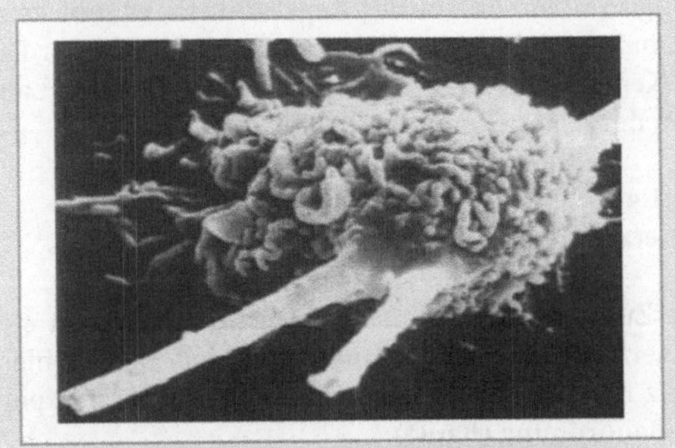

Bild 2. Rasterelektronische Darstellung der unvollständugen Aufnahme von zwei Asbestfasern durch Freßzellen [4]. Infolge der herausragenden Enden kommt es zu Defekten der Zellmembran und anhaltendem Verlust von Zellinhalt

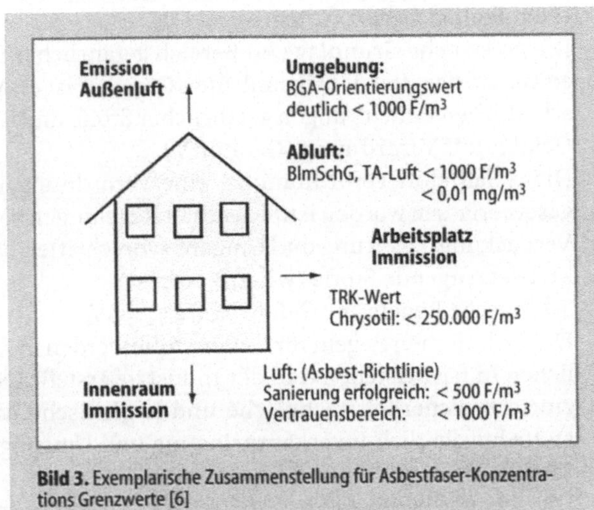

Bild 3. Exemplarische Zusammenstellung für Asbestfaser-Konzentrations Grenzwerte [6]

19.2
Asbestsanierung im ehemaligen „Palast der Republik"

19.2.1
Geschichte des „Palastes der Republik"

Seit April 1976 steht im Zentrum Berlins – zwischen Dom und Marstall – der Repräsentationsbau der ehemaligen DDR, der Palast der Republik, im Volksmund auch „Palazzo Prozzo" oder „Erichs Lampenladen" genannt. Nach einer Bauzeit von nur 32 Monaten wurde auf dem Grundstück des Stadtschlosses dieses

Gebäude errichtet. Zu DDR-Zeiten war der Palast der Republik Sitz der Volkskammer, Veranstaltungszentrum und Restaurant in einem. Mit der weißen
Mamorfassade sollte sich der Palast der Republik als Symbol sozialistischer Bau-
kunst von den umliegenden Sandsteinfassaden abheben. Von der Bevölkerung
wurde der 1,2 Mrd. Mark teure Bau wegen seiner Architektur und vor allem
wegen der darin stattfindenden Veranstaltungen gerne angenommen.

Bei der Errichtung des Palastes wurden, als seinerzeit international anerkann-
tes und gebräuchliches Verfahren, für den baulichen Brandschutz alle tragenden
Stahlkonstruktionen mit einer Spritzasbestummantelung ausgeführt. Innerhalb
des Bauwerkes wurden bei einer durchschnittlichen Schichtdicke von 3 – 4 cm auf
einer Stahlträger- und Akustikdeckenoberfläche von 170 000 m $\leq$ ca. 720 Tonnen
Spritzasbest aufgebracht. Eine Asbestkontamination des Gebäudes entstand
bereits während der Bauphase, zunehmend aber im Betrieb des Palastes infolge
von Oberflächenzerstörungen an den Spritzasbestbeschichtungen und durch die
damit verbundenen Faserfreisetzungen Bei der historischen Bewertung der Bau-
akten wurde festgestellt, daß nur mit Ausnahme des Bauministers der in der DDR
verbotene Spritzasbest eingebaut wurde (TGL 10 685/ 01 – 04,10) [7].

19.2.2
Wie kam es zur Schließung des „Palastes der Republik"

Auf Grundlage eines Asbestgutachtens bildete der Ministerrat der DDR eine Sachverständigenkommission, die dann am 05. September 1990 eine unverzügliche
Schließung des Palastes der Republik empfahl.

Maßgebend für diesen Entscheidungsvorschlag war u. a. die Feststellung, daß
jederzeit eine unkontrollierte, stoßartige Faserfreisetzung an die Raumluft in allen öffentlichen Bereichen erfolgen kann und deshalb eine gravierende gesundheitliche Gefährdung nicht auszuschließen ist. Die Sachverständigenkommission sah keine Möglichkeit, eine solche Faserfreisetzung durch vorläufige Maßnahmen betrieblicher oder baulicher Art zu verhindern. Durch die Empfehlungen der Sachverständigenkommission wurde der Palast der Republik vom Ministerrat der DDR am 19.09.1990 geschlossen.

Das vorgelegte Gutachten zeigte folgende Ergebnisse:

1. Nach Fertigstellung des Gebäudes wurde eine nur unzureichende Baureini-
gung durchgeführt. Eine flächendeckende Belastung mit asbestkontaminier-
tem Bauschutt ist die Folge.
2. Die Menge des im Sinne der Asbest-Richtlinien höchst gesundheitsgefährden-
den Spritzasbestes beträgt 720 t.
3. Alle Bauabschnitte sind nicht vollständig voneinander getrennt, was zur Folge hat, daß durch Auflösungsprozesse freigesetzte Asbestfasern über das gesamte Gebäude verteilt worden sind.

Zusammenfassend stellt das Gutachten fest, daß die Asbestverseuchung den Ge-
fährdungsgrad der Dringlichkeitsstufe I im Bewertungsbogen der Asbestrichtli-

nie aufweist. Das vorgeschlagene Sanierungskonzept basiert konsequenterweise auf der Methode 1 der Asbestrichtlinien, nach der Asbest vollkommen zu entfernen ist. Daraus resultiert, daß das Gebäude bis auf den Rohbauzustand zurückzuführen ist. Diese Einschätzung wurde später sowohl von dem Bundesministerium für Raumordnung, Bauwesen und Städtebau, als auch von den zur Prüfung bestellten ost- und westdeutschen Obergutachtern voll und ganz bestätigt.

19.2.3
Technische Eckdaten

Gebäudeabmessungen:

Länge ca.	182 m	Umbauter Raum	ca.	678 000 m^3
Breite ca.	90 m	Grundfläche	ca.	17 400 m^2
Höhe ca.	32 m	Bruttogeschoßfläche	ca.	103 000 m^2

Asbestverwendungen:

Im Palast der Republik wurden u. a. die folgenden Asbestprodukte eingesetzt:

Spritzasbest:	720 t	ca.	172 000 m^2,
schwach gebundene asbesthaltige Platten		ca.	3 800 m^2,
asbesthaltige Dichtungsschnur		ca.	3 000 lfm.

Zum Vergleich: ein Schulzentrum mit einem umbauten Raum von 80 000 m^2 hatte ca. 8 000 m^2 Spritzasbest.

19.2.4
Hauptfunktionsbereiche – Brandabschnitte

Das gesamte Gebäude wurde in vier Bauteile unterteilt. Jedes Bauteil bildet dabei einen Brandabschnitt. Bei der Festlegung der Brandabschnitte wurde nicht immer der zur damaligen Zeit geltenden Vorschrift entsprochen, da die Besonderheiten des Gebäudes nicht Gegenstand der Standardisierung sein konnten. Der Betrieb erfolgte aufgrund einer Sondergenehmigung, die neben dem konstruktiven Brandschutz (z.B. Spritzasbestbeschichtung aller tragenden Stahlteile) einen vorbeugenden Brandschutz vorsah (Melde-, Sprinkleranlagen, Evakuierungspläne, örtliche Palast-Feuerwehr).

Das Gebäude besteht aus folgenden Bauteilen:

Bauteil I: **ehemalige Volkskammer (Plenarsaal)**
           – Ständiger Sitz der Volkskammer
           – Plenarsaal mit 790 Plätzen, davon 540 Plätze im Parkett und 250 im Rang (Saalhöhe 11m, Breite 35m, Länge 29 m)

Bauteil II: **Foyers/Treppenhaus**
           – Zentraler Bereich des Gebäudes, Garderoben und Restaurants
           – „Treffpunkt Foyer" im 4. Geschoß als Theater der kleinen Form für ca. 150 – 200 Personen

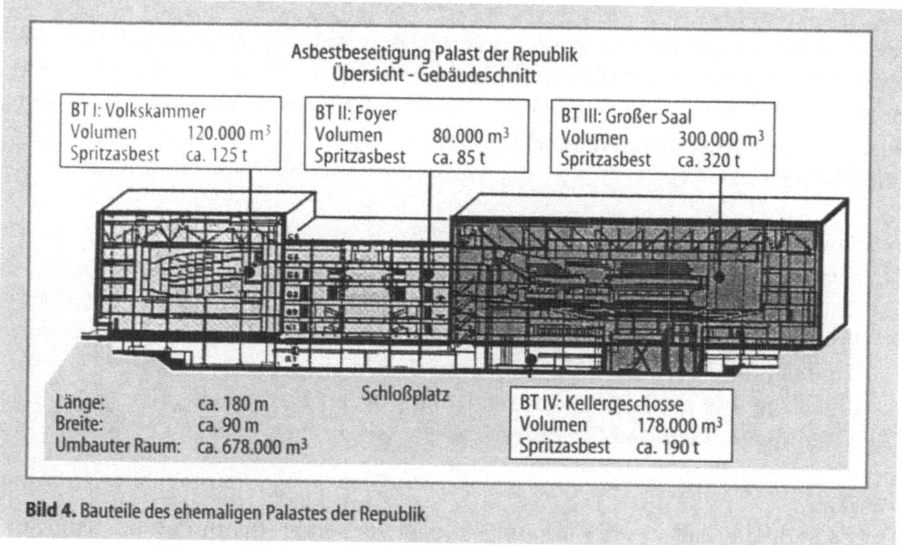

Bild 4. Bauteile des ehemaligen Palastes der Republik

Bauteil III: **Großer Saal**

– 5000 Sitzplätze, davon 3500 im Parkett und 1500 im Rang (Höhe 18 m, Breite 67 m). Ein Teil der Plätze befindet sich in sog. Stuhlwagen. Die Stuhlwagen befinden sich in der Regel unterhalb des Parketts und können bei Bedarf herausgezogen werden.

– angrenzend befinden sich Büroräume und Garderoben

Bauteil IV: **2 Kellerebenen**

– Zentralküche, Lagerräume, Bühnen- und Haustechnik

19.2.5
Maschinen- und Technikräume

Ein Großteil der Anlagentechnik für den Palast befindet sich in den Kellerebenen 1 und 2, wie die Zentrale Lüftungs- und Klimatechnik, Heizungs- und Elektroverteilung. Hinzu kommen in diesen Ebenen die Werkstattbereiche der verschiedensten Gewerke sowie die Zentralküche mit umfangreicher Lagerkapazität. Im Bauteil 3, 6. OG, befindet sich der „Rollenboden" für den großen Saal.

19.2.6
Beschreibung der Tragkonstruktion

Die beiden Hauptfunktionsbereiche des Gebäudes, *„ehemalige Volkskammer"* und *„Großer Saal"* stellen zwei selbständige, schon von außen zu erkennende Baukörper dar, die durch den Foyerbereich und die Wandelgänge funktional erschlossen und verbunden sind.

Dachkonstruktion

Die Dachkonstruktion besteht aus vorgefertigten Stahlbetonkasettenplatten, die auf Stahlträgern, bzw. Stahlfachwerkbindern auflagern. Die Stahlfachwerkbinder mit 6,00 m Netzhöhe spannen im Abstand von 12,00 m und kragen einseitig 8,85 m aus. An diesen Kragarmen hängen die Geschosse zwei bis fünf an den Giebelseiten des Gebäudes [8].

Geschoßkonstruktion

Stahlbetonfertigteilplatten übertragen die Vertikallasten auf die Stahldeckenträger. Stahlstützen stehen in einem Raster von 9,00 m x 12,00 m. Das gesamte Bauwerk ist durch die im Fundament eingespannten Stahlstützen zusammen mit horizontalen und vertikalen Fachwerkverbänden ausgesteift.

Alle Kerne sind in Gleitbauweise errichtet worden und erhielten Treppen- und Deckeneinbauten aus Stahlbetonfertigteilen [8].

Fassade

Die Fassade des Palastes der Republik besteht aus einer Stahlunterkonstruktion mit betonten Haupttraggliedern (Vertikalsprossen) und Aluminiumverkleidung der Stahlsprossen und Stahlstützen. Die Deckenbereiche sind mit Wärmedämmelementen hinter Glas ausgefacht, während die Fensterbereiche mit wärmereflektierenden Thermoscheiben verglast sind.

Die Fassadenreinigung geschieht über je eine schienengeführte Anlage auf der Dom- und auf der Spreeseite [8].

Gründung

Das Gebäude wurde auf einer 1,50 bis 2,35 m dicken Grundplatte gegründet, die in Verbindung mit den Kellerwänden als Wanne ausgeführt wurde. Sie ist in Teilabschnitten mit Kontaktfugen ausgebildet und als elastisch gebettete Pilzdeckenkonstruktion ausgeführt.

Die Kellergeschosse liegen unterhalb des Grundwasserspiegels, weshalb der gesamte Keller von einer druckwasserhaltenden Wannendichtung umgeben wurde. Die horizontale Dichtung wurde als sechslagige Bahnendichtung mit nackter Bitumenpappe ausgeführt (sog. „schwarze Wanne") [8, 9].

19.3
Ausführung der Asbestsanierung

Die Planung einer jeden Asbestsanierungsmaßnahme basiert auf einer umfassenden Grundlagenermittlung. Der Umfang und die Exaktheit der ermittelten Grundlagen erleichtert oder erschwert die weitere Planungsarbeit. Deshalb sollten möglichst viele Unterlagen und Angaben eingeholt werden [11].

Im Anschluß an die Grundlagenermittlung erfolgte eine systematische Begehung und Dokumentierung des Gebäudes, bei der insgesamt 1400 Räume begangen und untersucht wurden. Als rechtliche Grundlage für die Bewertung von Asbestprodukten in asbestkontaminierten Gebäuden dienten die *„Richtlinien für die Bewertung und Sanierung schwach gebundener Asbestprodukte – Asbest Richtlinien (Jan. 1990)"* und *„Ergänzende Bestimmungen zu Anhang I (Dez. 1992)"* und alle weiteren zu dieser Problematik geltenden Gesetze, Richtlinien und Vorschriften.

Werden in einem Gebäude schwachgebundene Asbestprodukte vorgefunden, wie z.B. Spritzasbest, wird die Bewertung der Dringlichkeit einer Sanierung mit Hilfe des Bewertungsbogens nach Asbest Richtlinien vorgenommen. Dabei werden jedem in Frage kommenden Bauteil Bewertungspunkte zugeordnet, aus deren Summe sich die Dringlichkeit der Sanierung ergibt:

Dringlichkeitsstufe I $\geq$ 80 Punkte: Sanierung unverzüglich erforderlich,
Dringlichkeitsstufe II   70-79 Punkte: Sanierung mittelfristig erforderlich,
Dringlichkeitsstufe III   < 70 Punkte: Sanierung langfristig erforderlich.

Die Bewertung ergab bei über 90 % der Räume des Palastes der Republik eine Sanierungsdringlichkeit I, Sanierung unverzüglich erforderlich [10].

19.3.1
Probleme beim Ausbau des Asbests – Arbeitsschutz

Die Asbestfaseremission in Innenräumen, wie im Palast der Republik, hat im wesentlichen drei Quellen:
- selbständiges Ablösen lungengängiger Fasern,
- Zerstörung der Asbestoberfläche durch äußere Einwirkungen. Aufwirbelungen von abgelagerten Fasern und deren Rückführung in den Schhwebezustand.

Bei Um- und Ausbaumaßnahmen wurden Sokalitplatten und die Spritzasbestbeschichtung an verschieden Stellen stark beschädigt. Im Bereich der Säle sind Beschädigungen der Spritzasbestbeschichtung der Träger durch dynamisch einwirkende Kräfte beobachtet worden. (Bild 5)

Bild 5. Beschädigter mit Spritzasbest beschichteter Träger, im Vordergrund kontaminierter Bauschutt

Im Bereich der zentralen Luftaufbereitung in den Kellerebenen, wie auch im
6. Geschoß, wurde eine fortwährende Umströmung der freiliegenden Asbestprodukte (Spritzasbest, Asbestschnur und Sokalitplatten) festgestellt. Ein Abtrag
und die Fortleitung von Asbestfasern mit dem Frischluftstrom und eine Verteilung innerhalb der lüftungstechnischen Anlagen ist nachgewiesen. Zum anderen wird die Luft über sogenannte Überdruckdecken geblasen. Diese Überdruckdecken sind abgehängte Decken, in denen die Frischluft oberhalb der unteren Decken abgeblasen wird. Die Decken sind rückseitig in der Regel sehr stark
mit Asbeststaub/ Bauschutt bedeckt, so daß die eingeblasene Frischluft spätestens
an dieser Stelle kontaminiert wird.

19.3.2
Sanierungsmethoden

Bei der Sanierung des Palastes der Republik wurden mit der Erstellung des Gutachtens die nach den Asbestrichtlinien (ASR) zugelassenen Sanierungsmetho-
den untersucht:

- Methode 1: Entfernen   (ASR 4.3.2)
  Der prinzipielle Vorteil von Methode 1 (Entfernen) besteht darin, daß eine zukünftige gesundheitliche Gefährdung durch Asbest aufgrund seiner weitge-
  henden Entfernung vermieden wird, was zu einer hohen Akzeptanz durch die
  späteren Nutzer führt. Aufgrund der Entfernung aller asbesthaltigen Produkte behält man sich alle denkbaren Optionen für eine spätere Nutzung, Umnut-
  zung, bzw. einen Abriß des Gebäudes vor.

- Methode 2: Beschichten   (ASR 4.3.3)
  Diese Methode empfiehlt sich, wenn Produkte mit festen, intakten Oberflächen hoher Trägerhaftung vorliegen und es sich um Bauteile handelt, die
  durch Reparaturmaßnahmen oder dynamische Einwirkungen nicht beschädigt werden. Die Anwendung dieser Methode führt zu ständigen Folgekosten
  in nicht zu überschauender Größe durch permanente Kontrollen und Über-
  wachungen. Die Akzeptanz bei späterer Nutzung ist nicht gegeben.

- Methode 3: Räumliche Trennung   (ASR 4.3.4)
  Bauteile von einfacher Geometrie sind mit relativ einfachen Mitteln von der
  Umgebung zu trennen. Gegenüber dem Beschichten bietet sich der zusätzliche Vorteil, daß Oberflächen gegen Zerstörung geschützt und optisch anspre-
  chend gestaltet werden können.

Die Anwendbarkeit der Methoden 2 und 3 setzt eine gleichartige Raumnutzung
ohne bauliche Veränderungen voraus. Für den ehemaligen Palast der Republik
kommt nur Methode 1 in Frage. Bei allen anderen anzunehmenden Veränderungen im Gebäude, unter einer multifunktionalen Nutzung mit Umbau- und War-
tungsarbeiten, bedeutet der Verbleib von Asbest ein permanentes Risiko. Nur die
vollständige Entfernung hält alle Optionen – Umbau oder Abriß – offen.

19.4
Vorbereitung der Asbestbeseitigung im ehemaligen Palast der Republik

Aufgrund eines „besonders gut durchdachten konstruktiven Konzeptes" (Bundesbauminister Töpfer) gewann eine interdisziplinäre Planergemeinschaft, bestehend aus Bauingenieuren, Logistikern, Sicherheits- und Umweltingenieuren, Verfahrenstechnikern, Arbeitsmedizinern etc., den internationalen Wettbewerb zur Asbestsanierung des Palastes der Republik.

19.4.1
Aufgaben

Der Auftraggeber, die Bundesrepublik Deutschland, vertreten durch das Bundesbauamt III, beauftragte folgende Leistungen:
1. Auftragsphase – Asbestkataster und Konzept für eine mögliche vorgezogene Inventarauslagerung
2. Auftragsphase – Erstellung der Kostenvoranmeldung Bau (KVM-Bau)
   Die KVM-Bau ist eine Kostenschätzung. Sie wurde aufgrund der bereits getroffenen Entscheidung erstellt, daß die Asbestbeseitigung gemäß der Sanierungsmethode 1 – vollständige Entfernung aller asbesthaltigen Baustoffe/Bauteile – zu planen ist und beinhaltet eine Mengenerfassung, das Sanierungs- und Entsorgungskonzept für die Anwendung unterschiedlich zugelassener Verfahren, die Logistik für den Sanierungs- und Entsorgungsverlauf sowie die sich daraus ergebenden Gesamtkosten.
3. Auftragsphase – Erstellung einer Haushaltsunterlage Bau (HU-Bau)
   Die HU-Bau ist eine Kostenberechnung und basiert auf einer Qualifizierung der Ergebnisse der KVM-Bau. Sie ist letztendlich das Arbeitspapier, auf deren Grundlage im Bundestag die Mittel für die Asbestbeseitigung freigegeben werden.

19.4.2
Sanierungsabschnitte

Innovative Denkansätze bei der Sanierungsplanung im Palast der Republik sparen erhebliche Kosten ein. Dies zeigt sich unter anderem bei der Wahl der Sanierungsabschnitte. Grundsätzlich ist bei der Sanierung des Palastes der Republik darauf zu achten, daß geeignete Arbeitsbereiche geschaffen werden. Für die Demontage von asbesthaltigen Bauteilen und den Spritzasbestabbau müssen Sanierungsabschnitte gewählt werden, die sich im wesentlichen an den bisherigen Brandabschnitten orientieren. Diese Abschnitte müssen jedoch weiter unterteilt werden in Bereiche, in denen direkt saniert wird und Unterabschnitte, in denen noch nicht saniert wird. Um die Betriebskosten für die Unterdruckhaltung so gering wie möglich zu halten, werden die Abschnitte nicht zu groß gewählt.

19.4.3
Entsorgung

Nach einer groben Schätzung fallen bei einer kompletten Sanierung nach Methode 1 insgesamt ca. 50 000 m³ Ausbaumassen (Überalterung, Stand der Technik, Zerstörung oder Kontamination) zur Entsorgung an.

Angesichts dieser Massen empfehlen sich zur Entsorgung der asbesthaltigen Abfälle nur die gängigen Verfahren der hydratischen Bindung. Dabei werden die Abfälle mittels einer Zementsuspension verfestigt. Alle anderen Methoden (chemische Behandlung, Verglasung, Verklebung) sind technisch noch nicht so ausgereift, daß sie eine sichere und kostengünstigere Alternative bieten würden.

19.4.3
Logistik

Durch die Erarbeitung eines Logistikkonzepts bei der Sanierung des ehemaligen Palastes der Republik verkürzen die Transportzeiten, reduzieren die Kosten und schonen die Umwelt. Deshalb ist in der interdisziplinären Planergemeinschaft eine Arbeitsgruppe nur mit den Fragen der Logistik beschäftigt.

Aus Gründen der Umwelt- und Stadtverträglichkeit, Kostenersparnis, Entsorgungssicherheit der Baustelle und nicht zuletzt zur Erzielung einer „Baustel-

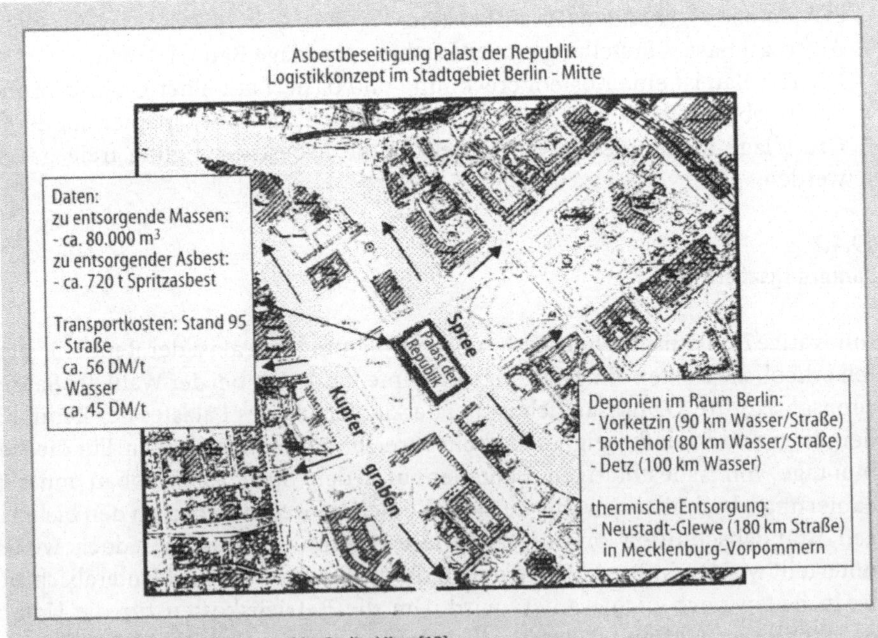

Bild 6. Logistikkonzept im Stadtgebiet Berlin-Mitte [12]

lenakzeptanz" beim Bürger ist geplant, daß die bei der Asbestentfernung anfallenden Massen größtenteils über den Wasserweg transportiert werden. Schon bei der Errichtung des Palastes der Republik wurden ca. 75 % des Transportvolumens der eingesetzten Materialien über den Wasserweg abgewickelt. Aufgrund der in Berlin-Mitte in den nächsten Jahren abzuwickelnden Baumaßnahmen ist ein baustellenübergreifendes Logistikkonzept zu erstellen. In diese Überlegungen sind speziell die im Rahmen des Regierungsumzuges anstehenden Bauvorhaben im Spreebogen einzubeziehen. Außerdem ist eine zukünftige Umgestaltung des Schloßplatzes und eine Bebauung des Geländes des ehemaligen Außenministeriums der DDR zu berücksichtigen. (Bild 6)

19.4.4
Kosten

Die kompletten Kosten einer Sanierung des Palastes der Republik hängen stark von der zukünftigen Nutzung des Gebäudes ab.

Im Rahmen des Gutachtens waren laut Vorgabe des Auftraggebers kostenmäßig zwei Varianten zu überprüfen.

Variante A: Asbestbeseitigung bei Erhalt des Rohbaus (ca. 110 Mio DM)

Variante B: Asbestbeseitigung mit gleichzeitigem Rückbau (ca. 130 Mio DM)

Wird wie bei Variante B das aufgehende Gebäude entfernt, so bereitet die Auftriebssicherheit der Kellergeschosse große Probleme. Aufgrund der fehlenden Auflast aller Obergeschosse würden die druckwasserdichten Kellergeschosse, die bisher unterhalb des Grundwasserspiegels liegen, aufschwimmen. Umliegende Gebäude werden dann schwer in Mitleidenschaft gezogen. Eine Gegenmaßnahme ist das Verfüllen der Kellergeschosse mit Kies, bzw. das Rückverankern der druckwasserdichten Kellergeschosse („schwarze Wanne") mit Bodenankern im darunter liegenden Erdreich.

Dieses Problem entfällt bei Variante A, da die Auflast des sanierten Rohbaus ausreicht, um die schwarze Wanne gegen Auftrieb zu sichern. Variante A ist gegenüber Variante B um 10 % teurer, da das verbleibende Stahlskelett korrosions- und brandtechnisch geschützt werden muß.

19.4.5
Modelle für eine zukünftige Nutzung

Berlin steht vor radikalen Änderungen seiner städtebaulichen Struktur. Nach dem Beschluß der Bundesregierung, daß Berlin Hauptstadt des wiedervereinigten Deutschlands sein wird, muß auch die Innenstadt nach 50 Jahren „städtebaulich wiedervereinigt" werden.

Für diese Aufgaben hat der Senat von Berlin den Ausschuß „Berlin 2000" gegründet. Hier laufen alle Überlegungen auch für die zukünftige Nutzung des Schloßplatzes mit dem Standort des ehemaligen Palastes der Republik zusammen. Gerade dieses Projekt hat wegen seiner Symbolträchtigkeit nationale und internationale Bedeutung.

Folgende vier Varianten kommen für eine weitere Nutzung in Frage:

1. Modernisierung und gleichartige Nutzung in eingeschränkter oder uneingeschränkter Form,
2. Abriß und kompletter Neubau,
3. Integration der Stahlkonstruktion in einen Neubau,
4. Schaffung eines öffentlichen Platzes.

Unabhängig, welche Variante zur Ausführung kommt, ist eine Asbestsanierung notwendig. Die zukünftige Gestaltung von Berlins Mitte ist bis heute noch offen. Architekten und Stadtplaner werden gefragt sein, unter Berücksichtigung der besonderen Symbolträchtigkeit dieses Ortes, für Berlin ein attraktives Zentrum zu entwerfen.

Literatur

[1]   Bossemeyer; Schumm; Tepasse: Asbest Handbuch. Schmidt Verlag 1996
[2]   Gefahrstoff Asbest. (Hrsg. TÜV Thüringen), Eigenverlag 1995
[3]   Rödelsperger, G.: Eigenschaften von Asbest. Schmidt Verlag 1996
[4]   Woitowitz: Gesundheitsschäden durch Asbest. Schmidt Verlag 1996
[5]   Albracht; Schwertfeger: Herausforderung Asbest. Universum Verlagsanstalt 1991
[6]   Auszüge aus dem Lehrgang zur Erlangung der Sachkunde nach TRGS 519. (Hrsg. ATD GmbH-Berlin)
[7]   Die Asbestsanierung im ehem. Palast der Republik – Zusammenfassende Darstellung. (Hrsg. Bundesministerium für Raumordnung Bauwesen und Städtbau) 1993
[8]   Dokumentation zur Investitionsvorentscheidung für das Bauvorhaben Palast der Republik. (Hrsg. VE BMK Ingenieurhochbau Berlin) 1973
[9]   Specht, Kalleja und Partner: Asbestbeseitigung im ehem. Palast der Republik. (Hrsg. Planergemeinschaft PdR)
[10] ATD GmbH: Asbestbeseitigung im ehem. Palast der Republik. (Hrsg. Planergemeinschaft PdR)
[11] Tepasse: Sanierungsplanung. In: Asbest Handbuch, Schmidt Verlag 1996
[12] SMV; Dr. Marschell: Asbestbeseitigung im ehem. Palast der Republik. (Hrsg. Planergemeinschaft PdR)

Bauherr:
Bundesrepublik Deutschland
vertreten durch die Oberfinanzdirektion Berlin,
vetreten durch das Bundesbauamt Berlin III

Planergemeinschaft Palast der Republik:
Generalübernehmer ATD Tepasse GmbH

Abkürzungen:

TRGS	Technische Regeln für Gefahrstoffe
VBG	Vorschriften der Berufsgenossenschaften
TGL	Technische Güte- und Lieferbedingungen
KVM-Bau	Kostenvoranmeldung Bau
HU-Bau	Haushaltsunterlage Bau

Danksagung

Das Erscheinen dieses Buches wurde in großzügiger Weise gefördert von:

ATD - Überbetrieblicher Dienst GmbH
Barg Baustofflabor GmbH & Co. KG
Dyckerhoff & Widmann AG
GeSoBau AG
imbau Industrielles Bauen GmbH
Philipp Holzmann AG
STRABAG Bau AG HNL Berlin-Brandenburg
Wayss & Freytag AG HNL Berlin
Wohnungsbaugesellschaft Hellersdorf mbH
Wohnungsbaugesellschaft Marzahn mbH

Der Herausgeber und die Autoren danken für die Unterstützung.

Die außerordentliche Bereitschaft zur Förderung als auch zur Mitarbeit bei der Erstellung dieser Festschrift dokumentiert das hohe Ansehen Professor Spechts in Wissenschaft, Forschung und Wirtschaft.
Mein herzlicher Dank gilt allen, die am Gelingen dieser Festschrift ihren Anteil hatten.

Der Herausgeber

INGENIEURGRUPPE
TEPASSE®

Vertrauen seit
21 Jahren
Komplexe Ingenieurleistungen

ATD®
Sicherheitsmanagement

·Bildschirm-Arbeitsplätze
·Gefährdungsanalysen

CEUS
Baumanagement

·Bauleitung

®
Umweltmanagement

·Analytik + Sanierungskonzepte
 Boden-, Wasser, Luft, Material

DEGAS®
Projektmanagement

·Projektsteuerung
·Kostencontrolling
·Behördenengeneering

iN AU®
An-Institut der
Otto-von-Guericke
Universität Magdeburg

·Forschung
·Entwicklung
·Technologie

Haftung + Verantwortung
aus einer Hand

Info: (030) 670 92-0/205/297 Fax (030) 670 92-505
email: tepasse@t-online.de

ZERTIFIZIERTES
DIN EN ISO 9001
DQS
QUALITÄTSMANAGEMENTSYSTEM
Reg. Nr. 90 40